Was uns Pferde sagen

Allah nahm eine Handvoll Südwind und erschuf damit das Pferd. Das Pferd aber wollte nicht Fleisch werden und es wollte auch nicht dem Menschen dienen.
Da versprach Allah, dass das Pferd nach seinem Tode wieder zu Wind werden und fortan in ewiger Freiheit leben würde.

... Und Allah hat sein Versprechen gehalten.

In Dankbarkeit und Liebe
für Sunny und Porky

Karin Müller

Was uns Pferde sagen

Erstaunliche Erfahrungen
mit dem sechsten Sinn

KOSMOS

Inhalt

Ganzheitlicher Umgang: Mit Pferden sein 129

Karin Müller · Carola Lind

Teil I
Der sechste Sinn

Warum Pferde so traurige Augen haben

Hästar

Vad hästar har sorgsna ögon,
bruna och aldrig blå -
Vanliga arbetshästar,
vem vet vad de tänker på?

Om en sömmerska öppnar ett fönster
och ger dem en sockerbit
kan det hända de bultar med mulen
när de nästa gång kommer förbi.

Men de skrattar aldrig. De smålog
ej ens åt Klumpfota-Klas,
min barndoms Klumpfota-Klas,
vilkens kinder av glädje blev röda
när man tog hans tenor för bas.

Som gjorde sig köpstark och viktig
för stora ardenner ibland
att ögna på hov och på tand.
– Men hästar har ingen humor,
inte det minsta grand.

Nils Ferlin

Pferde

Was für traurige Augen Pferde haben,
braun und niemals blau –
gewöhnliche Arbeitspferde,
wer weiß, woran sie denken?

Wenn eine Näherin ein Fenster öffnet
und ihnen ein Zuckerstück gibt, kann
es passieren, sie klopfen mit dem Maul,
wenn sie das nächste Mal vorbeikommen.

Aber sie lachen nie. Sie lächelten
nicht einmal Klumpfuß-Klas an,
den Klumpfuß-Klas meiner Kindheit,
dessen Wangen sich vor Freude röteten,
wenn man seinen Tenor für einen
Bass hielt.

Der sich kaufkräftig gab und wichtig,
um große Ardenner manchmal
auf Huf und Zahn zu prüfen.
– Aber Pferde haben keinen Humor,
nicht das kleinste bisschen.

Wer wir sind

Carola Lind wurde 1970 in Malmö geboren. Sie konnte beinahe früher reiten als laufen und wuchs im natürlichen Verständnis auf, mit Tier und Mensch „ohne Worte" zu kommunizieren. Die Begabung für Übersinnliches, ganzheitliche und alternative Heilmethoden sind in der Familie Lind weit verbreitet und verwurzelt. Carola Lind arbeitet mit von ihr entwickelten Massage- und Stretchingtechniken und behandelt seit vielen Jahren Pferde im In- und Ausland, wobei auch die Tierkommunikation mit einfließt. Sie berät Pferdehalter über die schwedischen Landesgrenzen hinaus.

Karin Müller wurde 1967 in Kitzingen am Main geboren. Ihre Leidenschaft für Pferde begann schon in der Kindheit. Der sechste Sinn und ein spezieller Draht zu Tieren sind für sie etwas Selbstverständliches. Sie wuchs mit einem regelrechten Privatzoo an Haustieren auf. Bis zum ersten eigenen Pferd musste sie sich jedoch lange Reitschul-, Vereins- und Pflegepferdjahre gedulden. Sie studierte Angewandte Kulturwissenschaften und arbeitete nach ihrem Volontariat viele Jahre als Redakteurin, bevor sie sich als freie Autorin und Heilpraktikerin für Psychotherapie selbständig machte. Sie unterstützt in ihrer Praxis Menschen und Tiere durch Einzelberatungen und Therapieangebote, leitet europaweit regelmäßig Seminare und Workshops zu Themen wie Energiearbeit und Tierkommunikation und lebt mit ihrer Familie und vielen Tieren auf einem kleinen Hof in Norddeutschland.

Was Zauberuhren, Strom und Telepathie gemeinsam haben

Als Kind habe ich ein Buch besonders geliebt: Es ging um ein kleines Mädchen, das eine innige Beziehung zu seinem Meerschweinchen hat. Beider größter Wunsch ist es, einmal miteinander reden zu können. Und weil es auch in modernen Märchen Wunder gibt, geschieht es: Eines Mitternachts – innerhalb des Zeitraums, den die alte Standuhr für ihre zwölf Schläge braucht – können die beiden einander sprachlich verstehen. Was wollen sie sich nicht alles mitteilen – und als es dann endlich so weit ist, kommt vor Aufregung und Nervosität „nur" das gegenseitige „Ich hab dich lieb" heraus.

Und was hat das mit diesem Buch zu tun?

Nun, ich bin erwachsen geworden, habe mir Vorsicht und Skepsis als Redakteurin und Kulturwissenschaftlerin allein schon berufshalber anerzogen. Die kanalisierte Neugier brachten Beruf und Ausbildung mit sich. Zusätzlich bewahrt habe ich mir eine Offenheit, die ich vielleicht meinen schwedischen Vorfahren zu verdanken habe ... Und die Überzeugung, dass z. B. ein Buch mehr ist als die Summe seiner Buchstaben, dass der Mensch mehr ist als die Summe seiner Atome – und dass es viel mehr in der Welt gibt als das, was wir zu zählen, zu messen, zu sehen gelernt haben. Es wäre ziemlich schwarz-weiß in unserer Welt, wenn es nur das gäbe, was wir mit unseren beschränkten Fähigkeiten oder Kenntnissen wahrzunehmen imstande sind. Um wie viel schärfer sieht ein Hund? Wie viel besser riecht er? Wie viele Phänomene hat es in der Geschichte schon gegeben, die als unerklärlich, als Spuk, Hexerei, Blasphemie galten – und heute selbstverständlich, weil wissenschaftlich erklärbar sind. Oder weil wir sie unter dem Elektronenmikroskop gefunden haben.

Aber mit Tieren sprechen?

„Das gibts doch nur im Märchen", bekomme ich mit mitleidigem Blick zu hören.

Oder die praktische Variante:

„Klar, mach ich auch: Sitz, Platz, Aus!" Das breite Grinsen gibts zum Kommentar gratis dazu.

Assoziationen werden wach, von einsamen alten Damen, die ihrem Schoßhund all ihre Alltagsnöte erzählen.

„Mit Pferden sprechen? Energieverschwendung. Nimm die Gerte oder ein Stück Zucker. Das versteht dein Pferd besser", hörte ich auch hin und wieder.

Damit wollte ich mich nicht zufrieden geben.

Dann traf ich in Schweden auf Carola Lind und sie bestätigte mich. Natürlich können wir mit Tieren sprechen. Jeder kann es. In diesem Buch können Sie nachlesen, wie Sie es selbst lernen können.

„Es dauert nur einen Tag!", sagt Carola Lind. Dann haben Sie alle notwendigen Grundlagen.

Sie redete so selbstverständlich davon, dass und wie sie mit Pferden telepathisch Zwiesprache hält, wie sie ihrer jüngsten Tochter Moa die Windeln wechselte. Und ich erinnerte mich: Das alles tat ich auch, schon seit ich ganz klein war. Nur hatte ich es nie irgendwie benannt. Ich hatte mir unter Tierkommunikation etwas viel Spektakuläreres vorgestellt. Dass es einer mystischen Einweihung, eines Gurus oder zumindest einer heftigen, heiligen Erleuchtung bedurfte. Doch weit gefehlt. Die banale Realität war: Wir übersehen den sechsten Sinn im Alltag mit schöner Regelmäßigkeit. Dieses unbewusste Einfließen gilt es zu realisieren, es überhaupt wahrzunehmen, dafür die Sinne zu schärfen und dann in der Folge wieder alle sechs zu gebrauchen. Nicht mehr und nicht weniger. Es geschieht einfach, ganz einfach, wenn wir uns nur dafür öffnen und es nicht komplizierter machen, als es ist.

Aber wie funktioniert denn eine solche übersetzbare Kommunikation zwischen Mensch und Tier – und kann jeder sie lernen? Man kann, wie schon gesagt, jeder kann: Aber es steckt Arbeit dahinter, das kann man nicht oft genug betonen. Jedem, der das Gegenteil behauptet, sollten Sie äußerst skeptisch begegnen.

Viel Gutes, was für uns Deutsche heute selbstverständlich ist, haben wir von den skandinavischen Nachbarn abgeguckt. Wenn ein Klischee auf Schweden, wie ich es kennen gelernt habe, zutrifft,

dann ist es die Offenheit seiner Einwohner. Eine Aufgeschlossen-
heit, gerade auch neuen Dingen gegenüber, von der wir uns die
eine oder andere Scheibe abschneiden könnten.

Ich wollte immer die Standuhr aus dem Kinderbuch finden, die mir
zwölf Schläge lang Ohren schenkt, mit denen ich Antworten tatsächlich hören kann. Mit eigenen Ohren hören, was ich mit dem
Herzen spüre.

Den Beweis bekommen, dass Körpersprache und antrainierte Signale eben nicht die einzige Möglichkeit sind, mit Tieren zu kommunizieren.

Mit Pferden tanzen, flüstern, reden: Der mit den Pferden spricht,
Der auf die Pferde hört, Cowboys, Indianer, Gurus – das alles sind
Puzzleteile.

„Schön, ja aber …", maulte meine innere Stimme. Wo war der
Schlüssel, die Anleitung, mir ein Gesamtbild zusammenzusetzen?
Dies alles selbst zu erfahren, zu leben, zu fühlen, zu hören, zu
sehen: nicht zu imitieren, sondern innovativ zu erleben.

Aber hätte ich besagte Zauberuhr gefunden – nach dem zwölften
Schlag wäre sie mir schon Surrogat gewesen, hätte den unersätt-
lichen kleinen Häwwelmann in mir geweckt: Mehr, mehr! Zwölf
Schläge nur? Das reicht doch nicht für ein ganzes Leben.

Ich kann nicht erklären, wie Magneten, Kristalle, Handauflegen
Heilungsprozesse beeinflussen können. Aber wenn ich ein Ergebnis sehe, zählt das für mich. Könnten Sie genau herleiten, wie
der Strom in Ihre Steckdose kommt? Aber Sie wissen, dass er da ist
– auch ohne da hineinzugreifen, richtig? Sie sehen es am Licht, das
Sie anschalten können – am Ergebnis also. Das ist der Punkt, an
dem der Rechenweg zwar interessant bleibt, aber letztlich neben-
sächlich wird. Für mich ist Telepathie darum heute ebenso ein-
leuchtend wie die Tatsache, dass es Strom gibt.

Zwei Dinge sind mir wichtig.

Erstens: In Schweden ist es üblich, sich zu duzen und beim Vornamen anzureden – theoretisch sogar den König. Daher schreibe

ich im Folgenden meist von „Carola" und nicht von „Frau Lind".

Zweitens: Carola Lind und ich sind zwei ganz unterschiedliche Wesen, zwei Frauen, dei verschiedener vielleicht gar nicht sein könnten. Ein gemeinsames Anliegen hat uns zusammengeführt: die Möglichkeit um das Erlernen der Tierkommunikation zu verbreiten. In diesem Buch ist darum ganz klar gekennzeichnet, welche Aussagen, Thesen und Methoden von Carola Lind stammen (diese sind immer namentlich und als Zitat gekennzeichnet) und welche von mir, der Autorin dieses Buches. Einiges von dem, was und wie Carola schreibt, unterscheidet sich von mir und meiner Art. Das macht dieses Buch aus. Jede von uns hat eigene Ansätze und Schwerpunkte in ihrer Arbeit, jede hat von hier aus wieder eigene Wege in verschiedene Richtungen beschritten und sich weiterentwickelt. Mein Weg mit den Pferden hat mich, zur Tierkommunikation geführt. Ich habe Carola Lind lange und oft begleitet, viel gelernt und mir eine Meinung gebildet. Nun lade ich Sie ein, dieses Buch zu lesen, die darin beschriebenen Wege auszuprobieren und sich anschließend ebenfalls eine Meinung zu bilden.

Ich habe lange gesucht, bis ich hier ankam. Bin auf vielen Wegen weit gegangen, bis ich doch auf ein Schild mit der Aufschrift Sackgasse stieß. Oft genug kam ich an Weggabelungen, wo sich zumindest neue Türen aufgetan haben. Eine davon führte mich nach Schweden. Dort hat mir Carola gezeigt, dass ich den Schlüssel, SELBST mit Tieren zu sprechen, wann immer ich will, über Entfernung und Zeit, die ganze Zeit in mir getragen habe. Nutzen Sie Ihren sechsten Sinn, es kann nur zu unser aller Nutzen sein – und vor allem zu dem der Tiere. Mit diesem Buch möchten Carola Lind und ich Ihnen das Handwerkszeug geben, selbst, ohne fremde Hilfe mit Ihren Tieren sprechen zu können. Wenn Sie es wollen. Wann immer Sie es wollen. Wir sind uns sicher: Im Nachhinein werden Sie es nicht für Zauberei oder Humbug halten. Vielleicht sind Sie ein bisschen erstaunt. Und das in erster Linie über zwei Dinge: Es ist so einfach wie einen Stecker in die Steckdose stecken. Und: Der Strom war die ganze Zeit da. Sie haben ihn nur nicht gesehen.

Ich bin Carola zum ersten Mal – moderne Zeiten! – im Internet begegnet. Während eines Sprachlehrgangs an der Wirtschaftsakademie in Kiel wälzte ich diverse Online-Zeitungen und Jobanbieter auf der Suche nach einem Praktikumsplatz in Schweden. Drei Monate, um meine Sprachfertigkeiten zu vertiefen. Aber drei Monate ohne Stallgeruch? Wie sollte ich das aushalten! Außerdem sah ich mir gern die Arbeit mit Pferden in anderen Ländern aus der Nähe an. (Ein solcher Studienbesuch hatte mir vor einigen Jahren die Gelegenheit beschert, die Verhaltensforscherin Dr. Evelyn Hanggi in den USA kennen zu lernen. Durch die Wissenschaftlerin kam ich zum ersten Mal auch mit Pferdeflüsterern und Natural Hosemanship in Berührung.)

Hier nun geriet ich „zufällig" in die Praktikumsbörse einer Pferdezeitschrift, wo eine gewisse Carola Lind für ihren Alternativ-Stall eine Praktikantin suchte, die ernsthaftes Interesse mitbrachte und die Ausdauer, „nicht gleich nach zwei Wochen wieder lustig heimzufahren ..." Mindestens sechs Monate sollte der- oder diejenige bleiben, bei den täglichen Stallarbeiten genauso engagiert helfen wie Ausritte leiten, Pferde durch Bodenarbeit trainieren – und ab und an auch mal auf Klein-Moa aufpassen.

Ein lehrreiches und spannendes Jahr versprach die Inserentin, in welchem man Massage und Stretching am Pferd ebenso lernen würde wie das Reiten mittels Gedanken und in echter Kommunikation mit Pferden zu reden.

Das klang auf den ersten Blick ziemlich verrückt. Ein Praktikumsplatz bei einem schwedischen Doktor Doolittle? Spannend! Diese Anzeige unterschied sich komplett von allen übrigen Angeboten – und war leider überhaupt nicht das, was ich beruflich suchte. Aber sie machte mich neugierig. Sie sprach mich an. Und ich witterte eine Story. Aber vielleicht versteckte ich mich auch nur hinter der Redakteurin in mir, um mein ureigenes Interesse ungestört stillen zu können, ohne dumme Sprüche zu riskieren. Ich suchte also weiter nach einem anderen Praktikumsplatz – und nahm mit Carola Lind Kontakt auf. So schrieb ich ihr, wer ich war, was ich suchte und dass ich sehr daran interessiert war, sie kennen zu lernen.

Keine vierundzwanzig Stunden später bekam ich eine spannende

E-Mail zurück – die erste von unzählig vielen, die lange zwischen uns hin- und hergingen. Schon in diesen ersten virtuellen Kontakten wurde deutlich, dass wir dieselbe Wellenlänge hatten. Hier war jemand, der vielleicht schon da war, wo ich hinwollte, und bereit, mir zu zeigen, wie ich das erreichen konnte. Umgekehrt ging es Carola offenbar ähnlich: eine reitende Autorin und Redakteurin aus Deutschland, die der schwedischen Sprache mächtig war und einen Artikel über sie und die Tierkommunikation schreiben wollte. Wir waren überzeugt, einander „gefunden" zu haben und uns gegenseitig auf unserem Weg ein Stück begleiten und helfen zu können.

Wir diskutierten, fachsimpelten und klönten lange schwedische Winterabende lang – und ich beschloss, meine Erfahrungen in einem Buch zusammenzufassen. Längst gehen wir getrennte Wege und das ist gut so.

Doch die Begegnung mit Carola Lind, das scheinbar zufällige Zusammentreffen verschiedener Faktoren, das dies ermöglichte, finde ich bemerkenswert. Es hat mich auf meinem Weg zum Pferd ein großes Stück weitergebracht und meine Satteltaschen mit Mut, Gelassenheit und Stärke gefüllt.

Vielleicht wird es Ihnen am Ende wie mir ergehen und Sie werden noch eines feststellen: Die Reise zum Pferd ist in allererster Linie eine spannende, wunderbare und überraschende Reise zu sich selbst. Das wäre doch schön.

Inzwischen sind fast zehn Jahre vergangen, seit ich die ersten Zeilen dieses Buches schrieb. Wieder sitze ich hier in Skåne, in diesem kleinen Häuschen am Meer im schwedischen Nirgendwo, in das ich mich gern zum Schreiben zurückziehe. Mit dem Abstand der Zeit und einer Vielzahl an gewonnenen Erfahrungen lese ich manche Zeile heute anders. Als ich gebeten wurde, die Bücher für die Neuauflage zu überarbeiten, fürchtete ich, die Hälfte umschreiben zu müssen. Doch inhaltlich ist alles so geblieben. Die Aussagen zur Tierkommunikation sind zeitlos, das ist, was bleibt – was geblieben ist, was bleiben wird – weil es immer schon da war.

Karin Müller

Telepathie:
Die Frau, die mit den Pferden spricht

Fünf Sinne – oder sechs?

Reden wir nicht lange drum herum: Dieses Buch handelt von Telepathie. Falls Sie das Vorwort überblättert haben, hoffe ich, Sie kriegen jetzt keinen Riesenschreck und machen mit elegantem Schwung die Esoterikschublade auf und das Buch an dieser Stelle zu. Machen Sie es lieber umgekehrt: Die Schublade bitte gleich wieder zu und lassen Sie das Buch offen. Danke!

Denn „Der sechste Sinn – Zwiesprache mit Pferden" handelt auch davon, dass es sich bei telepathischer Kommunikation zwischen Mensch und Tier eben nicht um spirituellen Schnickschnack oder Hokuspokus handelt. Keine Geister, kein Zauber, keine jenseitigen Mächte – versprochen! Es wird im Verlauf dieses Buches sicher die Rede davon sein, dass es höhere Ebenen und andere Energieformen gibt. Telepathie aber hat nichts mit „Spökenkram" zu tun, wie die Norddeutschen so schön sagen.

Sind Sie bereit? Dann lassen Sie uns die Reise zum Pferd beginnen.

Am Anfang war das Wort, heißt es in der Bibel – und damit begannen unzählige Missverständnisse. Wie dem anderen vermitteln, was man wirklich meint? Wie etwas erklären, was der andere nie geschmeckt, gefühlt, gerochen, gesehen, gehört hat? Wie um Himmels willen packt man fünf Sinneswahrnehmungen in beschreibende, erklärende Worte?

Die Schwierigkeiten und Ansätze zur Problemlösung, allein was die Kommunikation Mann – Frau betrifft, stehen tausendfach gedruckt und gebunden als Ratgeber in den entsprechenden Abteilungen der Buchhandlungen. Und Staub setzen sie da keinen an. Ungleich schwerer wird es mit der Kommunikation, wenn das Gegenüber nicht nur ein anderes Geschlecht hat, sondern womöglich nicht mal aus demselben sozialen oder kulturellen Umfeld stammt.

Was also tun, wenn es sich am Ende gar um eine andere Spezies handelt, mit der man kommunizieren möchte? Bevor wir uns an Begegnungen der dritten Art mit UFOs aus dem Weltall machen, sollten wir es vielleicht erst mal mit Wesen vom selben Planeten aufnehmen.

Mit jedem körperlichen oder geistigen Unterschied wird der Verständnisabstand größer, der Wunsch nach Nähe, nach Verstehen und Verstandenwerden, nach funktionierender Verständigung aber nicht unbedingt geringer.

Ohne Worte, sich „blind verstehen" – diese Redewendungen stehen nicht für blind, taub und stumm durchs Leben gehen, sondern bedeuten den wahr gewordenen Traum vom ganzheitlichen, kompletten Sich-einfühlen-können. Nach meiner Erfahrung gibt es zwei Kategorien von Menschen: Die einen halten es immerhin für möglich, dass solche und andere Träume wahr werden können. Die anderen haben zu viel Angst davor, dass etwas Wahres daran sein könnte, um überhaupt zu wagen, sich damit auseinander zu setzen. Können also nur Liebende in schmalzigen Hollywooddrehbüchern sich ohne Worte verstehen? Blödsinn, schreit da zumindest meine innere Stimme spontan. Daran glauben wir nicht, sonst hätte ich dieses Buch nicht geschrieben, und Sie würden es jetzt nicht in Händen halten.

Aber mit den Worten ist das halt so eine Sache. Jeder versteht etwas anderes unter ein und demselben Begriff: Was ist für Sie „Freiheit"? Fragen Sie einen Haftgefangenen oder eine eifersuchtsgeplagte Ehefrau. Die Inuit – Eskimos – haben angeblich mehr als dreißig Wörter für „Schnee". Kommunikationswissenschaftler sprechen von der Konnotation – einer versteckten Mitbedeutung eines Wortes –, dem Gefühl, das verschiedene Menschen mit ein und demselben Begriff verbinden: Dem einen sträuben sich vor Unwohlsein die Nackenhaare, wenn er „Hafergrütze" hört, einem anderen läuft das Wasser im Mund zusammen.

Gedanken sind ursprünglich, unmittelbar, unvoreingenommen. Sie übermitteln sich in erster Linie als Bilder – als Szenen, Situationen, die wir vor unser inneres Auge projiziert bekommen oder mit unserer Vorstellungskraft selbst schaffen. Schon lange bevor wir sprechen konnten, haben wir ja gedacht, fantasiert: Wünsche, Bedürfnisse, haben uns etwas ausgemalt ins unserer Fantasie, im Kopf. Je nach Empfänglichkeit und Sensibilität können diese Bilder sogar gekoppelt sein mit Gefühlen, Geschmack, Dufterlebnissen. Dies vermischt sich mit dem, was die Wissenschaft als Empathie bezeichnet: Das ist nichts anderes als etwas, was viele von uns ganz oft wahrnehmen: „So ein Gefühl haben", … dass es jemandem nicht gut geht, … etwas in der Luft liegt, … sich zusammenbraut, … man unbedingt dieses oder jenes tun oder lassen sollte … Eine undefinierte, „außersinnliche" Wahrnehmung also.

Landläufig ist immer von fünf Sinnen die Rede: Sehen, Hören, Riechen, Schmecken, Fühlen. Ich wehre mich ein bisschen gegen den Begriff „außersinnlich" als Umschreibung für Instinkt, Intuition, Bauch, innere Stimme, wie immer Sie es fassen mögen. Natürlich ist es eine Sinneswahrnehmung, die diesem Gespür zugrunde liegt. Mir ist die Formulierung „der sechste Sinn" daher viel näher.

Die berühmte „selbe" Wellenlänge kann man also finden und bewusst damit arbeiten.

Worte, Bilder und Gedanken

Wenn Worte so viele Missverständnisse mit sich bringen, dann lernen wir eben, ohne sie zu kommunizieren, lassen wir sie einfach weg. Das nennt sich Telepathie und klingt erst einmal so leicht dahingesagt, dass ich Ihr zynisches „Aha – ganz einfach, also, ja?" förmlich hören kann, auch ohne Gedankenübertragung. Trotzdem: Lassen Sie sich mal drauf ein, die Möglichkeit in Betracht zu ziehen, dass es – eventuell – in Ansätzen – vielleicht – machbar wäre. Das wäre doch ein tolles Geschenk, oder?

Es ist wirklich ein Geschenk. Eines, das Sie sich selbst machen können. Theoretisch haben Sie es sogar schon – genau, mit dem Erwerb dieses Buches. Jetzt müssen Sie nur noch lesen und anwenden, was drinsteht. Und üben und sich nicht unterkriegen lassen.

Gedanken sind Bilder in unserem Kopf. Wir speichern Sinneswahrnehmungen, können sie als Bilder, als Eindrücke jederzeit abrufen – Geschmack, Gefühl, Duft inklusive. Unsere Gedankenwelt besteht aus lauter farbig bunten Szenen, die wir später in Worte zu fassen versuchen, weil wir nicht wissen, wie wir sie sonst weitergeben können, weil wir verlernt haben, das direkte Bild zu senden oder zu empfangen. Dabei würde das Bild ohne Umweg und Verlust all das beinhalten, was wir oft so mühsam zu umschreiben versuchen. „Warte, ich habs gleich. Es liegt mir auf der Zunge." „Nein, so einen Stuhl meine ich nicht. Er sollte geschwungene Lehnen haben und einen hellblauen Bezug ... nicht ganz so hell ... und das Holz müsste ..." Sie wissen, was ich meine ...?

Das Bild ist also das Ursprünglichste, das in unserem Kopf entsteht. Oft genug jedoch hat man den Eindruck, auf dem Weg der Gedankenübertragung tatsächlich „Wort" übermittelt zu bekommen – auch wenn wir mit Tieren „reden", mit ihnen Zwiesprache halten. Das liegt schlicht daran, dass wir es so verinnerlicht haben, Bilder, Gedanken, Vorstellungen für uns in Wort, in Sprache zu packen, dass dies zum Automatismus wurde. Wort ist uns das nächste, das vertrauteste Werkzeug. Ganz ohne können wir offenbar nicht. Tiere, Pferde sind auf irgendeine Art anscheinend auch in der Lage, sich in dieser „Fremdsprache" auszudrücken, um uns etwas begreiflich zu machen. Manchmal mehr oder weniger umständlich, antiquiert oder gestelzt. Wir haben beide die Erfahrung gemacht, dass sich ihre Aufzeichnungen nicht nur von der Handschrift her unterscheiden.

„Ein Kaltblut drückt sich anders aus als ein Vollblüter, ein Springpony wählt andere Worte als ein Traber. Ich notiere oft genug Redewendungen, die ich niemals selbst verwenden würde. Manchmal weiß ich noch nicht einmal, wovon die Rede ist. Aber das ist auch zweitrangig, wenn ich als Sprachrohr fungiere", berichtet Carola.

Das „gedachte Wort" ist dem gesprochenen in mehrerlei Hinsicht um einiges voraus. Das zugrunde liegende Bild, die dazugehörige Empfindung wird unmittelbar mit übertragen – wir „fühlen" viel eher, was gemeint ist, was wirklich in demjenigen vorgeht, der uns etwas mitteilt. Das reduziert Missverständnisse und Fehlinterpretationen ungemein.

Gedanken lügen nicht. Wenn Sie einen empfangen, können Sie unbenommen davon ausgehen, dass es die „Wahrheit" ist, die Ihnen übermittelt wird. Sie können wohl das eine denken und das andere sagen – aber Sie können nicht etwas denken und das Gegenteil davon übermitteln. Carola Lind geht noch einen Schritt weiter: „Tiere sind ehrlich. Sie lügen niemals."

Telepathie ist eine Art universelle Sprache, die sich mit Vokabeln und Grammatik nicht aufhält. Es sollte uns daher nicht befremden, wenn wir Mitteilungen von Tieren empfangen, die scheinbar als „Wort" bei uns ankommen. Oft sind sogar erstaunliche, fast philosophische Gedanken darunter, einige Tiere scheinen wahre Dichterseelen zu sein. Aber warum ist es für uns so befremdlich, zu erfahren, dass auch Tiere eine eigene Sichtweise haben? Natürlich sollten wir darüber nicht vergessen, dass ein Pferd immer ein Pferd bleibt und demzufolge auch nicht menschlich denkt, sondern eben wie ein Pferd – aus seinen naturgegebenen Wirklichkeiten heraus. Nichtsdestotrotz staunen wir über so manchen tierischen Gedankengang – manchen traurigen Pferdetraum, manche Erinnerung oder manche fast schon hellsichtige Vision. Schieben wir unsere Befremdlichkeit zumindest so lange zur Seite, dass wir unvoreingenommen und offen HÖREN können. Bewerten können wir dann immer noch. Dafür sind wir Mensch. Mit Sicherheit haben wir einen anderen Intellekt. Aber jedes Wesen lebt in seiner eigenen Vorstellungswelt, die ebenso individuell wie unbedingt real ist – für eben dieses Wesen.

Was immer uns ein Pferd zu sagen hat, muss uns bestimmt keine Angst machen, nur weil es ungewohnt ist. Hüten sollten Sie sich einzig vor unseriösen Scharlatanen, die ihren Vorteil durch geschickte Nachfragen und eine schnelle Auffassungsgabe nähren und Sie mit aus der Luft gegriffenen, nicht beweisbaren Allerweltsaussagen oder horoskopartigen Allgemeinplätzen füttern. Ihr Pferd wird sich mit Sicherheit nicht mit der Relativitätstheorie, der amerikanischen Wirtschaftspolitik oder BSE auseinander setzen. Selbst abstrakte Gedanken haben in aller Regel immer noch mit der persönlichen Erfahrenswelt des Pferdes zu tun. Es wird sich im Rousseauschen Sinne des Edlen Wilden eher naiv, kindlich, vielleicht sogar eigentümlich ausdrücken und zu den Dingen äußern, die es primär und aktuell beschäftigen. Elementare Dinge zumeist. Das, was jetzt gerade wichtig ist für sein Befinden: Futter, Wasser, Behaglichkeit im Stall, allgemeiner Wohlfühlfaktor, Besitzer, Ausrüstung, Bewegung, Gesundheit, Weidegefährten. Allerdings haben Tiere offenbar einen anderen Zeitbegriff als wir Menschen.

In diesem Buch sind Schilderungen von Pferden dokumentiert, die fast schon poetischen Charakter haben, zumindest von reflektierendem Bewusstsein zeugen.

Wer nun unkt, warum die denkende Intelligenzbestie Pferd dann nicht die Krone der Schöpfung an sich reißt, enttarnt sich jedoch selbst. Das Pferd lebt in seiner Welt, genau wie der Mensch in einer anderen lebt. Auch wenn es hier ganz sicher Schnittmengen gibt, so hat ein Pferd mit Sicherheit kein Interesse daran, eine saftige Weide mit einer Computertastatur zu tauschen. Wenn wir mit Pferden kommunizieren wollen, müssen wir lernen, wie ein Pferd zu denken, uns in die Pferde hineinzufühlen. Nicht umgekehrt. Wir sollten ihre Intelligenz deswegen noch lange nicht unterschätzen. Dr. Evelyn Hanggi konnte unter anderem beweisen, dass Pferde durchaus in der Lage sind, Farben zu sehen und zu unterscheiden. Was jedoch noch viel spannender ist: Sie fand heraus, dass Pferde komplexe Lern- und Denkaufgaben lösen können, die eine Intelligenz, vergleichbar mit der von Schimpansen und Delfinen, voraussetzen.

Und was hat das mit Telepathie zu tun? Nun, wir sollten auch unsere eigene Intelligenz nicht ausschalten, wenn wir den sechsten Sinn einschalten. Wenn ich es mit einem Pferd zu tun habe, das schweißnass und aufgeregt in der Box auf und ab tigert, muss ich keine Telepathie bedienen, um eine zutreffende Aussage über den Zustand des Tieres machen zu können. Gebrauchen Sie Ihren gesunden Menschenverstand. Tun Sie das Naheliegende. Wenn Sie

Durst haben, trinken Sie und konzentrieren sich nicht stattdessen darauf, das Signal des Körpers zu ignorieren.

Vernünftig angewandt sind Telepathie und Empathie immer wertvolle Helfer. Sie ersparen Ihnen keine einzige Reitstunde, nicht die Lektüre jeder Menge Fachbücher oder den Rat erfahrener Pferdemenschen und viel, viel Zeit mit Ihrem Pferd, um es kennen zu lernen. Sie kommen auch nicht darum herum, den Tierarzt oder einen guten Heilpraktiker zu rufen, wenn Ihr Pferd krank ist. Aber vielleicht entwickeln Sie ein Gespür dafür, eine Botschaft des Pferdes zu empfangen, wo der Schmerz seine Ursache hat, wo das Problem wirklich sitzt.

Der sechste Sinn kann ihnen ein sensibles Instrument, eine Art unterstützendes Feinmechanikerwerkzeug werden, das wertvolle zusätzliche oder aber ganz neue Blickwinkel auf die wunderbaren Geschöpfe ermöglicht, die uns Menschen so viel geben können. Wir müssen sie nur lassen …

Comets Geschichte

„Eine andere Sprache ist auch gut. Ich verstehe auch eine andere. Ich mag hohe Hügel. Ich mag Herausforderungen in meinem Geiste ebenso sehr wie Stille und Frieden. Es kann sein, dass ich das Bedürfnis nach ungestörter Ruhe in meiner Ecke habe. Ruhe vor allem An-mir-Herumgefingere.

Heilende, ruhige Hände sind gut. Kalten, flüchtigen Händen, die außerdem zu sauber, zu reinlich sind, möchte ich nicht begegnen.

Ich muss alles sehen. Alles was passiert, alles was zu hören ist, alles was gesehen wird, um mir eine Meinung bilden zu können. Wenn nicht, so schwächt das meine Sinne, meinen Verstand.

Der Instinkt ist groß. Eltern wundern sich über mich, starren mich an, mein Aussehen, meine Farbe, mein Geschlecht, meine Augen. Können die nicht an einer anderen Box abhängen?

Ich kann mich in mein Innerstes zurückziehen und mich fragen, ob Dinge Wirklichkeit sind. Es fällt mir leicht zu träumen. Da träume ich von der Schaukel am See, der am Fuß des Berges liegt, und das Gras dort ist das grünste, das es gibt. Jetzt ist es Nebel für mich.

Hier in der Wirklichkeit habe ich all die Ausrüstung, die gebraucht wird. Vielleicht ein weicher Beinschutz, der die Stöße besser abfängt?

Ich klettere jetzt gerne. Gerne viel.

Arbeiten an der Doppellonge, gewöhne mich an Dinge, zeige sie mir.

Kleine Dinge ohne Wert werden für mich wertvoll. Denn ich schätze sie, indem ich mich auf alles aufmerksam mache, was ich sehe, was ich weiß.

Die Düfte um verschiedene Laute herum sind interessant.

Morgendämmerung und Sonnenuntergang heiße ich willkommen. Das ist die Zeit zwischen ereignislos und wertlos. So empfinde ich es manchmal.

Ich möchte glücklich sein. Bin es meistens auch.

Ich habe Löcher empfunden. Lange schwarze Löcher, einfach wertlos.

Ich habe im Wind die neue Zeit gesehen, die mehr Probleme mit sich bringt, aber sie wird positiv sein ...

Ich möchte dabei sein und etwas leisten. Ich möchte froh sein. Bin es meistens.

Ich erfülle nicht alle Ansprüche. Ich brauche Zeit, mich zu entwickeln, zu gesunden, aber ich stelle selbst hohe Ansprüche an mich.

Klein und einsam im Inneren.

Die Vögel zeigen den Weg. Die respektiere ich.

Die Elternlosen verstehe ich.

Mein Frauchen hat Instinkt. Ein starkes Mädchen. Lauter starke Frauen in der ganzen Verwandtschaft. Schwache Löcher im Inneren mit Intuition, Einfühlungsvermögen und Gespür.

Sie weiß schon viel, wenn nicht alles.

Kleines Mädchen im Schatten. Bring die Schönheit ins Licht hinaus und lass sie Luft atmen mit dem Eindruck von Mut.

Ich versuche, ihr Lebensfreude zu zeigen. Versteht sie das? Sie wird eine starke Frau mit vielen Kindern werden.

Die Box ist klein, aber stellt mich nicht um. Ich möchte mehr Zeit im Wald verbringen. Am liebsten jeden Tag.

Das Leben geht weiter. Jetzt habe ich Hoffnung, genau wie ihr.

Vergesst nicht – wir helfen einander.

Ihr gebt mir genauso viel."

Das hat ein Pferd gesagt. Der Welsh-Cob-Wallach Comet. Er gehört einem Mädchen namens Susanna Larsdotter aus Halmstad.

Carola Lind hat es so Wort für Wort protokolliert.

Comet ist sieben Jahre alt und in einer Reitschule eingestellt. Auf dem Gestüt, wo er gezogen wurde, gab es einen Pferdepfleger, der aus dem Baltikum stammt und nur Baltisch spricht. So erklärt sich Comets erste Äußerung. Carola wusste das nicht. Ich habe es erst durch Nachfragen bei der Besitzerin erfahren. Auch, dass es tatsächlich ein Problem damit gab, dass jede Menge Eltern von Reitschülern ständig bei Comet stehen blieben und „glotzten" – und dem hübschesten Pony des Betriebes keine Ruhe ließen, das ausgerechnet Ruhe am nötigsten brauchte.

Die Tierdolmetscherin wurde gerufen, weil es Comet bereits eine Zeit lang schlecht ging, er „unlustig" war und niemand den Grund dafür finden konnte. Mittlerweile geht es ihm schon viel besser. Die Beinschoner wurden übrigens umgehend gekauft.

Und jetzt sind Sie vielleicht als Erstes neugierig zu erfahren, wer diese Frau überhaupt ist und wo sie herkommt, oder?

Carola Lind – wer ist das eigentlich?

Jemand sagte einmal über Telepathie: „Es gibt keine dafür besonders Erwählten, aber es gibt Menschen, die ihre Lebensaufgabe darin gefunden haben." Carola Lind hat ihr Leben der Arbeit mit Pferden verschrieben.

Telepathie ist für sie ein Baustein im Gesamtgerüst, nicht mehr – und völlig normal. Unspektakulär. Selbstverständlich. Sie hatte es vielleicht leichter als andere, Telepathie zu erlernen und zu trainieren, aber sie musste auch einen Preis dafür zahlen. Der Vater verschwand früh von der Bildfläche, die Mutter war siebzehn, als Carola geboren wurde, überfordert, suchtkrank. Bis Carola fünf Jahre alt war, lebte sie bei der Großmutter. „Da beschloss meine biologische Mutter, ‚richtig' Mama zu werden." Sie hatte den Absprung geschafft, war und blieb drogenfrei.

Das Kind zog also abrupt aus der Geborgenheit bei Oma zur Mutter und ihrem neuen Lebenspartner, dem Stiefvater:

„Zweisamkeit, Paarleben war ich nicht gewöhnt. Vermutlich war ich ziemlich geschockt über das freie Auftreten der beiden, die in den wilden 60ern aufgewachsen waren." Wild war die Zeit wohl wirklich, die folgte. Die älteste Tochter stand meist wenig mehr als einen Fußbreit neben der berüchtigten schiefen Bahn. Halt und Anker waren die Tiere. *„Meine Mutter respektierte Tiere zweifellos mehr als menschliche Wesen. Ich habe eine harte Schule durchgemacht, was das angeht. Meine Mama, die Tierretterin. Da konnte alles passieren, und das tat es auch. Auch mein Stiefvater musste einiges mitmachen. Er war Bautischler und legte sich jeden Abend, wenn er nach Hause kam, erst einmal in die Wanne. Danach konnte man ihn ansprechen – vorher ließ man ihn besser in Ruhe. Eines Tages hatte Mama eine angefahrene Sturmmöwe mit gebrochenem Flügel von der Straße aufgesammelt. Nachdem sie diverse Handbücher studiert und die Möwe selbst befragt hatte, was die sich so wünschen würde, schuf sie im Badezimmer eine möglichst naturgetreue Umgebung. Das Resultat war eine Sturmmöwe in unserer Badewanne, mit großen Kullersteinen und totem Hering – hübsch darauf drapiert und im Wasser treibend.*
Als mein Stiefvater nach Hause kam, wollte er natürlich so wie immer gleich in die Wanne. Dem Ritual entsprechend sagte er nicht viel mehr als ein gemurmeltes ‚Hej!' als er zur Tür hereinkam. Wir Kinder hatten keine Chance, irgendwas zu sagen – und in derselben Sekunde, als Mama aus dem Garten kam, hatte unser Vater das Bad schon betreten. Was er so an Worten losließ, kann man bestimmt in keinem schwedischen Wörterbuch nachschlagen. Wir Kinder rannten null komma nix hoch in unsere Zimmer – während Mama so einiges zu erklären hatte. Schlagfertig wie sie ist, machte sie ihm klar, dass es jetzt eben für ein paar Tage nur Katzenwäsche am Waschbecken geben würde, bis die Möwe wieder gesund sei. Aber da hatte sie die Rechnung ohne meinen Stiefvater gemacht.
Ausnahmsweise gab meine Mutter trotz vieler Wenn und Aber schließlich nach. Sie setzte die verbandumwickelte Sturmmöwe ins Hundezim-

mer – und da wohnte Kajsa, bis sie wieder gesund war. Das Badezimmer wurde nicht noch einmal besetzt."

In diesem Arche-Noah-Haushalt wurde der Grundstein gelegt, für Carola Linds Fähigkeiten. Das Wissen wurde ihr nicht unbedingt sanft in die Wiege gelegt. *„Ich wurde hart gedrillt, bis ins kleinste Detail, wie Tiere funktionieren, leben, denken, fühlen, kommunizieren. Hausaufgaben, Schule, Klassenkameraden, Kleider, alles, was für ein junges Mädchen normal ist, wenn es aufwächst, verschwand in die Peripherie. Denn meine Mutter fand, dass Tiere, insbesondere ihre Hunde, das absolut Wichtigste auf der ganzen Welt waren. Sie gingen immer vor. IMMER."*

Eine schwierige Kindheit? Ein vernachlässigtes Kind, das Mutterliebe und Zuneigung zugunsten der mütterlichen Tierliebe entbehren musste? Es steht mir nicht zu, das zu beurteilen. Sicher ist jedoch, dass Carola Lind früh gelernt hat, auf eigenen Beinen zu stehen und für sich selbst zu sorgen.

Im Vergleich zu den anderen Kindern, später Teenagern empfand sie sich einfach „unglaublich anders":

„Zu Hause lebten und sprachen wir ja nicht nur mit Tieren, die wir respektierten, sondern sogar mit ‚Gespenstern'. Unsere Wohnungen waren immer heimgesucht, das zeigte sich ständig mit großer Deutlichkeit. Ich lernte, mit denen ‚von der anderen Seite', aus dem Jenseits, Kontakt aufzunehmen – und vieles mehr. Ich lernte, wie es ist, wenn jemand stirbt, wenn Tiere sterben. Wie sie sich fortpflanzen, wann, wie, warum. Wie sie gebären, wie man Geburtshilfe leistet, wie man mittels Bildern kommuniziert, wie man in der Gemeinschaft der Tiere denkt und vieles mehr. Ich lernte, wie man innerhalb der Familie durch Telepathie miteinander Kontakte hält, damit man immer aufeinander aufpassen kann."

Naiv romantisierte ich im Kopf Carolas Kindheitserinnerungen in einem Milieu, das Politiker gern als sozialen Brennpunkt umschreiben und dem Psychologen Eskapismus, dissoziative und psychotische Symptome zuschreiben würden:

„Eines Morgens saß unser Stiefvater am Frühstückstisch und betrachtete eingehend den Busen meiner Mutter. Wir Kinder grinsten mit gesenkten Köpfen auf unsere Teller mit Haferflocken und Dickmilch. Da bemerkte meine Mutter den Blick und rief plötzlich aus: ‚Was starrst du denn so, zum Teufel?‘ ‚Ja‘, sagte Micke, ‚du hast da so komische Beulen an der Brust!‘ ‚Ach so‘, erwiderte Mama. ‚Die hier meinst du?!‘ – und zog ein Vogeljunges von der einen und einen Hundewelpen von der anderen Seite hervor.

Anekdoten zum Schmunzeln? Für Carola und ihre beiden Geschwister gehörten sie zum Alltag, zum ganz normalen Wahnsinn bei Doolittles zu Hause. Ganz zu schweigen vom Umgang mit übersinnlichen und außersinnlichen Wahrnehmungen.

„Ich dachte, dass all das ein ganz normales Phänomen in allen Familien ist, aber natürlich entdeckte ich ziemlich schnell, dass das eben nicht so war.“ Schon am ersten Schultag hat Carola zum ersten Mal erfahren, dass Kommunikation mit Tieren, auch mit Menschen ohne Worte zu reden, eben nicht selbstverständlich ist. Da begann ein regelrechter Spießrutenlauf. Sie war der Sonderling, ein Außenseiter, beschützte die kleine Schwester, die als Einzige das Wissen und die Gaben teilte. Schule fand auch daher bald ziemlich häufig ohne Carola statt. Gelernt hat sie zu Hause, bei den Tieren, am liebsten bei den Pferden. *„Wenn ich nicht in die Reitschule konnte, bekam ich heftige Magenschmerzen“*, erinnert sie sich. Und dass sie mit sechzehn *„so ausgezehrt war, total ausgebrannt.“*

Jahrelang hatte sie sich um die Familie gekümmert; gekocht, geputzt, Haushalt und Garten in Schuss gehalten, „Mamas“ Tiere versorgt, statt etwas mit Gleichaltrigen zu unternehmen. Dann bekam sie plötzlich Anschluss, fand eine Freundin in der Parallelklasse, die ältere Freunde hatte, in einer nahe gelegenen Stadt wohnte.

„Es war wunderbar, dort sein zu dürfen. Ich habe meine Mutter beschwatzt, sooft ich konnte. Einen Monat vor meinem siebzehnten

Geburtstag bin ich ausgezogen. Mama hatte eine wunderbare kleine Wohnung für mich gefunden, genau in der Stadt, wo meine Freunde lebten. Jetzt sollte das wahre Leben beginnen! Vier Jahre lang beschäftigte ich mich überhaupt nicht mit Tieren. Ich fühlte eine totale Leere in mir. Und als ich zwanzig Jahre alt war, kaufte ich meinen ersten Traber als Reitpferd. Das vollkommene Glück! Er war natürlich total unmöglich, weil ich ja auch keine größere Ahnung speziell von Trabern hatte. Aber hier hatte ich also wirklich die Chance, zu lernen. Und gelernt, das habe ich! Viele Jahre und Reittraber später bin ich froh, dass ich genau dieser Rasse verfallen bin. Da ich immer mit Tieren kommuniziert habe, ist mir auch immer alles ziemlich gut mit meinen Pferden geglückt."

Wermutstropfen waren aber chronische Schmerzen, unter denen Carola schon als Elfjährige zu leiden begann. Heute schätzt sie die Schmerzen als psychosomatisch ein und hat gelernt, damit umzugehen und sich zumindest im Schritt wieder aufs Pferd zu wagen.

„Damals, vor vielen Jahren, als ich wieder anfing zu reiten, konnte ich selbst noch nicht so viel gegen meine Schmerzen tun. Darum begann ich eine eigene Reitweise zu entwickeln, die darauf beruht, das Pferd durch und mittels Gedanken zu reiten. Heute übe ich das in hohem Grad aus und unterrichte es auch. Es geht darum, das Pferd in Versammlung zu reiten, ohne dabei äußerlich einzuwirken. Eine fortgeschrittene Reitweise, die schlussendlich alles viel einfacher macht.
Aus meiner Jugend und all dem, was ich in mir gespeichert habe, habe ich vieles mitgenommen, was ich andere lehren kann. Wie man sich zum Beispiel vor unerwünschten Menschen oder Situationen schützen kann.
Ganz bürgerlich machte ich unter anderem eine Friseurausbildung, arbeitete in der Altenpflege, Gastronomie, als Fotomodell für Frisuren und Kleider, ich studierte zwei Jahre lang Kunst und Fotografie in Kristianstad. Dazwischen und parallel arbeitete ich oft als Pferdepflegerin, machte Praktika in verschiedensten Reitbetrieben und nahm an allen möglichen Pferdeseminare teil.
Während all dieser Jahre war ich immer wieder wegen meiner Muskel- und Gelenkschmerzen krank geschrieben – manchmal bis zu ein Jahr

lang. Dann verbrachte ich einfach nur Zeit mit meinen Pferden und lernte sie in- und auswendig kennen.

Bisweilen lebte ich tief in einer Traumwelt. Ich entwickelte eine Methode, diese meine Welt auch ,draußen' entstehen zu lassen. Ich spielte mit geistigen Energien und fand heraus, dass ich Situationen visualisieren konnte, die sich dann so ereigneten. Ich konnte mit meinen Gedanken Menschen dazu bringen, das zu tun, was ich wollte. Für solche Dinge bin ich in eine perfekte Schule gegangen – meine Jugend war sehr lehrreich. Diese Kurse nenne ich heute ,Frauenentwicklung', und merke, dass wir großen Bedarf daran haben, uns in Bereichen wie Visualisieren, mentales Training und geistige Energien zu schulen. Wenn unsere Tiere erkrankten, hielt meine Mutter sie nahe bei sich, bis sie wieder gesund wurden. 1997 entwickelte ich meine eigene Healingform, OKIDU. Ich wurde auf medialem, geistigem Weg in dieser Kunst ausgebildet. Ich bin stark medial veranlagt, hellsichtig und habe Kontakt mit verschiedenen Guides, himmlischen Helfern. Gerade Healing (eine Form des Geistheilens) war sehr stark, als es kam. Während einer Nacht bekam ich alle Information, schrieb sie auf und mittlerweile lehre ich dieses schamanische Heilen in drei Stufen. Ich habe ein starkes Vermögen, Dinge über meinen Körper zu fühlen. Nehmen wir zum Beispiel ein Pferd: Mit meinen Fingerspitzen kann ich fühlen, wie es mit den inneren Organen, dem Fohlen, dem bakteriologischen Gleichgewicht aussieht. Ich kann einem Pferd sein Potenzial ansehen, wie gut sich seine Muskeln entwickeln werden. Und ich weiß, wie sich die Muskelstränge anfühlen müssen – jeder einzelne. Ich weiß, wie die Wirbel liegen müssen und wie ich das Pferd dehnen muss, damit sich Wirbel und Hüfte korrigieren. Ich kann einem Pferd in Bewegung ansehen, wo genau der Fehler sitzt. Nach meiner Erfahrung gibt es in 99 Prozent aller Fälle Probleme. Wenn ich mir Pferd und Reiter ansehe, kann ich genau sagen, was es für Mängel sind, wie man ein besseres Zusammenspiel erreichen kann.

Ich werde ständig mitgenommen, wenn es um Pferdekauf geht, und viele Verkäufer kratzen sich am Kopf, wenn ich all das entlarve, was sie natürlich nicht erzählen wollten.

Zusammenfassend kann ich eigentlich nur sagen, dass ich einfach eine hyperfeinfühlige Person mit dem ,gewissen Gespür' bin."

Wie sieht es aus, wenn sie mit Pferden spricht?

Schauen wir uns Carola Lind und ihre Arbeit mal aus der Nähe an.

Wie sieht es aus, wenn sie mit Pferden kommuniziert?
Intuition und ein ausgeprägtes Fingerspitzengefühl, jede Menge Pferdeverstand und Erfahrung sind ihr Handwerkszeug. Zum „Komplettpaket" ihres Besuchs gehört auch und in erster Linie der Gesundheitscheck: Hat das Pferd Verspannungen? Rückenprobleme? Geht es lahm oder steif unter dem Reiter, hat es Bewegungsprobleme?
Sie hört sich an, was die Besitzer zu sagen haben – mehr aber noch, was die Pferde selbst sagen. Zu Beginn der Behandlung möchte sie nur Namen und Alter des Pferdes wissen, um sich nicht beeinflussen zu lassen. Was das Tier selbst körperlich und geistig mitteilt – die direkte Quelle –, ist ihr Information genug. Sie lässt sich den vierbeinigen Patienten auf der Stallgasse oder an der Longe vorführen, tastet ihn ab, streichelt, fühlt, massiert, zieht, biegt und schiebt – und führt schließlich mit speziellen Stretchingbewegungen Bänder und Sehnen wieder an Ort und Stelle, bringt verdrehte, blockierte Wirbel auf den Weg in die richtige Lage.

„Mindestens neunzig Prozent aller Probleme mit dem Bewegungsapparat haben ihre Ursache im Rücken – im Beckenbereich, präzise gesagt. Verschobene Wirbel beeinflussen natürlich Haltung und Bewegungsabläufe. Bei den allermeisten Pferden sehen die Hüften schief aus (Probleme mit dem Iliosakralgelenk, dem so genannten Kreuzbein-Darmbein-Gelenk, sind dafür die Ursache) oder sind Hals- und Nackenmuskulatur völlig verspannt (meist Dressurpferde!). Pferde kompensieren oft die Schiefe oder Haltungsschäden ihres Reiters und bekommen dadurch selbst Probleme! Etwa siebzig Prozent aller Dressurpferde haben Verspannungen im Nackenband, weit weniger Springpferde. Bei Trabern oder Zugpferden allgemein gibt es in diesem Bereich nie Probleme. Fast immer gibt es allerdings bei allen Rassen ein Problem in den Knien. All die Jahre, die ich mit Pferden arbeite, habe ich nur zwei Pferde behandelt, die korrekt liegende Kniebänder an der Hinterhand hatten."

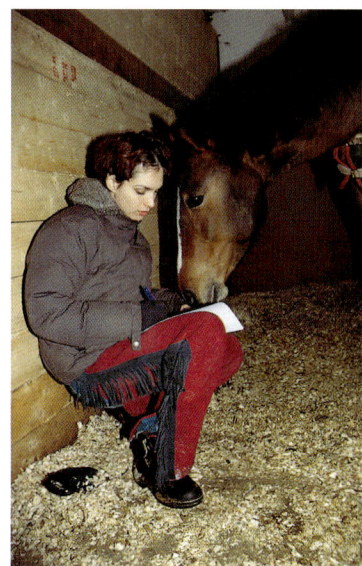

Mit allen Sinnen kommunizieren: Carola Lind und Karin Müller

Manche Pferde haben viel zu sagen – egal ob groß oder klein:
Die Tierdolmetscherin mit den Stuten Mimi (o.) und Geisha (u.)

Mehr Harmonie und Verständnis durch Telepathie. Der sechste Sinn ist eine universelle Sprache, die ohne Worte auskommen kann.

Das kann sogar dazu führen, dass sich die Kniescheibe festhakt oder herausspringt. Die Kniescheibe wird von drei Bändern, dem inneren, mittleren und äußeren Kniescheibenband gehalten. Durch Riss oder Dehnung nach außen verrutschte Bänder verursachen ein knarrendes Geräusch. Darüberhinaus lässt die Kniemuskulatur bei fast allen Pferden zu wünschen übrig. Ein verspannter Hals, bei dem womöglich nicht nur die Muskeln, sondern wirklich die Wirbel selbst in Mitleidenschaft gezogen sind (was häufig die Folge chronischer Verspannungen ist), kann die Bewegungsfähigkeit bis zur Unreitbarkeit beeinflussen: Stolpern, unsichere Vorderbeine haben erschreckenderweise oft unerkannt hier ihre Ursache! Ein erschütterndes Resümee. Der Erfolg einer physiotherapeutischen Behandlung ist dagegen meist direkt sichtbar: Die Besitzer haben entspannte, lockere, losgelassene Pferde vor sich, die fast beschwerdefrei ihren Schwung wiederfinden. Manchmal ganz vorsichtig und erstaunt offenbar, dass plötzlich der Schmerz weg ist – oder zumindest schon nach der ersten Behandlung erheblich gemindert. Es empfiehlt sich immer, nach einigen Wochen eine Nachbehandlung vornehmen zu lassen. Und vor allem: Massieren Sie auch selbst, machen Sie regelmäßig Dehnübungen. Wir reden hier von nichts anderem als Krankengymnastik für Ihr Pferd. Sie wissen vielleicht von sich selbst, dass nur die Regelmäßigkeit etwas bringt!
Manchmal kommt es auch zu absoluten Überraschungen: wenn die Pferdebesitzer wegen eines augenscheinlichen Rückenproblems bereits von Pontius zu Pilatus gelaufen sind, diverse Sättel, Rosskuren und Equitherapeuten ohne Erfolg verschlissen haben – und Carola ihnen dann auf den Kopf zusagt:

„Ihr Pferd hat ein Nierenproblem. Eine verschleppte, nicht erkannte Blasen- oder Nierenentzündung ist viel häufiger, als man meint. Meine Pferde bekommen das ganze Jahr über vorbeugend Zitronensaft. Der stimuliert die Nierenfunktion. Ob frisch ausgepresst oder aus der Flasche spielt dabei keine Rolle. Ich habe sehr gute Erfahrungen mit dreiwöchigen Kuren gemacht: Täglich sieben, acht Esslöffel Zitronensaft unters Kraftfutter gemischt – das kann Wunder wirken."

Carola sagt, sie fühlt in ihren Händen, in den Fingerspitzen, wo das Problem sitzt. Außerdem kommuniziere sie die ganze Zeit über mit ihrem vierbeinigen Patienten, fragte das Pferd direkt: Welches Bein zuerst? Ist das gut so? Reicht es hier? Pferde wüssten sehr viel besser Bescheid über ihren eigenen Körper als Menschen, sagt sie. Und dass sie ihr oft genug sogar exakt übermitteln, wo die Ursache für ihre Beschwerden sitzt. Mancher Tierarzt sei von der Trefferquote schon überrascht gewesen. Ich war es übrigens auch. Nach Carolas „Ferndiagnose" rief ich eine deutsche Physiotherapeutin. Ihre Behandlung zeigte nicht nur großen Erfolg – die Diagnose stimmte obendrein zu hundert Prozent mit der Carolas überein.

Vielleicht hat Carola so etwas wie „heilende Hände" und die Pferde spüren das? Die Besitzer sind jedenfalls vom Erfolg ihrer intuitiven Massage und der physiotherapeutischen Behandlung überzeugt. Es sind zumeist Stammkunden – und oft genug geschieht es, dass neugierige Zuschauer im Anschluss gleich einen Termin für ihr eigenes Pferd vereinbaren.

Die Neugier treibt die meisten, Carola im Anschluss zum ersten Mal auch mit ihrem Pferd sprechen zu lassen. Sich von ihr erzählen zu lassen, was der Turniersieger, die Zuchtstute, der ewig scheue Wallach des Töchterchens so denkt und zu sagen hat. Oft haben sie auch jede Menge Fragen vorbereitet, schriftlich vorformuliert, was sie schon immer einmal von ihrem Pferd wissen wollten.

Wenn Carola mit Pferden Zwiesprache hielt, bat sie die Besitzer, den Stall zu verlassen oder sich zumindest außer Sichtweise zu begeben. Damit wollte sie ausschließen, dass das Pferd sich durch die Anwesenheit beeinflussen lässt. *„Pferd und Besitzer haben eine starke emotionale Verbindung miteinander"*, erklärte Carola. *„Es geht also nicht um meine Ablenkung."* In der Tat ließ sie sich nicht aus der Ruhe bringen, wenn fotografiert wurde, der Hofhund an ihr herumschnupperte oder nebenan zwei Wallache gegen die Boxenwände bollerten. Mit Schreibunterlage, Block und Stift setzte sie sich zum Pferd in die Box oder davor, schaltete ab, fokussierte sich – dann flitzte der Filzer los. *„Ich schreibe automatisch mit, was mir das Pferd* *mitteilt. Es übermittelt mir Bilder und Worte, die ich innerlich, vor meinem geistigen Auge, sehe und höre. Es ist ein richtiger Redefluss, den ich nicht unterbrechen darf, damit er nicht abreißt. Oft geht es so schnell, dass ich erst, wenn ich alles anschließend den Besitzern vorlese, selbst mitbekomme, was ich aufgeschrieben habe."*

Etwa eine Viertelstunde saß Carola so, schweigend, geistig mit dem Pferd verkoppelt da und schrieb und schrieb. Seitenweise. Ohne Zensur. Egal, wie kalt es war. Ob belanglos oder wichtig, nachvollziehbar oder Nonsens – das vermochten nur Pferd und Besitzer zu beurteilen.

Anschließend hatten die Besitzer Gelegenheit, ihrem Pferd vorbereitete oder spontan ergänzte Fragen zu stellen. Bis zu dreißig Stück. Carola dolmetschte. Nach einer, längstenfalls anderthalb Stunden musste Schluss sein. Mehr würde Pferd und Mensch überanstrengen, sagte sie.

Manchmal sah sie sich sogar gezwungen, Worte zu protokollieren, deren Sinn sie nicht einmal kannte.

„Da werfen Pferde mit regelrechten Fachbegriffen oder Fremdworten um sich, die ich später nachschlage und verblüfft feststelle: Das gibt es wirklich. Ich habe auch schon erlebt, dass der Gedankenstrom abriss, weil ich darüber nachgedacht habe, dass eine Schreibweise, die mir ein Pferd vermittelt hat, doch von der Rechtschreibung her falsch ist. Dann ist sofort Schluss."

Was Arne zu sagen hatte

„Ich will keine schmutzigen Sachen an mir haben. Will saubere haben. Ungewaschen ist eklig. Das, was auf der Weide hochspritzt, ist igitt.
Ich will es sauber haben in der Box, eine saubere Krippe. Sauber.
Fettet die Trense ein, wascht das Gebiss.
Ja, für gewöhnlich sind sie ja gründlich.
Frauchen wird leicht müde in den Beinen, sie sollte mehr trainieren. Sie sollte auf ihre Schultern bedacht sein.

Das große Frauchen sollte auf seine Augen und Füße achten.
Das große Frauchen mag die kleinen Tiere, die riechen nicht gut.
Wir haben viele Vögel. Ich frage mich, wozu die gut sein sollen.
Ich mag die große Bürste.
Der Mann ist klasse, wenn er froh gelaunt ist.
Der Zaun ist ziemlich niedrig.
Meine Freunde sind gut, aber ich will sauber sein und eine saubere Decke tragen.
Ich mag es zu klettern. Will arbeiten, aber nicht jeden Tag. Schön, manchmal auch einfach nur zu sein.
Eklig, wenn sie im Stall essen, das Essen riecht eklig.
Ich will das wuschelige Pad unter dem Sattel haben und der schwarze Sattel ist etwas steif.
Ich kann richtig gut in Form gehen, durchlässig, mich biegen, aber ich bekomme die Beine nicht richtig mit.
Das große dunkle Pferd puscht andere immer auf, das ist total dumm.
Ich kann mich manchmal ein bisschen verschmitzt fühlen. Manchmal dreht sich mir alles im Schädel, wenn ich nicht richtig verstehe.
Das Haus ist hübsch, es ist hübsch da drinnen. Kann aber unaufgeräumt sein.
Manchmal verliert das Frauchen irgendwelche Sachen im Stall. Dann sucht sie. Radio finde ich nur gut, wenn es leise eingestellt ist, und Stress am Morgen ist ätzend. Es ist gut, wenn die Älteren füttern. Ansonsten fühle ich mich wohl."

Arne ist ein achtjähriger Wallach. Er gehört Cecilia und Gunilla Kyrk aus Kläckeberga. Die beiden sagen rückblickend:

„Wir waren sehr nachdenklich, skeptisch zunächst: Funktioniert das wirklich? Nachdem uns andere von ihren Erfahrungen erzählt hatten, glaubten wir schon ein bisschen mehr ‚daran'.
Nach der Unterhaltung und dem Stretching zeigte sich dann, dass es wirklich funktioniert. Arne erzählte Dinge, die niemand anders hätte wissen können und die Carola nicht raten oder sich aus den Fingern saugen konnte. Zum Beispiel die Sache mit den Vögeln oder mit der Rein-

heit. Nach dem Stretching ist der körperliche Unterschied zwischen linker und rechter Seite geringer geworden. Arne hat jetzt deutlich weichere Bewegungen, ist elastischer bei Seitengängen, wenn er sich auf dem Hufschlag biegen soll. Er ist lebendiger, verschmust, wach, aufmerksam, viel mehr als früher, als vor der Behandlung durch Carola."

Christins Erlebnisbericht

Christin Andersson und ihre Eltern aus dem schwedischen Ort Halmstad waren ebenso skeptisch wie neugierig und haben mit ihren Pferden kurz entschlossen die Probe aufs Exempel gemacht:

„Es war ein Sommertag vor etwa anderthalb Jahren. Meine Mutter und ich kamen an einem Aushang vorbei, überschrieben mit ‚Tierkommunikation'. ‚Klasse!', sagten wir. Das war etwas, worauf wir immer schon neugierig gewesen waren. ‚Drive-in-Plaudern' würde wohl nicht so viel kosten – und es war ja genau die Ökonomie gewesen, die uns früher abgehalten hatte. Gesagt, getan, wir machten einen Termin ab. Die Pferde wurden zur Feier des Tages geduscht und geputzt, während mein Vater am Gartentisch saß und versuchte, seine schlechte Laune zu verbergen. ‚Jaja', lachte er, als er den Transporter anhängte, ‚jaja'...

Wir holperten los zum vereinbarten Platz, mit Mamas Traberwallach Knightfly im Anhänger – und trafen eine vollkommen sprachlose Carola. ‚Gooooott, wie schön er ist', war das Einzige, was sie herausbrachte. Mama hatte ein paar Fragen vorbereitet, nichts Besonderes, sie war hauptsächlich gespannt darauf, zu erfahren, ob Knighter sich wohl fühlte. Und er plapperte nur so drauflos, über dies und das! Mama war so zufrieden, dass nur ihre Ohren verhinderten, dass ihr breites Grinsen einmal rundherum ging. Papa dagegen kniff den Mund zusammen und konzentrierte sich ungewöhnlich stark aufs Fahren.

Zu Hause holten wir meinen Traberburschen Lepvolar. Als wir wieder zurück waren, war Carola, wenn das überhaupt möglich ist, noch stiller. ‚Da habt ihr also noch einen ... noch hübscher ... Ist er zu verkaufen?!' Da war ich ja schon froh, aber als ich dann auch noch zu hören bekam, dass ich das weichste, biegsamste Pferd des Tages hatte, wurde ich stolz wie ein Gockel. Keine Verspannungen und sehr locker. Leppe erzählte Carola, dass er keine Kinder leiden kann, die im Stall herumschreien. Er hatte nämlich vorher eine Besitzerin mit kreischenden Kindern gehabt. Sie war sehr laut und hatte sehr harte Hände. Sie hatte ständig den Kopf voll und wollte ihn einfach nicht verstehen. Jetzt habe er ein richtiges Zuhause gefunden. Dort würde man ihn so annehmen und schätzen, wie er sei. Dass er mich, sein Frauchen, mochte und die Art, wie ich ihn hegte und pflegte und betüdelte. Aber er verstand nicht, warum er hier war. Er wollte heim und sich auf der Weide wälzen!

Das kam natürlich schon alles ziemlich gut. Aber diese Sache mit seiner Exbesitzerin, da weiß ich genau, dass es stimmt. Mein liebes Pferd, das man mit einem Bindfaden ums Maul dirigieren kann, hat sie mit Jagd-stange (Kandare) geritten … Würg!

Wir fuhren nach Hause, mit jeder Menge Stoff zum Nachdenken. Papa, dem es glückte, seinen heruntergefallenen Kiefer vom Boden wieder auf-zusammeln, sagte auf der Heimfahrt keine einzige Silbe. Nicht einen Laut! Mama bestellte ein Horoskop bei Carola, das übrigens auf Punkt und Komma genau zutraf, aber mehr Kontakt hatten wir fast ein Jahr lang nicht. Damals hatten wir uns gerade eine Traberstute angeschafft, Super Winnie, und wollten mal hören, was sie so zu sagen hatte.

Ich trommelte ein paar interessierte Freunde zusammen, die Carola spä-ter selbst konsultierten. Alle waren sehr zufrieden und einige wenden sich mittlerweile regelmäßig an Carola.

Nun beinhaltet die Konsultation ja auch den physischen Zustand, und das war sehr gut so. Winnie hatte eine schiefe Hüfte, die gerade gerückt wurde, die Kniebänder an der Hinterhand lagen falsch und sie benötigte Zitrone für die Unterstützung der Nierenfunktion, das Ausschwemmen von Bakterien. ‚Hilfe!', sagten wir. Aber wir sahen ja den Unterschied am Pferd vor und nach der Behandlung und waren sehr dankbar. Auch Win-nie redete munter drauflos und beschwerte sich brüsk, dass wir doch in der Lage sein müssten, verschiedene Halfter auseinander zu halten. ‚Dann beschriftet sie doch!' Meine Mutter hatte ein bisschen Stress gemacht und vor der Abfahrt in Gedanken einfach irgendein Halfter gegriffen. Das war nicht Winnies und das wusste sie genau! Außerdem erzählte sie von kleinen, dicken, ekligen Tieren, die nachts auf dem Hof waren (Dachse), und von schlauen Tieren, die andere auf dem Hof fressen wollten (Füchse/Hühner). Sie mochte es hübsch gepflegt, so wie wir es drin hätten (in unserem Haus), und dass das ja nicht alle auf dem Hof so hielten. Speziell, dass da jemand wohl keinen Bock zu waschen hätte. Da war es die Nachbarin, der die Kinnlade auf den Boden fiel. Die hatte nämlich einen Berg Wäsche bei sich drin und keine ordentliche Waschküche. Darüber grübelte sie am Ende noch tagelang!

Auch Winnie hatte also eine ganze Menge Ansichten über das Leben, Gott und die Welt. Das finden wir spannend und wie gesagt: Wir sind sehr dankbar für all die Hilfe, den Rat und die wertvollen Tipps, die uns Carola gegeben hat. Wir haben dadurch eine tiefer gehende Perspektive darauf erhalten, was Tiere als Familienmitglieder sein können!"

So weit dieser Erfahrungsbericht.

Nicht nur jene drei Pferde wissen die erstaunlichsten Dinge zu berichten, wenn man sich darauf versteht, ihnen zuzuhören. Als ob man einen Schalter umlegt, sprudelt es oft regelrecht aus ihnen heraus. Stichwortartig, schnell, schnell, schnell. Sie scheinen dankbar zu sein, nur darauf gewartet zu haben, all ihre Gedanken einmal loszuwerden. Das ist zumindest Carolas durchgehende Erfahrung. Manchmal ist es schwer, den Besitzern die Protokolle der Gespräche zu entleihen. Viel Persönliches steht darin. Und oft ist es eben nicht nur ein leise spöttelnder Tadel gegen die waschfaule Nachbarin, sondern Kritik an den harten Händen des Reiters selbst. Wer möchte das schon veröffentlicht wissen? Ich denke, es ist uns gelungen, einen repräsentativen Querschnitt von Protokollen und Erfahrungsberichten zusammenzutragen – nicht nur aus Schweden, sondern auch aus Deutschland und Spanien.

Ich weiß nicht mehr, wie viele verschiedene Pferdeställe in ganz Südschweden ich in jenem Jahr mit Carola auf ihren Hausbesuchen oder besser „Hofbesuchen" gesehen habe. Nicht ein einziges Mal aber bin ich unzufriedenen Besitzern begegnet, die ihr Geld zurückwollten oder nicht glauben konnten, was sie da übersetzt und vorgelesen bekamen.

Unkenrufe, Getuschel und üble Nachrede, dass sie „unseriös sei und nur Geld verdienen wolle", das wird Carola Lind eher „hintenherum" zugetragen. Nicht von Klienten wohlgemerkt, sondern von Menschen, „die wohl einfach Angst vor dem Unbekannten haben. Eine Reaktion, die ich schade finde, aber sogar verstehen kann", sagt Carola.

„Viele von uns nennen sich pferdekundig. Jeder weiß es besser und am allerbesten, was richtig oder falsch ist für sein Pferd. Aber es schadet nie, sich andere Methoden zu Gemüte zu führen. Natürlich lebe ich nach dem allerallerbesten aller Prinzipien: ‚Führ dir ALLE Methoden zu Gemüte, die es überhaupt gibt, aber zieh dir davon nur das heraus, was sich in deinem Herzen gut anfühlt.'
Die Wahrheit ist das, was du in deinem Innersten verbirgst, was vielleicht schwer zu verstehen ist, sich aber in deinem Herzen absolut richtig anfühlt.
Wenn es sich also für Sie gut anfühlt, dann wenden Sie es an. Wenn nicht, dann lassen Sie es bleiben."

Diesen Worten Carolas möchte ich mich voll und ganz anschließen. Ziehen Sie sich aus diesem Buch – ziehen Sie aus allen anderen Büchern – den Teil, der für Sie wichtig ist, das, was Sie auf Ihrem eigenen Weg dem Wesen Pferd ein Stück näher bringt. Den Rest vergessen Sie. Das bringt Sie am weitesten.

Telepathie – was ist das und wo kommt es her?

Eine gängige Definition für Telepathie, die Carola und mir sehr gut gefällt, ist die folgende: „Eine Kommunikationsform zwischen dem Seelensystem verschiedener Individuen ohne Verwendung der bekannten Sinnesorgane."

Telepathie – Gedankenübertragung – ist also eine grundlegende Fähigkeit, die wir alle in unseren Genen mitbekommen haben.

„Alle haben wir dieses Wissen in unserem Inneren eingebettet. Und alle wenden wir es mehr oder minder an. Manchmal braucht es nur einen Stoß in die richtige Richtung, um dieses Wissen freizulegen, um zu erreichen, dass man es in sich wiederfindet. Es ist keine spezielle Gabe – für die Ausprägung sind einzig Interesse, Umgebung, Veranlagung und Training verantwortlich.

Zwischen Geschwistern, Müttern und Kindern, Freunden, Paaren, bei gewissen Menschen spürt man einfach eine starke Verbindung. Dafür gibt es viele verschiedene Beispiele.

Einige Naturvölker verwenden Telepathie immer noch als natürlichen Bestandteil ihrer Kommunikation.

Es ist nicht merkwürdiger, die Gedanken von einem Tier zu lesen als von einem Menschen, es ist letztlich dasselbe. Und entsprechend sollte man auch ethisch einen Grundsatz befolgen: Natürlich liest man niemals die Gedanken von irgendeinem Wesen ohne vorher um die Erlaubnis und das Einverständnis zu fragen!

Und bei Tieren heißt das im Zweifel: den Besitzer fragen."

Sicher drehen sich die meisten Gedanken der Tiere um das Stillen ihrer Grundbedürfnisse: Futter, Wasser, ein sauberes, trockenes und warmes Fleckchen als Zuflucht, ausreichend Bewegung und Sozialkontakte.

Aber wie wir bereits gesehen haben: Manchmal erfährt man auch Erstaunliches, das weit über Ausrüstung, Stall und Nahrung hinausgeht. Ein paar Vierbeiner scheinen wahre Philosophen zu sein. Aus den Aufzeichnungen von Carola stammen folgende Zitate:

„Das Licht ist dazu da, zu stärken.
Die Dunkelheit ist dazu da, zu heilen.
Die Morgendämmerung ist dazu da, aufzuwachen.
Der Wind kühlt uns.
Das Wasser nährt uns.
Das Leben keimt in der Erde.
Das Feuer beendet alles."
(Ein Turnierpony)

*„Nur der kann Leittier werden, der das Vermögen hat zu heilen, sich
selbst und seine Herde. Bist du selbstzerstörerisch, wirst du nicht mit
Respekt behandelt. Du sollst Gutes wollen, zuerst und vor allem für dich
selbst, du sollst gut heilen, zuerst und vor allem dich selbst, du sollst Wissen haben, zuerst und vor allem um deiner selbst willen, du sollst bewusst
sein, um unser aller willen. Wie atmest du? Versorgst du dich ganz und
gar mit Sauerstoff oder nimmst du nur so viel Sauerstoff, wie notwendig
ist, um zu überleben?
Ein Anführer kann nur der werden, der heilen kann, sich selbst heilen,
mit vollständiger Sauerstoffversorgung. Atme immer den ganzen Weg
hinunter und du wirst mit Respekt behandelt.“*
(Eine Stute, die geschlachtet werden sollte und dies an die werden-
de Leitstute vermitteln wollte)

*„Zweifellos existiert ihr Menschen für uns Pferde, aber ohne uns würdet
ihr nicht existieren.“*
(Ein Warmblutwallach)

*„Trink nur Natürliches. Zwing in uns nichts Künstliches mit Zusätzen
hinein, wir vernichten uns selbst, was haben wir für eine Wahl, wenn es
in die Krippe kommt.“*
(Trauriges nordschwedisches Pferd, das eine Unverträglichkeit gegen Pellets hatte)

*„Wir wenden Worte der Klasse an, um unsere eigentliche Stellung, unse-
ren Rang deutlich zu machen, der leider in der gegenwärtigen Gesellschaft degradiert ist.“*
(Anonym)

*„Schätze mich dafür, wer ich bin, und nicht dafür, wie ich nach deinem
Willen sein soll.“*
(Warmblutstute)

„Das, was ich nicht weiß, existiert nicht.“
(Eine Leitstute)

Chakrakunde, Farben und Gerüche

Wir wollen also lernen, mit Pferden auf eine Art zu kommunizieren, die über das Alltägliche hinausgeht. Dann ist es an der Zeit, uns ein paar Hintergrundgedanken zu machen. Denn dafür müssen wir einiges über ihre besondere Art der Wahrnehmung wissen. Um vollständig verstehen zu können, was Tiere sehen, wenn sie uns anblicken, ist es wichtig, dass wir uns ein Gesamtbild von ihren Wahrnehmungen machen.

Nach unserem Verständnis legen Tiere ihr Augenmerk nicht nur auf unsere Körpersprache und unseren Körpergeruch. Carola:

„Sie beziehen in ihre ‚Meinung über uns‘ auch die Bilder, die wir im Kopf haben (also das, was wir gerade denken), mit ein – und darüber hinaus auch die Farben, die unseren Körper umgeben, die so genannte Aura.“

Vielleicht haben Sie schon einmal davon gehört, dass uns eine solche farbige Aura einhüllt. Alle Menschen und Tiere haben diese Aura, ein Energiefeld, das uns umgibt. Die Beschaffenheit dieses Feldes ist davon abhängig, wie es uns geht – körperlich wie geistig. Auf Esoterikmessen findet man mitunter Stände, an denen Aurafotografie angeboten wird. Man mag davon halten, was man will – berücksichtigen sollte man in jedem Fall, dass diese Fotografie immer nur eine eingefrorene Momentaufnahme darstellen wird.

„Die Aura ist etwas Lebendiges, das sich ständig verändert. Sie ist das farbige Energiefeld, das uns umgibt. Gebildet wird es durch so genannte Chakras. Der Begriff stammt aus der fernöstlichen Medizin. Den einzelnen Chakras werden unter anderem Bezüge zu den verschiedenen Körperorganen und Geisteshaltungen zugeschrieben. Wir werden uns hier mit den sieben geläufigsten Chakrapunkten beschäftigen.“

Kronenchakra – zugeordnete Farbe: Lila. Sitzt mitten auf dem Kopf, dem Scheitel, Ankopplungspunkt „nach oben“, Sitz unserer Spiritualität.

Stirnchakra – zugeordnete Farbe: Indigo. Sitz von Intuition und telepathischem Vermögen, Kraft des Geistes, „drittes Auge".

Halschakra – zugeordnete Farbe: Blau. Sprachzentrum, Kommunikationsfähigkeit, Inspiration.

Herzchakra – zugeordnete Farbe: Grün. Gefühlsdinge, Herzensangelegenheiten, Zuneigung, Emotionen.

Solarplexuschakra – zugeordnete Farbe: Gelb. „Chefsachen", Durchsetzungsvermögen, Kraft und Ego-Energie, Stärke, Wille.

Bauch- oder Sakralchakra – zugeordnete Farbe: Orange. Verdauung und Verarbeitung von Emotionen, Kreativität, Beziehungen.

Wurzelchakra – zugeordnete Farbe: Rot. Körperliche Liebe, Leidenschaft, Sexualität, Urvertrauen, Sicherheit.

Wenn wir krank sind, wird dies im Farbspektrum und der Ausdehnung der Aura sichtbar: Carola vertritt die These, dass sich dann regelrecht schwarze Punkte im Bereich der betroffenen, dem jeweiligen Organ zugeordneten, Chakrapunkte finden:

„Diese sind für Tiere sichtbar. Vor allem Pferde studieren die Farben der Aura sehr genau und entnehmen diesem Bild, wie es uns geht."

Einen Chakrapunkt beschreibt Carola in Anlehnung an die östliche Esoterik (Kundalini-Yoga) als

„ein rotierendes Rad aus Energie, das Energie aus dem Körper bezieht und an ihn herausgibt. Davon abhängig, wie es uns geht, drehen sich die Räder in unterschiedlichen Geschwindigkeiten. Abhängig davon, wie schnell oder langsam sie sich drehen, geben sie verschiedene Mengen Farbe ab. Dies beeinflusst die Farben der Aura und ermöglicht den Tieren tiefer gehende Einblicke in unser Leben."

Diese Darstellung findet sich in Religionen und Lehren des Fernen Ostens. Im indischen Sanskrit bedeutet Chakra „Rad".

Durch Farben können wir versuchen, den körperlichen wie den geistigen Zustand unserer Tiere – und unseren eigenen – positiv zu beeinflussen: indem wir sie – oder entsprechend uns – ganz simpel mit der dem jeweiligen Chakra zugeordneten Farbe umgeben: Legen Sie einem traurigen Pferd doch einmal eine grüne Decke auf. Umgeben Sie sich mit Blau, wenn Sie kommunizieren wollen. Meist wissen die Tiere selbst, welche Farbe gut für sie ist. Ein frisch gelegter Hengst wird allerdings mit Sicherheit Rot fordern. Das sollten Sie nicht unbedingt unterstützen, wenn Sie seine Hengstigkeit nicht auch noch nach der Kastration fördern wollen.

Warum ist wohl die traditionelle Farbe in Bordellen Rot? Warum ist rote Unterwäsche so sexy? Machen Sie sich mal den Spaß und sehen Sie in Ihrem eigenen Kleiderschrank nach, welche Farben da überwiegen. Wie Sie Ihre Wohnung gestrichen haben. Sie sollten jetzt nicht daran gehen, alle Möbel neu zu kaufen und komplett umzudekorieren, wenn Sie das Gefühl haben, es fehlt etwas. Ein paar Gardinen oder Kerzen in den entsprechenden Farben können Wunder wirken. Und noch ein Tipp von Carola:

„Bei einem Vorstellungsgespräch sollten Sie niemals Gelb tragen. Ihr potenzieller Chef wird Sie sonst aller Wahrscheinlichkeit nach unbewusst als Konkurrent wahrnehmen und nicht einstellen. Ein bisschen Grün dagegen gibt Ihnen Sympathiepunkte, Blau fördert Ihre Kommunikationsfähigkeit."

Das nur am Rande.

Aber die Aura, die Chakras und ihre Farben sind natürlich nicht die einzigen Aspekte, nach denen Tiere uns beurteilen.

Einige mögen in unseren Augen recht profan sein. Tiere sind sehr sensibel für unseren Körpergeruch. Das sollte man allerdings nicht allzu sehr vermenschlichen. In erster Linie geht es Tieren da nicht um Körperhygiene nach unseren Maßstäben. Sicher wird zu viel Parfüm oder ein fieser Schweißfuß einer feinen Hunde-, Katzen-, oder Pferdenase noch viel schneller gegen den Strich gehen als unsereinem. Aber entscheidender für ihre „Meinung" sind andere Riechfaktoren.

„Wenn wir krank sind, riechen Tiere das ebenso, wie wenn wir gestresst sind. Und ob unser Schweiß mit Angst oder Nervosität einhergeht – da machen wir ihnen auch kein X für ein U vor.
Das Übelste, weil Unheilbringendste, was ein Tier kennt, ist der Geruch nach Krankheit, und gleich danach kommt der Geruch nach Stress. Es kann passieren, dass ein Tier darauf ablehnend, mit Ignoranz oder sogar mit Wut reagiert. Ihrem Instinkt gehorchend, wollen Tiere sich nicht mit Krankheit umgeben."

Das einzige Tier, das den Geruch von Krankheit angenehm empfindet, ist die Katze – sagt Carola Lind:

„Katzen helfen anscheinend gern, Menschen zu heilen. Sie sind voller positiver und heilender Energie, von der sie gern abgeben."

Vielleicht haben Sie sich schon mal gewundert, warum Katzen ausgerechnet die Nähe von Menschen zu suchen scheinen, die gegen sie allergisch sind – oder im übertragenen Sinn allergisch auf sie reagieren: mit Angst, Unwillen oder sogar Hass. Carola Linds lakonische Erklärung: „Du brauchst mich gerade und trotzdem!", sei ein typischer Katzengedanke in einer solchen Situation.
Es wäre zumindest eine plausible Erklärung für manch sonderbares Katzenverhalten gegenüber gewissen Menschen, auch das von meiner eigenen.

Telepathie lernen Schritt für Schritt

So lange Sie noch kein Meister sind ...

Worte, Sprache, Kommunikation – das Bedürfnis, sich mitzuteilen – sind kein Privileg des Menschen. Wir spüren es deutlich auch bei unseren Tieren. Ich habe immer mit meinen gesprochen – oder eher zu ihnen? Egal ob Pferd, Hund, Katze, Maus, Meerschweinchen oder Schildkröte. Mal mit Worten, mal ohne, mal stieß ich auf mehr, mal auf weniger Resonanz. Manchen Kommentaren meiner Mitmenschen zum Trotz. Ich habe ja direkte Reaktionen erfahren. Nicht immer hat alles reibungslos und „ohne Worte" funktioniert. Dafür oft, wenn es drauf ankam.

Nur wie ich das gemacht habe, warum es mal klappte und mal nicht, das war mir nicht klar. Wie „es" bewusst steuern? Sprang der berühmte Funke wirklich nur über, weil Tonlage, Körpergeruch und Körpersprache zusammen wirkten und dem Tier eine Dringlichkeit signalisierten? Und war „der Rest" so etwas wie Magie?

Ich habe irgendwann begriffen, dass ich Fehler lieber bei mir suchen sollte, wenn z. B. beim Reiten etwas nicht so lief, wie es sollte. Ganz offensichtlich spürte mein Pferd, wie ich drauf war, und spiegelte dies konsequent in seinem Verhalten. Aber waren alle Reaktionen damit bereits erklärt? War das wirklich alles?

Über Körpersprache zu kommunizieren, seine Sinne für die angeborenen Gesten, für mimische Äußerungen von Hund, Katze, Pferd zu schärfen ist in den vergangenen Jahren geradezu inflationär populär geworden. Wissenschaftliche Abhandlungen der Verhaltensforschung haben in veränderter, besser verdaulicher Form Einzug in die Wohnzimmer und Bücherregale gehalten. Man braucht doch nur mit offenen Augen hinzusehen, rebelliert ein Teil in mir, der sich gegen die Vorstellung wehrt, mit einem Ratgeber in der Hand auf der Weide zu stehen und nachzublättern: Was mögen wohl die angelegten Ohren des Hengstes bedeuten, der gerade auf mich zugaloppiert kommt?

Ich möchte warnen vor Selbstüberschätzung. Vor dem naiven Glauben, nach der bloßen Lektüre eines Buches (auch von diesem!) oder nach dem Besuch womöglich eines einzigen Kurses „Meister" zu sein. Wie oft glaubt man einen Mensch in- und auswendig zu kennen und wird dann so unerwartet wie schmerzlich vom Gegenteil überzeugt? Jeder „Do-it-yourself"-Handwerker hat Hammerschläge mitten auf den Daumen hinter sich gebracht und festgestellt, dass drei Jahre Tischlerausbildung ihren Sinn haben – vom Studium eines Biologen, Tiermediziners oder der Ausbildung eines Reitlehrers oder Pferdewirtes ganz zu schweigen. Und abgesehen davon, dass ein Pferd durchaus das Zehnfache Ihres eigenen Körpergewichtes zum Einsatz bringt. Plus einer ganz anderen Reaktionsfähigkeit. Sind Sie wirklich schneller als eine – wenn auch nur im Spiel eingesetzte – auskeilende Hinterhand? Ein Artgenosse weicht tänzerisch aus. Mancher menschliche Laientanz mit einem Pferd endete im Krankenhaus. Oder wie auf diesen witzigen Türschildern steht: Mein Hund braucht drei Sekunden bis zur Tür – und Sie? Just einen Tag bevor ich dieses Kapitel schrieb – als wir nämlich mit Tussilago, einem erst im vergangenen Jahr gelegten dreizehnjährigen Traberwallach, für eine Fotosession im Wald waren –, bekam ich eine Kostprobe davon, was es heißt, wenn ein hengstiges Pferd Lust auf eine „kleine Kraftprobe" hat: Als Carola eine Sekunde nicht Acht gab, packte er sie an der Jacke, hob sie hoch und schleuderte sie in der Luft herum, als wöge sie nicht viel mehr als ein Bund Möhren. Für den ehemaligen Hengst ein spielerischer Test: Wer hat die Macht, wer ist ranghöher? Sie hatte ihn im Vorfeld herausgefordert, steigen lassen, in die Schranken gewiesen, rückwärts gerichtet. Ich hätte nicht mit ihr tauschen wollen, ihre Winterjacke in seinem Maul – die ganze Frau im Wortsinn in der Luft hängend.

„Hätte ich Angst gehabt, Furcht gezeigt, wäre ich verloren gewesen. Hätte er mich wirklich verletzen wollen, hätte er seine Zähne und Hufe eingesetzt. Aber auch so ein angetäuschtes Manöver kann sehr gefährlich werden. Darüber muss man sich klar sein, wenn man mit Pferden arbeitet. Rangordnung ist kein starres System. Manche Pferde testen einen

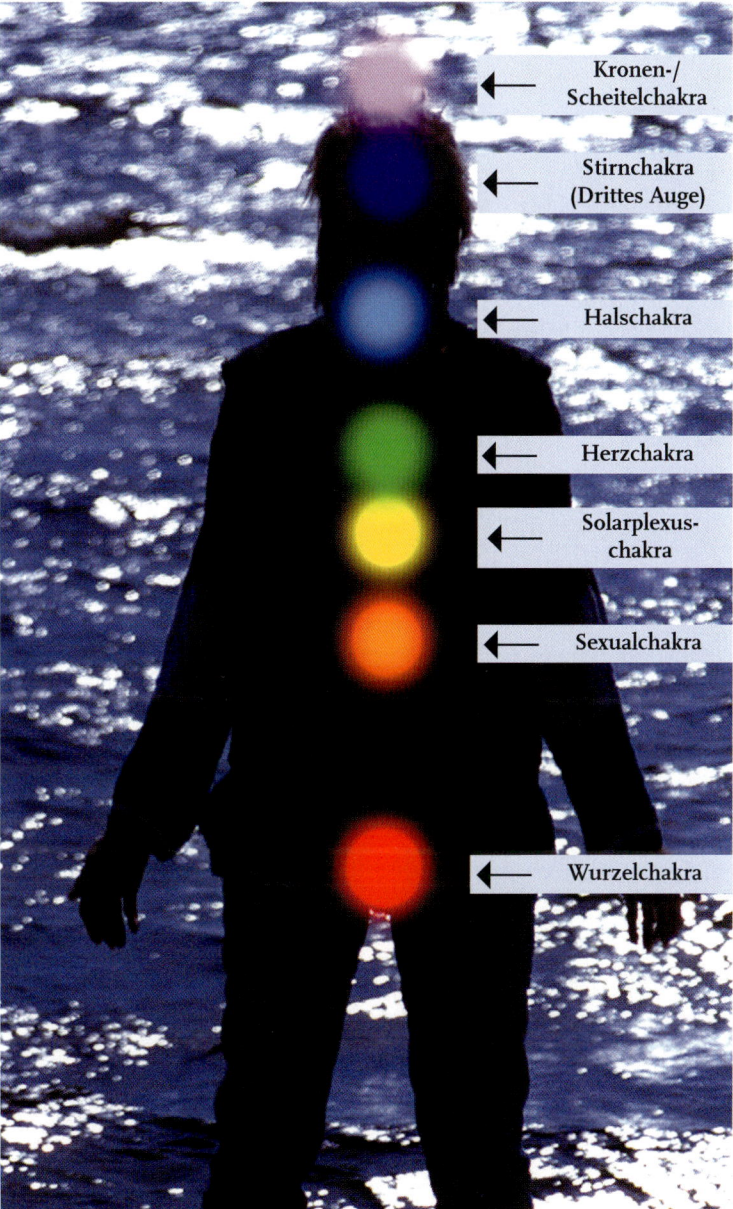

Kronen-/
Scheitelchakra

Stirnchakra
(Drittes Auge)

Halschakra

Herzchakra

Solarplexus-
chakra

Sexualchakra

Wurzelchakra

„Pferde sehen unsere Aura und damit direkt in unsere Seele":
Der Sitz der Chakrapunkte in den ihnen zugeordneten Farben.

Erste Aufgabe im Tierkommunikationskurs: Sender und Empfänger
konzentrieren sich darauf, eine Gedankenbrücke zum Stirnchakra
des Gegenübers entstehen zu lassen.

Meditationen schulen die not-
wendige Entspannung und
Konzentrationsfähigkeit fürs
Fokussieren. Wann, wie oft und
wo Sie wollen.

Hier gibt es keine Sprachbarrieren:
Über den sechsten Sinn kann die
Schwedin problemlos auch mit
einem spanischen Hengst – hier der
P.R.E. Jilguero – kommunizieren.

Zweiter Schritt beim Telepathie-Training: Einem Pferd schriftlich vorformulierte Fragen gedanklich übermitteln und üben, die Antworten zu empfangen.

Der sechste Sinn ist uns allen angeboren. Wir müssen nur Zuhören lernen, ohne uns auf unsere Ohren zu beschränken. Karin Müller und ihre Pferde Sunny und Porky.

Carola Lind und Tussilago zeigen: Dominanz kann man überall trainieren, auch beim Winterspaziergang mit Hengst.

Aus einem Spiel heraus stellt er plötzlich ihren Rang durch Steigen in Frage. Auch hier gilt: Ruhe bewahren.

Widersetzt sich das Pferd, muss es rückwärts weichen. „Nicht mehr und nicht weniger."

jeden Tag, wollen jede Minute aufs Neue wissen: Wer ist der Boss?
Schreib das! Die Leute sollen wissen, was passieren kann."

Bitte denken Sie daran: Passen Sie auf sich auf, überschätzen
Sie sich nicht, und glauben Sie nicht, dass Sie mit ein paar Räu-
cherkerzen und Brennnesseltee im Stall echt supereffektive
Problemgespräche mit Ihrem Pferd führen können, die aus einem
Durchgänger oder hengstigen Alphatier im Handumdrehen ein
schussfestes Polizeipferd machen.
Das hier ist kein Wunderbuch!
Gut, dass wir drüber gesprochen haben.
Und nun zurück zum Thema:

Ratgeber und Fachliteratur also in aller Ruhe zu Hause lesen und
verinnerlichen – und seinen gesunden Menschenverstand (seine
innere Stimme!) bitte nicht irgendwo zwischen den Buchdeckeln
vergessen.
Sicher, man braucht ein gewisses Handwerkszeug, eine Art Ge-
brauchsanweisung, um das Bewusstsein überhaupt erst zu schärfen. Ein „Gewusst wie". Oder besser: Man braucht eine handfeste
Erinnerungshilfe als Grundlage. Wenn wir erst einmal so aus dem
Gleichgewicht sind, dass wir jahrelang gar nicht gemerkt haben,
dass wir überhaupt eine innere Stimme besitzen, geschweige denn,
dass wir sie hören oder ihre Sprache verstehen könnten, dann
haben wir vermutlich den Schlüssel verloren und müssen uns erst
mühsam einen neuen schnitzen. Nur wie?
Die Fähigkeit zu intuitivem Erleben, zu Fantasie, der Zugang
zum eigenen Bauch – das ist uns von Geburt an gegeben. Aber so
wie unser Verstand will auch diese Gabe trainiert sein. Viel „altes
Wissen", Instinkt und Intuition haben die Menschen des 20. und
21. Jahrhunderts vergessen, verlernt. Kein Wunder, bei all dem
Umgang mit Fortschritt, Technik und Automatisierung. Kinder besitzen diese Fähigkeit noch. Die meisten Eltern trainieren sie ihrem
Nachwuchs allerdings bewusst oder unbewusst äußerst erfolgreich
ab. Wie oft werden all die kleinen philosophischen Fragen oder

Thesen einfach abgewürgt: Gibts nicht, geht nicht, kann man nicht, ist halt so. Schade, dass wir unsere Kinder nicht stattdessen ermutigen, hinzuspüren, sich zu öffnen, die Skepsis des Verstandes mit der Neugier und Offenheit, dem Mut zur eigenen Reflexion zu vertauschen – statt es ihnen so vehement auszutreiben.

Wer sich dagegen wehrt, wer diese Wurzeln dann als Erwachsener wiederfinden, ausgraben will, wird erst recht gern und leichtfertig als Spinner, Esoteriker und Ähnliches verschrien. Gelernt ist eben gelernt. Und so verinnerlicht, dass, wer da mit beiden Beinen so unverrückbar felsenfest auf dem Boden der Tatsachen steht, es vielleicht sogar unheimlich finden wird, sich überhaupt mit derlei Themen ernsthaft auseinander zu setzen. Vielleicht einfach aus der Angst heraus, dass es tatsächlich funktionieren könnte?

Schade.

Also, überwinden wir die Angst und versuchen wir uns selbst.

Telepathisch laufen lernen: Kommuniziere!

Alles was Sie brauchen, bringen Sie mit. Sie haben es von Anfang an bei sich gehabt: Ihre Gedanken, Ihr Gefühl und Ihren Willen.

Die Kursunterlagen, die Carola bei ihren ersten Tierkommunikationsseminaren verteilte, waren handgeschrieben und mit vielen Illustrationen verziert. Überschrieben war das Heft mit dem Aufruf: „Kommuniziere!" Darunter hatte sie die Gesichter von erwartungsfreudigen Tieren gezeichnet. Dieser Hund, die Katze, das Pferd warten nur darauf, dass Sie endlich versuchen, Kontakt herzustellen, versuchen, die Signale zu empfangen, die Ihre Vierbeiner Tag für Tag hoffnungsvoll aufs Neue senden und die, von Ihnen ungehört, ins Nichts laufen. So lange Sie nur damit beschäftigt sind, zu denken, können Sie nicht zuhören. Und auch wenn Sie – ganz im Gegenteil – übereifrig an die Sache herangehen, blockieren sie sich und die mentale Kommunikation. Bleiben Sie locker, Verkrampfen Sie nicht. Auch das will gelernt sein! Auf der ersten Seite hieß es:

„Du hältst hier etwas in deinen Händen, das deinen Kontakt mit allen Tieren vertiefen wird, für die du dich interessierst, mit denen du dich beschäftigst. Der Grund, warum ich es schreibe, ist der, dass ich diese wunderbare Empfindung von vollständigem Kontakt, voller Kommunikation teilen und weitergeben möchte. Ich arbeite täglich mit Pferden und treffe dabei meist fantastische, ergebene Diener. Ich bezeichne sie so, weil die Pferde uns sogar gehorchen, wenn sie schlimme Schmerzen in ihren Muskeln haben, sodass sie sich eigentlich wehren und fliehen müssten. Manche Pferde tun das auch. Und was passiert dann? Genau: Sie werden bestraft. Dafür dass sie sich … einzig dem Schmerz … entzogen haben."

Telepathie ist nach Carolas Verständnis eine Fähigkeit, deren Voraussetzung jedem von uns angeboren ist, genauso wie laufen oder Fahrrad fahren. Damit gemeinsam hat die Kunst der Gedankenübertragung außerdem, dass man beides lernen muss.

- Telepathie ist eine Frage der Konzentration, der Fokussierung, damit man sein Gleichgewicht findet, um im Bild des Fahrradfahrens zu bleiben.
- Zweite Zutat: der Wille, die Überzeugung: Ich kann es.
- Und schließlich drittens: hartes Training.

Dennoch verspricht Carola: Man lernt alles, was man braucht, um Telepathie anwenden zu können (z. B. als Kommunikation mit Pferden und jedem anderen Tier), innerhalb eines einzigen Tages.
Richtig gelesen. Ein einziger Kurstag in Tierkommunikation reicht, um die Basis in uns wieder zu wecken. Dann gilt es einzig zu üben, um das Selbstvertrauen in Ihre Fähigkeit zu stärken. Es funktioniert. Aber der Einzige, der den Stein ins Rollen bringen kann, sind Sie selbst! Ich habe es nicht nur selbst gelernt, sondern auch mit zahlreichen Menschen gesprochen, die an Carola Linds ersten Kursen teilgenommen haben.
Zum Beispiel Anna Ericson aus Öland, die mittlerweile selbst erfolgreich als Tierdolmetscherin arbeitet. Zwei Tage nach ihrer Teilnahme schrieb sie mir:

„Der Kurstag war sehr lohnend. Ich habe danach zu Hause gleich mit meinen Pferden ‚probegeredet' und ich glaube wirklich, dass es funktioniert. Ich bin immer noch ein bisschen unsicher, ob es die Worte des Pferdes sind oder meine. Ich werde auf jeden Fall weiterüben. Da ich sehr wissbegierig bin, sauge ich alles in mich auf, was an so einem Kurstag gesagt wird. Das war eine ganze Menge Information, die sich jetzt erst setzen muss. Am schwierigsten an der ganzen Sache ist, finde ich, alles abzuschirmen, außen vor zu lassen, was um einen herum ist, Geräusche zum Beispiel. Und die Pferde reden so schnell, dass ich es kaum schaffe, alles mitzubekommen.

Das erste Pferd, mit dem ich bei Carola sprach, war eine hübsche Stute namens Joffie. Sie war sehr mitteilsam und formulierte kurz und knapp. Sie war anscheinend ein bisschen irritiert darüber, dass sie im Stall sein sollte und nicht auf die Weide durfte.

Ich war immer hellhörig, wenn es um Alternativmethoden aller möglichen Art ging und finde es interessant, neue Sachen auszuprobieren.

Ich bin Carola zum ersten Mal auf einer Chatseite im Internet begegnet, wo sie einen Kommunikationskurs inseriert hatte. Ich biss sofort an, rief sie an, fand, dass sie eine interessante Person sei, und meldete mich stehenden Fußes zum Kurs an. Ich entdeckte bald, dass sie massenhaft Erfahrung hatte, von der ich nur profitieren konnte. Besonders natürlich das, wie man seine Sinne öffnen kann für eine echte und weitblickende, verständige Art und Weise.

Ihr erster Besuch bei mir diente eigentlich dazu, meinen Pferden bei körperlichen Beschwerden zu helfen, da sie sich mit Chiropraktik auskennt. Sie ging all meine Pferde durch und renkte sie wieder ein.

Ich weiß schon seit längerem, dass mentale Kommunikation mit Tieren funktioniert. Ich hatte bereits einmal eine junge Frau, die hier auf Öland arbeitet, gerufen, um die Lösung für ein langwieriges und unerfreuliches Problem bei einem meiner Wallache zu finden, der furchtbare Schmerzen hatte. Sie hat ihm buchstäblich damit das Leben gerettet.

Als ich durch Carola begriff, wie ich selbst zu Werk gehen muss, um mit einem Tier in Kontakt zu treten, und als es tatsächlich klappte (dass ich wirklich kommunizierte!) – das fühlte sich an wie der Hauptgewinn. Ich wollte mich immer für missverstandene Tiere nützlich machen, und *indem ich mit ihnen sprechen kann, geht das nur noch besser. Dafür bin ich Carola wirklich sehr dankbar. Als ich jetzt zum ersten Mal mit meinen eigenen Pferden gesprochen habe und ein Gefühl vom Pferd übermittelt bekam – das fühlte sich einfach fantastisch an."*

Dies sind Erfahrungen nach einem einzigen Kurstag.

Nach diesen paar Stunden wissen auch Sie, wie es geht, wie Sie es anstellen können, selbst telepathischen Kontakt mit Ihrem Pferd aufzunehmen. Was dann kommt, ist die Verfeinerung, das Training – damit man nicht mehr hinfällt mit dem Gedankenfahrrad und das Gleichgewicht behält, auch unter erschwerten Bedingungen.

Anna Ericson schickte mir auch ihre Aufzeichnungen über eine Zwiesprache, die Carola mit ihrer Stute Pearl of Passion („Pärlan") hielt – auf Initiative von Annas Lebensgefährten.

Pearl of Passion (Pärlan)

„Mein Freund wollte, dass Carola mit meinem Hätschelkind sprechen sollte. Sie ist eine Warmblutstute, die ich geschenkt bekommen habe, nachdem sie vorher wegen ihrer Eigensinnigkeit von Eigentümer zu Eigentümer gewandert war. Diese Stute, Pearl of Passion, genannt ‚Pärlan' (Perle) ist meine ganz spezielle Seelenfreundin. Wir passen zusammen wie Topf auf Deckel. Ich liebe sie aus ganzem Herzen, für mich ist sie etwas ganz Besonderes. Sie erzählte Carola, dass sie mich ebenso mag und dass sie täglich mit mir kommuniziere und das immer schon gemacht habe, seit sie den ersten Huf auf meinen Hof gesetzt hat. Als Carola bei Pärlan in der Box saß, um mit ihr zu sprechen, krabbelte ihr Pärlan fast auf den Schoß. Das war fantastisch anzuschauen. Was sie erzählte, war so fein und tiefsinnig, dass mir die Tränen in die Augen stiegen und ich nur noch dachte: Das hier ist mein Pferd – womit habe ich nur dieses Privileg verdient, dass sie hier bei mir sein darf? Hier ist das Protokoll davon, was Pärlan sagte:

‚Ich informiere alle Pferde über die Geschichte des Lebens und bin für alle Wesen hier auf dem Hof wichtig. Der Hof ist nichts ohne mich. Ich erzähle ihnen, wie sie sich zu benehmen haben, und sie veräppeln mich. Wenn ich ihnen nicht nachkomme, dann bin ich irritiert. Ich will sie

einzeln, nacheinander auf der Weide haben, damit ich sie nach und nach in der Schule des Lebens ausbilden kann. Sie fühlen sich sicher bei mir. Weil ich diese Fähigkeit habe, sollten Stuten wie ich viele Fohlen haben. Ich isoliere meine Gedanken nicht, sondern gebe ihnen vor meinen Freunden Ausdruck. Ich führe Kommunikation, gleichmäßig und ständig habe ich Kontakt und werde unruhig, wenn jemand auf den Hof kommt, dem es nicht gut geht, und wenn ich sie nicht treffen kann. Bei mir bekommen sie doch Ruhe und Frieden und Ausbildung im Sinn des Lebens, meine Gene tragen das Wissen vieler Generationen über das Leben und wie Dinge sein sollen.

Als Ausbildungspferd habe ich auch die Verantwortung für Pferde. Darum sollte ich dem Team angehören, das hier Unterrichts- und Reitpferde darstellt. Vor mir liegend habe ich Saisons mit Arbeit, die allen auf dem Hof nützen werden. Ich fühle mich wohl auf diesen Stellen, wo die vorkommenden Energien uns dort wohnenden Individuen Stärke und Balance geben. Das, was war, hat wenig Bedeutung gegenüber dem, was kommen wird. Wir sehen gemeinsam nach vorn, mein Frauchen und ich."

Alles stimmte natürlich, Pärlan ist so unglaublich medial und mitteilsam veranlagt, sehr deutlich zu verstehen. Nach dem Tierkommunikationskurs bin ich meiner Perle nur noch näher gekommen. Ich kann ihre Gedanken besser lesen, als ich es je bei irgendeinem Menschen könnte. Zu meinen anderen Pferden und denen, die zu mir zum Training oder Ähnlichem kommen, habe ich natürlich auch guten Kontakt, aber diese wunderbare Stute Pärlan ist mir im Herzen doch am nächsten.

Ich war alternativen Methoden gegenüber immer aufgeschlossen. Daher finde ich nichts besonders Merkwürdiges daran, was Carola bei meinen Pferden bewirkt und herausgefunden hat."

Wie ich schon erwähnte, hat Anna Ericson nach dem Kursbesuch bei Carola nicht nur für den Hausgebrauch weitergeübt. Sie wird mittlerweile jede Woche zu einem guten Dutzend Hunden und Pferden auf Öland und in der Umgebung gerufen und „arbeitet" nun ebenfalls als Tierdolmetscherin. Hier lesen Sie, wie es weiterging mit ihren Erfahrungen:

„Direkt als ich nach dem Kurs nach Hause kam, ging ich hinaus zu meinen Pferden und Katzen und begann zu kommunizieren.

Ich habe immer nahe bei meinen Tieren gelebt, und sie kamen für mich immer und in allen Situationen an erster Stelle. Da ich keine eigenen Kinder habe, bekamen sie natürlich immer gleichmäßig extra Aufmerksamkeit. Darum fühlt es sich für mich wie eine unglaubliche Chance an, verirrten und missverstandenen Tieren durch die Fähigkeit dieser Kommunikation helfen zu können.

Mein erster Auftrag bei einem fremden Tier war ein Araberwallach, ich hatte selbst darum gebeten, mit ihm kommunizieren zu dürfen. Er war sehr gestresst, unruhig und angespannt. Er erzählte mir, dass er sich nicht im Mindesten wohl fühlte und seinen Freund vermisste. Man muss vielleicht dazu sagen, dass er schneeweiß ist und deswegen immer gemobbt wurde. Nach langem Hin und Her war das Resultat, dass er nunmehr auf meinem Hof ist und sich hier erholen darf. Carola ist hier gewesen und fand massenhaft Verspannungen und verschobene Wirbel. Sie hat ihn gestretcht, soweit sie es wagte. Ich habe ihn einfach im Schritt in der Natur gehen und ansonsten die Arbeit ruhen lassen, damit er ruhig werden und den Stress loswerden konnte. Nach ein paar Wochen ergab das ein feines Ergebnis. Ich bin wirklich sehr nah an ihn herangekommen. Er wird wahrscheinlich zum Verkauf angeboten werden – und ich schätze, ich werde ihn wohl freikaufen, denn ich habe so feine Anlagen und Leistungsvermögen in ihm entdeckt.

Danach ist es richtig ins Rollen gekommen und ich habe mit Hunden, Katzen und Pferden kommuniziert. Alle waren danach froh und zufrieden, sowohl Mensch wie Tier. Das macht mich einfach glücklich. Mein Gedanke im Hinblick auf die Zukunft ist, Healing zu lernen, damit ich weitermachen und mehr über verschiedene Leiden und Wehwehchen lernen kann, die Tiere eventuell haben, und damit sie mir mitteilen können, wo der Schmerz sitzt.

Pferde sind mein Beruf, ich leite eine Reitschule, biete Reittouren und Problemlösungen an. Ich lege besonderen Wert auf Natural Horsemanship, fahre mit meinen schönen Kutschen, kommuniziere usw.

Ich bin vierunddreißig Jahre alt und war nicht auf den feinen schwedischen Pferdeakademien in Strömsholm oder Flyinge, sondern habe in der *harten Schule des Lebens gelernt – mit allem, was das in den Jahren so beinhaltete. Seit neun Jahren beschäftige ich mich mit Westernreiten und reite manchmal Lektionen für die schwedische Nationalmannschaft im Westernreiten. Davor bin ich klassisch geritten, aber ich fand, dass das nicht mehr zu mir passte, weil ich damit nirgendwohin kam."*

Ein Mut machender Bericht. Aber zurück zu Ihnen. Gerade am Anfang fällt es Ihnen vielleicht schwer, sich nicht ablenken zu lassen von allem Möglichen, was um Sie herum vorgeht oder was Ihnen im Kopf herumschwirrt. Es ist schwierig, die Sicherheit zu finden, eigene von fremden Gedanken, von Illusion und Fantasie unterscheiden zu lernen. Ganz abgesehen davon, dass man auch gar nicht all das hören möchte, was man vielleicht mitgeteilt bekommt. Doch diese inneren Sperren und Blockaden sind es, die Sie hindern, mit dem sechsten Sinn ungebremst wahrzunehmen.
Aber das ahnten Sie ja vielleicht bereits.
Und Ahnungen, damit sind wir gleich bei der Sache.
Das kennen Sie, oder? Das Telefon klingelt, da sind Sie bereits auf halbem Weg zum Hörer. Oder Sie wissen schon, wer dran ist, bevor er sich gemeldet hat. Sie denken an jemand Bestimmten, und prompt steht er oder sie vor der Tür, Sie bekommen in der nächsten Minute eine E-Mail oder eben jenen Anruf. Sie legen am Abend ein Buch heraus, das Sie schon vor Wochen einer Person als Leihgabe versprochen haben, die 250 Kilometer weit weg wohnt, und denken sich: „Wäre schön, wenn sie mal zum Frühstück vorbeikäme." Und am nächsten Morgen steht sie vor der Tür – unangemeldet, mit Brötchen in der Hand. Vielleicht schminken Sie sich gerade, als ob Sie ausgehen wollten, haben aber (noch!) keine Verabredung. Denn gerade als Sie sich wundern, wieso Sie sich im Badezimmer überhaupt so aufdonnern und was um Himmels willen Sie da tun, klingelt es an der Haustür. Überraschung ... draußen steht Ihr Date.
Hier beginnt Telepathie. An genau dieser Stelle.
Genauso weiß Ihr Pferd schon lange, bevor Sie den Stall betreten, wie es Ihnen heute geht, mit welcher Einstellung Sie herkommen – und es wird sich entsprechend verhalten.

Wir wollen gemeinsam üben, diese Fähigkeit, die uns von der Natur ebenso mitgegeben wurde wie Riechen, Schmecken, Fühlen, Sprechen und Hören, zu trainieren und gezielt anzuwenden.

Und noch eins verrate ich Ihnen. Als ich zum ersten Mal davon hörte, habe ich genau wie Sie irgendwann gelächelt und zwei Worte gedacht: Schnickschnack und Hokuspokus. Sie denken ähnlich und sind trotzdem neugierig? Prima. Das sind die besten Voraussetzungen. Sie dürfen weiter essen und trinken, was Sie wollen, und Ihre Lieblingskleider tragen. Da wollen Ihnen weder Carola noch ich hineinreden. Und welches Gebiss und welchen Sattel Sie verwenden, das machen Sie am besten mit Ihrem Pferd aus. Denn eins werden Sie garantiert haben, wenn Sie mitmachen: einen geschärften Sinn mehr, den so genannten sechsten.
Seien Sie also bitte mindestens ebenso skeptisch wie ich und trotzdem so offen, es einfach mal auszuprobieren. Vielleicht staunen Sie dann auch genau wie ich. Und lassen Sie sich nicht entmutigen – es ist noch kein Pferdeflüsterer vom Himmel gefallen, geschweige denn jemand, der lernen will, wirklich zuzuhören. Wie beim Erlernen einer neuen Sprache muss man vor allem fünf Dinge: üben, üben, üben, nicht aufgeben, wenn nicht gleich alles klappt, und auch Rückschläge hinnehmen.

Vielleicht erzähle ich Ihnen erst einmal eine kleine Anekdote meiner ersten telepathischen Schritte. Schritte? Das erste vorsichtige und skeptische Krabbeln trifft die Situation besser:
Ich konzentrierte mich, wie ein gutes Dutzend weiterer Kursteilnehmerinnen unter Carolas Anleitung, so angestrengt wie möglich auf einen einladenden Teller Fleischklöße mit Preiselbeeren und Salzkartoffeln. Die Aufgabenstellung hatte gelautet: Stell dir ein leckeres Hauptgericht vor. Bei meinem Gegenüber, das bloß wusste, es geht um Essen, kam folgendes Bild an: Spaghetti mit Tomatensoße. So ging es uns übrigens fast allen an diesem Tag. Egal was die jeweilige Senderin dachte, das Ergebnis war fast immer: Spaghetti mit Tomatensoße. Und warum? Weil eine im Raum sich stärker konzentrierte

als alle anderen und ziemlich hungrig war. Und die dachte nun mal an ihre Lieblingsspeise. Da haben zehn Frauen gleichzeitig Carolas Botschaft aufgeschnappt. Kann ja mal passieren!

Und da sind wir auch gleich mitten in der ersten Krabbelstunde in Sachen Telepathie, in der Sie sich selbst ausprobieren können.

Vorübungen: Gedankenübertragung von Mensch zu Mensch

Bevor wir selbst uns darin üben, mit dem Pferd eine telepathische Verbindung aufzubauen, trainieren wir an eigenen Artgenossen – Menschen. Das hat gleich mehrere Vorteile: Sie können sich gleichermaßen im Senden als auch im Empfangen von Gedanken üben und erhalten nach jedem „Übertragungsversuch" ein direktes Feedback. So können Sie ganz leicht überprüfen, ob die Gedankenübertragung funktioniert hat. Das Phänomen, dass Ihr Gedanke nicht bei Ihrem Gegenüber, sondern bei jemand anderem im Raum ankam, ist übrigens gar nicht so selten. Gerade anfangs werden Sie noch nicht so „punktgenau" senden – und jemand anders hat vielleicht schlicht die stärkeren „Empfangsantennen".

Ein Gedanke ist – ich möchte das hier noch einmal ausdrücklich wiederholen – schlicht und ergreifend eine Vorstellung, ein Bild von etwas. Selbst ein Begriff, ein Wort, ist zunächst ein Bild. Unbewusst haben wir immer Bilder im Kopf – damit malen wir unsere Wirklichkeit. Diese Bilder können unsere Tiere lesen.

Zunächst wollen wir lernen, diese Bilder bewusst zu steuern. Was passiert, wenn Sie das Wort „Stuhl" hören? Höchstwahrscheinlich sehen Sie dann vor Ihrem geistigen Auge nicht das Wort STUHL, geschrieben auf einem weißen Blatt Papier – schwarze Buchstaben in Arial, fett, Zwölf-Punkt-Schrift –, sondern Sie haben ein Bild von einem Stuhl im Kopf. Bei jedem Menschen wird dieser Stuhl ein anderes Aussehen haben, aber wenn Ihnen „Stuhl" ein Begriff ist, werden Sie einen sehen, sich einen in Ihrer Fantasie vorstellen.

Genauso funktioniert Telepathie. Die Voraussetzung dafür ist, bewusst zu lernen, sich etwas vorzustellen, und diesen Gedanken, dieses Bild im Kopf anschließend jemandem zu schicken. Ob Tier oder Mensch ist dabei gleichgültig. Die Gedankenübertragung funktioniert immer auf dieselbe Art.

Sie werden lernen zu unterscheiden, welches Ihre eigene Vorstellung, Ihr eigener Gedanke war – und welchen Sie geschickt bekommen haben. Sie werden den Unterschied mit ein bisschen Erfahrung einfach spüren. Manchmal wissen Sie vielleicht nicht unbedingt auf Anhieb, wer Ihnen einen Gedanken geschickt hat – manchmal finden Sie es vermutlich nie heraus.

Carola Lind hat eine sehr witzige Theorie zu diesem Phänomen von einer „allgemeinen Gedankenwolke":

„Wenn wir einen Gedanken einfach in den Raum stellen, uns also in unserer Vorstellung nicht an jemand Besonderen wenden, hängt dieser Gedanke sozusagen in der Luft und wird Bestandteil dieser Wolke. Dann kann es passieren, dass irgendjemand ihn auffängt.

Wenn Sie zum Beispiel nicht konkret denken: ‚XY, bring mir unbedingt das Buch mit!', sondern ganz allgemein. ‚Hoffentlich vergisst XY nicht, mir dieses Buch mitzubringen', kann Folgendes passieren: Irgendjemand im Bekanntenkreis schnappt diesen Gedanken auf, ruft XY an und sagt: ‚Du, denk dran, das Buch mitzunehmen, wenn du Z besuchst.' Diese Person wird in aller Regel keine Ahnung haben, woher dieser plötzliche Impuls zu dem Telefonat kam – sie wird ihn als eine Art Eingebung empfinden."

Wenn wir einmal darauf achten, stellen wir fest: Wir scheinen ganz oft Gedanken aufzuschnappen – ob sie nun konkret an uns gerichtet sind oder nicht. Das wäre auf jeden Fall eine plausible Erklärung dafür, dass Sie schon im Vorfeld wissen, wer am Telefon ist, wenn es klingelt – weil derjenige an Sie gedacht hat: Ich ruf jetzt mal den Leser an, hoffentlich ist er zu Hause. Sie haben ihn mit Ihren Antennen „denken hören".

Diese Antennen, diesen sechsten Sinn, gilt es also zu trainieren wie einen Muskel beim Sport.

Nestor Olympia, Traber, zwanzig Jahre alt

Seine Besitzerin, Renée Ruchart aus Kalmar, sagt:

„Ich habe schon vorher daran geglaubt. Ich habe schon immer an solche ‚eigenartigen‘ Dinge geglaubt. Ich dachte: Warum nicht? Anstatt zu denken: Warum? Im Vorfeld wusste ich bereits, dass Nestor dieses riesige Ego hat. Aber ich wollte das gern mal dokumentiert haben. Ich wollte wissen, ob er fühlt, wie viel er mir bedeutet. Das wusste er wohl. Er gehört mir ja schließlich schon seit zehn Jahren. Danach fühlte sich das gut an. Alles stimmte und fast schon zu genau.“

Und das hier hat Nestor erzählt:

„Ich bin groß. Frauchen und ich komplettieren uns dergestalt, dass ich ihre Fehler aufdecke. Ich bin stark. Nicht nur physisch. Ich weiß, was ich kann. Mein Frauchen kann richtig zornig werden. Sie kann auch mit dem Fuß aufstampfen. Sie mag das Nachtleben. Ihre engen Freunde sind ihr wichtig, der Rest ist ihr egal.
Ich bedeute ihr viel. Auf mich ist sie stolz. Ich kann machen, dass ihr warm ums Herz wird, aber auch dass sie zornig wird oder enttäuscht. Ich kann springen, auf den Vorderhufen im Wald. Das Haus, an dem wir vorbeireiten können, ist schön. Dann gerät mein Frauchen ins Träumen. Die Wahrscheinlichkeit, dass eine neue Blütezeit für mich kommt, ist gewiss klein.
Ich bekomme zu wenig Futter und manchmal sonderbares Heu.
Ich will meine Pferdefreunde fühlen, sonst will ich sie gar nicht haben.
Ich habe mich dumm benommen mit einem auf dem Rücken, da habe ich Furcht gefühlt.
Ich und mein Frauchen sind uns ebenbürtig, wir verstehen uns genau.
Sie atmet ein bisschen zu schnell. Der kleine Stall ist besser, aber das helle Pferd ist hässlich und riecht krank.
Es geht ein kleiner Pfad beim Acker rein, da kann man rennen.
Manche denken, dass ich hübsch, aber falsch bin. Ich kann mich so bewegen, wie ich soll. Aber manchmal will ich einfach nicht.

Der neue Sattel, was ist denn mit dem los?
Ich halte meine Sachen gern in Ordnung, und ich entspanne mich nicht
richtig, aber ich fühle mich wohl auf der Weide.
Menschen sind dumm, wenn sie glauben, dass sie mit mir nicht klarkom-
men können. Sie bauschen die Sache auf. Sie dürfen Tricks anwenden.
Ich kann auf den Hinterbeinen gehen, das habe ich bewiesen.
Ich will keine schmutzigen Sachen haben, das mag ich nicht.
Ich mag es nicht, zu schwitzen, und ich mag es nicht, nass zu sein unter
der Decke.
Ich mag das nicht, was sie unter die Hufe macht, und ich will in der Box
auf etwas stehen, was man essen kann.
Ich will kleine Obststücke haben und keine ganzen Äpfel. Zu viel Süßes
ist nicht gut. Gebt mir mehr Raufasern."

Grundsätzliches zu den Übungen

Sender und Empfänger

Fangen wir also an, den sechsten Sinn zu trainieren.
Für diese Übungen sollten Sie zu zweit sein, damit Sie Ihre Ergebnisse vergleichen, Ihre Fortschritte beobachten und Erfahrungen austauschen können. Einer verkörpert den so genannten „Sender", der
andere den „Empfänger". Die Bedeutung dieser Rollen erklärt sich
von selbst: Der Sender schickt einen Gedanken an den Empfänger.
Sender ist, wer eine Vorstellung, ein Bild übermittelt. Der Empfänger nimmt dieses vom Sender entgegen. Einigen Sie sich im Vorfeld, wer die Rolle des Senders und die des Empfängers übernimmt.
Sie sollten auf jeden Fall beide Parts trainieren und immer wieder
tauschen.

Umgebung

Prinzipiell können Sie telepathisch üben, wo und wann immer Sie
wollen. Gerade zu Beginn werden Sie es als Erleichterung empfinden, wenn Sie mögliche Störfaktoren ausschalten, also alles was Sie
eventuell ablenken oder in Ihrer Konzentration behindern könnte.

Das Telefon sollte nicht unbedingt jeden Moment klingeln oder jemand zur Tür reinrennen. Und den Fernseher machen Sie bitte auch aus. So etwas können Sie sich später jederzeit als Schwierigkeitsstufe zur Steigerung auferlegen. Mit einem jungen, neuen Pferd gehen Sie ja auch nicht gleich ohne Trense ins Gelände, sondern üben erst mal allein in der Reitbahn.

Wenn ich mir überlege, unter welchen Bedingungen Carola Lind es manchmal in den belebten Reitställen schafft, die Konzentration zu halten – Hut ab! Da verlieren andere schon „verbal" den Faden.
Carola und viele andere Tierdolmetscher schwören auf Meditation und autogenes Training als Konzentrationsübung. Denn den meisten von uns fällt es anfangs schwer, „fremde" Bilder nicht nur im Kopf entstehen zu lassen – sondern auch eine Weile zu halten ohne gleich wieder zu eigenen Gedanken abzuschweifen.
Setzen Sie sich also am besten einander gegenüber auf bequeme Stühle oder Sessel. Locker, entspannt, bequem. Achten Sie nur auf eins: Keine Hände, Arme oder Beine verschränken – die Körperhaltung sollte offen sein. Auch das unterstützt Sie und hilft Ihnen dabei, sich nicht selbst zu blockieren.

Die Gedankenbrücke

Die Gedankenbrücke ist eine Art imaginärer Transportweg, über den das, was Sie oder Ihr Gegenüber denken, transportiert wird. Klar, Worte senden Sie über Mund und Stimme aus, und über die Ohren kommt die Botschaft an. Für Telepathie brauchen Sie eine andere Möglichkeit, einen mentalen Weg. Deswegen ist die Gedankenübermittlung zu Beginn anstrengend und fordert Ihre ganze Vorstellungskraft. Aber keine Panik: Das alles ist ausschließlich eine Frage des Trainings.
Ausgangs- und Endpunkt der Gedankenbrücke ist Ihr drittes Auge – das Stirnchakra, jener Bereich mitten auf der Stirn also, genau zwischen Ihren Augen.
So bauen Sie die Gedankenbrücke: Stellen Sie sich einen Lichtstrahl vor oder ein kleines Stück Gummiband vielleicht oder eine richtige

Brücke, die Ihre beiden Stirnchakras verbindet – Ihrer Fantasie sind keine Grenzen gesetzt. Hauptsache, Sie schaffen eine für Sie stimmige Verbindung. Spüren Sie hin, Sie werden es fühlen, wenn die Brücke „steht". Das kann ein Gefühl von Wärme sein oder von leichtem Druck – jeder erlebt es unterschiedlich. Ich habe nach Seminartagen tatsächlich Menschen gesehen, die vor lauter Kopfarbeit mit einem kreisrunden geröteten Fleck auf der Stirn nach Hause gingen. „Ein richtiges Kabelmal", nennt Carola so etwas lachend.

„Wenn Sie einem Menschen oder einem Tier ein Gefühl vermitteln wollen, etwa einen Eindruck von Zusammengehörigkeit und Zuneigung, können Sie die Gedankenbrücke auch zwischen Ihren beiden Herzchakras schlagen: Schicken Sie einen Lichtstrahl voller Wärme, voll Freude und Liebe hinüber. Es wird Ihre Verbindung stärken."

Zu Beginn jeder Übung schließen Sie die Augen und atmen tief durch. Konzentrieren Sie sich nur auf Ihren Atem, ausschließlich auf das Einatmen. Das Ausatmen lassen Sie einfach geschehen. Ohne Druck. Pressen Sie die Luft also nicht aus sich heraus, lassen Sie sie fließen. Beim Einatmen stellen Sie sich vor, wie Sie sich von der Außenwelt abschirmen. Alle Gedanken, die Sie sonst beschäftigen, bleiben draußen. Sie atmen ein, und während die verbrauchte Atemluft frei aus Ihnen hinausfließt, nimmt sie alle störenden eigenen Gedanken mit. Sie sind ganz leer und offen.

Übung eins: Farbsehen

Sie haben sich darauf geeinigt, wer Sender und wer Empfänger ist. Schließen Sie die Augen und nehmen Sie drei tiefe Atemzüge. Jetzt konzentrieren Sie sich auf eine Verbindung zwischen Ihrem „dritten Auge" und dem Ihres Gegenübers.

So. Der Lichtstrahl leuchtet? Das Gummiband ist gespannt? Sie haben angedockt? Die Brücke ist fertig? Wunderbar! Dann kanns ja losgehen. Geben Sie einander ein kurzes Signal, wenn Sie so weit sind. Und dann: noch mehr Energie. Der Empfänger versucht seinen Fokus darauf zu halten, „leer und offen" zu sein – seine eigenen Gedanken außen vor zu halten. Bitte nicht über den Berg Wäsche zu Hause nachdenken oder was es zu essen geben soll. Achten Sie auf das, was kommt, aber verkrampfen Sie sich nicht.

Der Sender schickt einen Gedanken los. Die erste Aufgabe lautet: Stellen Sie sich eine Farbe vor. Schlicht und einfach eine Farbe. Sehen Sie diese Farbe vor sich, so, wie es Ihnen am besten gelingt. Zum Beispiel Blau: als blaue Wand, als Wort „Blau" in dicken, tropfnassen farbklecksenden Buchstaben, mit dem Pinsel aufgetragen – Blau. Schicken Sie diese Farbe über die Gedankenbrücke Ihrem Gegenüber. Stellen Sie sich genau vor, wie die Farbe ihren Weg über die Brücke nimmt und am Stirnchakra des Gegenübers ankommt.

Was ist beim Empfänger angekommen?

Plötzlich müsste ein Bild in Ihrem Kopf gewesen sein. Der Eindruck einer Farbe – einfach eine Farbe. Auf einmal war sie da. Das Erste, was Sie sahen, ganz schnell und spontan, ohne „nachzudenken", das war der Gedanke Ihres Gegenübers. Wie sah er aus? Öffnen Sie die Augen und vergleichen Sie das Ergebnis: „Ich habe Blau gesehen. Hast du Blau geschickt?"

Übung zwei: Gegenstände

Stellen Sie sich auf dieselbe Weise einen Gegenstand vor. Sie, lieber Sender, entscheiden sich bitte vorher eindeutig, um ein eindeutiges Ergebnis zu erhalten. Nicht: „Ein Ball, ach nee, doch lieber eine Puppe. Oder besser ein Spielzeugauto?"

Fokussieren Sie sich darauf, ein ganz bestimmtes Bild im Kopf entstehen zu lassen von eben diesem Gedanken. Lassen Sie die Augen zu. Stellen Sie sich den Gegenstand genau vor. Kinderleicht, oder? Ja, Kinder haben es in der Tat leichter. Aber auch Sie kriegen das hin, glauben Sie mir.

Bei der Kutschfahrt mit zwei P.R.E.-Zuchthengsten der Finca Can Morató erkannten wir Jilgueros „Uhren": die traditionellen Glöckchen im Geschirr über der Kruppe.

Pferdeglück im Sand: Sich nach Herzenslust wälzen dürfen.

Die Stangenarbeit kann mental soweit trainiert werden, dass der Mensch bestimmt, welches Bein das Pferd als nächstes hebt.

Schicken Sie Ihrem Pferd gedanklich Bilder, wie es ohne Grund zur Aufregung ruhig stehen bleibt. Mit etwas mentaler Übung können Sie ihr Pferd richtig gehend einwickeln!

Wie sieht Ihr Ball aus? Wie groß ist er? Welche Farben hat er? Wie fühlt er sich an? Wie riecht er?

Versuchen Sie, ein möglichst konkretes Bild von diesem Ball zu entwickeln.

In allen Einzelheiten …

Und dann schicken Sie ihn über die Gedankenbrücke dem Empfänger.

Welchen Gegenstand hat Ihnen der Sender geschickt?

Was haben Sie wahrgenommen, lieber Empfänger?

Vergleichen Sie das Ergebnis miteinander.

Und entscheiden Sie selbst, ob Ihre Trefferquote mit Zufall und Wahrscheinlichkeit zu erklären ist.

Sie werden die Erfahrung machen, dass Sie von Übung zu Übung besser werden. Der Trainingserfolg stellt sich schnell ein.

Lernen Sie, konkret zu denken!

Einfachste Grundübung sind natürliche Dinge, Gegenstände. Stellen Sie sich als Sender also zu Beginn Ihrer Experimente mit Telepathie einen Baum vor, eine Blume, ein Haus, ein Auto – irgendeine Sache.

Entscheiden Sie sich rasch und ohne Zögern. Fokussieren Sie sich intensiv auf diesen Gegenstand. Wie sieht das Ding aus, wie riecht es, welche Farbe hat es …? Wie fühlt es sich an …

Je konkreter, je schärfer, je intensiver Ihr Bild ist, desto einfacher hat es der Empfänger. Fokussieren Sie sich! Ja, das strengt an, ich weiß.

Ihr Gegenüber hat es da aber nur scheinbar etwas leichter. Denn in dem Moment, in dem der Empfänger sich von eigenen Gedanken oder von der Außenwelt ablenken lässt, reißt der Faden ab, bricht die Brücke zusammen.

Der Empfänger konzentriert sich einzig darauf, leer, offen und aufmerksam zu sein. Denken Sie an nichts. Auch das ist nicht ganz so leicht, wie es sich im ersten Moment liest! Wenn Sie die Bücher von Douglas Adams kennen, wissen Sie ja, dass schon Götter daran gescheitert sind ihre Gedanken zu kontrollieren. Und das ist nur Literatur.

Vertiefen Sie sich in Ihren Atem. Das kann helfen. Lassen Sie ihn fließen. Atmen Sie bewusst ein und spüren Sie, wie der Atem ganz natürlich wieder aus Ihnen herausfließt.

Tun Sie es einfach, ohne groß nachzudenken. Das blockiert nur. Schließen Sie die Augen und stellen Sie sich vor, wie Sie „aufmachen" – für alles, was da kommen mag.

Huch, ein Gedanke!

Er wird ganz schnell kommen, verlassen Sie sich darauf. In Sekundenbruchteilen. Und sich dann vermutlich schon wieder verflüchtigt haben, genauso blitzartig oder ein wenig langsamer, je nachdem, wie lange Sie beide, Sender und Empfänger, den Fokus schon am Anfang halten können.

Und Achtung, nicht vergessen! Der erste Gedanke, der dem Empfänger buchstäblich in den Sinn kommt, das erste Bild, das Sie plötzlich und unerwartet vor Ihrem geistigen Auge sehen – das ist wirklich bereits die Übertragung.

Das wars schon? Ja, das wars schon. Es ist tatsächlich so. Es geht gedankenschnell. Unglaublich flott eben. Telepathie ist nun einmal die direkteste Form der Kommunikation – von Gehirn zu Gehirn, ohne Umweg über Stimmbänder, Augen und diverse Gehörknöchelchen.

Im Bruchteil einer Sekunde taucht ein Gedanke, ein Wort, ein Bild in Ihrem Kopf auf, das nicht Ihr eigenes Konstrukt ist.

Wetten?

Daran erkennen Sie, dass es eben nicht Ihre überschäumende Fantasie ist oder Ihre Vorstellungskraft, sondern wirklich ein „fremder" Gedanke: Es ist die allererste Assoziation, das allererste Bild, der allererste Gegenstand, das allererste Wort, das wie aus dem Nichts auftaucht.

Egal wie unsinnig dieser erste Gedanke Ihnen erscheinen mag, lassen Sie sich darauf ein und merken Sie sich dieses Gefühl, diesen Eindruck. So fühlt es sich an: Das ist sie, die Telepathie.

Die Analyse kommt später. Die ersten Schwierigkeiten kommen gleich.

Problem, Problem

Aha, Sie haben „Grün" gedacht und „Blau" kam an? Na, immerhin wars eine Farbe! Immer langsam mit den jungen Pferden. Auch das ist schon ein kleiner Erfolg. Sie haben „Auto" gedacht und „Flugzeug" wurde empfangen? Na, immerhin sind Sie schon mal gemeinsam bei der Kategorie Verkehrsmittel gelandet.
Alles fauler Zauber, Sie argumentieren mit Wahrscheinlichkeitsrechnung und Zufall?

Na, wer wird denn gleich aufgeben. Diese Art des Fokussierens will gelernt sein. Ich glaube, ich erwähnte das bereits am Rande.
Was erwarten Sie denn? Wenn es so einfach wäre, würden ehrliche Hellseher und reiche Mumpitzscharlatane nicht so schwer voneinander zu unterscheiden sein.

Bei den ersten Übungen während Anfängerseminaren ist es sehr oft so, dass beispielsweise ein roter Ford gesendet und ein blauer Mercedes empfangen wurde. Ich dachte an eine junge Birke mit Frühlingslaub auf einer Wiese – mein Gegenüber schwor Stein und Bein, eine alte Eiche im Schnee gesehen zu haben.
Was ist da passiert? Mitunter stellen sich die spannendsten Dinge heraus. Dann nämlich, wenn jemand anders plötzlich ruft: „Aber, das war doch MEIN Auto." „Den Baum hatte ICH mir doch vorgestellt!"
Das heißt: Die Gedanken wurden ganz richtig gesendet und empfangen – nur ein bisschen unkontrolliert, was die Genauigkeit anging. Manche Menschen sind einfach sensibler und „gedankenstärker". Sie empfangen oder senden auf Anhieb besser als andere. Mit ein wenig Übung kann sich das allerdings im Verlauf eines Kurstages ganz schnell ändern.

Lassen Sie sich aber auch nicht entmutigen, wenn wirklich niemand Ihren blauen Käfer empfangen hat – wer weiß, wo er gelandet ist. In der allgemeinen Gedankenwolke am Ende? Und vielleicht haben Sie sich wirklich noch nicht intensiv genug konzentriert. Richtig zu fokussieren, das fällt einem nicht in den Schoß. Schon gar nicht, während man noch mit seinen eigenen Zweifeln, mit Nervosität und Aufgeregtheit kämpft.

Wenn Sie sich nicht sicher sind, dass Sie es können, müssen Sie auch mit einem unsicheren Ergebnis rechnen!

Später werden Sie sehen, dass Sie sich sogar Situationen vorstellen können, von denen Sie erreichen möchten, dass sie wirklich geschehen: Üben Sie, besser zu fokussieren. Das ist mehr als simple Konzentration. Das heißt, dass Sie Ihr Anliegen wirklich in den Brennpunkt Ihrer Gedankenkraft rücken: Sehen Sie, fühlen Sie, wie es sein wird, wenn die Situation, das Ziel, das Sie sich wünschen, eintreffen wird. Ihre Zufriedenheit, das Glück, die Wärme, das komplette positive Erleben. Versetzen Sie sich ganz und gar da hinein. Nehmen Sie dieses positive Gefühl mit.

Das Training beginnt im Kopf. Und ich sage Ihnen, es gibt sogar so etwas wie Muskelkater hinter der Stirn. Kann gut sein, dass Sie aus dem Eifer des Gefechts auch mit einem roten Fleck auf der Stirn hervorgehen – einem schon erwähnten Kabelmal – oder mit bleierner Müdigkeit, Erschöpfung pur. Freuen Sie sich: Da sehen Sie, was Sie geleistet haben. Sie machen hier nämlich hochkonzentrierten Denksport, den Sie auf diese Art bestimmt noch nicht absolviert haben. Nicht wahr?

Übrigens neige ich glücklicherweise überhaupt nicht zu Kopfschmerzen. Selbst ein Kater äußert sich bei mir eher in Kreislauf- oder Magenbeschwerden. Aber nach meinem allerersten Kurstag bei Carola hatte ich Kopfschmerzen.

Daran merken Sie, dass Sie wirklich etwas tun. Auch wenn das erste Ergebnis Sie vielleicht noch nicht umgehauen hat. Abwarten. Das kommt noch. Also gleich noch einmal. Und noch mal.

Und machen Sie es sich bitte nicht unnötig schwer am Anfang. Sagen Sie ruhig Ihrem Gegenüber: Ich stelle mir einen Baum vor. Das hat nichts mit Mogeln oder Vorsagen zu tun. Es wird schwierig genug sein, zu „sehen", WIE dieser Baum aussieht, WAS FÜR

EINER der Ihre ist: Ob es ein knorriger Wacholderbusch oder eine schlanke Birke ist – mit Schnee auf den Zweigen oder bunt gefärbtem Herbstlaub.

Wenn diese Dinge, wie z. B. Bäume, Tiere, Häuser – alles, was wir mal so unter Schwierigkeitsstufe eins packen können –, nach ein paar Übungen schon ganz gut klappen – und das werden sie! –, dann lüften Sie erst einmal das Zimmer ordentlich durch, gehen Sie ein paar Minuten an die frische Luft und beschäftigen Sie sich mit etwas anderem. Besänftigen Sie den kleinen Hunger zwischendurch, schauen Sie mal im Stall nach dem Rechten oder gehen Sie mit dem Hund raus. Der wird sich freuen, und Sie entspannen sich ein bisschen. Zu jedem Sport gehören Lockerungsphasen – auch zum telepathischen Gehirnjogging.

Meditation

Vermutlich wird es Ihnen gerade zu Beginn sehr ungewohnt und schwierig erscheinen, auf diese Art zu fokussieren und den Kopf tatsächlich für ein paar Minuten am Stück „leer zu machen". Autogenes Training und Meditation können hier unterstützend einiges bewirken. Bei der folgenden Meditation handelt es sich um eine geführte Gedankenreise. Sie soll Ihnen helfen, den Kontakt mit sich selbst zu verstärken, sich in Ihr Innerstes zu vertiefen und Telepathie leichter empfangen zu können. Dem Grundgerüst dieser Meditation (die Texte sind von Carola Lind) werden Sie später noch einmal begegnen: Es ist ein Baustein für jede Art mentalen Trainings (vgl. Seite 155 im gleichnamigen Kapitel). Die Inhalte, wohin die Reise gehen soll, was Sie fokussieren möchten, bestimmen Sie selbst.
Tipp: Nehmen Sie den Text am besten auf eine Kassette auf. Sprechen Sie langsam, mit kleineren Pausen dazwischen, oder bitten Sie einen Bekannten, dessen oder deren Stimme Ihnen angenehm ist, dies für Sie zu tun. Dann können Sie das Band jederzeit abspielen, wenn Sie meditieren möchten. Probieren Sie aus, ob Ihnen dazu

völlige Ruhe angenehm ist oder ob Sie leise Musik bevorzugen. Klassik, indianische Klänge, spezielle Meditationsmusik gibts in jedem Esoterikbuchladen.

„Schließen Sie die Augen.
Nehmen Sie drei tiefe Atemzüge.
Konzentrieren Sie sich auf Ihren Scheitel. Fühlen Sie, wie die Energien Ihren Scheitel erwärmen.
Lenken Sie die Energien weiter in Richtung Hals und Nacken. Fokussieren Sie Ihren Nacken. Fühlen Sie, wie die Energien Ihren Nacken erwärmen.
Fokussieren Sie Ihre Handflächen. Fühlen Sie, wie Ihre Handflächen warm werden.
Lassen Sie die Energie weiterfließen zu Ihren Oberschenkeln. Spüren Sie, wie Ihre Beine warm werden.
Konzentrieren Sie sich auf Ihre Stirn. Spüren Sie, wie Ihre Stirn warm wird.
Jetzt konzentrieren Sie sich auf Ihren Bauch. Lenken Sie alle Energien hierhin. Lassen Sie alle Energie in Ihrem Bauch zusammenkommen. Fühlen Sie, wie er warm wird.
Fokussieren Sie Ihre Füße. Fühlen Sie, wie Ihre Füße warm werden, wie alle Energien in sie hineinströmen.
Fühlen Sie, wie Sie ganz und gar angefüllt sind mit purer Energie, die sich in Ihnen bewegt, Sie wärmt und in Ihrem Körper fließt.
Fokussieren Sie Ihr Stirnchakra. Stellen Sie sich vor, wie ein blaulila-farbener Strahl sich mild ins Stirnchakra hineinbohrt und wie Gold aus dem Chakra herausglitzert.
Fühlen Sie, wie warm es hinter der Stirn wird.
Nehmen Sie drei tiefe Atemzüge.
Lassen Sie Silberdrähte aus Ihrem Stirnchakra wachsen und schicken Sie diese aus an alle Tiere auf unserem ganzen Planeten. Schaffen Sie einen wunderbaren Kontakt mit dem Stirnchakra dieser Tiere und sehen Sie, wie alle Tiere in dunklem Blaulila leuchten. Indigo.
Lösen Sie sich selbst in Atome auf. Lassen Sie jeden einzelnen Teil von sich Kontakt bekommen mit allen Individuen, die sich auf unserer Erde bewegen.

Schweben Sie in einer indigofarbenen Ewigkeit und genießen Sie das Dasein, das Gefühl teilhaben zu dürfen an aller Information, die Sie mitteilen möchten.

Fühlen Sie sich von Herzen geliebt von allen Tieren, fühlen Sie eine starke Anziehungskraft, die vor Gold und Wärme leuchtet. Sehen Sie, wie die warme goldene Kraft alle Ihre einzelnen Teile erleuchtet.

Sammeln Sie sich wieder zu einem Ganzen zusammen.

Fühlen Sie sich wie ein ganzes, starkes und reifes Individuum.

Fühlen Sie sich gesund, stark und im Einklang mit dem All.

Spüren Sie, wie Sie mit diesem Gefühl leben.

Spüren Sie das Gefühl, ganz zu sein und gebraucht zu werden.

Sie wählen selbst, mit welchem Tier Sie Kontakt bekommen wollen. Sie verschließen sich für die Tiere, an denen Sie kein Interesse haben. Heißen Sie jene Tiere von Herzen willkommen, für die Sie ein Gefühl entwickeln, zu denen Sie sich hingezogen fühlen. Sie spüren und sehen einen klaren Kontakt zu den Tieren des Universums.

Riechen Sie den Duft aller Tiere dieser Welt. Schließen Sie diesen Duft in Ihr Herz.

Spüren Sie das Gefühl, alle Tiere dieser Welt zu sein. Schließen Sie dieses Gefühl in Ihr Herz.

Sehen Sie das Universum mit den Augen der Tiere. Schließen Sie in Ihr Herz, was Sie sehen.

Seien Sie Sie selbst. Gesund, ganz und stark, mit einem leuchtenden Stirnchakra in Indigoblau, das zu wunderbarem Kontakt einlädt.

Nehmen Sie drei tiefe Atemzüge.

Zählen Sie langsam bis zwanzig.

Kommen Sie zurück ins Jetzt und Hier.

Klären Sie ihre Gedanken und schreiben Sie gern auf, was Sie erlebt haben!"

Sie werden merken, je öfter Sie diese oder ähnliche Gedankenreisen antreten, desto intensiver wird das Erlebnis. Strengen Sie sich nicht an, etwas sehen oder erreichen zu „müssen" – lassen Sie einfach geschehen, was geschieht, und lassen Sie die Gedanken fließen.

Übung drei: Komplexere Dinge

So. Frisch gestärkt und genug Sauerstoff in den grauen Zellen? Dann machen wir es uns ein bisschen komplizierter.

Jetzt geht es um Ihre Leibspeise (gilt aber nur, wenn Ihr Gegenüber diese nicht kennt und Sie Ihr Lieblingsessen nicht zufällig gerade eben gegessen haben!). Sie können sich auch für eine Jahreszeit oder ein Land entscheiden.

Des Pudels Kern ist schlicht: Bei der Schwierigkeitsstufe zwei wird es abstrakter.

Bei Schwierigkeitsstufe drei wird es noch komplexer, weil Ihr Gedanke, lieber Sender, gar nicht mehr gegenständlich ist: Jetzt könnte es sich beispielsweise um einen Herzenswunsch, eine Angst, ein Ziel im Leben handeln. Oder vielleicht darum, worauf Sie sich am Ende des Tages freuen.

In meinem Fall war es schlicht und ergreifend mein kleines, in Schweden gemietetes Häuschen im Wald, keine zweihundert Meter zum Meer. Ich stellte mir vor, wie ich den Waldweg hinunterfuhr, meinen Wagen vor der Holzterrasse parkte, ausstieg und tief Luft holte, bevor ich hineinging.

Was soll ich sagen. Ich war absolut perplex, als die Frau mir gegenüber, die ich zum ersten Mal in meinem Leben gesehen hatte, die folglich keine Ahnung hatte, wie und wo ich wohnte, plötzlich von dem idyllischen Wald schwärmte, von einem roten Sommerhäuschen und einem roten Auto, das davor parkte. Und nicht genug damit: Sie war etwas irritiert, weil es in ihrer Vorstellung so komisch gerauscht hatte … Ja, das war wohl das Meer, das man tatsächlich dort bei etwas Wind als permanente Geräuschkulisse hat.

Noch ein Beispiel? Gern.

Diesmal war ich Empfänger. Die gestellte Aufgabe von Carola lautete: Herzenswunsch.

Ich war schon ziemlich verzweifelt. Denn mit diesen Bildern in meinem Kopf konnte ich rein gar nichts anfangen. Erst sah ich einen Tiger im Urwald. Dann verschwand der plötzlich und machte dem Bild eines kleinen Anwesens inmitten von erntereifen Feldern Platz, bei dem meine erste Assoziation war: Da könnte man gut alt werden.

Während ich Kopf schüttelnd versuchte zu beschreiben, was ich gesehen hatte, traten meiner Senderin Tränen in die Augen. Sie hatte sich gewünscht, dass ihr Lebenspartner sehr alt werden möge, in seiner ganzen Kraft, und sie gemeinsam in Ruhe und Frieden ihren Lebensabend verbringen könnten.

Ich fand es faszinierend.

Aber zurück zu Ihnen. Brummt Ihnen der Schädel?

Und Sie haben auch schon Rollen getauscht?

Manchmal kann es sinnvoll sein, auch den Platz im Raum zu tauschen, wenn mal gar nichts mehr geht. Als ich auf der gemütlichen blauen Holzbank in Carolas Wohnzimmer saß, kam kein einziger Gedanke bei mir „richtig" an. Auf dem Stuhl daneben klappte es wunderbar – warum auch immer. Erdstrahlen vielleicht, mutmaßte meine geduldige Lehrerin.

Experimentieren Sie, lassen Sie sich nicht beschränken oder verunsichern. Und dann merken Sie ganz schnell:

„Um das Gefühl zu verstehen, musst du es gefühlt haben."

Aufhören! Hier ist die Notbremse

Sie haben den Stein ins Rollen gebracht. Ihre telepathischen Fähigkeiten, die schon immer in Ihnen geschlummert haben, sind aufgewacht und gähnen vielleicht noch ein wenig müde vor sich hin. Aber sie recken und strecken sich bereits und bald sind sie quicklebendig.

Kann gut sein, dass Sie irgendwann gern die Notbremse ziehen möchten. Für manches Tier sind Sie vielleicht ebenfalls der erste

Mensch in seinem Leben, der es versteht, der ihm zuhört, bei dem seine Gedanken ankommen. Da wird es vielleicht zum Plappermaul, das nach Jahren eines fremdbestimmten Schweigegelübdes gar nicht mehr aufhören will. Dann dürfen Sie getrost Nein sagen. Darum halten wir es durchaus für wichtig, Ihnen als Nächstes das Bremspedal zu zeigen – bevor Sie mit dem Wagen auf der Gedankenautobahn zum Überholen ansetzen.

Für den Fall, dass Ihnen die Vorstellung unangenehm ist, quasi als „offenes Buch" durchs Leben zu laufen, geben wir Ihnen eine kleine mentale Übung mit an die Hand, wie Sie lernen können, sich abzuschirmen.

Sie halten es jetzt vielleicht noch für lächerlich, aber Sie werden die Erfahrung machen, dass Sie auch eine ganz neue Empfängnisbereitschaft für Gefühle und Gedanken von anderen entwickeln.

Das kann bei sensiblen Menschen sogar dazu führen, dass Sie sich in Kaufhäusern, wo Sie mit den unterschiedlichsten Energien von Menschen konfrontiert werden, unwohl fühlen.

Oder wie eine Kursteilnehmerin mitten in der Nacht Carola anrufen und sie bitten: „Sag deinem Pferd, es soll aufhören! Es redet und redet und redet. Ich höre es ständig in meinem Kopf plappern. Und ich will schlafen!"

Wenn Sie Telepathie üben, öffnen Sie eine Tür zu Ihrem Inneren. Hier zeigen wir Ihnen, wie Sie die wieder zukriegen, damit Sie nicht unfreiwillig in einem Zustand der „offenen Tür" leben.

Es kann sinnvoll sein, das nun folgende kleine Ritual in Ihr tägliches Leben zu integrieren wie die morgendliche Dusche. Und das ist sogar ein durchaus geeigneter Ort, es auszuführen:

„Um sich vor ungebetenen fremden Gedanken oder Gefühlen zu schützen, erinnern Sie sich daran, dass jeder von uns seit Anbeginn der Zeit einen eigenen Stern hat, oben am Himmel.

Lassen Sie von Ihrem Stern Licht auf sich herabregnen. Stellen Sie sich vor, wie dieses weiße, strahlende Sternenlicht Sie schützt und eine sichere Blase um Sie herum bildet, wie eine perfekte Glasglocke.

Das ist Ihr ‚Aus'-Schalter."

Telepathie zwischen Mensch und Pferd

Die Sache mit dem Feedback

Die Vorübungen der Gedankenübertragung zwischen zwei Menschen dienten für uns vor allem einem Ziel: Auf diesem Weg erhalten Sie ein direktes Feedback. Kam Ihr Gedanke so an, wie Sie ihn fokussiert hatten? War es das, was Sie senden wollten, und hat Ihre Konzentration ausgereicht? Hat der Empfänger die Gedankenbotschaft genauso erhalten, wie Sie sie losgeschickt hatten? Sie haben ein Gefühl dafür entwickelt, wie es sich anfühlt?

Wenn Sie beginnen, mit einem Pferd oder Hund oder einem anderen Tier telepathisch zu kommunizieren, sind Sie anfangs vielleicht unsicher, ob eine beabsichtigte Reaktion nun Zufall war oder ob eine Nachricht richtig ankam.

Ich habe mich das jedenfalls oft gefragt – und das tue ich mitunter heute noch. Es kann bestimmt nicht schaden, sich ab und an zu hinterfragen und die Fähigkeiten zu überprüfen: Setzt sich mein Hund nun hin, weil er auf meinen Gedanken („Sitz!") hört, den ich ihm zu übermitteln versucht habe? Oder setzt er sich nur, weil er neugierig ist und erst mal abwarten und beobachten will, warum Frauchen mit gerunzelter Stirn so eindringlich guckt.

Stehen meine Pferde deshalb so erwartungsfroh am Weidezaun, weil sie mein Auto schon von weitem gehört haben – oder haben sie wirklich meine Nachricht erhalten: Ich habe leckere Äpfel besorgt, lade sie gerade ein und bin jeden Moment bei euch.

Ich habe mich auch schon regelrecht angeschlichen und, den vollen Futtereimer in der Hand, am Tor stehend darauf gewartet, dass die beiden sich aus dem Nickerchen im bequemen Offenstall erheben. Voller Konzentration habe ich mir vorgestellt, dass sie mich „rufen" hören und um die Ecke biegen.

Was passierte, war Folgendes: Sie kamen tatsächlich. Völlig verschlafen lugten plötzlich zwei Pferdeköpfe um die Stallwand – und pesten wie von der Tarantel gestochen keine halbe Sekunde später erst einmal drei Galoppsprünge über die Weide, um dann freudig brummelnd zu mir zurückzutraben. Wir haben uns alle drei furchtbar erschrocken. Die beiden wohl darüber, dass ich da wirklich stand, und ich, weil sie tatsächlich reagierten.

Was Jilguero auf dem Herzen hatte

Anne-Lee Skarlen ist vor vier Jahren mit ihrem Mann Björn und den beiden Kindern Melinda und Jessica von Schweden nach Spanien ausgewandert. Vor einem Jahr erfüllte sie sich dann einen lang gehegten Wunschtraum. Sie kaufte sich einen andalusischen Hengst: den siebenjährigen Jilguero, der schwer zugänglich, ziemlich wild und unbändig war, teils sogar unberechenbar wirkte. Anne-Lee suchte gezielt übers Internet nach alternativen Methoden und jemandem, der mit ihrem Pferd sprechen könnte. So stieß sie auf ihre Landsmännin Carola. Wenige Monate später lud sie uns beide ein, sie in Barcelona zu besuchen und Jilguero zu behandeln. Hier ihre Schilderung:

„Es fing also alles damit an, dass ich hier in Spanien mit meinem Pferd saß, das alles das verkörperte, was ich nicht haben wollte. Ich hatte keinen Hengst gewollt und schon gar keinen rohen, denn Anfänger war ich ja selbst, verglichen mit all den Profis um mich herum. Was ich von allen Seiten zu hören bekam, war, dass ich einfach nur hart mit ihm umgehen sollte. Das konnte es doch nicht sein! Er war wirklich kein Musterknabe – doch ich sah nur seine guten Seiten und dass es nicht an ihm lag, wozu er sich entwickelt hatte. Ich versuchte alles Mögliche, und wir machten sachte Fortschritte. Die Lösung war, die richtige Mischung aus verschiedenen Alternativen zu finden, und ganz bestimmt nicht die Art, wie vorher mit ihm umgegangen worden war. Schnell, hart und ohne auf seine so deutlichen Zeichen zu reagieren, dass er ja wollte, aber nicht konnte. Er kämpfte grundsätzlich, statt nachzugeben. Ich musste genauso ankämpfen gegen alle guten Ratschläge und Warnungen.
Aber es fehlte trotzdem noch einiges, und da ich offen bin für alles, suchte ich nach weiteren Alternativen.

Carola hat eine fantastische Homepage mit der Aufforderung: Ruf mich
an, und ich helfe, so gut ich kann. Das habe ich getan und wir waren
gleich auf derselben Wellenlänge. So hilfsbereit und offen, positiv und sie
sprühte nur so vor Energie am Telefon, dass sich das natürlich alles lösen
ließe! Ich habe ihr auch Fotos von Jilguero geschickt. Sie nahm Kontakt
zu ihm auf und schickte mir einen Brief, in dem sie das Folgende schrieb:

,Jilguero sagt, dass er die Uhren stressig und nervig findet. (Siehe dazu
auch das Foto auf S. 103 oben). Er ist im Grunde seines Herzens ein sehr
liebes Pferd, dem es außerordentlich leicht fällt, Signale zu lesen, und der
nahezu überempfänglich ist für Eindrücke, was man denkt, fühlt, wie
und warum. Er ist sehr neugierig darauf, was du sonst so machst, wenn
du nicht bei ihm bist, und er mag es, wenn du von deinen Kindern
erzählst. Er liebt Kinder, hat aber Angst, ihnen wehzutun. Er hasst es,
wenn man Bemerkungen über seinen Körper macht, wie er sich von
anderen unterscheidet (darüber hast du mir etwas erzählt, Anne). Er
will genauso sein wie die anderen, sich nicht aus der Masse abheben.
Dies ist eigentlich ein außerordentlich zuverlässiges Pferd, es gibt nicht
viel, was sein Benehmen vom Körperlichen her erklären würde. Er hat
ein paar Probleme mit seinem Schweif, benötigt eine Massage dort. Der
Schweif fühlt sich an der Wurzel steif an und ist nicht vollständig beweglich. Links vorne hat er eine Blockade, das Hufgelenk ist ein bisschen
überanstrengt. Ein Außenband über dem rechten Knie (Hinterhand)
schlupft ein bisschen vor und zurück, ein unbehagliches Gefühl. Jilguero
liebt es, sich zu bewegen, und will sogar in relativ hoher Form arbeiten.
Er möchte gern ein Ziel haben, um darauf hinzuarbeiten, nicht planlos,
sondern mit Überlegung.
Dann erzählt er wieder von den Uhren, die so frustrierend nervig sind. Er
erzählt von den Schultern seines Frauchens, auf die sollst du achten, sie
sind spitz, findet er. Frauchen ist nicht ganz gerade im Rücken. Du
kommst an seinen Seiten nicht gleichmäßig zu ihm durch. Der Mann,
der ihn manchmal reitet, hat einen herrlichen Humor und ein ziemlich
gutes Leben. Er mag den Mann. Der ist frei in seinen Gedanken.
Du, Anne, sollst dich von deinen flüchtigen Bekannten lösen, Jilguero
zufolge saugen sie dich nur aus. Halt dich an die Natur, wo es dir gut

geht, und mach damit weiter, das zu entwickeln, womit du begonnen hast, nicht nur hobbymäßig.

Jilguero möchte dir mitteilen, dass er dich auf seine Art weiterbringt. Indem er dich testet, macht er dich aufmerksam und fördert deine Balance, findet er. Im Ganzen hat das also wenig mit Gemeinheit zu tun.

So sehr er dich auch mag, er kann es nicht bleiben lassen, jeden Reiter zu testen, manchmal auf unterschiedliche Weise. Ihn legen zu lassen, bedeutet nicht, dass er dann aufhören würde, zu testen, aber dass er ein ‚ruhigeres Leben im Kopf‘ bekäme. Er hat keine größere Angst vor einer Kastration, aber auch, da er nicht richtig weiß, was das bedeutet. Er wirkt, als ob er sich schnell langweilt. Er will neue spannende Aufgaben haben, ein bisschen neue Wege gehen, eine neue Geschichte hören, neue Sachen spielen, andere Sprachen sprechen. Er mag die englische Sprache sehr. Das klingt klassisch, findet er.

Er will nicht die schweren Eisen vorne haben, die bewirken, dass er kaum gehen kann. Als Fohlen war er ein bisschen niedergeschlagen. Er will auf dem großen Feld sein und frei galoppieren, fühlen, wie alles einfach weht und wie er Grenzen sprengen kann, das wünscht er sich auf alle Fälle einmal in seinem Leben. Trotz seiner Intelligenz und seines Bewusstseins hat er Momente, in denen er überhaupt nichts versteht, wo er total blockiert und eine weiche, ruhige Anleitung braucht. Dabei dreht es sich um Situationen, wenn er neue Schulen lernen soll.

So weit, Anne! Es ist acht Uhr morgens. Ich habe eine Weile hier gesessen und ein bisschen Kontakt bekommen. Jilguero war bis Viertel nach sieben sehr redselig, dann ist er ‚verschwunden‘. Was ich herausbekommen habe, gibt dir wahrscheinlich keine direkte Antwort, aber wenn du ein bisschen nachdenkst, vielleicht … Was ich empfangen habe, kann zeitlich zurückliegen, hin und her springen zwischen Dingen, die passiert sind, und dem, was in der Gegenwart passiert. Ich hoffe, dass ich damit etwas helfen konnte. Ich werde es bis heute Abend noch ein paarmal weiterprobieren. Mal sehen, ob ich ihn in eine Lücke in meinem Tagesplan quetschen kann. Umarmung, Carola.‘

‚Vieles, viel zu viel‘, erinnert sich Anne-Lee weiter, passte aufs i-Tüpfelchen genau, und das hätte niemals auf ein anderes Pferd gepasst. Es ist *auch einiges dabei gewesen, das ich nicht verstanden habe, aber ich weiß ja auch nicht alles, was er erlebt hat. Doch bei dem, was ich weiß – wie könnte ich da nicht glauben. Es war in großen Teilen so unglaublich exakt. Und Carola unterstützte mich in meiner Haltung, dass er überhaupt nicht dieser wilde, verrückte Hengst war, der nur zur Zucht taugt. Ich war nicht länger einsam. Das allein half uns schon enorm.*

Es war so wunderbar und stärkte wirklich meine Zuversicht, dass ich es mit ihm schaffen konnte. Ich beschloss, weiterzumachen und dabei Carolas Worte im Hinterkopf zu behalten: Hör ihm zu, öffne dich und fühle hin, dann wird es nicht falsch. Folge deiner Intuition. Ich fand daraufhin sogar einen neuen Stall, der meine Wünsche, Pflege und Umgang betreffend, erfüllte und in dem Jilguero seine grüne Weide bekam. Ich machte so weiter, wie ich es für richtig hielt, und hörte nicht auf die Unkenrufe, nahm keinen unerwünschten Rat an. Ich arbeitete mit unterschiedlichen Alternativen und schoss mich nicht nur auf eine allein gültige Lehre ein. Alles wurde so viel besser. Ich geriet an neue, fantastische, hilfsbereite Menschen, die uns in allem, was nur möglich war, halfen. Sogar beim positiven Denken, dass es natürlich gut werden würde, mit ein wenig Geduld und Spucke. Als Carola dann später hierher nach Spanien kam, hätte es nicht besser sein können. Jetzt konnten sich die beiden begegnen, und das war ein außerordentliches Erlebnis. Der Bursche war zu dem geworden, der schon immer in ihm steckte, aber der zu sein er sich nicht getraut hatte. Sicher, sein Pfeffer und seine List sind immer noch vorhanden, und es gibt immer noch reichlich zu tun, aber es geht Tag für Tag voran. Und dabei geht es nur um den Teil seines Wesens, der gerechtfertigt und naturgegeben als Hengst nun einmal in ihm steckt. Carola fand, dass er nicht einen Deut schwieriger war, als ich geschrieben hatte, äußerst nobel, temperamentvoll, Andalusierhengst, der er immer gewesen war, aber der einfach in die falschen Hände geraten war.

Die persönliche Begegnung mit Carola war fantastisch, sie sprudelt wirklich nur so von Energie, ist einfach süß und unkompliziert. Dass sie und Jilguero sich trafen, war herrlich – sie hat genau das richtige Händchen für ihn, und er hat sie auch auf seinem Rücken spielend akzeptiert. Ich erlebte das Ganze so, als ob sie beide total voneinander fasziniert waren. Am ersten Tag hier in Barcelona teilte Jilguero das Folgende mit:

,Die Fantasie spielt mir manchmal Streiche. Ich hatte eine glückliche Kindheit, aber ich musste meine Seele zu früh entblößen, weil ich auf unterschiedliche Weise zur Arbeit herangezogen wurde. Zu früh mit allem kann Stress im Magen verursachen. Viele Pferde haben Magenbeschwerden. Viele hier (in Spanien). Aber in diesem Stall hier ist alles in Ordnung. Routine und feste Punkte. Das ist schön und heilsam. Frauchen ist lieb. Zu lieb – sie muss mehr durchgreifen, aber ich weiß, wo die Grenze langläuft. Ich habe in meinem Leben unterschiedliche Erfahrungen mit verschiedenen Menschen gemacht, sowohl lieben als auch unerfahrenen. Oft vergeuden die Leute Zeit durch ihre Unerfahrenheit. Lernt und versteht! Ich bekomme bei der Arbeit leicht so einen Druck über dem Sprunggelenk. Es geschieht nicht oft, dass ich mich richtig verausgaben darf. Ich brauche das manchmal. Über der Hinterhand benötige ich mehr Muskelmasse, und die Vorderknie haben gerade begonnen sich zu stabilisieren. Die Männer wissen um die Kunst, sie haben aber keine Kenntnisse betreffend des Ausmaßes, wie man die Kunst erreicht. Sie machen oft halbfertige Arbeit, erwarten aber Kunst in hohem Niveau. Wenn sie tüchtig sind und wissen, wie wir Kunstwerke als fertiges Produkt aussehen sol-len, ist es leichter, zu verstehen. Schlimmer ist es mit Leuten, die nicht wissen, wie wir fertig ausgebildet aussehen sollen oder wie man Kunst schafft. Ich vermisse die Weintrauben und den Kaffeetisch in der Ecke. Ich liebe es, zu beobachten, wie Menschen sich aufführen. Am liebsten anderen Menschen gegenüber. Das ist interessant. Ich liebe die Mädchen, aber keine kleinen Kinder und kreischige Frauen. Ältere Männer mag ich und am liebsten solche mit Gebrechen. Ich weiß, dass ich nah dran war, in die absolut falschen Hände zu geraten. Ich hatte einen Preiszettel an mir, der die Summe unterschritt, die Frauchen für mich gab. Frauchen ist eine gute, aber konfuse Frau. Sie sollte sich gestatten, es gut zu haben. Sie hat das getan, was sie gebraucht hat – nämlich sich mal freizumachen. Ich missgönne ihr faule Tage für sich allein nicht. Ich komme klar. Ich habe es sehr gut hier. Ich will lieber Blumen rund um die Weide herum haben als darin. Auf der Weide selbst soll nur Gras sein. Und viel und gutes Wasser. Für die kleine braune Stute habe ich eine Vorliebe. Da verspüre ich Lust. Ansonsten macht es mir nicht so viel aus, dass ich mich nicht fortpflanzen darf. Das scheint nicht so wichtig. Nicht wenn man sich anschaut, dass es

Fürs Foto überdeutlich dargestellt: Um das Pferd körpersprachlich einzu-
laden, näher zu kommen, nimmt Carola bei der ersten Begegnung eine
demütige Haltung ein: „Ich bin dein Freund. Komm näher, wenn du magst."

Einige Minuten später schreitet Jilguero zur
symphatiebezeugenden „Fellpflege".

Wie viele Rettungsleinen brauchen Sie wirklich? Ist Ihr Pferd Ihr Gefangener? Wie wollen Sie da wahre Freunde sein … Diese Hilfszügel und Zusatzinstrumente sind nur ein Bruchteil dessen, was man mir nach dem Pferdekauf für Sunny empfohlen hatte. Ich habe die Sachen nur fürs Foto noch einmal aus der Mottenkiste geholt.

Harmonie vom Sattel aus. Carola zeigt Mimi schon beim ersten Ausritt Richtungswechsel mit Gedankenkraft und reduzierten Gesten an. „Wichtig ist, dem Pferd schon zehn Meter vorher ein Bild dessen zu übermitteln, was es tun soll."

Ungeknebelt und ungefesselt, am langen Zügel wurde meine Araber-Lippizanerstute sehr schnell sehr ausgeglichen – trägt sich und mich trotzdem, und wir haben beide gemeinsam viel Freude.

schon so viele Pferde gibt. Ich mag das Öl, das ich manchmal auf mich bekomme. Das macht mich schön. Das Futter ist gut und das Wasser so einigermaßen. Die Luft ist hier gesünder. Ich mag es nicht, im Auto zu fahren. Das ist eng und stressig. Sonne ist gut für mich und tut gut. Frauchen hat an Schnee gedacht oder wie das Zeug heißt, und dem will ich nicht begegnen. Obwohl ich in der Kälte gestanden habe. Oj, so kalt. Übers Unterbewusstsein lenke ich Frauchen manchmal hierher, obwohl sie sich anders entschieden hat, und dann kommt sie trotzdem her. Ich weiß genau, wann sie herfährt, denn dann plant sie, was sie mit mir machen soll. Aber ich schätze es nicht, wenn sie, statt zu planen, mobil telefoniert. Der Mann, mit dem sie zusammenlebt, mit dem habe ich keinen Kummer. Er findet gleichwohl, dass ich eine Funktion erfülle.'

So weit, was Carola bei diesem Gespräch aufgeschrieben hat. Auch in diesem Text stimmt so vieles … an bestimmten Stellen musste ich herzlich lachen. Die können einfach nur von einem Hengst stammen, besonders die letzte Stelle, über meinen Mann. Genauso würde er sich ausdrücken. Er hat überhaupt kein Interesse an Pferden, aber eine Funktion hat Jilguero, und zwar, dass ich glücklich bin. Das bin ich – dadurch, dass gerade er meinen Weg kreuzte und dass es eine Carola gibt, die Mittel findet, zu helfen und zu zeigen, wie sensibel diese wunderbaren Tiere sind und sein können. Wenn wir uns nur gestatten, ihnen zuzuhören, und daran glauben, dass wir es können. Zu tun, was wir fühlen, und dass man nichts anderes glauben muss als das, was die innere Stimme uns eingibt. Sicher gibt es Menschen, die deutlicher hören, auch auf einem bedeutend höheren Niveau. Ich sage nur: glückliche Carola! Wirklich ein Erlebnis, das ich nicht hätte missen wollen. Es ist so wunderbar gewesen, mitzuhelfen und mit Jilguero als Fotomodell für die spanische Seite des Buches assistieren zu können, und er fand das wohl auch toll. Die Massage hat er sehr geschätzt. Carola vergöttert die P.R.E. (pura raza español) genau wie wir alle und Pferde an sich sowieso, denn sie sind wirklich einzigartige Wesen. Was uns weiterhin anbetrifft, so sieht es ganz so aus, als ob Jilguero glücklich ist, er macht sich physisch wirklich gut. Carola war zufrieden, als sie ihn durchgesehen hatte und die kleinen Fehler, die er hatte, regulieren konnte. Er hatte eine kleine Entzündung im Bug, und im rechten Sprunggelenk lagen die Sehnen falsch. Sie beseitigte die Probleme so *leicht, und ich brannte darauf, ihn am Tag drauf arbeiten zu sehen. Carola bewies unglaubliches Gespür und Wissen, sowohl die äußeren als auch die inneren Organe betreffend und auch das Skelett – und das nicht nur bei Jilguero. Meine Reitlehrerin, Rosa Llobet, bat Carola, sich ihr deutsches Dressurpferd anzusehen. Der Masseur, der bei uns im Stall arbeitet, war auch dabei. Es ging darum, auf die Probe zu stellen, was Carola finden würde. Sie fand genau dasselbe wie Jordi und noch ein bisschen mehr: Beispielsweise, dass die Nieren zu wenig arbeiteten und dass die Reiterin zwei Sättel benutzte, das Pferd aber den einen vorzog. Das Ergebnis war eine sehr überraschte und frohe Eigentümerin. Rosa, eine sehr tüchtige Frau, war mächtig beeindruckt, genau wie ich. Wir verbrachten einen schönen Nachmittag, und Carola konnte auch von Jordis Arbeit und Fähigkeiten profitieren. Er hat eine hervorragende Ausbildung und ist sehr geschickt. Sie konnten Erfahrungen austauschen, und das war Gold wert für alle. Jilguero und ich sind heute so glücklich und zufrieden. Die langatmigen Tage falscher Behandlung liegen lange zurück. Er hat anderes zu denken bekommen und wird meinem Plan, einfach noch besser zu werden, mit einer guten Einstellung folgen. Ich höre zu, so gut ich kann, alles wird gut werden und Carola treffen wir gewiss wieder. Und ich glaube, das möchte sie auch gern."*

So weit Anne-Lees Erzählung. Am Ende der Woche, nachdem Carola den P. R. E-Hengst täglich mit Massage und Stretching behandelt hatte, war die Entzündung im Bug ebenso verschwunden wie die Beschwerden an der Hinterhand. Carola sprach noch einmal mit ihm und übermittelte die offen gebliebenen Fragen Anne-Lees. Sie wollte mehr über seine Vergangenheit wissen, vor allem, was es mit den rätselhaften Uhren auf sich hatte, die er ein paarmal erwähnt hatte. Ob ihm etwas fehlte, sie mit ihm auf dem richtigen Weg war, und nicht zuletzt, ob er gern mit einer gewissen Schimmelstute, mit der sie liebäugelte, Fohlen zeugen würde. Jilguero gab zu Protokoll:

„Ich kann mich manchmal einfach nur wundern über die Neugier, was verschiedene Sachen angeht. Die Leute glauben, dass ich so empfindlich wäre. Lasst mich doch Pferd sein. Ich bin ein Pferd. Ich habe gern Gesellschaft. Es ist gut hier. Das Leben ist gut. In Gesellschaft bin ich zufrieden. Ich bin an Sachen gewöhnt und an die Bekleidung über der Hinterhand

und das stört nicht. Ich kann das da. Ich bin stark, aber ruhig. Das liegt im Blut. Wenn die Uhren klingeln, bin ich frustriert und unruhig, und es macht keinen Spaß mehr. Vermutlich würde es ohne besser gehen, aber ich habe so Angst davor, Schaden anzurichten. Ich habe nichts gegen Leinen an den Beinen und ich bin das absolut gewöhnt. Das hübsche Gebiss war gut geplant und für mich eingekauft, aber das hängt da sicher immer noch. Ich bin stark. Fünf Menschen wollen meine Besitzer werden. Der ältere Mann war still und stark. Ich will nicht mit dem kleinen klimpernden Ding ziehen, es soll ruhig sein und weich und groß. Ich habe Angst vor den großen weißen Vögeln. Die erschrecken mich.

Frauen sind manchmal zu viel für mich, wenn sie es gut meinen. Ich möchte gern rot sein, denn wenn ich etwas Rotes trage, bin ich stolz und hübsch. Ich will nachts nicht draußen stehen und kein gegorenes Futter fressen. Meine Hufe sind ganz schön lang gewesen, aber mit Eisen. Mein Schweif hat gejuckt und gescheuert. Die Innenseiten meiner Hinterbeine waren rau. Ich möchte nicht mit irgendwem befreundet sein, nur mit denen, die mein Ich anregen können. Sonst spielt es keine Rolle. Ich weiß, dass die Frau stark ist. Ich weiß das alles, aber der Respekt ist da und hört nicht auf. Es wird gut. Sie ist gut. Ich fühle keine Notwendigkeit, Nachkommen zu haben, aber doch klar, ich will schon. Ich habe an einem Ort gelebt, ganz oben, den schmalen Pfad hinauf, der eigentlich zu eng für ein Auto war. Komische Lampen da. Ich möchte keine lebhafte Gesellschaft auf der Weide haben, die nur immer herumredet. Lasst mich allein auf der Weide, das ist okay, ich bin es ja gewohnt."

Das Rätsel der Uhren löste sich von allein. Er hatte Carola ein Bild gezeigt, in dem er als Kutschpferd einen Wagen zog. Da wir tags zuvor das in der Region übliche Geschirr in Aktion erlebt hatten, konnten wir ihn gut verstehen: lauter kleine Glöckchen quer über der Kruppe, die bei jedem Schritt fröhlich bimmelten.

Die großen weißen Vögel konnten wir nicht mit Sicherheit enttarnen. Meinte er Möwen? Tauben?

Wenn ich mir überlege, wie er sich auszudrücken pflegt und wie geräuschempfindlich er ist, bin ich mittlerweile überzeugt, dass es sich eigentlich nur um Flugzeuge handeln kann.

Wundermittel Telepathie?

Gedankenübertragung macht keine Wunderpferde – und auch keine Wunderreiter. Je mehr Sie üben, desto sicherer werden Sie, eingebildete von echten Reaktionen zu unterscheiden. Sie werden Erstaunliches erfahren. „Unmögliches" geschieht sofort – Wunder dauern etwas länger.

Rechnen Sie übrigens auch damit, dass Sie Dinge erfahren werden, die Sie vielleicht gar nicht wissen wollten. Nicht alle Pferde haben eine wunderbare Jugend hinter sich. So mancher Vorbesitzer hat vielleicht Dinge getan, die Ihnen die Tränen in die Augen treiben, wenn Sie sie plötzlich bildhaft vor sich sehen.

Wenn Sie ähnlich gute Antennen entwickeln wie die meisten Kursteilnehmer, kann es Ihnen auch passieren, dass Sie Gefühle, Schmerzen oder sogar Geschmackserlebnisse empfangen können. *„Ich habe einmal einen ganzen Abend mit Milch, Pralinen, allem Möglichen gegen den Grasgeschmack angekämpft, den mir eine Stute vermittelt hat. Sie war sehr begeistert von ihrer neuen Weide und wollte das mit mir teilen."* Immerhin nett gemeint, oder?

Sicher kann Ihnen Telepathie helfen, Missverständnisse zu klären oder Rätseln auf den Grund zu gehen, die Ihr Pferd Ihnen bisher vielleicht aufgegeben hat. Das funktioniert vor allem in einer Richtung gut: wenn Ihr Pferd der Sender ist und Sie der Empfänger sind. Umgekehrt kann es mit dem gewünschten Ergebnis vor allem hapern, wenn Sie übers Ziel hinausschießen. Ein Pferd bleibt immer ein Pferd. Es denkt wie ein Pferd, nicht wie ein Mensch. Es ist durch Reflexe und Instinkte genetisch gesteuert, die sein Überleben als Beute- und Fluchttier möglich machen und gewährleisten sollen. Vergessen Sie das nie.

Natürlich können Sie sich hinstellen und Ihrem Pferd rational erklären, dass es vor dem Hund des Nachbarn keine Angst zu haben braucht, weil der gar nicht aus dem Grundstück herauskann. Wenn dieser Hund sich aber jedes Mal wieder ganz gemein anschleicht, hinterm Zaun versteckt und, wenn weder Sie noch Ihr

Pferd damit rechnen, bellend hervorspringt – ja, würden Sie sich denn nicht erschrecken und zur Seite springen, wenn Sie Pferd wären und in Ihrer Erbmasse aus gutem Grund die Furcht vor Pferdefleisch fressenden Caniden einprogrammiert ist? Ach, Sie erschrecken sich auch als Mensch, wenn die Töle so unvermittelt losbellt? Ja, und was erwarten Sie dann von Ihrem Pferd?

Ein Erlebnis, das mich tief beschämt hat, möchte ich Ihnen auch nicht verheimlichen – nur so für Ihren Hinterkopf. Es ist noch gar nicht lange her, als ich im Auto mit Hund und Sattelzeug zum Offenstall fuhr. Mit dabei hatte ich Zeitdruck, Sorgen, privaten Kummer und die Hoffnung, hier abschalten zu können – den Kopf voller Dinge also, die mit den Pferden überhaupt nichts zu tun hatten und mich „dicht" machten, mir die Ohren verstopften. Was Wunder, meine beiden sensiblen Lehrmeister stellten sich an, gaben sich ungewohnt zickig. Porky ließ sich partout nicht einfangen, machte sich einen Spaß daraus, immer knapp außerhalb meiner Reichweite vor dem genervten Frauchen mit Halfter und Strick abzuhauen. „Wenn du so weitermachst, lass ich dich hier!", drohte ich an. Und fing tatsächlich so etwas auf wie: „Lass uns besser alle beide hier!" Ha, der wollte nur nicht allein auf der Weide bleiben, grummelte ich, ohne wirklich darüber nachzudenken. Außerdem hatte ich eh geblufft. Nie würde ich eines meiner Pferde allein auf der Wiese lassen, und das wusste der alte Räuber ganz genau. Trotzdem hatte ich keine Lust auf Spielchen. Ich schickte ihn meinerseits weg und versuchte mich interessant zu machen, indem ich mich stattdessen mit Sunny beschäftigte. Freudig bellend sprang und tobte derweil meine junge Hündin Lillepuss um uns herum. Ein neues Spiel? Wer läuft wem nach? Wenigstens eine, die hier Spaß hatte! Ich versuchte ruhig zu bleiben, putzte meine Stute, gab ihr auffällig laut und übertrieben lobend Leckerlis, Orangen und Bananenstücke – Lieblingskost also. Und was machte Sunny? Blieb zwar engelsgleich stehen (ich binde meine Pferde nie an zum Putzen) und genoss die Streicheleinheiten, Striegel, Bürste, Leckerlis, Orangen, Bananenstücke – ließ mich aber nicht ihre Hufe säubern.

Ich stutzte. „Was soll das denn bloß?", fragte ich immerhin direkt – auch wenn ich nicht wirklich eine ernst zu nehmende Antwort erwartete. „Das mit dem Reiten ist heute wirklich keine so gute Idee", schoss es mir in den Kopf. Und was tat ich statt hinzuhören? Ich schüttelte den Gedanken als hausgemachtes Hirngespinst ab, fluchte in mich hinein und fragte mich statt meine Pferde, was das denn nun bitteschön alles zu bedeuten habe und ob denn heute völlig der Wurm drin sei, wo ich doch sowieso völlig im Stress war. „Auch du mein Brutus!", so fühlte ich mich. Dann setzte ich sogar noch einen drauf. Nach dem Motto: „Okay, nur spaßeshalber und um zu unterscheiden, ob dieser Gedanke von dir kam, Sunny, oder ob meine Fantasie mir einen Streich spielt: Wenn du wirklich meinst, dass wir nicht reiten gehen sollen, dann könnt ihr beiden ja mal kräftig über die Weide toben. Auf Rodeo hab ich nämlich wirklich keine Lust, das wisst ihr ja. Dann lassen wir das mit dem Ausritt eben für heute."

Prompte Antwort: „Haha, ich würde ja gern, glaub mir. Geht aber nicht. Das ist es doch. Begreif es endlich!"

Na bitte – kein Pferd tobte. Sunny sah mich nur aus großen, geduldigen Augen an und weigerte sich weiter, mir die Vorderhufe zu geben. Ich wendete mich wieder Porky zu. Der ließ sich immerhin nun putzen, weigerte sich aber ebenso standhaft wie Sunny, mir die Hufe zu geben. „Jetzt kapier es doch, du hörst uns doch, nun nutz es auch, was du gelernt hast!", schimpfte es in meinem Kopf und ich wähnte mich einzig und allein ziemlich überarbeitet.

Doch dann – endlich – begriff ich, was los war. „Sch…, das Eisen! Oh Gott, tut mir Leid!", entfuhr es mir. Und ob Sie's glauben oder nicht, wie zur Bekräftigung stupste Sunny mich in diesem Augenblick an und seufzte tief. In dem tiefen Boden war mir bis dahin entgangen, dass sich meine Stute ein Eisen am Vorderhuf halb abgetreten und verbogen hatte. Der Huf war zwar nicht verletzt, aber das schiefe Eisen schien ihr doch Probleme beim Auftreten zu machen. Darum also latschte sie so „frühjahrsmüde" und unlustig im Auslauf herum. Darum hatte sie mir die Hufe nicht geben wollen. Und Porky hatte ebenfalls versucht, mir auf die Sprünge zu helfen.

Wie peinlich! Das mir! Eine Gratislektion in: Zuhören will gelernt sein. Ich hoffe sehr, dass der Lerneffekt dauerhaft ist. Unser wunderbarer Schmied war keine Stunde später zur Stelle. Am nächsten Tag haben Porky, Sunny und ich einen herrlichen Ritt genossen. Und ich bekam acht frisch geraspelte und berundete Hufe so freiwillig, schnell und stolz wie selten präsentiert.

Wille, Wunsch, Wurm und Zufall

Ebenfalls nicht unterschätzen sollten Sie den Keine-Lust-Effekt. In dem Fall können Sie senden und senden und auf Empfang schalten, wie Sie wollen – es liegt nicht immer an Ihnen!
Der eigene „tierische" Wille ist manchmal tierisch stark!
Dann scheint trotz aller Übung einfach der Wurm drin. Sie haben keine Ahnung, ob Ihre Botschaft ankam oder nicht – es kommt einfach keine Reaktion. Stand die Brücke? Steckte der Stecker? War die Verbindung gestört? Nicht unbedingt: Auch Tiere haben mal keine Lust. Wenn sie nicht immer auf Worte oder Gesten gehorchen, warum sollten sie es dann auf Gedankenbefehle tun?
Nur weil man etwas hört und versteht, heißt das ja noch lange nicht, dass man dieselbe Meinung teilt oder entsprechend reagiert. Anders formuliert: Auch funktionierende Telepathie ist keine Gehorsamsgarantie!
Und somit kein Allheilrezept gegen beißende Hunde, scheuende oder buckelnde Pferde. Allerdings hat schon so mancher Reiter endlich eine unverhoffte und überraschende Erklärung für das Gebaren seines Pferdes auf dem Reitplatz oder im Gelände erhalten. Und manches Pferd hat selbst schon wertvolle Tipps zur eigenen Heilung beigetragen.

Ich erinnere mich da an einen Wallach namens Daylight, ein Pensionspferd, das für drei Monate zum Beritt und zur Behandlung im Alternativstall eingestellt war. Daylight träumte davon, endlich wieder auf der Weide herumtollen zu können, zu galoppieren und ins

Gelände zu gehen. *„Aber das tut in den Vorderbeinen weh. Die Ostsee. Das Salzwasser könnte mir helfen. Das gefällt mir gut. Am Strand sein, das mag ich. Und Katzen.* (In jenem Moment sprang gerade eine in die Box. Erst als ich ihr nachsah, bemerkte ich die dicken Bandagen um Daylights Vorderbeine, der sich sofort wieder seinem Heu widmete.) *Lecker. Dieses Heu schmeckt wirklich gut.* (Aha, dachte ich und schrieb fleißig mit. Mein Blick glitt hinüber zu den Frauen vor den anderen Boxen.) *Das war ein netter Tag. Sehr spannend, fand ich.* (Daylight, hast du das gesagt? Mist, jetzt entglitt mir die Konzentration wirklich, fürchtete ich. Ob ich das mit dem Fokus jemals hinbekommen würde?) *Du kannst das, wenn du willst.* (Was?) *Dich konzentrieren, streng dich an.* (Mir brummt der Schädel, ich kann überhaupt keine Gedanken lesen, ich hab nur eine blühende Fantasie. Und mir ist kalt, ich will rein.) *Ja, das ist das Problem mit euch Menschen. Du hast halt kein Winterfell. Mir ist schön warm. Und das Heu ist seeehr lecker."*

Ich habe keine Ahnung, wie es passierte, aber das war zumindest der Dialog, wie ich ihn empfunden habe. Das Geschmunzel und Gekicher in der Runde können Sie sich vorstellen, als ich mit meinem Protokoll an der Reihe war.

Spannend allerdings auch, dass Carola eine ganz andere Sache eine Weile skeptisch überlegte: Nämlich, wie Daylight auf Salzwasser und Meer kam. (Ihr Hof liegt im Landesinneren, in einem sehr bewaldeten, hügeligen Gebiet). Sie stutzte – und dann fiel ihr ein, dass Daylights Besitzer ihr Pferd wirklich vorher am Wasser stehen hatten. Und dass Meerwasser auch bei chronischen Lahmheiten helfen kann. Nun, Daylight bekam seine Salzwasserwickel, die ihm anscheinend wirklich Linderung brachten.

Und manchmal, manchmal passieren sogar so wunderbare Dinge wie dieses. Mein Schimmelchen hat mir einen Wunsch erfüllt, im vergangenen Sommer, zwei Tage, bevor ich nach Schweden aufbrach (und einen, bevor mir die Kniescheibe heraussprang und ich drei Monate nicht aufs Pferd kam). Wir waren bereits auf dem Heimweg eines langen und trotzdem viel zu kurzen Abschieds-

rittes. Unaufhaltsam näherten wir uns dem Abzweig zu dem Feldweg, der uns wieder zur Weide brachte. „Ach, wie schade. Einmal noch galoppieren!", dachte ich, während wir am langen Zügel gemächlich Richtung Heimat trotteten. Sunny bog nicht ab, wie es sonst ihre Art ist – schon zwanzig Meter vorher ordentlich abkürzend und mit leichter Tempozunahme schnurstracks in Richtung der sommerlichen Herdengefährten. Nein. Sie ging ohne einen Blick zur Seite an der Weggabelung vorbei, schnaubte, trabte an und schenkte mir eine Abschiedsrunde auf unserer Lieblingsgaloppstrecke: die nächste links, rein in den Wald, auf den Heidesandweg und ab durch die Mitte. Ich liebe dieses Pferd!
Vielleicht sind das wirklich bloß Zufälle. Darüber lässt sich nicht streiten – oder gerade doch, je nach Standpunkt. Meiner ist: Ich glaube nicht an Zufälle.

Im Schwedischen bedeutet übrigens das Wort „tillfällighet" Zufall. „Tillfälle" – ein sehr ähnliches Wort dagegen heißt Gelegenheit, Chance, Möglichkeit, Zeitpunkt. Schlägt man unter dem deutschen Wort Zufall nach, findet man neben der Übersetzung „tillfällighet" auch die Vokabeln „slump" und „öde". Letzteres wiederum heißt darüberhinaus auch „Schicksal".

Affirmationen und Empfänglichkeit

Was unsere Antennen manchmal blockiert und den Empfang stört

„Tiere sind sehr empfänglich für Signale. Für Ihre Signale. Ihr Tier liest in Ihnen wie in einem offenen Buch. Es kann mit bloßem Auge sehen, was Sie denken. Tiere denken in Bildern. Sie versuchen täglich mit Ihnen zu kommunizieren, schicken Ihnen Bilder, um zu erzählen, zu erklären, ja, ganz einfach, um sich mit Ihnen zu unterhalten.
Wenn wir ängstlich sind, gestresst, uninteressiert, verschließen wir das System, das es ermöglicht, hellhörig, feinfühlig auf die Wünsche unserer Freunde zu reagieren. Das merken Tiere und werden noch hartnäckiger darin, uns Signale zu senden. In Bildern, ihrer vornehmlichen Art zu

reden. Wenn man beharrlich den Signalen seines Tieres keine Aufmerksamkeit schenkt, wird es frustriert (und reagiert wie ein Kind). Tiere können anfangen zu beißen, zu treten, widerspenstig zu werden – die Liste kann man endlos fortführen.

Bestimmt waren Sie schon einmal mit einem Pferd zusammen, bei dem Sie buchstäblich nur denken mussten, und schon hat es Ihnen gehorcht. Zwischen Ihnen gab es eine klare Kommunikation, ohne Blockierungen. Sie haben sich ganz einfach Bilder gesendet, wahrscheinlich sogar unbewusst, ohne es zu merken.

Dieses System ist so raffiniert, dass Ihre Gedanken in Bilder umgewandelt werden, die das Tier lesen kann, und die des Tieres werden umgewandelt in die Art Signale, für die Sie empfänglich sind. Oft sind das Worte, aber auch Geschmack, Gefühle, Wärme und Kälte können wie gesagt wahrgenommen werden.

Sie strömen so sanft und weich in Ihr Bewusstsein, dass Sie es für eigene Signale halten. Mit einigen Wesen kann man sich leichter verbinden, man liegt gleichsam eher auf derselben Wellenlänge, genau wie man es von Menschen kennt.

In Wirklichkeit können Sie schon längst Bilder an Ihr Tier schicken und welche zurückbekommen. Sie erleben das unbewusst bereits Tag für Tag: Nur hielten Sie es bisher für Ihre eigenen Gedanken.

Pferde, ja überhaupt alle Tiere, lieben es, mit uns zu kommunizieren, und finden, dass dies lebensnotwendig ist. Sie suggerieren uns viel mehr, als wir glauben wollen oder können. Die Tiere sind sehr ermüdet, immer nur missverstanden zu werden. Sie begrüßen die „neue Zeit", wie man so leicht dahersagt.

SIE können sich, ALLE können sich einem höheren Bewusstsein öffnen, IHREM Bewusstsein.

Was ist eine Affirmation?

Das ist ein Gedanke mit viel Kraft. Alles beginnt mit einem Gedanken. Wenn Sie jeden Tag einen positiven Gedanken eine Zeit lang im Fokus behalten, werden Sie sehen, dass es so geschieht, wie Sie es sich vorgestellt haben. Das ist eine Affirmation. Konzentrieren Sie sich auf das, was Sie

tun oder haben wollen. Denken Sie NUR positiv darüber. Sehen Sie sich
selbst in verschiedenen Positionen und seien Sie überzeugt, dass Sie es
schaffen. Klar, dass Sie es können!
Glauben Sie daran, dass es funktioniert. Tun Sie es nicht ab, wenn Sie
nicht direkt eine Antwort bekommen, üben Sie weiter. Fokussieren Sie
das, was geschehen soll. Wenn nichts anderes daneben geht, bekommen
Sie das, was Sie sich gewünscht haben, und dann haben Sie ein un-
schätzbares Wissen, an dem Sie andere teilhaben lassen können."

Sich mit dem Pferd verkabeln – Vorbereitungen

Jetzt wollen Sie aber endlich wissen, wie Sie es denn nun anstellen,
selbst mit Ihrem Pferd sprechen zu können, richtig? Kein Problem.
Das nötige Handwerkszeug hatten Sie von Anfang an. In der Zwi-
schenzeit haben Sie gelernt, wie Sie es „am Menschen" einsetzen.
Und eigentlich wissen Sie auch schon, wie Sie es „am Pferd" benutzen können: Es funktioniert in derselben Weise. Kommen wir also
zur Praxis:

Vorbereitung:

Gehen Sie in den Stall oder auf die Weide – suchen Sie eine ruhige
Stelle aus, wo Sie mit Ihrem Pferd möglichst ungestört sind. Wählen Sie eine Tageszeit, zu der das Pferd sich nicht abgelenkt fühlt,
weil es voller Vorfreude aufs Futter lauert oder eigentlich die übliche Zeit für den Ausritt wäre. Wenn es kalt ist, ziehen Sie sich
warm an – oder cremen Sie sich mit Schutzmittel ein, wenn die
Sonne brennt. Das empfehle ich Ihnen nun keineswegs, weil ich
ein besonders mütterlicher Typ wäre.
Bedenken Sie nur alle möglichen Faktoren, die Sie oder Ihr Pferd
später ablenken könnten, wenn Sie eigentlich gerade so schön dabei
sind, mit Ihrem Pferd zu sprechen und alles prima läuft. Mitten in
einer gut laufenden Telepathiesession wäre es doch furchtbar, wenn
Sie plötzlich merken, dass Sie vorher hätten auf die Toilette gehen
sollen, oder etwas in der Art.

Handwerkszeug:

Nehmen Sie sich Papier, eine Schreibunterlage und einen Stift mit. Denn am Anfang werden Sie schriftlich kommunizieren, das ist einfacher. Wieso, erkläre ich gleich.

Ort:

Ob Sie sich zu Ihrem Pferd in den Auslauf oder die Box gesellen, ist Geschmackssache und hängt nicht zuletzt vom Verhältnis zwischen Ihnen und Ihrem Pferd ab. Wenn es neugierig an Ihnen herumgnabbelt und Ihre Unterlage benagt, kann das eventuell störend sein, weil es SIE ablenkt.

Für die Qualität der Gedankenübertragung spielt es jedenfalls keine Rolle, wie dicht Sie dran sind. Was das angeht, so können Sie sich getrost einen bequemen Stuhl oder Heuballen außerhalb der Reichweite Ihres Pferdes schieben und es sich bequem machen.

Wie Tussilago zu seinem Namen kam

Über Primus Hammering – genannt Tussilago (Huflattich)

„Als ich Primus geholt und bei mir zu Hause hatte, machte er umgehend deutlich, dass er mit seinem Namen nicht zufrieden war.

Er gab mir kleine Winks, dezente Hinweise von einem Blumenkranz in seinem Kopf. Er ließ mich eine fein abgestimmte Sammlung verschiedener Blumen riechen, aber besonders eine bestimmte Sorte, die er Huflattich nannte – Tussilago.

Ich bin nicht besonders bewandert in Blumenwelt und Botanik, verstand aber wohl, dass das etwas war, was ihm ganz schön viel bedeutete.

Auf einem der Tierkommunikationsseminare im vergangenen Herbst kam das Thema erneut zur Sprache. Ein junges Mädchen kam zu mir und wurde sogar rot, als sie sagte Primus wolle ‚Tussilago‘ heißen. Behauptete sie einfach so …

Ich lachte und erzählte, dass wir ihn tatsächlich bereits so riefen, unseren Goldjungen. Beim nächsten Kurs, im Dezember desselben Jahres, gab es

noch eine junge Frau, die schon wieder berichtete: ‚Der große Dunkel-
braune da drüben will unbedingt einen Namen haben, der etwas mit
einer Blume zu tun hat!' ‚Frag ihn, ob er Tussilago heißen will', sagte
ich. Und die Frau kam lachend zurück: Ja, genau, das wars, so will er
heißen. Er will sogar Blumen in der Box haben.'
Ich sprach daraufhin mit seiner früheren Besitzerin. Aber sie konnte ab-
solut nicht verstehen, wo er das herhaben könnte, und sah mich äußerst
fragend an, als ich diesen in ihren Augen ziemlich obskuren und abge-
drehten Kommentar abgab.
Egal – wir nennen ihn Tussilago, und damit ist er wirklich vollkommen
zufrieden."

Los gehts

So. Sie sitzen oder stehen an einem bequemen Ort, niemand lenkt
Sie beide ab.

Genau wie vorhin, als Sie mit Ihrer Freundin oder Ihrem Freund
geübt haben, bauen Sie nun wieder eine Gedankenbrücke auf.

Lassen Sie sich nicht aus dem Konzept bringen, wenn Ihr Pferd
nun womöglich nicht wie angewurzelt stehen bleibt und Ihnen
auch nicht tief in die Augen sieht. Das tut es sonst wahrscheinlich
auch nie. Manche Pferde stehen während der telepathischen Zwiesprache scheinbar teilnahmslos in einer Ecke und schauen in die
Ferne. Andere stieren ins Leere, beschäftigen sich gar mit anderen
Dingen oder Artgenossen und laufen umher. Als Fluchttiere sind
Pferde gezwungen, mehrere Dinge gleichzeitig zu können. Das
sichert ihr Überleben.

Carola Lind behauptet gar, dass Pferde in der Lage sind, mit mehreren hundert Artgenossen gleichzeitig Kontakt aufzunehmen. So
erklärt sie zum Beispiel den gleichzeitigen Aufbruch aller Herdenmitglieder, sobald die Leitstute Gefahr signalisiert. Ganz ohne
dass Augenkontakt zwischen allen Pferden möglich wäre, und zu
schnell, als dass ein Dominoeffekt auch das letzte Pferd in Bewegung gebracht haben könnte.

Visualisieren Sie wie in den vorigen Übungen. Stellen Sie sich vor, dass Sie auf Höhe des Stirnchakras eine Telefonschnur zwischen sich haben.

Sie erinnern sich: Diese Telefonleitung, Brücke oder Lichtbahn sitzt zwischen der Mitte Ihrer Stirn und der des Pferdes. Durch diese Verbindung hindurch können Sie ein Bild schicken und umgekehrt auch empfangen.

„Wenn Sie ein Bild an ein Pferd schicken (oder an ein anderes Tier), so geht es dabei nicht um irgendetwas, das Sie herauspressen sollten. Die Gedanken, die Sie denken, liest das Pferd, ob Sie es wollen oder nicht. Es fragt Sie nicht um Erlaubnis. Für das Pferd ist Telepathie eine selbstverständliche Verständigungsweise. Es kann Sie jederzeit so klar ‚hören‘, als ob Sie neben ihm stünden und ihm gezielt etwas ins Ohr flüsterten. Daher geht es eigentlich viel eher darum, dass Sie sich bewusst machen sollen, was Sie denken!"

Was Sie schon immer von Ihrem Pferd wissen wollten ...

... und sich nie zu fragen trauten? Jetzt wollen Sie aber bitte nicht gleich alles auf einmal, oder? Heben Sie sich komplizierte Fragestellungen vielleicht besser für später auf. Wie beim Üben mit einem menschlichen Gegenüber: Klein anfangen. Einverstanden? Gut. Dann los:

Übung:

Schließen Sie die Augen. Lassen Sie die Gedankenbrücke entstehen, schalten Sie auf Empfang. Am einfachsten ist es, dem Tier eine Frage zu stellen, die Sie vorher bereits notiert haben. Entweder laut raus damit oder leise für sich selbst. Halten Sie den Stift bereit und schreiben Sie die Antwort auf. Der erste Gedanke, die erste Eingebung, die Ihnen in den Sinn kommt, hat Ihnen das Pferd geschickt. Wenn Sie es auch für noch so merkwürdig halten – urteilen Sie nicht. Schreiben Sie auf. Direkt da, wo Sie sitzen. Wenn Sie keine Antwort empfangen, pressen Sie nicht mit Gewalt. Gehen Sie weiter zur nächsten Frage.

Halten Sie die geistige Verbindung. Spüren Sie immer noch, dass Sie angedockt haben? Gut. Dann schreiben Sie weiter mit. Deswegen haben Sie ja die Schreibsachen zu Ihrem Pferd mitgenommen. Beispielfragen: Was ist deine Lieblingsjahreszeit? Was frisst du am liebsten? Geht es dir gut? Fehlt dir etwas zum Wohlfühlen? Wie alt bist du? Welche Farbe magst du am liebsten um dich?

Tipp:

Wenn Sie sich ein Pferd ausgesucht haben, das Sie nicht (so gut) kennen – also nicht unbedingt Ihr eigenes –, haben Sie es leichter, sich nicht „in die eigene Tasche zu lügen".

Vorsicht, Falle!

Sie werden merken, dass Sie anfangs schnell Gefahr laufen, alles Mögliche zu vermischen: was Sie sehen, was Sie hören, was Sie ohnehin schon wissen über das Pferd. Jeder von uns macht sich schneller Bilder von etwas oder von jemandem, als ihm lieb oder bewusst ist. Wenn Sie ehrlich telepathisch Zwiesprache halten wollen, müssen Sie das ausschalten und wirklich zuhören. Nehmen Sie nur das auf, was ihnen übermittelt wird.

Bei einem fremden Pferd – dessen Besitzer Sie natürlich vorher um Erlaubnis gefragt haben! – haben Sie außerdem die Chance, Ihre Antworten überprüfen zu können: Fragen Sie doch mal schlicht: Wie heißt du? (Mmhh – nein, die Frage kann nach hinten losgehen. Formulieren Sie besser so: Wie haben deine jetzigen Besitzer dich getauft, wie rufen sie dich? Sie ahnen schon, worauf ich hinauswill: Manches Pferd trägt vielleicht einen anderen Namen, als an der Boxentür steht – vergleichen Sie dazu Tussilagos Geschichte!)

Oder Sie fragen: Was gabs heute Vormittag zu fressen?

Dann kriegen Sie schnell raus, ob Sie fantasiert oder gemogelt haben – oder ob Sie es wirklich geschafft haben.

Zuhören will gelernt sein, vor allem wenn man auf Hilfsmittel wie Ohren verzichtet!

Übrigens: Wir haben die Erfahrung gemacht, dass es auch eitle Pferde gibt. Man munkelt, dass in Pferdekreisen mitunter mit dem Alter kokettiert wird. Also lassen Sie sich nicht ins Bockshorn jagen und behalten Sie im Hinterkopf:

„In derselben Sekunde, in der Sie die Frage stellen, bekommen Sie Ihre Antwort. Tiere sind sehr direkt in ihrer Art der Kommunikation. Der erste Eindruck, den Sie bekommen, das erste Bild, das erste Gefühl, der erste Duft, exakt das Erste, was kommt, das ist das Richtige. Also ebenfalls genau wie in den Vorübungen Mensch zu Mensch.
Nach ein paar Sekunden schon haben Sie zu lange gewartet. Dann schaltet sich Ihr Kopf ein. Sie denken und sind bereits dabei, Ihre eigenen Überlegungen und Fantasien mit hineinzustricken und die tatsächlich geschickten Bilder auszuschmücken – durch etwas, was nichts anderes als ein Produkt Ihres eigenen Kopfes ist.“

Darum ist es auch entscheidend, dass Sie eine Antwort nicht umgehend, noch während Sie „dabei" sind, analysieren und auf den Wahrheitsgehalt prüfen. Sie werden rasch merken, dass der Gedankenfluss sofort gebremst wird oder die Verbindung ganz abreißt, wenn Sie eine Denkpause einlegen. Carola weiß sogar zu berichten, dass eine Gedankenübermittlung ins Stocken geriet, als sie im Geiste eine Rechtschreibdiskussion anfing. Und nicht nur einmal wurde sie dazu gebracht, Worte aufzuschreiben, deren Bedeutung sie später erst im Lexikon herausfand.

Fragen Sie Ihr Pferd doch mal nach seinem Lieblingstraining, dem Weidekumpel … Es wird Ihnen sicher genug einfallen. Gehen Sie bei den Schwierigkeitsstufen ähnlich steigernd vor wie bei den Mensch-zu-Mensch-Versuchen. Fragen Sie erst einfachere Dinge, dann gehen Sie zu komplexeren Inhalten über.
Oft sind selbst die Antworten auf recht schlichte Fragen erstaunlich. Vor allem wenn man verschiedene Kommentare vergleichen kann. Carola Lind schickte ihre KursteilnehmerInnen gern mit einer Liste von drei oder vier Fragen an drei verschiedene Pferde los.

Fast jede Antwort wirft eine neue Frage auf: Pferdedolmetscherin Carola Lind und Redakteurin Karin Müller führten unzählige Diskussionen auf dem Weg zu diesem Buch.

Träumen Sie nicht länger davon, leben Sie Ihren Wunschtraum. Jeder kann die Sprache der Pferde verstehen lernen. Wir finden, dieses wunderbare Geschenk ist die Mühe und Geduld wert, die es kostet, es zu öffnen.

Mentales Reiten setzt Körperbewusstsein voraus. Anne-Lee übt unter Carolas Anleitung, Jilgueros Gliedmaßen im eigenen Körper zu erspüren – in der Bewegung wie im Halten.

Zirkel und immer wieder Zirkel: Das ist ideales körperliches und geistiges Training für Pferd und Reiter.

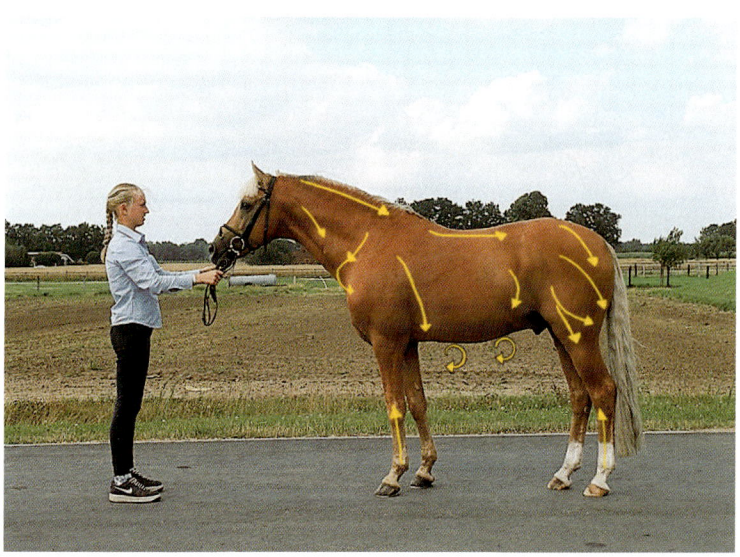

Massage regt den Lymphfluss und somit den Abtransport von Schlacken aus dem Organismus an. Daher ist es wichtig, in Richtung der eingezeichneten Pfeile zu massieren.

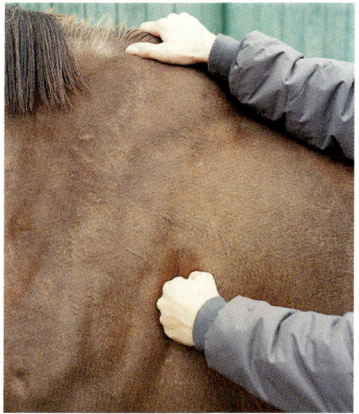

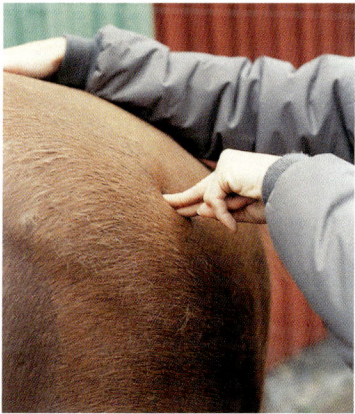

Richtige Massagegriffe sind das A und O. Kompression: Mit sanftem Druck der Faust kneten Sie verhärtete Muskelpartien und erreichen so auch tiefere Schichten des Gewebes.

Akupressur: Auf Knötchen drücken Sie mit einem oder zwei Fingern.

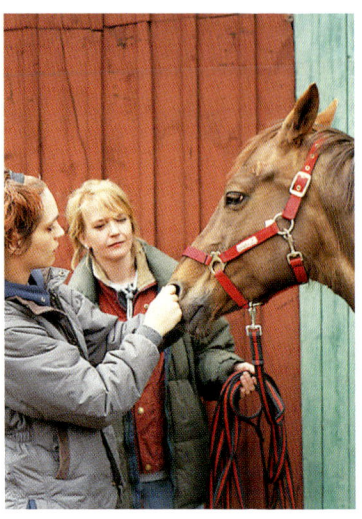

Das wird Ihr Pferd genießen: Vorsichtiges Kreisen und sanftes Anheben des Schweifs, Wirbel für Wirbel. Und zum Abschluss der Massage ein sanft dehnender Zug.

Auch Pferde lieben Gesichtsmassage: Reiben und kneten Sie sanft die empfindlichen Nüstern oder die Innenseiten der Lippen.

Viele unerkannte Rückenprobleme führen zu einem schiefen Becken.

Um zu erkennen, ob die Hüfte des Pferdes in Ordnung ist, muss es gleichmäßig auffußen.

Ich war neugierig, was mir meine drei Kandidaten denn so zum Thema Hufschmied und Beschlag zu berichten hätten.

Robin antwortete lakonisch: „Es riecht halt immer ein bisschen merkwürdig."

Primus Hammering – pardon, Tussilago – erteilte mir eine glatte Rüge: „Schaust du vielleicht mal genau hin: Ich HABE gar keine Eisen." (Erwischt! Darauf hatte ich wirklich nicht geachtet.)

Und Daylight schließlich übermittelte mir ein Bild, eine richtige kleine Szene. Ich sah, wie ein Schmied das Hinterbein anhob, das dampfende Eisen auflegte. Dann wurde gehämmert – Daylight zukkte zusammen und zog den Huf abrupt weg. Das hatte wehgetan! Ich fühlte es beinahe. Doch er sagte nur dazu: „Ich fühle mich ein bisschen unsicher auf den Beinen." Meine Nachfrage ergab, dass es stimmte: Erst vor kurzem hatte der Schmied tatsächlich vernagelt, und zwar jenes Hinterbein, das ich gesehen hatte.

Nächster Schwierigkeitsgrad:

Eine spannende Übung ist es, mit Düften oder Geschmack zu experimentieren. Fragen Sie doch einmal: Wo fühlst du dich besonders wohl? Wenn Ihnen das Pferd ein Bild, eine Szene oder Situation übermittelt, fragen Sie nach: Warum? Wie fühlt sich das an? Entwickeln Sie Fragen aus den Antworten, weichen Sie ab vom vorgefertigten Konzept. Fragen Sie spontan nach, während Sie telepathisch über die Gedankenbrücke verbunden sind.

Noch eine kleine Anekdote gefällig? Das haben die drei auf meine Frage geantwortet, wie sie es denn fänden, heute (an einem Kurstag) mit so vielen Menschen zu sprechen:

Robin:
„Stör uns bitte jetzt nicht. Ich rede gerade mit einer anderen Frau. Das siehst du doch. Sie kann sich sonst nicht konzentrieren."

Tussilago:
„Es ist toll, dass die Leute sich dafür interessieren."

Daylight:

„Ich würde ja lieber rausgehen. Die Sonne scheint so schön. Auslauf. Auslauf! Kannst du mich nicht rauslassen? Will nicht in der Box sein."

Die Erklärung ahnen Sie vielleicht schon: In Carola Linds Alternativstall stehen die Pferde tagsüber grundsätzlich auf die verschiedenen Ausläufe und die Hausweide verteilt. Sie verbringen nur die Nacht im Laufstall oder den Boxen – außer bei absolut ungünstiger Witterung oder eben ein paar Stunden an einem Kurstag.

Komplexere Übung:

Wenn Sie sich einigermaßen sicher darin fühlen, mit vorformulierten oder spontan gestellten Fragen zu arbeiten, gehen Sie dazu über, zu empfangen, was kommt. Schließen Sie die Augen, nehmen Sie drei tiefe Atemzüge, machen Sie sich innerlich leer, während Sie die Gedankenbrücke aufbauen, und schreiben Sie mit, was kommt: Bilder, Worte, Gefühle, Geschmack. So werden Sie immer unabhängiger. Lassen Sie es fließen. Nehmen Sie sich selbst zurück. Seien Sie Medium. Sie sind nur die Hand, die den Stift führt. Was Sie aufschreiben, bestimmt das Pferd.

Mentale Vorbereitung – Tipps von Carola Lind

Am leichtesten wird Ihnen die mentale Kommunikation mit Ihrem Pferd gelingen, wenn Sie sich wie bei einer geführten Meditation in das Geschehen in Ihrem Kopf hineinsinken lassen. Prüfen Sie vorher Ihre Einstellung. Sie sollten ausgeglichen und liebevoll sein – Carola beschreibt das so:

„Für mich ist das Pferd nicht einfach irgendein Tier, das es zufällig gibt. Für mich sind Pferde anbetungs- und vergötterungswürdige Wesen. Ich begreife mich als glückliches Individuum, das die Ehre hat, dem Kern der Liebe so nahe zu sein: dem Pferd. Kein anderes Tier ist so zufrieden mit seiner Familie, kein anderes ist so gerecht. Alles, was während der Begeg-

nung mit einem Pferd mit Ihnen passiert, geschieht aus Liebe: Sie sollen nämlich lernen! Wenn Sie einen Fehler machen, zeigt das Pferd das direkt durch seinen Unwillen. Nehmen Sie diese einzigartigen Unterrichtsstunden für sich an. Lassen Sie es zu. Schmecken Sie es. Fühlen Sie es. Dies sind Ihre Richtlinien, wie Sie sich dem Pferd gegenüber verhalten sollen – bzw. wie nicht.

Manchmal erlebt man schwere Stunden im Leben. Da ist es schön, richtige Freunde zu haben. Richtige Freunde lassen einen nicht im Stich. Haben Sie einmal darüber nachgedacht, wie oft Sie Ihr Pferd im Stich lassen, es enttäuschen und verraten?

Jedes Mal, wenn Sie den täglichen Auslauf oder Weidegang streichen, jedes Mal, wenn Sie am Heu sparen, obwohl es für Ihr Pferd wichtig ist, jedes Mal, wenn Sie auf eine Art Rettungsleine wie Ausbinder, Sporen oder Gerte zurückgreifen. Jedes Mal, wenn Sie das Pferd schlagen, weil die Kommunikation nicht gelungen ist. Jedes Mal …

Versuchen Sie kleine Augenblicke der Nähe entstehen zu lassen, dehnen Sie diese allmählich aus. Machen Sie sich selbst nicht zu viel Druck, unbedingt Erfolg haben zu müssen. Der Versuch, das Bemühen allein genügen für den Anfang voll und ganz!

Setzen oder stellen Sie sich, wie es Ihnen bequem ist, an die Seite des Pferdes. Lassen Sie Ihre Seele, Ihre Sinne ins Pferd eintauchen. Werden Sie eins. Schließen Sie alles andere um sich herum aus. Lassen Sie sich vom Energiefeld des Pferdes umfangen, tauchen Sie in seine Aura ein. Lassen Sie es zu, die Empfindungen des Pferdes zu fühlen. Lassen Sie es zu, seine Gedanken zu sehen. Werden Sie Pferd. Sehen Sie, was das Pferd sieht. Denken Sie, was das Pferd denkt.

Fühlen Sie, wie Ihre eigenen Gedanken ausgefüllt werden von anderen Gedanken, die sich von Ihren völlig unterscheiden. Spüren Sie, wie Sie Teil haben dürfen an Gefühlen, betrachten Sie die Bilder, die in Ihr Bewusstsein strömen. Schmecken Sie die Geschmäcker, die das Pferd vermittelt, weinen Sie seine Tränen. Fühlen Sie in Ihrem eigenen Körper die physischen Beschwerden des Pferdes – es geht zu einem gewissen Grad. Nehmen wir an, das Pferd hat eine Geschichte, die es Ihnen mitteilen möchte. Seien Sie bereit für alles Mögliche, was da kommen mag. Klammern Sie alles, was Ihr eigenes Ding ist, aus, schieben Sie es beiseite und *lassen Sie sich von den Energien des Pferdes umfangen. Heißen Sie diese Flut willkommen und lassen Sie sie zu.*

Fühlen Sie, wie Ihr Bewusstsein mit Informationen angefüllt wird, vielleicht nicht ganz unähnlich Ihren eigenen Gedanken. Aber Sie erkennen diese Bilder doch nicht richtig wieder.

Nehmen Sie jedes einzelne Bild für sich an, schließen Sie es in Ihr Herz. Sie müssen jede einzelne Sequenz verkosten, denn es wird mehr kommen. In dem Moment, in dem Sie versuchen, ein Bild zu überspringen, kommt sofort alles zum Erliegen.

Ich liebe es, das Gesehene in Frage zu stellen, nachzufragen, die Bilder zu erweitern, zu analysieren. Zerpflücken Sie die Bilder in Atome und stellen Sie Fragen zu jedem einzelnen. Pferde lieben das und antworten in den allermeisten Fällen gern.

Schätzen Sie die ankommenden Informationen auf keinen Fall gering. Das wäre dasselbe, als ob Sie das Pferd selbst beleidigen würden. Es teilt Ihnen etwas mit, weil es Ihnen vertraut!

Gehen Sie jeden Körperteil durch, fühlen Sie in sich hinein, ins Pferd hinein. Halten Sie inne. Spüren Sie nach: Gibt es da ein Problem? Wie fühlt es sich an? Was sagt das Pferd?

Fragen Sie nicht den Besitzer, was er für Schwierigkeiten mit dem Pferd hat. Fragen Sie doch direkt das Pferd, was es für ein Problem mit seinem Besitzer hat! Da werden Sie der Sache schon näher kommen.

Notieren Sie gern jedes einzelne Detail, da Sie sich wahrscheinlich hinterher nicht an ein einziges Wort oder Bild erinnern werden, das durch Ihren Kopf geflossen ist."

Wenn Sie erst einmal so weit sind, dürfen Sie sich getrost ultrafortgeschritten nennen. Dann sind Sie schon gut vorangekommen auf dem Weg der Telepathie, der Reise zum Pferd mit dem sechsten Sinn.

Hier noch einmal kurz zusammengefasst, worauf Sie als Anfänger achten sollten: Nehmen Sie Papier und Bleistift mit, wenn Sie zu einem Pferd gehen, um mit ihm zu kommunizieren. Reinigen Sie Ihre Gedanken, stellen Sie sich die Gedankenbrücke vor, halten Sie die geistige Verbindung und schreiben Sie eine Frage auf. Hören

Sie auf zu denken, hören Sie stattdessen zu. Nehmen Sie das entgegen, was Sie in der nächsten Sekunde bekommen. Schreiben Sie
es auf. Überlegen können Sie später. Stellen Sie dann die nächste
Frage usw.
Am Ende fließt es einfach und nach einer Weile brauchen Sie keine
Fragen mehr zu stellen. Sobald Sie angedockt haben, sind Sie mitten im Gedankenfluss des Pferdes. Dafür müssen Sie dann Schnell-
schreiben lernen! Oft sprudelt es aus den Tieren derart heraus, dass
Sie es kaum schaffen, hinterherzukommen. Weil sie sich endlich,
endlich mitteilen können.

Davon kann Lotta Dahl aus Satserup ein Lied singen. Ich sprach mit
ihr, knapp drei Monate nachdem sie einen Tierkommunikationskurs bei Carola mitgemacht hatte:

*„Vor dem Kurs dachte ich, nääähh – das kann ich bestimmt nicht, aber
ich wollte es trotzdem zumindest probieren. Dass andere, zum Beispiel
Carola, mit Tieren sprechen können, davon bin ich vollkommen überzeugt. Während des Seminars, als wir mit den Pferden übten, fing ich
einige Bilder auf, ein paar Sätze und sogar Gefühle von ein paar Pferden. Als wir im Anschluss die Ergebnisse durchgingen, stimmte es wirklich!*
*Ich halte große Stücke auf Carola (ich habe übrigens ein Pferd von ihr
gekauft, Tuffe), sie ist ehrlich und geradeaus und kümmert sich WIRK-
LICH um Tiere!*
*Ich übe hier und da ein bisschen, tue mich schwer, meinen Kopf von
eigenen, nicht zur Sache gehörenden Gedanken zu ‚leeren'.*
*Ich müsste eigentlich wirklich mal mehr meditieren oder einen laaaaan-
gen Urlaub machen, um zur Ruhe zu kommen.*
*Ich habe meinen beiden Pferden Magne (American Standard Bred Tra-
ber) und Tuffe gesagt, dass ich es schwer habe, ihre Gedanken klar zu
empfangen.*
*Seitdem haben sie sich angestrengt, mir Dinge extra deutlich über ihre
Körpersprache zu zeigen – ganz gewiss also, dass sie das verstehen, was
ich sage und denke!"*

Conrad, achtjähriger Wallach, Fjord/Nordschwede

„Mein Frauchen ist total empfindlich. Sie hat es leicht, über die Stränge zu schlagen, was Geduld angeht.

Ich habe viele Kumpels, die mich stützen, aber am liebsten mag ich Mädchen, kleine dunkle Mädchen.

Hunde riechen merkwürdig.

Ich bin von Augen fasziniert. Ich will anderen Individuen immer in die Augen sehen, wichtig für mich.

Ich kann sauer werden, aber nicht sooft.

Frauchen will offenbar umziehen, sie fühlt sich nicht so richtig wohl.

Ich will ziehen, fühlen, wie die Muskeln sich spannen und anstrengen, geritten werden … njein … nur wenn es ruhig und weit ist. Ich kann mich schon von meiner besten Seite zeigen, und als Jungpferd war ich in perfekter Form, sehr hübsch.

Ich will keine geschnittene Mähne haben, ich will den Schweif geschnitten haben, aber nur bis zur Fessel.

Will eine Weile auf meinen Gliedern stehen und darüber nachdenken, ob ich mich irgendwohin bewegen soll.

Und das kleine helle Mädchen ist ja wunderbar.

Katzen sind ein wichtiger Bestandteil, lasst hier viele sein.

Die dunkle Frau mit den scharfen Gesichtszügen ist unfreundlich, aber das ist sie, weil sie müde ist.

Das neue Pony wird traurig sein.

Ich denke viel, will lustige Sachen machen.

Ich will nicht frieren, will nicht nass sein, ich mag Heu.

Will eine weiche Unterlage in der Box haben, will schlafen können. Will einen Salzstein haben, will bei den Fichten sein.

Bin zufrieden mit meinen Hufen, will zu Willen sein, aber trotzdem auch ein bisschen eigenen Willen zeigen.

War himmlisch als Fohlen, aber die sagten, ich hätte eine langweilige Farbe.

Meine Augen sind gut.

Fingert nicht zu viel in meinen Ohren herum.

Frauchen soll viele Katzen haben.“

Conrads Besitzerin, Pia Bergkvist aus Kalmar, schreibt:

„Ich war vorher wirklich skeptisch. Ich glaubte nicht an ‚so etwas‘, bevor ich das Ergebnis gesehen hatte. Aber nach der Behandlung, nach dem ‚Gespräch‘ bin ich ÜBERZEUGT davon, dass es funktioniert. Es hat meine Gefühle total ‚durcheinander gewirbelt‘, als Carola wiedergab, was Conrad gesagt hatte. Alles was er erzählt hatte, stimmte. Jetzt geht es ihm supergut! Er ist glücklich und freut sich des Lebens. "

Telepathische Kommunikation über Entfernungen

Zeit und Raum spielen bei der Telepathie keine Rolle.
Das ist logisch, wenn man einmal darüber nachdenkt. Gedanken brauchen natürlich keine Transportmittel wie Flugzeuge oder Autos, um Distanzen zu überwinden. Wie heißt es im Volkslied so schön: „Die Gedanken sind frei, mit den Wolken zu ziehen …" Ja, und da ist sogar was dran. Gedanken steht kein schwerfälliger Körper im Weg. Das bedeutet schlicht und ergreifend:

„Sie können Kontakt aufnehmen mit Tieren, die Sie kennen, wo auch immer Sie sich befinden und wann immer Sie wollen. Schließen Sie die Augen und stellen Sie sich die Telefonschnur vor, die Sie zwischen sich und dem Pferd spannen. Erstellen Sie Ihre persönliche Gedankenbrücke. Es spielt noch nicht mal eine Rolle, ob Sie sich gerade auf der anderen Seite der Erdkugel befinden. Ihre Tiere haben Sie ja trotzdem in Gedanken bei sich. Sie können die ganze Zeit über Kontakt mit ihnen halten, um zu erfahren, ob alles mit ihnen in Ordnung ist. "
Praktisch, oder? Eine Art Babyphone ohne Strom!

„Seien Sie sich also bewusst, dass Ihr Tier oder Ihre Tiere mit Ihnen permanent in Verbindung stehen und Kontakt zu Ihnen haben, was auch immer Sie tun, wo auch immer Sie sind. Zeit und Raum gibt es für Tiere nicht im selben Sinne wie für uns Menschen. Wir haben diese Dinge für uns und sie geschaffen. "

Kontakt aufnehmen über Fotos

Sie haben bereits erfahren, dass Sie mit einem fremden Pferd (Einverständnis des Besitzers vorausgesetzt) ebenso wie mit Ihrem eigenen Vierbeiner Kontakt aufnehmen können. Sie brauchen dem Tier dabei nicht gegenüberzustehen, müssen keinen Sichtkontakt haben, müssen noch nicht einmal im selben Land sein.

Es kann eine Hilfe für Sie sein, die Gedankenbrücke zu schlagen, wenn Sie in dieser Situation ein Foto Ihrer Pferde betrachten. Die meisten Menschen sind sehr visuell gestrickt. Daher erleichtert ein Bild meist die Konzentration.

Dann müsste es doch eigentlich auch möglich sein, über ein Foto Kontakt zu einem fremden Pferd aufzunehmen?

Sie haben wie immer Recht.

Um Kontakt aufzunehmen, müssen wir natürlich wissen, mit wem wir reden wollen oder sollen. Klar, Sie müssen sich irgendein Bild machen können, müssen schließlich wissen, auf wen oder was Sie sich konzentrieren. Wenn Sie ein Foto in der Hand haben, bekommen Sie eine sehr genaue Vorstellung vom Gegenüber und finden so ganz visuell den Punkt, an dem Sie mit Ihrer Gedankenbrücke anknüpfen wollen. Es spielt eigentlich keine Rolle, wann dieses Foto aufgenommen wurde. Je aktueller, desto besser natürlich, weil es Ihnen erleichtert, eine möglichst genaue Vorstellung des Pferdes zu bekommen. Eigentlich ist das Bild also nichts weiter als eine Konzentrations- und Gedächtnisstütze für Sie.

Nur eins sollten Sie bitte beachten: Bleiben Sie mit Ihrer Fragestellung in der Gegenwart oder Vergangenheit des lebendigen Tieres.

Porky und Sunny – in Gedanken gibt es keine Kilometer

Ich habe die Probe aufs Exempel gemacht und Carola gebeten, von Schweden aus Verbindung zu meinen beiden Pferden aufzunehmen. Sie hatte die beiden bis dahin nie zu Gesicht bekommen, kannte sie nur vom Foto. Sunny ist eine sechzehnjährige Araber-Lippizaner-Stute, Porky ein fast siebenundzwanzigjähriger Trakehnerwallach. Gerade weil ich recht früh die Idee hatte, Carola zu bitten, über Distanz mit meinen beiden „Dicken" zu kommunizieren, habe ich ihr bewusst nie viel über sie erzählt. Erstaunt und gerührt war ich aus ganz anderen Gründen über das Ergebnis. Nämlich wie genau mich meine Tiere kennen.

Sunny:

„Frauchen geht es gefühlsmäßig schlecht. Sie wird von einem Platz zum anderen gewirbelt und weiß nicht mehr, wo ihre Wurzeln sind.
Wenn wir umziehen, soll es ein Ort sein, wo ihr Heim und der Stall von Wald umgeben sind. Wir sind sehr erwartungsvoll wegen dem, was sie gelernt hat. Meine Verspannungen sitzen auf der rechten Seite und der Bug tut weh. Ich will mehr von dem Gelben zu essen haben. Ich will Sonne haben und eigentlich will ich auf der Weide nicht in der Herde gehen.
Ich will nicht so sehr gefordert werden, wenn es mir nicht so gut geht. Ich vermisse das Kleine und ich will die rechteckige farbenfrohe Decke haben und die einfache Trense. Weit draußen entlang des Weges mit dem kleinen Haus und nicht viel weiter – das ist genau richtig als Strecke. Frauchen wartet immer nervös auf die Post. Die ältere Dame ist eine gute Frau, die besser in uns liest, aber sie hat nicht richtig das Interesse, abgesehen davon, dass wir für sie Gesellschaft sind.
Meinem Magen geht es besser als seit langem. Ich kann nicht so lange allzu schnell galoppieren und manchmal bin ich ziemlich stolperig.
Ich möchte ruhige, weiche Hände haben und nicht die piepsige Stimme. Reines, sauberes Wasser ziehe ich vor. Wechselt am liebsten jeden Tag. Das Gras am hinteren Ende ist nicht so gut wie ganz vorn. Der alte Mann riecht nach Schmutz, aber gut und er ist lieb, er kümmert sich um verschiedene Dinge.
Ich möchte die Zweige von den großen grünen Bäumen haben, sanfte Musik im Stall und Wärme. Das Fell ist nicht gut, wenn es klebt, ich will keine feuchten, ekligen Decken haben. Ich möchte es trocken und warm haben.
Frauchen soll nicht unruhig sein wegen meines Todes. Der kommt ruhig und bestimmt. Keine Panik. Ich werde trotzdem bei ihr sein und sie wird

nicht so viel trauern. Ich möchte ein eigenes Fohlen haben, um es auf-
zuziehen, aber ich mag nicht jeden x-beliebigen Hengst. Er soll dunkel
sein, aber stattlich und lange Beine haben. Ich bin manchmal zu klein.
Frauchen bedeutet Geborgenheit. Ich fühle mich wohl bei ihr. Der junge
Hund ist süß, aber anstrengend. Es geht wärmeren Zeiten entgegen, aber
die kleinen Blumen sind bitter."

Porky:

„Ein freundliches, gutes Gefühl kommt. Ein bisschen rangniedriger als
die anderen, kann aber richtig zornig werden. Hat einen Teil Dinge in
seinem Leben gemacht, die schwierig zu lernen, zu verstehen sind. Auch
er selbst versteht sie manchmal nicht. Benehmen in der Herde, Lektionen
lernen, neue Umgebung. Er ist gern sowohl bei dem einen als auch dem
anderen dabei, aber … ja, er ist vielleicht nicht der Cleverste.
Braucht einen Anführer, der ihm genau sagt, was gemacht werden soll
und wie, und das, was er kann, kann er sehr gut.
Er ist lieb Kindern gegenüber, kann aber missverstanden werden.
Er liebt das Leben mit allem, was es beinhaltet, ganz einfach leben
zu dürfen. Er hat keine Forderungen oder Wünsche außer feuchtes, süßes
Futter mit vielen Nährwerten darin. Gutes Gras, wie er es bekommt.
Jeden Tag umsorgt werden und er möchte gern oft geritten werden.
Er zeigt mir schöne Sprünge, die er gern noch einmal ausprobieren
möchte. Er sagt, dass er einmal sehr tüchtig war.
Sogar von der Form her war er sehr schön, mit guter Versammlung.
Er möchte die grobe, dunkle Trense haben, aber den leichten Sattel.
Er hat zwei Lendenwirbel, die nach rechts spannen, einen Wirbel in der
Halswirbelsäule, der nach links spannt, die Außenbänder liegen falsch
über den Knien der Hinterhand und sein Kreuz ist verspannt. Er benötigt eine Schweifmassage.
Er hat ein bisschen Angst vor Transporten. Möchte sich gern überall ein
bisschen wälzen.
Er wird gern und viel gekrault und scheuert sich liebend gern. Möchte
gern viel nahen und engen Kontakt haben und sozial dabei sein, wo
etwas passiert. Frauchen wendet das Seil falsch an, genau entgegengesetzt
der Richtung, wie es soll. Ansonsten hat sie eine feine Körpersprache.

*Weich und freundlich, aber sie kann die Stimme kräftig anheben. Jetzt
möchte ich Ruhe haben."*

Tja. Ich habe nicht schlecht gestaunt, als ich endlich erfuhr, was in
meinen beiden „Dicken" so vorging. Trotz all der Erfahrungen, die
ich bis dahin schon zusammengetragen und selbst gemacht hatte,
fühlte es sich immer noch besonders an. Carola konnte beispielsweise absolut nichts wissen von dem netten älteren Landwirt, der im
Offenstall beim Füttern und Misten half. Oder dass es in unserem
alten Stall bei lang anhaltender schlechter Witterung ein bisschen
feucht wurde, sodass die Decken mitunter tatsächlich leicht müffel-
ten, wenn ich sie nicht alle naselang in die Maschine steckte. Ganz
abgesehen davon habe ich wirklich Angst um Sunny wegen ihrer
Schimmelknoten – und wage es daher nicht, sie decken zu lassen.
So sehr mir das Herz auch dabei blutet, wenn ich mich daran erinnere, wie rührend und aufopfernd sie sich im vergangenen Sommer
um das Fohlen einer Ponystute gekümmert, es der leiblichen Mutter
quasi weggenommen hat! Jenes „Kleine" eben, das sie vermisst. Tja,
und dass mein Porkybär, der mir geschenkt wurde (und hätte ich
ihn ausgeschlagen, wäre er beim Schlachter gelandet), den lieben
langen Tag am liebsten gekratzt und gejuckt werden möchte – ich
habe Carola nie davon erzählt. Ebenso wenig wie davon, dass Sunny
es liebt, bei jeder Gelegenheit Fichten- oder Kiefernzweige abzuzup-
fen. Die Geschichte mit der Post – unglaublich: Die Pferde haben
mich oft genug auf dem Weg zur morgendlichen Fütterung die Post
holen und, während sie ihr Kraftfutter zermahlten, lesen sehen. Mit
netten Briefen fängt für mich der Tag gut an. War der Briefträger
noch nicht da oder ist nichts für mich dabei, bin ich enttäuscht. Die
ältere Dame ist meine Mutter. Die piepsende Stimme war eine frü-
here Reitbeteiligung. Bunte Navajodecke, Sattel, gebisslose leichte
Zäumung – alles Dinge, die wir seit Ewigkeiten haben. Schön zu
hören, dass die beiden damit glücklich sind.
Natürlich kennen wir uns inzwischen so gut, dass Carola hätte
ahnen können, dass ich – stets zwischen Schweden und Deutschland hin- und hergerissen – ein wenig zwischen den Stühlen sitze.

Aber wie eng dies mit der Familiengeschichte zusammenhängt, dass es mich ausgerechnet in den Geburtsort meines verstorbenen Vaters nach Kiel verschlug, um dort schwedisch zu lernen und dass mein Praktikum mich in jenen schwedischen Landstrich führte, woher meine Vorfahren stammen ... Carola konnte nicht ahnen, wie sehr mich diese „Zufälle" beschäftigten. Diese Formulierung mit den Wurzeln und wo sie schlagen? Darüber denke ich nach, wenn ich mit meinen Pferden zusammen bin, denn dann komme ich ein wenig zur Ruhe in all dem Chaos und den Veränderungen der letzten Monate.

Sehr spannend fand ich die Zeitsprünge in dem, was meine beiden Zauseln so beschäftigt. Einiges liegt Jahre zurück.

Dass Porkys Bericht fast ganz aus Carolas Perspektive abgefasst ist, *„ist wirklich sonderbar. So wird es manchmal. Ist eher ungewöhnlich, kommt aber vor"*, erklärte Carola auf meine Nachfrage.

Nachdem ich die schwedischen Protokolle übersetzt hatte, habe ich umgehend eine Physiotherapeutin zu meinen beiden „Verspannten" gebeten. Verblüffend, wie fast alles zutraf: Porkys letzter Lendenwirbel war sogar gehörig verdreht, seine Iliosakralgelenke extrem empfindlich.

Wie mir die Physiotherapeutin bestätigte, führt die Blockade des letzten Lendenwirbels zu einer eingeschränkten Beweglichkeit – und um die zu kompensieren, werden die Kreuzbein-Darmbein-Gelenke überbelastet. Daher der Schmerz. Seine Halswirbelsäule – eine einzige Blockade, und an den Knien fehlte es auch. Folgen eines Unfalls und einer harten Reitschulvergangenheit.

Und Sunny? Tatsächlich lagen Schultermuskulatur und Rücken im Argen – einseitig, wie Carola schon vorhergesagt hatte. (Allerdings das Ganze nicht rechts, sondern linksseitig. Wobei ich meine, dass wir das Pferd einfach von verschiedenen Perspektiven betrachtet hatten). Hierfür sind mehrere Ursachen wahrscheinlich: Hauptsächlich wirkten wohl ein nach einer Hufverletzung erforderlicher Beschlag, der ihr eine andere Stellung abverlangte, der Gewichtsunterschied zwischen meiner damaligen Reitbeteiligung und mir und eine einseitige Belastung durch den gern trödelnden Porky als Handpferd zusammen.

Kann man auch mit toten Tieren reden?

Was mache ich nun aber, wenn mir jemand das Bild eines verstorbenen Tieres untermogelt?

Jetzt wird es doch ein kleines bisschen spirituell. Aber gut: Im Normalfall werden Sie es gar nicht unbedingt bemerken. Das Foto ist eine Momentaufnahme. Als das Bild entstand, hat das Tier gelebt. Ihre Fokussierung ist automatisch auf das lebende Tier gerichtet. Lassen Sie es uns esoterisch gesehen so ausdrücken: Seine Lebensenergie schwingt noch irgendwo in Zeit und Raum. Daher ist es möglich, dass Sie Dinge aus dem Leben dieses Pferdes erfahren.

Und auf mehr sollten Sie sich auch keinesfalls einlassen. Nein, und wenn der Besitzer noch so tief in der Trauerphase steckt und wissen möchte, wo sein Liebling jetzt ist und wie es ihm dort geht.

Sie sind kein Medium, oder?

Wenn wir auf diesem Weg nämlich – nur in der Theorie – jenen kleinen Schritt weiter gehen, stehen wir vor der Frage: Kann ich auch mit einem verstorbenen Tier kommunizieren?

Eindeutig: Ja. Man kann. Carola kann. Ich kann. Und ich tue es nur in absolut seltenen und gut begründeten Ausnahmefällen. Das heißt für mich: nur dann, wenn es darum geht, dem Tier bei seinem Weg ins Licht zu helfen. Wenn der Mensch Hilfe in seiner Trauer braucht, bin ich gern als Therapeutin und Wegbegleiterin da – ohne das verstorbene Tier in seiner Ruhe zu stören. Wir haben die nötige Erfahrung und das Wissen, um alle möglichen Türen auch wieder zuzuschlagen, die man vielleicht ganz aus Versehen öffnet. Kennen Sie Goethes Gedicht vom Zauberlehrling? Dahinter steckt eine durchaus bedenkenswerte Botschaft darüber, was so alles passieren kann, wenn man die Geister nicht mehr loswird, die man rief. Das sollte Ihnen zu diesem Thema genügen.

Johann Wolfgang von Goethe: „Der Zauberlehrling"

Hat der alte Hexenmeister sich doch einmal wegbegeben!
Und nun sollen seine Geister auch nach meinem Willen leben.
Seine Wort' und Werke merkt ich und den Brauch,
Und mit Geistesstärke tu ich Wunder auch.

Walle! Walle manche Strecke,
dass, zum Zwecke, Wasser fließe
Und mit reichem, vollem Schwalle zu dem Bade sich ergieße.

Und nun komm, du alter Besen! Nimm die schlechten Lumpen-
hüllen;
Bist schon lange Knecht gewesen; nun erfülle meinen Willen!
Auf zwei Beinen stehe, oben sei ein Kopf,
Eile nun und gehe mit dem Wassertopf!

Walle! Walle manche Strecke,
dass, zum Zwecke, Wasser fließe
Und mit reichem, vollem Schwalle zu dem Bade sich ergieße.

Seht, er läuft zum Ufer nieder, wahrlich! Ist schon an dem Flusse,
Und mit Blitzesschnelle wieder ist er hier mit raschem Gusse.
Schon zum zweiten Male! Wie das Becken schwillt!
Wie sich jede Schale voll mit Wasser füllt!

Stehe! Stehe! Denn wir haben deiner Gaben vollgemessen! –
Ach, ich merk es! Wehe! wehe! Hab ich doch das Wort vergessen!

Ach das Wort, worauf am Ende er das wird, was er gewesen.
Ach, er läuft und bringt behende!
Wärst du doch der alte Besen!
Immer neue Güsse bringt er schnell herein,
Ach! Und hundert Flüsse stürzen auf mich ein.

Nein, nicht länger kann ichs lassen; will ihn fassen. Das ist Tücke!
Ach! Nun wird mir immer bänger! Welche Miene! Welche Blicke!

Oh, du Ausgeburt der Hölle! Soll das ganze Haus ersaufen?
Seh ich über jede Schwelle doch schon Wasserströme laufen.
Ein verruchter Besen, der nicht hören will!
Stock, der du gewesen, steh doch wieder still!

Willsts am Ende gar nicht lassen? Will dich fassen, will dich halten,
Und das alte Holz behende mit dem scharfen Beile spalten.

Seht, da kommt er schleppend wieder! Wie ich mich nur auf dich
werfe,
Gleich, o Kobold, liegst du nieder; krachend trifft die glatte Schärfe.
Wahrlich! Brav getroffen! Seht, er ist entzwei!
Und nun kann ich hoffen, und ich atme frei!

Wehe! wehe! Beide Teile stehn in Eile schon als Knechte
Völlig fertig in die Höhe! Helft mir, ach! Ihr hohen Mächte!

Und sie laufen! Nass und nässer wirds im Saal und auf den Stufen.
Welch entsetzliches Gewässer! Herr und Meister! Hör mich rufen! –
Ach, da kommt der Meister! Herr, die Not ist groß!
Die ich rief, die Geister werd ich nun nicht los.

„In die Ecke, Besen! Besen! Seids gewesen. Denn als Geister
Ruft euch nur, zu diesem Zwecke, erst hervor der alte Meister."

(aus: „Johann Wolfgang Goethe, Gedichte" Reclam Universal-Biblio-
thek, Stuttgart 1994)

Unser Rat, und der ist durchaus ernst gemeint: Lassen Sie bitte die Finger davon. Auch wenn es Sie noch so in den Fingern juckt oder Ihnen auf der Seele brennt, was aus Ihrem verstorbenen Liebling geworden ist. Wenn eine liebe, trauernde Freundin Sie bekniet: Du kannst doch mit Pferden sprechen – sag mir, wie geht es meinem Liebling im Jenseits?

NEIN!

Hier wollen wir mit beiden Beinen auf dem Boden der Tatsachen stehen. Schließlich habe ich Ihnen eingangs versprochen, dass wir es bei Telepathie nicht mit Spökenkram zu tun haben – und dabei soll es auch bleiben. Stattdessen wenden wir uns jetzt der Praxis zu.

Die Anwendung des sechsten Sinnes steht nicht luftleer als Kunst um der Kunst willen im Raum. Der Einsatz von Telepathie im praktischen, alltäglichen Umgang mit Pferden ermöglicht erst einen ganzheitlichen Zugang – ein wirkliches „Mit-Pferden-sein".

Telepathie ist für uns selbstverständliches Werkzeug in der Praxis: im Stall, auf der Weide, in der Bodenarbeit, beim Führungstraining, bei der Behandlung von Krankheiten, bei Massage, Stretching und nicht zuletzt beim Reiten.

Eine funktionierende Kommunikation mit dem Pferd über alle sechs Sinne ist die Grundlage dafür, mit ihm zusammen SEIN zu können.

Telepathie ist also ein Teilbereich. Körpersprache, Dominanztraining, nicht zuletzt das Reiten nur mittels Gedanken sind weitere Schritte auf der Reise zum Pferd.

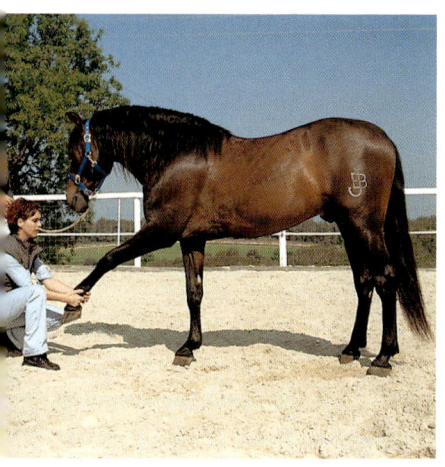 

Behutsam und langsam wird das Vorderbein in die Dehnung geführt. Sie fördert Schulterfreiheit und freiere Bewegungen. Wenn das Pferd sein Vorderbein in der neuen Position ausgestreckt hat, lässt man es vorsichtig abfußen.

Alle Dehnungsbewegungen geschehen grundsätzlich nie gegen den Widerstand des Pferdes. Das Stretching des Hinterbeins in Richtung Vorhand dient vor allem den oft vernachlässigten Knien des Pferdes. Aber auch Hüftmuskulatur, Rücken und Kruppe werden positiv beeinflusst.

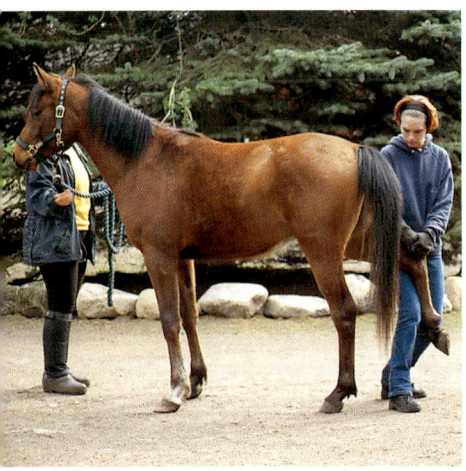
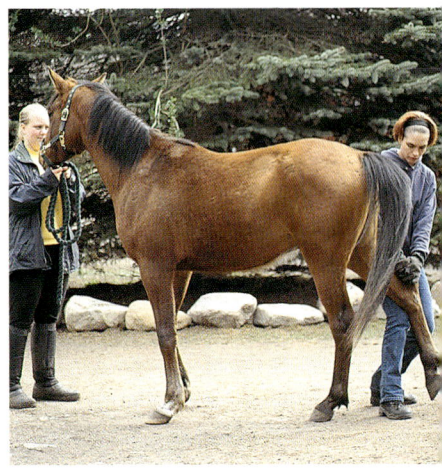

Auch die Dehnungsbewegung nach hinten abwärts sollte man nur nach genauer Anleitung ausführen. Arbeiten Sie nie am unaufgewärmten Pferd und fordern Sie niemals mehr Bewegung, als das Pferd freiwillig mitmacht.

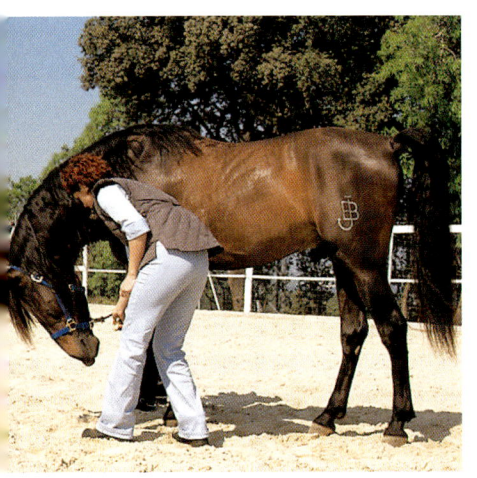

Ein Stretching des Nackenbandes abwärts gelingt am leichtesten, wenn man das Pferd mit einem Leckerbissen lockt. Wichtig ist, dass es den Kopf gerade hält und nicht verdreht. Auch Seitwärtsdehnungen machen die meisten Pferde spielend mit, wenn man sie mit Apfel oder Rübe herumlockt. Achtung: Das Pferd soll dabei stehen und wirklich nur den Hals biegen!

Ganzheitlicher Umgang:
Mit Pferden sein

Pferden in den Kopf geschaut

Wir haben bereits angerissen, dass Telepathie also nicht wie ein hübsches Spielzeug luftleer im Raum hängt, sondern wertvolles Hilfsmittel im Stallalltag, im ganzheitlichen, bewussten Umgang mit Pferden ist.

Sie wollen Ihr Pferd wirklich kennen lernen. Sie wollen mit ihm kommunizieren, es in seiner ganzen Struktur, seinem Wesen und Sein verstehen und darauf eingehen können. Sie gehören demnach nicht zu dem Typ Reiter, der stur seinen Willen durchsetzt, die Beherrschung verliert und auf das Pferd einprügelt oder es anschreit, weil es sich erschreckt hat, gescheut hat, durchgegangen ist oder sich weigert in den Hänger zu gehen.

Stattdessen haben Sie sich höchstens gefragt: Warum in aller Welt tut es das? Was geht oder ging in seinem Kopf vor? Hier sind mögliche Antworten: einige protokollierte Beispiele dafür, wie ein Pferd sich unter den verschiedensten Umständen fühlt. Wahrnehmungen aus dem Blickwinkel des Pferdes. Sie stammen aus Carola Linds Archiv. Vielleicht kommt Ihnen einiges bekannt vor.

Eine Verladesituation

„Bilder kommen. Ich fühle die Unruhe meines Frauchens, auch wenn mir danach ist, hineingehen zu wollen, ihr zuliebe … stressig … schwer zu atmen … ich fühle ihre Aufregung.

Kann sie nicht stattdessen denken, dass ich glücklich bin? Froh, dass es jetzt nur ich bin, jetzt im Moment, nicht der andere. Ich bin ausgewählt worden, ich bekomme ihre Fürsorge. ICH bin es, der mitkommen darf, warum muss sie sich wegen des Transports so beunruhigen?

Ich finde, das ist sehr unangenehm, vielleicht sollte ich da doch nicht hineingehen, vielleicht kann etwas passieren, sie zeigt ein Bild von einem

Verkehrsunfall. Vielleicht ist es das Beste, es bleiben zu lassen, aber ich will ja mitkommen, ich will ja Spaß haben in der Reithalle. Ich will gelobt werden, wenn ich tüchtig bin, ich will doch zurückkommen können und stolz darauf sein, dass mein Frauchen sich den ganzen Abend mit mir beschäftigt hat, nur sie und ich.

Warum denkt sie nur, dass ich nicht reingehen werde? Vielleicht sollte ich ihr gehorchen? Sie ist ja die Anführerin, sie weiß es am besten. Ja, ich fange an zu zweifeln ... nein, ich fühle mich nicht gut dabei, ich will nicht hineingehen, stell dir vor, all das passiert, was sie sich da ausmalt ... nein, ich lasse es bleiben."

Von der Weide geholt werden

„Frauchen wirkt so, als ob sie gar nicht will, dass ich geholt werde. Sie zeigt Bilder, wie ich einfach nur weggehe, wenn sie kommt. Warum kommt sie dann und steht da? Ich kann sie nicht verstehen. Testet sie mich? Warum schickt sie mir kein Bild davon, dass ich stattdessen kommen soll? Sie sieht traurig aus, sie zeigt mir ein Bild davon, wie jemand anders kommt und mich mitnimmt, dass ich umziehe, nein! Ich will hier nicht weg. Ich bin doch gerade erst hergekommen! Habe gerade erst neue Freunde gefunden! Sie wartet dort. Aber wenn ich mich nähere, denkt sie bloß, dass ich wieder weggehe, welchem Signal soll ich gehorchen? Ich werde gleich sauer, verwirrt, komisch im Inneren, fühle mich matt. Ich dreh mich ihr mit dem Hinterteil zu. Sie ist verzweifelt. Warum? Sie will doch nicht, dass ich herkommen soll! Jetzt schickt sie ein Bild, was sie wünscht: Ich soll kommen!!! JA!!! Da gehe ich ihr wieder entgegen, Ohren nach vorn, jetzt bin ich froh! Jetzt zeigt sie mir ein Bild, dass ich vielleicht doch nicht von hier wegfahren soll, warum will sie mich wieder verkaufen?

Ich verstehe nicht. Jetzt zeigt sie wieder ein Bild, dass sie mir eins überzieht, wenn ich am Gatter ankomme! Nein, dann hau ich lieber ab! Geht es ihr nicht gut? Warum will sie Gewalt anwenden? Was habe ich falsch gemacht?"

Die Box

„Die Box ist mein Friede. Die Kinder verstehen das nicht. Hier will ich in Frieden gelassen werden ... lass sie doch verstehen ... sie zupfen und

zerren in der Box ständig an mir herum ... lästig ... sie denken daran,
wie sie bei der nächsten Lektion Sporen einsetzen, damit ich gehorche ...
unangenehm ... ich werde sauer, sie geben mir Leckerlis, ich nutze die
Gelegenheit zurückzubeißen, bekomme einen Klaps, bin enttäuscht. Ich
habs doch nur zurückgegeben."

Eine bevorstehende Schlachtung

„Herrchen betrauert mich vor der Zeit. Herrchen weint innerlich.
Warum kann er sich nicht für mich freuen? Ich werde doch den Schmerz
hinter mir lassen ... fühle mich beunruhigt wegen ihm ... er ist jetzt alt,
wie wird er es schaffen, all das im Wald selber zu ziehen ... er soll nicht
traurig sein, der Kleine ist doch noch da ... er ist fast ausgelernt.
Ich leide im Stillen, weiß, was geschehen wird, habe aber Schmerzen und
finde, dass es gut ist, fühle das Ende kommen, bin vollkommen vorbe-
reitet, habe im Leben gelernt, diesen Moment zu erwarten, weiß, was
passiert, alles wird hell und warm und behaglich, man geht weg, wird
frei. Warum trauert er? Er ist es, dem es am schlechtesten geht."

Während einer Fohlengeburt (Stute)

„Können sie nicht gehen? Ich will das selber machen ... fühlt sich alles
richtig an ... ich schwitze nun ... es senkt sich hinab, fühlt sich an, als ob
mein ganzes Ich von innen nach außen kommt ...
Es wird ein Hengst ... er wird unruhig, aber sie nehmen ihn mir zu früh
weg ... können sie nicht gehen ... ich will das allein machen, anstren-
gend, sich wieder zuzuhalten, lass sie doch verschwinden, ich will mich
ausruhen, in Ruhe und Frieden arbeiten, allein sein, ohne starke Lam-
pen, das raubt einem das Gespür, macht die größten Lampen aus, ich
will Dämmerlicht haben, jetzt kann ich dich bald nicht länger halten, es
sprengt mich, du wirst schwach ... jetzt gehen sie ... die Tür wird
geschlossen, ich löse mich vom Körper und sehe mich selbst von oben,
keine Schmerzen mehr ... das Gefühl ist erlösend, genau wie dieser
Augenblick, und heraus kommst du, mein Freund, den ich jetzt treffen
darf, dich kennen tue ich bereits, unsere Kommunikation war vollkom-
men seit dem Tag, als du in mir platziert wurdest ... jetzt kommen sie,
beklagen sich, wir haben es verpasst! Lasst mich in Ruhe, ich kann das

*allein, begreift ihr nicht, dass ihr meinen Moment zerstört? Lasst mich
doch in Ruhe, lasst mich sein ... ich kann ... nehmt mir das nicht weg ...
ich will selber ... geht jetzt, macht die Lampen aus."*

Ganzheitlicher Umgang mit dem Pferd

Mit Pferden sprechen, sei es in Gedanken oder Worten, ist etwas
ganz anderes als auf Tuchfühlung zu gehen. Bevor wir uns aber „in
den Ring" begeben, wobei uns das über Telepathie Gehörte und Erfahrene immer wieder Stütze und Möglichkeit des Sichvergewisserns
sein wird, ein paar grundsätzliche Gedanken zum Umgang mit dem
Pferd, zur inneren Einstellung und den äußeren Bedingungen.
Pferdebücher, die sich mit Fragen der Haltung, des Futters und der
Pflege beschäftigen, gibt es zu Tausenden. Wir gehen davon aus,
dass Sie davon bestimmt eine ansehnliche Auswahl im Regal stehen und nicht nur einmal gelesen haben. Daher wollen wir auf
diese Dinge hier nur eingehen, wenn sich ein direkter Bezug zu
unserem Thema ergibt.
Beginnen wir bei einigen Grundsätzlichkeiten zur Frage: Wer hat
das Sagen – ob mit oder ohne Worte.
Ganz klar, die Aktienmehrheit in einer Gemeinschaft Pferd-Mensch
muss immer der Mensch haben. MUSS – nicht sollte, kann oder
darf. MUSS, das ist entscheidend. Alles andere bedeutet Gefahr, für
Sie und Ihr Pferd. Aus seiner Struktur heraus wird sich das Pferd
immer auf den Menschen verlassen, wenn es ihn als sein Leittier
akzeptiert hat – oder ihm auf der Nase herumtanzen, wenn nicht.
Letzteres mag bei einem Fohlen noch ganz niedlich sein. Aber wenn
ein ausgewachsener Hengst Ihnen ausgerechnet an einer stark befahrenen Straße demonstriert, dass er jetzt zu den Stuten auf der anderen
Seite möchte – dem Verkehr und Ihren sämtlichen Hilfszügeln zum
Trotz –, dann haben Sie beide ein Problem, das im Zweifel tödlich
enden kann. Was Sie brauchen, ist ein gesundes Maß an Dominanz.
Das hat nichts mit Gewalt zu tun, wohl aber mit Vernunft – und Füh-
rungsqualität. Die ist keine Gottesgabe, sondern erlernbar, trainierbar.

Auch wenn uns Pferde instinktiv und telepathisch um einiges voraus sind, ist es doch leider gerade ihr instinktives Fluchtverhalten – das in der Natur wunderbar und Überlebensgarant ist –, aber in unserer eingezäunten, elektrischen und motorisierten Welt geht es oft genug nach hinten los, wenn das Pferd die Aktienmehrheit hält. Wir müssen es also schaffen, das Vertrauen unseres Pferdes zu erwerben, es uns zu verdienen, damit es uns folgt. „Folgt" nicht im Sinn von absolutem soldatischem, blindem Gehorsam, sondern im Sinn von freiwilligem Nachfolgen – wie es das bei Leitstute und Leithengst tut. Und auch diese Alphatiere benutzen manchmal ein wohldosiertes Machtwort, um zu demonstrieren, dass sie im Zweifel auch mal Recht via Status haben.

Ich bin der Meinung, dass Sie mit einem Minimum an Strafe und einem Maximum an richtig eingesetzter positiver Verstärkung über Lob und Belohnung alles erreichen, was Sie möchten. Wichtig ist, dass Sie schnell sind mit Ihrem Lob, zum richtigen Zeitpunkt belohnen oder gegebenenfalls strafen.

Wir reden hier wohlgemerkt nicht von Wut, von Gewalt, womöglich einer Tracht Prügel, die Stunden später erfolgt. Auch nicht von für Pferde keinesfalls nachvollziehbaren Sanktionen wie Futter- oder Wasserentzug. Doch, so etwas gibt es leider häufiger, als Sie glauben. Denken Sie immer daran, dass ein Pferd Ihre Reaktion auf das Letzte bezieht, was es davor gemacht hat. Was wird es also verstehen, wenn es sich leicht und zutraulich einfangen lässt, nachdem Sie runtergefallen sind, und Sie es wütend beschimpfen? Ich würde mich beim nächsten Sturz bestimmt nicht mehr freiwillig auf den tobenden Reiter zubewegen, wenn ich Pferd wäre. Und Sie? Na also.

Ich denke, es gibt keine „Problempferde" – es gibt nur „Problemmenschen", die Tiere zu dem machen, was sie sind: ein Spiegel unserer Seele, unseres eigenen Verhaltens.

Was ist für Sie ein Pferd? Carola Lind sagt:

„Für mich ist ein Pferd ein totales Erlebnis, ein vollkommenes Geschöpf, eins, das leicht zu lieben ist.

Ich lebe für Tiere, für ihre Existenz, dafür, ihrer Entwicklung folgen zu dürfen, ihnen bei der Entwicklung zu helfen.

Lernen Sie das Tier Pferd kennen, lernen Sie, es zu verstehen. Öffnen Sie Ihre Sinne und genießen Sie das genauso ungebremst wie ich. Nehmen Sie ihren Geruch wahr, folgen Sie ihren Bewegungen. Wertschätzen Sie die Pferde – und Ihnen widerfährt dasselbe: Sie werden geschätzt. Denn sie wissen viel mehr, als wir jemals verstehen können. Sie sehen viel mehr, als wir jemals zu sehen bekommen werden. Sie empfinden, weil sie sich gestatten zu empfinden. Und wenn sie erkennen, dass sie tatsächlich mit Ihnen kommunizieren können, lassen die Pferde Sie teilhaben an der faszinierendsten inneren Reise, die Sie sonst nicht einmal ansatzweise erleben könnten. Pferde heilen Sie mit ihrer Nähe. Sie weinen Ihre Tränen, fühlen Ihren Schmerz. Sie stellen sich für uns zur Verfügung, trotz allem, was wir in unserem Unverstand anstellen – sie sind trotzdem da. Sie sind und bleiben für mich die faszinierendsten Geschöpfe, die jemals diese Erde betreten haben: Pferde."

Wenden wir uns für eine grundsätzliche Überlegung nun doch einmal kurz der Haltung zu. Haben Sie schon einmal darüber nachgedacht, wie Sie Ihr Pferd untergebracht haben – und was das für einen Einfluss auf Ihre Beziehung zueinander haben könnte?

„Man kann ein Pferd auf ganz unterschiedliche Art und Weise halten. Entweder hat man es in einem Pensionsstall eingestellt und bekommt vollen Service, das heißt, der Stallbesitzer pflegt und kümmert sich um alles. Man kommt nur zum Reiten, wenn man sich danach fühlt.

Das ist sicher eine gute Lösung, wenn man nicht mehr herausbekommen möchte als das Reiten selbst um des Reitens willen. Dann kann man ein Pferd auch mit einem Bekannten teilen. Wahrscheinlich kommt es so, dass die Freundschaft nicht auf ewig hält. Es gibt immer Meinungsverschiedenheiten, die einen auseinander bringen.

Oder man kann in der Reitschule auf Schulpferden reiten. Viele machen das heutzutage und für viele funktioniert es prächtig – es passt genau. Man kommt um die Verantwortung herum, hat keine Kosten, falls dem Pferd etwas passiert.

Ich dagegen ... ich muss die Pferde nahe bei mir haben, sehr nah um mich herum ... am liebsten so nah, dass ich den Geruch direkt in der Nase habe, sobald ich zur Tür herauskomme ... Nah genug, um sie sehen zu können, wenn ich aus dem Fenster schaue ... nah genug, um sie fühlen zu können, sie zu berühren, zu riechen, mich draufzusetzen ... zu schmusen ... bei ihnen unterzukriechen und getröstet zu werden ... mit ihnen auf der Weide zu spielen, herumzutollen, herumzualbern ... sie riechen ... Pferd werden ... wie sie sein ... eins von ihnen werden ... riechen ... sein ...

Ich liebe Pferde, so wie sie sind – mit Haut und Haar.

Aber das ist trotzdem keine Garantie dafür, dass sie mich zurücklieben. Pferde stärken mich. Schützen mich gegen die Umwelt. Sie haben mir eine Freistatt gegeben, ich kann bei ihnen zu Hause sein, sie haben mir die Chance gegeben, leben zu können, zu arbeiten, zu sein.

Ich halte es nicht aus, längere Zeit ohne sie zu sein. Ich höre dann förmlich, wie sie mich rufen. Ganz egal, wie viele Hundert Kilometer uns trennen. Ich liebe es, herumzupusseln, auszumisten, einzufetten, zu striegeln, putzen, schaffen und zu beschäftigen. Ich liebe es, mich um sie kümmern zu dürfen. Wissen zu dürfen, dass SIE mich brauchen.

Ich tue etwas für sie!

Ja, ich spüre die Resonanz, aber alles geschieht nach ihren Bedingungen. Ich muss mich dessen würdig erweisen! Wenn nicht, dann bin ich ihres Respekts nicht wert.

Ich liebe es, zu sehen, wie sie sich entwickeln – von ausgedient und kaputt zu glücklich, stark und gesund. Es ist schön, zu wissen, dass das teilweise mein Verdienst ist. Aber das Einzige, was ich tue, ist, es ihnen eins zu eins zurückzugeben, sie sind für mich da und machen mein Leben lebenswert. Das Mindeste, was ich für sie tun kann, um mich zu revanchieren, ist dasselbe. Unter den gleichen Bedingungen: Respekt erweisen, Respekt bekommen."

Hawaii und Lotta

Hawaii ist eine elfjährige Halbblutstute. Sie gehört Lotta Höglund aus Rockneby. Folgendes hat Carola von ihr aufgeschrieben:

„Ich bin von oben bis unten untersucht worden. Zuerst wurde ich als etwas anderes erwartet, aber ich wurde ich und damit bin ich sehr zufrieden. Ich habe keine Wehwehchen, über die das Reden jetzt lohnt, stattdessen mag ich es gern, mich zu bewegen. Eine Weile war ich durch Fieber steif, aber jetzt ist das gut.

Ich will keine Gesellschaft von dem Hellroten haben, das ist ein aufgeblasenes Wesen. Ich kann ganz gut mit mir alleine sein und, wenn es nötig ist, auch mit mehreren Pferden. Ich mag die natürlichen Trainingsmethoden, aber Frauchen hat es etwas schwierig zu verstehen und das richtig gut hinzubekommen.

Selbst Reiten ist ein Auf und Nieder. Manchmal bin ich träge und manchmal bin ich einfach wach und energisch. Ich liebe den Fußweg, aber das, was mich verunsichert, ist, ob wir dort wieder auf diese komischen, ekligen Tiere treffen. Ich werde Mutter eines reizenden Wesens. Das will ich. Ich verabscheue Heu, das nicht gut riecht.

Ich esse gern feuchtes Futter, aber nicht breiig oder klebrig. Ich will nicht geritten werden zu nahe an den Bäumen. Ich will trotzdem gern ins Grüne gehen, aber nicht zu nahe an den Bäumen.

Mein Frauchen kümmert sich auch um andere, sie betreut Menschen. Wie schafft sie das bloß? Ich glaube, der Mann hat Träume, die zäh zu erfüllen sind. Er muss eine Kraftanstrengung machen. Weiterbauen kann wohl nicht so wichtig sein?

Ich möchte individuell sein, aber keine merkwürdige Ausrüstung mit schreienden Farben haben. Ruhige, normale Farben und natürliches Leder. Keine extra Sachen.

Es gibt da etwas Kleines, Grünes. Das schmeckt gut.

Ich will etwas Weiches unterm Sattel haben, ich will es warm haben. Ich könnte mich mit den Hinterbeinen treffen, legt einen Schutz an!"

Und hier folgen die Ergänzungen der Besitzer. Carola fand es bemerkenswert, als ihr Lotta Höglund erzählte, dass ihr Pferd einen kleinen grünen Jolly-Ball, eins dieser Pferdespielzeuge, zu Hause in seiner Box hatte. Das war es also, was da so gut schmeckte.

„Meine Erwartungen, bevor ich zu Carola kam, waren wohl hauptsächlich, dass ich ganz allgemein wissen wollte, ob es Hawaii gut geht und was sie so denkt. Ich war unglaublich neugierig, sowohl auf Carola als *auch auf ihre Art zu arbeiten. Ich bewundere alle, die mit Tieren sprechen können. Und ich war glatt überrascht von all dem, was sie erzählte, da war so vieles, was wirklich stimmte!*

Ich bin überglücklich, dass Carola fand, dass Hawaii in guter Verfassung ist, Hals und Rücken so, wie sie sollen, dass die Muskeln in Ordnung sind und nirgends eine Schiefheit. Ich war so irre nervös deswegen gewesen.

Ich habe die Aufzeichnung immer wieder durchgelesen und bin schließlich darauf gekommen, wer der Hellrote ist. Ich bin mir jetzt hundertprozentig sicher, dass damit unser Hund gemeint ist. Er macht mittlerweile nicht mehr so viel Wesen von sich, ist jetzt elf Jahre alt. Hawaii ist ihm gegenüber nicht ausgesprochen freundlich, vermutlich ist sie ein bisschen eifersüchtig.

Ich bin sehr zufrieden mit allem. Vieles, wovon sie erzählte – unter anderem das Weiche unterm Sattel, die Streichkappen für hinten, eine einfache Trense –, hat sie schon, aber es tut gut zu hören, dass sie sich damit wohl fühlt. Auch, dass sie die Decke rund um die Uhr umhat. Für mich ist es so, als ob ich Hawaii jetzt ein bisschen besser kenne, es fühlt sich auf jeden Fall so an.

Das hier hat mir viel gegeben. Ich liebe mein Pferd und will es wirklich verstehen und alles tun, damit es ihm gut geht. Ich möchte eine gute Führungspersönlichkeit sein und eine gute Führung erreichen, sowohl für Hawaii als auch für den hellroten Hund."

Sind Sie des Vertrauens Ihres Pferdes würdig?

Um das Vertrauen eines Pferdes zu bekommen, muss man sich nach Carolas Philosphie dessen würdig erweisen.

Sie müssen ihm zeigen, dass Sie ein würdiger Führer, eine gute Führungspersönlichkeit sind. Das Pferd ist ein Fluchttier. Wenn es Gefahr ahnt, fackelt es nicht lange, sondern flieht. Im Folgenden beschreibt Carola detailliert aus Sicht des Pferdes, was eigentlich geschieht, wenn es Gefahr wittert – was sich in seinem Kopf dabei abspielt:

„Eine Wahrnehmung ... ein Geruch ... ein Pferd fängt ihn auf, einen fremden, beißenden Geruch ... es brennt ... das Pferd schafft umgehend ein Bild im Kopf, das Brand und Gefahr aussagt.

Das Leittier fängt dieses Bild ebenso schnell auf und hat die Entscheidung zu treffen, was die Herde tun soll.

Die Leitstute schickt das Bild an ihre Schar, die treu ergeben die Aufforderung zur Flucht abwartet. Alle Herdenmitglieder bekommen diese Wahrnehmung, dieses Bild, exakt gleichzeitig übermittelt.

Das Leittier signalisiert die Flucht, indem es der ganzen Gruppe ein Bild schickt, das zeigt, wie sie fliehen sollen. Durch Körpersprache zeigt es die Richtung an, in die geflüchtet werden soll.

Während der Flucht schickt die Leitstute kontinuierlich Bilder, die den anderen Pferden zeigen, was sie vor sich haben, wenn sie dort vorbeikommen, wo sie eben vorbeigaloppierte.

Wenn die Gefahr vorüber ist, übermittelt die Alphastute eine Bildserie, die eine sich beruhigende Herde zeigt. Wo die Tiere anhalten, ausatmen, sich Ruhe ausbreitet und sie sich sicher und geborgen fühlen. Alle Herdenmitglieder fangen dieses Bild auf und folgen den Anweisungen. Sie vertrauen ihrem Führer und Beschützer und fühlen sich bei ihm gut aufgehoben.

Stellen Sie sich vor, nur Sie und ein Pferd wären in einer solchen Situation gewesen.

Sie sind das Leittier.

Was glauben Sie, wie hätte Ihr Herdenmitglied reagiert, wenn SIE als Leittier geschrien, herumgehampelt und -gehüpft hätten, zusammengezuckt wären und alle Zeichen von Todesangst signalisiert hätten? Und dabei Bilder im Kopf gehabt hätten, wie Sie beide in den Flammen umkommen, verkohlen, schwer verletzt werden?

Wie viel Respekt hätten Sie da wohl gewonnen? Glauben Sie, Ihr Pferd würde Ihnen da noch einmal folgen wollen?

Wohl kaum.

Tiere lesen die ganze Zeit über unsere Gedanken. Sie sehen ständig die Bilder, die wir in unserem Kopf schaffen, was wir uns vorstellen, was wir visualisieren. Sie fangen diese Bilder auf und verhalten sich dementsprechend, aus den Situationen heraus, die diese Bilder hervorrufen."

Wenn man im ganz gewöhnlichen Pferdetraining schwierige Situationen wie die oben beschriebene üben möchte, muss man es also zunächst bewerkstelligen, eine Situation des Vertrauens zu schaffen. Wenn das Pferd Sie als Leittier anerkennt, gehorcht es dem kleinsten Wink – darüber hinaus fühlt es sich gleichzeitig sicher und geborgen. Pferdeflüsterer wie Monty Roberts oder Pat Parelli haben ganze Bücher dazu gefüllt. Eigentlich ist es ganz einfach. Eigentlich sollte es ganz von selbst, ganz automatisch funktionieren. Sie müssen lernen, es zu verinnerlichen: Seien Sie ein Wesen, dem Ihr Pferd vertrauen kann. Immer. Wenn Sie selbst unsicher sind, ins Zweifeln kommen, wird es nicht funktionieren. Glauben Sie an sich, lassen Sie sich auch durch kleinere Misserfolge nicht aus der Ruhe bringen. Das A und O dabei ist, dass Ihr Pferd Ihre Sicherheit auch äußerlich ablesen kann. Machen Sie sich Ihre Körpersprache und Ihre Atmung bewusst. Warum das so wichtig ist, erklärt Carola Lind:

Automatismen und Körpersprache machen Führungsqualität

„Wenn man einen Stift fallen lässt – was passiert?
Man hebt ihn automatisch auf. Die folgenden Beispiele sind ähnlich gewöhnliche, automatisierte Bewegungsabläufe:
– Rad fahren,
– Auto fahren,
– schwimmen.
Sie können die Liste beliebig lang fortführen.
Für uns sind automatisierte Bewegungsabläufe besonders in einem ganz bestimmten Zusammenhang außerordentlich wichtig:
bei unserer Körpersprache.
Wie geht es Ihnen? Wie treten Sie auf?
Wenn Sie von einem Pferd als Führungspersönlichkeit, als Leittier akzeptiert werden wollen, sollten Sie auch wie ein Leittier gehen, atmen, aussehen und riechen. Achten Sie auf Ihre Körpersprache. Machen Sie sich Ihre Haltung bewusst."

Mit anderen Worten: Wenn Sie optisch vermitteln, dass es Ihnen schlecht geht, Sie nicht bei der Sache sind, Angst oder wenig Selbstvertrauen haben, vielleicht sogar unterwürfig sind, nutzt das Pferd das direkt aus. Machen Sie dem Pferd allein schon durch Ihre Körperhaltung klar, dass Sie ranghöher sind.

„Als Führer – als Leittier – tragen Sie den Kopf aufrecht und die Schultern gerade, wenn Sie gehen: Treten Sie bestimmt auf, mit jedem Schritt, den Sie tun, zweifeln Sie nicht und führen Sie jede Bewegung mit sicherer, ruhiger Ausstrahlung aus.
Atmen Sie immer und grundsätzlich den ganzen Weg in den Bauch hinunter. Füllen Sie Ihren Körper mit Sauerstoff – genauso, wie ein Leitpferd dies tut."

Führungstraining, Bodenarbeit und die Kraft der Visualisierung

Ein Pferd an Halfter und Strick nehmen und führen – schon hier beginnt Führungstraining. Wenn Sie anfangen mit einem Pferd zu kommunizieren, Ihre Antennen auf Empfang schalten und insgesamt sensibler und feinfühliger werden, sollten Sie trotzdem nicht erwarten, dass nun alles wie von selbst geht im täglichen Umgang. Es kann sogar zwischendurch schwieriger werden. Warum? Weil das Pferd Sie nun als „Sparringspartner", als seinesgleichen testen will. Sie sprechen seine Sprache, dann sollten Sie auch mit seinem Verhalten einem „Pferdefreund" gegenüber rechnen. Pferde versuchen stets spielerisch Ihren Rang zu testen, Ihre Dominanz und Stärke. Daher rät Carola:

„Das Pferd soll immer hinter Ihnen gehen. Wenn es auch nur die klitzekleinste Anwandlung zeigt, Sie überholen zu wollen, richten Sie es rückwärts! Gleich! Nicht erst eine halbe Sekunde später! Sondern jetzt, sofort. Reagieren Sie am besten noch bevor es Anstalten macht, an Ihnen vorbeigehen zu wollen.

Lernen Sie, auf die Signale des Pferdes zu hören. Das kriegen Sie nur hin, wenn Sie viel Zeit mit Ihrem Pferd verbringen. Richten Sie das Pferd rückwärts, indem Sie sich umdrehen, die Hände heben und „Zurück!" sagen. Laut und deutlich. Wenn das Pferd nicht hört, kneifen Sie es ein wenig in die Halsmuskeln oder „beißen" es ein wenig mit einem Druck des Daumens, so lange, bis es zurückweicht. Unmittelbar auf die Reaktion folgend, wenn das Pferd also verstanden hat und zurückgeht, loben Sie es und laden es ein, einen Schritt vorwärts zu tun.

Wenn Sie das Pferd rückwärts richten, machen Sie sich groß: gerade Schultern, erhobene Hände. Wenn Sie es einladen, einen Schritt zu gehen, machen Sie sich etwas kleiner, senken die Schultern ein wenig (aber behalten Sie Ihren Rang bei, machen Sie sich nicht zu klein).

Ein paar Schritte vorwärts machen lassen, Stopp sagen, loben.

Klopfen Sie das Pferd niemals. Streicheln Sie es mit der Handfläche."

Viele Menschen neigen leider dazu, das große Tier Pferd entsprechend heftig zu klopfen, damit es auch „ankommt". Aber haben Sie einmal beobachtet, wie sensibel Pferdehaut auf die Berührung einer Fliege reagiert? Wie muss also Ihre „Streicheleinheit" für ein Pferd wirken? Solches Klopfen oder Knuffen kennt es zwar vom ranghöheren Tier – allerdings als Rüge, nicht als Zärtlichkeitsbeweis. Wenn Sie Ihr Pferd ehrlich loben wollen, sollten Sie es sanft streicheln. Oder Sie kraulen, massieren, scheuern, jucken ihm Widerrist oder Mähnenkamm – wie es Herdenmitglieder untereinander gern tun. Das dient nicht nur der Fellpflege, sondern ist durchaus eine freundschaftliche soziale Geste. Ihre Autorität untergraben Sie keineswegs, indem Sie nett sind – eher dadurch, dass Sie sich einmal zu oft eine Kleinigkeit gefallen lassen: Lassen Sie sich nicht zum Kratzbaum machen, wann immer Ihrem Pferd danach ist.

„Regel eins: Wenn das Pferd Sie mit dem Kopf schubst – lassen Sie es sofort rückwärts weichen, umgehend! Bestrafen Sie es dafür, sich an den Führer gedrängelt zu haben. Das Pferd soll immer gerade gerichtet zurückweichen. Wenn es abbiegt, bleiben Sie dabei! Seien Sie davor! Und halten Sie sich immer vor dem Pferd auf.

Gehen Sie ein bisschen nach rechts, ein wenig nach links, gehen Sie vor, zurück, die ganze Zeit über soll das Pferd Ihnen präzise folgen – wenn es das nicht tut: rückwärts richten!

Achten Sie dabei sehr auf Ihre eigenen Körperbewegungen, damit Sie das Pferd nicht für etwas strafen, was Sie selbst falsch gemacht haben.

Wenn Sie erreichen möchten, dass ein Pferd Ihnen folgt, senken Sie die Schultern etwas – aber mit Würde und Rang. Wenn Sie stehen bleiben oder das Pferd rückwärts gehen soll, richten Sie sich auf! Schultern zurück, machen Sie sich groß.

Regel zwei: Atmen Sie ordentlich. Pferden fällt es schwer, einen Anführer als solchen zu akzeptieren, der weit oben im Brustraum atmet. Lange, tiefe Atemzüge, damit wir innerlich ruhig sind. Pferde merken alles.

Machen Sie keine Riesensache aus dem Führungstraining. Zehn Minuten am Tag reichen voll und ganz aus, wenn die Rangordnung erst einmal klargestellt und gefestigt ist. Fügen Sie jede Woche neue Aspekte hinzu, wie etwa Straßenverkehr, Wasser, laute Stimmen, eine Longe um die Beine, Plastikplanen, Flattern, Geschepper, u. v. m.

Solange Sie ruhig sind, solange Sie wissen, dass das, was Sie tun, sicher ist, solange Sie richtig atmen, solange Sie Ihrem Pferd ruhige Bilder in Ihrem Kopf übermitteln und so lange Sie einen vernünftigen Grund haben für das, was Sie tun, so lange wird das alles vom Pferd akzeptiert und respektiert.

Ihr Pferd liest in Ihnen wie in einem offenen Buch – es spürt alles, was Sie denken. Denken Sie stets daran, wenn Sie im Stall sind.

Ignorieren Sie das Pferd nicht, indem Sie an Hausaufgaben, das Fernsehprogramm oder etwas anderes denken, sondern fokussieren Sie das, weswegen Sie dort sind. Wie soll das Pferd gut arbeiten, wenn Sie über Ihr unaufgeräumtes Zuhause nachdenken? Wie soll ein Pferd Sie als Führungspersönlichkeit akzeptieren, wenn Sie daran denken, dass Sie es eilig haben, weil Sie die Kinder aus dem Kindergarten abholen müssen? Machen Sie sich bewusst, woran Sie denken, und erweisen Sie sich würdig als Alphatier.

Ein gutes Beispiel dafür ist eine Frau, die mir mailte, dass ihr Pferd sich stets weigere sich von der Weide holen zu lassen. Jeden Abend das gleiche Problem.

Aber was, glauben Sie, habe ich gesehen? Na, dass es logischerweise nicht kommt. Ich sah Lottas Vorstellung davon, wie sie schmollt und eingeschnappt ist und vom Gatter weggeht. Ich erzählte Lotta davon, wie ihr Pferd tatsächlich ihre Gedanken lesen konnte, und erzählte auch, wie sie sich lieber verhalten sollte.

Weil Pferde wissen, was wir denken, sogar wenn wir nicht direkt neben ihnen stehen, ermahnte ich Lotta, schon morgens damit anzufangen, positiv zu denken. „Sehen Sie in Ihrem Kopf, stellen Sie sich in Ihrer Fantasie vor, wie die Stute am Gatter steht, mit gespitzten Ohren, und Sie am Abend erwartet. Denken Sie das den ganzen Tag lang, und übermitteln Sie ihr ein Gefühl von Glück darüber, dass Sie kommen und sie holen werden!", empfahl ich.

Schon am selben Tag, als Lotta ihr Pferd holen wollte, stand es da und wartete bereits am Gatter, mit gespitzten Ohren – und es war kein Problem, es zu holen. Glück? Führung!

Verladeprobleme?

„Wenn Sie ein ‚schwer verladbares' Pferd haben, wie gehen Sie die Sache eigentlich gedanklich an, am Morgen eines Verladetages?
Bestimmt malen Sie sich eine ganze Fantasiewelt darüber aus, was alles passieren kann, wie schlimm alles werden kann, ja, Sie planen sogar ein paar Extrastunden im Ablauf mit ein, damit Sie auf der sicheren Seite sind.
Überlegen Sie nur einmal, was geschehen würde, wenn Sie stattdessen ein positives Bild der Verladesituation visualisieren würden?
Stellen Sie sich vor, wie schnell, einfach und unkompliziert Ihr Pferd einsteigen wird!
Geben Sie ihm das Gefühl, leicht verladbar und unkompliziert zu sein, wenn Sie an Ihr Pferd denken, es zum Brennpunkt Ihrer Gedanken machen. Machen Sie ihm Mut, sagen Sie ihm, dass es tüchtig ist und dass alles supergut gehen wird! Erzählen Sie ihm, dass es nur zwei Minuten dauern wird, dann steht es schon drin!
Ohne Problem!

Bestimmt wird das Pferd auf jeden Fall viel weniger nervös sein oder weniger stur, aber vielleicht klappt es beim ersten Mal noch nicht perfekt. Wenn Sie ihm und sich selbst nun aber fortwährend erzählen, dass es ein leicht verladbares Pferd ist, werden Sie nach und nach viele Probleme vermeiden können.
Das, worauf man fokussiert, wird Wirklichkeit!
Das ist die größte Wahrheit des Lebens."

Sinn und Unsinn von Rettungsseilen

Für Carola Lind ist mentales Reiten – also das Reiten vorwiegend über die Einwirkung von Gedanken statt plumper körperlicher Hilfen – eine Fortführung dessen, was sich aus der Kommunikation mit Tieren und ganzheitlich erfasster Bodenarbeit selbstverständlich und natürlich ergibt. Es ist eine Weiterentwicklung des großen Feldes der Möglichkeiten, die sich aus der Anwendung von Telepathie entwickeln.
Um mental reiten zu können, braucht man einzig zwei Sachen: den Menschen und das Pferd. Und das meint Carola Lind wörtlich.

„Davon ausgehend sind alle ,Rettungsseile' total unnötig. Denn sie fördern nur eingleisiges, engstirniges Denken und sperren den Reiter einzig in Gedankenbahnen ein, die immer weitere Rettungsleinen nach sich ziehen: Hilfszügel, Sporen – Sie können die Liste beliebig fortführen.
Mentales Reiten ist etwas so Schlichtes, eine Verfeinerung, Verminderung von äußerem Einfluss, dass es für Sie geradezu lächerlich einfach wirken wird, wenn Sie das Gefühl erst einmal gespürt haben. Das richtige Gefühl."

Rettungsleine, Schwimmflügel, Rettungsring, Anker – was bedeutet Ihnen Ihr Hilfszügel, Ihr Werkzeug im Umgang mit Ihrem Pferd eigentlich wirklich? Diese Werkzeuge als „Rettungsseil" zusammenzufassen, finde ich treffend. Kennen Sie die umgangssprachliche Bezeichnung für jenen kleinen Riemen am Vorderzwiesel des Sattels? „Maria hilf!" haben wir ihn in Süddeutschland als Kinder genannt. Bezeichnend, oder?

All diese Ausstattung wirkt wie eine Ritterrüstung, ein Kampfanzug, bevor man in den Ring steigt. (Wir reden hier wohlgemerkt nicht von Sicherheitskleidung wie Reitkappe oder Militaryweste! Diese Dinge haben absolut ihre Berechtigung!)

Dabei ist das Pferd doch kein Gegner! Es sollte Freund sein. Wenn es nicht beiden Spaß macht, miteinander zu sein, wo ist dann der Sinn? Warum lässt man es dann nicht besser? Oder wie ich einmal Linda, die Frau Pat Parellis, auf einem Kurs von ihren Erfahrungen sagen hörte:

„Wenn ich ein Pferd mit allen erhältlichen Hilfszügeln fessle und knieble – was habe ich davon? Wenn unsere Beziehung nicht stimmt, wird es immer noch mit mir durchgehen – allerdings in perfekter Aufrichtung. Nur was habe ich damit gewonnen?"

Die Kunst des Reitens mittels Gedankenübertragung besteht darin, dass Sie dem Pferd ein Bild dessen zeigen, was Sie von ihm möchten. Durch dieses Gedankenbild zeigen Sie ihm, was es tun soll, wie es aussieht, wenn das Pferd dies tut, wie es sich für das Tier anfühlt, wenn es diese Bewegung ausführt. Klingt schwierig? Nur Mut – nicht verzagen. Glauben Sie an sich selbst. Über das, was Sie bisher gelernt und verinnerlicht haben, sind Sie in der Lage, sich in jeder Hinsicht in jede Bewegung, in jedes Gefühl hineinzuversetzen. Strengen Sie sich nicht nur an, Ihrem Pferd etwas Positives vermitteln zu wollen. Das ist der zweite Schritt. Der erste und wahrscheinlich schwierigere ist der, über die hauseigene Schwelle zu gelangen. SIE müssen an SICH glauben. An IHRE Fähigkeit. Fangen Sie stets bei sich an, überprüfen Sie Ihre Einstellung – und dann gehen Sie weiter zum Pferd.

„Begegnen Sie Ihrem Pferd wie zum allerersten Mal. Sehen Sie ihm unvoreingenommen in die Augen. Versuchen Sie eine Vorstellung davon zu bekommen, was das für ein Individuum ist, das Sie da vor sich haben.

Was Ihnen in dieser Situation wohl am meisten ins Auge sticht, wird das Äußere sein. Ob ein Pferd irgendwelche Mängel hat, ob es eine liebenswerte Schale hat.

Im Gegensatz dazu sieht das Pferd an sich mitten durch Sie hindurch, mitten in die Seele hinein und spürt in Ihrem Inneren nach, um sich eine Meinung zu bilden, ob Sie ein Wesen sind, das es wert ist, geliebt zu werden. Es kontrolliert dabei sogar Ihre Körpersprache und bezieht sie mit ein, um Sie in einer Rangordnung einzustufen.

Versuchen Sie, so viel Zeit wie möglich mit Ihrem Pferd zu verbringen. Dann wird es in der Regel etwa drei bis vier Wochen dauern, bevor Sie anfangen zu verstehen, wie es funktioniert. Dann wissen Sie, wie das Pferd in unterschiedlichen Situationen reagiert, und können fast selbst fühlen, wie es denkt.

Zu diesem Zeitpunkt kennt Ihr Pferd Sie längst in- und auswendig. Wenn Sie dann anfangen zu reiten, wenn Sie anfangen zu fühlen, was in ihm abläuft, wenn Sie draufsitzen, hat sich das Pferd schon ausgerechnet, wie es weitergehen wird: gut, schlecht, langweilig, spannend, usw. Also bieten Sie ihm Abwechslung.

Wenn Sie sich bewusst werden, wie ein Pferd funktioniert, von innen und außen, so können Sie ihm direkt begegnen, exakt auf der richtigen Ebene, und sich beide gemeinsam Stück für Stück entwickeln – ohne die bereits genannten ‚Rettungsleinen‘.“

Carolas Gedankenspiel zur Ausrüstung

„Was für eine Ausrüstung haben Sie für Ihr Pferd?
Nehmen Sie sich bitte einmal Papier und Stift und schreiben Sie jeden einzelnen Gegenstand Ihres üblichen Zaumzeugs auf. Detailliert! Die Liste kann etwa so aussehen:

• Kopfstück
• Nasenriemen
• Gebiss
• Zügel
…

Schreiben Sie jetzt bitte neben jeden Punkt eine Begründung. Warum benötigen Sie genau diese Sache bei Ihrem Pferd? Bitte seien Sie sehr genau in Ihrer Erklärung. Ein einfaches ‚Muss man haben' oder ‚Haben alle' reicht nicht aus. Wenn Sie fertig sind, gehen Sie Ihre Liste Schritt für Schritt durch.

Für welches Teil fiel es Ihnen am schwersten, die richtige Motivation und Begründung zu finden? Probieren Sie einfach aus, dieses Ding beim nächsten Mal, wenn Sie reiten gehen, wegzulassen.

Halt! Kommen Sie noch mal zurück! Jetzt sollen Sie natürlich nicht drauflosstürmen und irgendetwas Unüberlegtes tun. Das hier ist ein Prozess, der Zeit braucht. Hören Sie auf Ihren Bauch! Es muss sich gut und richtig anfühlen. Und immer noch sicher, dieses Teil – oder besser diese Rettungsleine – wegzulassen.

Jetzt können Sie sukzessive Ihre Liste durchgehen und Stück für Stück weglassen. Wenn Sie einen Gegenstand durch einen anderen ersetzen, vermerken Sie dies wiederum auf dem Papier."

Warum eigentlich legen wir dem Pferd jede Menge Hilfsmittel um, die wir in Wirklichkeit gar nicht brauchen?
Ein paar Motive dafür können sein:

- weil die anderen im Stall das auch so machen,
- weil das bei der Trense/dem Kopfstück dabei war,
- weil ich mich nicht traue, das wegzulassen,
- weil ich das immer schon so gemacht habe,
- weil ich es ganz einfach hübsch finde.

„Versetzen Sie sich jetzt einmal in die Situation des Pferdes, Stück für Stück – spüren Sie, wie es sich anfühlt, genau dieses Stück zu tragen. Tun Sie dies mit jedem einzelnen Gegenstand und spüren Sie, wie es sich anfühlen würde, dieses oder jenes Teil wegzulassen. Wie würde sich das Pferd verhalten, wenn es weg wäre? Würde es Sie beherrschen? Schließen Sie die Augen und spüren Sie in sich hinein.

Ja aber, muss man denn unbedingt etwas weglassen?

Nein, nicht wenn Sie ganz ehrlich jedes Stück der Ausrüstung des Pferdes rechtfertigen und begründen können, wenn Sie exakt wissen, wofür es Ihnen nützt und was es beim Pferd bewirkt.

Und bei Ihnen? Das ist ein heikles Thema. Was auch immer Sie tragen, was auch immer Sie im Stall anhaben oder wenn Sie reiten, wenn Sie fahren, das alles kann nichts, absolut nichts daran ändern, was Sie in sich drin tragen – nämlich ein Gefühl dafür, was Sie tun.

Fügen Sie Zubehör wie Hilfszügel, Gerte und Sporen Ihrer Liste mit Ausrüstungsgegenständen hinzu und denken Sie GRÜNDLICH darüber nach, warum Sie diese Dinge brauchen.

Man muss ein richtig guter und ausgebildeter Reiter auf Profiniveau sein, um solche Hilfsmittel richtig einsetzen zu können. Sind Sie das? Denken Sie drüber nach.“

Die Begegnung mit dem Pferd – Zusammenfassung

Die einzige Strafe, die Sie anwenden sollten, ist, das Pferd gegebenenfalls unmittelbar rückwärts zu richten. Alles, was Sie brauchen, um als Herdenführer anerkannt zu werden, vermitteln Sie dabei über Ihre Körpersprache. Wie Carola so schön sagt:

„Stehe ich, steht das Pferd.“

Die Pferde lesen an Ihrer Körpersprache ab, was Sie von ihnen möchten: stehen bleiben, zurückgehen, vorwärts gehen, seitwärts, wenden etc.

Soweit die Theorie! Es sei noch einmal betont: Jedwedes Dominanz- und Führungstraining fängt nicht erst im Sattel an – sondern schön vom Boden aus. Da fällt man nicht so tief, und fürs Pferd ist es auch natürlicher, wenn sie ihm Aug in Aug gegenüberstehen und nicht wie ein Raubtier auf ihm hocken. Wenn Sie aufs Pferd wollen, sollte das Vertrauen vorher stehen. Auf beiden Seiten.

Carola legt viel Wert auf die Feststellung, dass sie immer mit Sicherheit als Ausgangspunkt arbeitet. In jedem Moment, in dem wir mit Pferden umgehen, ist unbedingte Sicherheit erforderlich.

Beachten Sie bitte zwei grundsätzliche Regeln:
• Das Pferd soll immer hinter Ihnen gehen.
• Bleiben Sie stehen, bleibt auch das Pferd stehen.

Das muss von Anfang an und unbedingt zwischen Ihnen beiden funktionieren. Weil Carola sich ganz selbstverständlich als diejenige sieht, welche die Führung innehat, kommt es ausgesprochen selten vor, dass ein Pferd das in Frage stellt.
Ihnen wird das vermutlich – vor allem zu Anfang – etwas häufiger passieren.
Ein Pferd braucht nach Carolas Erfahrung etwa zwei Minuten, um einzusehen, wer der Boss ist.

„Mit Hilfe von Bodenstangen kann man dem Pferd zu verstehen geben, dass man sogar das Recht hat, zu bestimmen, welches Bein es bewegen soll.
Das Pferd bewegt ausschließlich und genau das Bein, das ich ihm mit dem Bild dazu im Kopf (‚Bewege dieses Bein‘) zu verstehen gebe. Vor und zurück, Stück für Stück.
Wenn ich allmählich merke, dass das Pferd sich vollständig unterwirft, also meinen Instruktionen ohne Widerspruch oder Zögern folgt, ist es Zeit aufzusitzen.“

Vom Sattel aus: Körperbewusstes Reiten mit Gedanken

Idealerweise beginnt man vor dem täglichen Ritt auch wieder zuerst vom Boden aus. Während dieser Bodenarbeitsphase, die etwa zwanzig Minuten dauert, arbeitet Carola Lind nur im Schritt, eventuell im Trab. Das Pferd ist dadurch vollständig aufgewärmt. Aber Schritt ist die Gangart, auf die es ankommt. Denn dort, so Carola, stärkt und kräftigt man die Bewegungsabläufe.

„Erst wenn die Bewegungen im Schritt sitzen, kann man zu den anderen Gangarten übergehen. Das Allererste, womit man arbeitet, ist der Halt.“

Das Halten

„Im Halt konsolidiert man von Anfang an den Gehorsam. Der Halt ist die Grundlage, die Quelle, aus der man alles schöpft, was man später braucht. Das Halten ist zweifellos eine Rettungsleine – aber nur, wenn es funktioniert! Nur, wenn Sie ihrer würdig sind.

Beginnen Sie zum Beispiel damit, mit dem Pferd im Schritt eine Volte zu reiten. Mit den Zügeln halten Sie nur leichten Kontakt, geben Sie den Bewegungen des Kopfes weich nach, machen Sie sie mit den Händen mit. Indem Sie dem Pferd durch ein Bild, das Sie in Ihrem Inneren kreieren, zeigen, wie Sie gerne hätten, dass es sich bewegt, erreichen Sie, dass das Pferd hellhörig und empfänglich bleibt für Ihre Signale.

Indem Sie den Bewegungen des Pferdes folgen und sie mitmachen, sich mit dem Pferd wie ein Körper fühlen, bekommen Sie es dazu, mit Ihnen in Harmonie zusammenzuarbeiten.

Bereiten Sie Ihr Pferd rechtzeitig vor. Schon zehn Meter, bevor Sie auf der Kreislinie halten möchten, senden Sie ihm einen optischen Eindruck davon: Wie wird es aussehen, wenn es anhält, wie wird es sich anfühlen? Dann unterstützen Sie diese Visualisierung nur noch durch minimale äußere Hilfen: Setzen Sie sich tief in den Sattel und nehmen Sie die Zügel ein klein wenig an. Das sollte reichen. Wenn Ihr Pferd nicht auf Anhieb versteht, was Sie von ihm möchten – bestrafen Sie es nicht, machen Sie es einfach nochmal. Und wenn es dann tut, was Sie wollen, wenn es anhält, loben Sie sofort und überschwänglich."

Und das solls dazu auch schon gewesen sein. Jetzt staunen Sie aber?! Doch, ehrlich. Das wars zum mentalen Reiten. Damit haben Sie alles, was Sie brauchen.

Wir wollen Ihnen hier ja nur exemplarisch zeigen, wo es langgeht. Beschreiten, gestalten müssen Sie den Weg selbst – und dazu gehört auch, dass Sie sich eigene Gedanken darüber machen, wie Sie das Gelernte in die Praxis umsetzen. Denken Sie sich selbst Beispiele aus. Lassen Sie Ihre Fantasie spielen. Bieten Sie Ihrem Pferd Abwechslung, die Ihnen, Ihrer beider Können und Ausbildungsstand angemessen ist.

Dieses Buch ist keine Reitlehre. Es gibt genügend sehr gute auf dem Markt, in denen Sie alles nachschlagen können. Uns kommt es darauf an, Ihnen zu zeigen, wie Sie Ihren Geist, Ihre Kommunikationsfähigkeit mit allen sechs Sinnen schulen können. Sie lernen so, Ihre Einstellung zu überprüfen. Fürs tägliche Bodentraining, für freie Arbeit, an Longe, Doppellonge oder unterm Sattel.

Wenn Sie mehr Beispiele möchten, was oder wie Sie mit Ihrem Pferd trainieren können, schlagen Sie gern das Kapitel über die Ausbildung von Trabern auf. Hier finden Sie einige Möglichkeiten, die Sie eins zu eins übertragen können.

Wir möchten Ihnen an dieser Stelle aber noch ein paar Tipps zum Körperbewusstsein geben. Die Voraussetzung dafür, dass Sie Ihrem Pferd Bilder davon übermitteln können, wie es im Halt oder in welcher Bewegung auch immer aussehen, wie es sich anfühlen soll, ist ja, dass Sie selbst ein Gespür entwickeln. Auch und vor allem ein Gespür dafür, ob Sie selbst sich „gerade" oder „schief" halten.

Körperbewusstsein trainieren

Wenn Sie den Körper des Pferdes fühlen wollen, müssen Sie zunächst Ihren eigenen fühlen können. Um also Kontakt mit dem Pferd zu bekommen, müssen Sie zunächst daran gehen, Kontakt zu sich selbst zu finden. Sie möchten ein Pferd durch feine Hilfen lenken? Dann werden als Erstes Sie lenkbar!

Wenn Sie lernen möchten, mental zu reiten, wenn Sie eines Tages in die Lage kommen möchten, Ihr Pferd nur noch durch Gedanken zu lenken, dann ist das die Voraussetzung dafür. Sie können es nur von der Pike auf lernen.

Das Folgende, von Carola Lind entwickelte, Training dient dazu, dass Sie Kontrolle über Ihre Körperteile bekommen und sie in Bezug aufs Reiten stärken.

„Spannen Sie in Serien verschiedene Körperpartien an. Achten Sie darauf, dass Sie wirklich einzig und allein NUR den Bereich anspannen,

der hier angegeben ist. Nehmen Sie keine angrenzenden Glieder oder Muskeln zu Hilfe!

Spannen Sie an, und anschließend lassen Sie direkt wieder locker. Was wir damit erreichen wollen, ist, dass Sie jedes einzelne Körperteil spüren.

Ohne Pferd

Spannen Sie in Folge an:
Die Unterarme, abwechselnd, je fünfmal.
Die Waden, abwechselnd, je fünfmal.
Die Wangen, abwechselnd, je fünfmal.
Die Oberseite der Oberschenkel, abwechselnd, je fünfmal.
Stirn, Kinn, abwechselnd, je fünfmal.
Die Oberarme, abwechselnd, je fünfmal.

Ich kann gar nicht genug betonen, wie sehr es darauf ankommt, dass Sie wirklich NUR den angegebenen Körperteil anspannen.

Mit dem Pferd

Gehen Sie Schritt auf dem Zirkel oder auf dem Hufschlag in der Reitbahn.

Lassen Sie das Pferd am langen Zügel in einem ruhigen Takt und Tempo gehen.

Wiederholen Sie jetzt die Übungen auf dieselbe Weise.

Spannen Sie in Folge an:
Die Unterarme, abwechselnd, je fünfmal.
Die Waden, abwechselnd, je fünfmal.
Die Wangen, abwechselnd, je fünfmal.
Die Oberseite der Oberschenkel, abwechselnd, je fünfmal.
Stirn, Kinn, abwechselnd, je fünfmal.
Die Oberarme, abwechselnd, je fünfmal.

Spüren Sie danach hin, wo Sie die Körperteile des Pferdes in IHREM Körper fühlen. Das klingt vielleicht höchst sonderbar, aber mit ein bisschen Fantasie und Einfühlungsvermögen funktioniert es immer.

Wo in Ihrem Körper können Sie das innere Hinterbein Ihres Pferdes fühlen? Wo fühlen Sie das äußere Hinterbein?

Nehmen Sie sich einen Augenblick Zeit und überlegen Sie.

Wo in Ihrem Körper fühlen Sie, wie sich die Wirbelsäule Ihres Pferdes bewegt?

Überlegen Sie eine Weile.

Machen Sie es genauso mit den anderen Körperteilen: dem Kopf des Pferdes, der Vorhand, seinem Bauch, dem Pferdehals.

Antwort:

Das innere Hinterbein sollten Sie etwas oberhalb Ihrer Pobacke auf derselben Seite fühlen.

Das äußere Hinterbein entsprechend oberhalb der Pobacke auf der dazugehörigen Seite.

Wenn Sie die Beine etwas weiter unten spüren, müssen Sie noch ein bisschen arbeiten, bevor Sie einen guten Kontakt zueinander haben.

Wenn Sie die Pferdebeine überhaupt nirgends im Pobereich spüren, sollten Sie noch einmal ganz von vorn beginnen hinzufühlen – oder ernsthaft darüber nachdenken, ob der Pferdekörper gleichmäßig und gerade ist. Wenn Sie ein Bein richtig und das andere falsch spüren, bekommen Sie auf diese Weise heraus, wo das Pferd eine Schiefe sitzen hat. Nämlich genau auf der Seite, die sich für Sie, an Ihrem Körper, nicht richtig angefühlt hat.

Das Rückgrat des Pferdes sollten Sie in der Mitte unterhalb Ihrer Schulterblätter fühlen. Wenn Sie sein Kreuz weiter unten spüren, müssen Sie bis zu einem guten Kontakt noch ein bisschen weiterarbeiten.

Nehmen Sie die Wirbelsäule irgendwo anders als in Ihrem Rücken wahr, sollte man wiederum untersuchen, ob das Pferd vom Körper her gerade ist. Wenn Sie deutlich fühlen, dass das Rückgrat auf einer Seite Ihres Rückens sitzt, wissen Sie, dass dies die Seite ist, wo das Pferd schief ist.

Den Kopf Ihres Pferdes sollten Sie am Brustbein, genau mittig, unterhalb der Brust spüren. Wenn Sie seinen Kopf weiter unten spüren, gilt es wieder, den Kontakt durch ein bisschen mehr Arbeit weiter zu verbessern.

Wenn Sie den Kopf irgendwo anders als an Ihrer Rumpfvorderseite spüren, sollten Sie auch wieder untersuchen, ob das Pferd wirklich überall gerade ist. Spüren Sie deutlich, dass der Kopf irgendwo seitlich an Ihrer Vorderseite sitzt, wissen Sie schon mal, welche Seite Ihres Pferdes schief ist. *Das innere Vorderbein sollten Sie auf der gleichseitigen Oberschenkeloberseite spüren. Das äußere Vorderbein entsprechend auf der anderen Seite. Wenn Sie sein Bein weiter unten spüren, müssen Sie noch ein bisschen am Kontakt feilen. Fühlen Sie nirgendwo im Schenkel ein Pferdebein, spüren Sie noch einmal genau hin. Von vorn. Oder prüfen Sie genau, ob Ihr Pferd im entsprechenden Bereich wirklich körperlich in Ordnung ist oder eine Schiefe hat. Wenn Sie eine Seite korrekt und die andere falsch fühlen, spüren Sie dadurch bereits, wo das Problem sitzt – nämlich auf der Seite, wo es sich nicht richtig angefühlt hat.*

Den Pferdebauch sollten Sie in sich spüren. In Ihrer Mitte, im Magen, innen drinnen, manchmal auch etwas tiefer, im Unterleib.

Wenn es Ihnen schwer fällt, den Bauch zu erspüren, ist das okay. Das wird Ihnen vermutlich nicht gelingen, bevor Sie alles andere richtig und perfekt spüren können.

Der Hals des Pferdes fühlt sich für verschiedene Menschen unterschiedlich an. Das ist abhängig von Rasse und Geschlecht des Pferdes. Wichtig sich zu merken ist hier vor allen Dingen, dass er sich auf jeden Fall in Ihrem Körper mittig anfühlt und nicht zu einer Seite verzogen. Sonst können Sie damit rechnen, dass das Pferd auf dieser Seite schief ist.

Das ist das Ergebnis aus gut zehn Jahren Experimentieren mit verschiedensten Reitern: Reitschulreitern, Privatschülern, Fortgeschrittenen, Anfängern – und natürlich jeder Menge Arbeit an mir selbst.

Ich sehe es so, dass ich, indem ich mich selbst kenne, auch das Pferd kenne und fühlen kann. Indem ich die Geschmeidigkeit und den Kontakt zu meinen eigenen Gliedern trainiere, lerne ich, den Körper des Pferdes mit sehr geringen und feinen Hilfen zu kontrollieren. Das wiederum kann viel wert sein und Gewicht bekommen bei behinderten Reitern – und sogar bei behinderten Nichtreitern.

Indem ich dieses Bewusstsein bekomme, kann ich aufsitzen und unmittelbar spüren, ob das Pferd eine Störung im Bewegungsmuster hat. Natürlich braucht das Training und Disziplin. Denn es passiert ganz leicht, einen Extramuskel mit einzuschalten, wenn man beispielsweise nur den Unterarm anspannen möchte.

Wenn Sie als Reitlehrer arbeiten, haben Sie mit diesen Techniken eine unschätzbare Hilfe, die darüber hinaus immer eine Abwechslung zu den üblichen Lektionen und gleichzeitig nützlich und lernenswert ist."

Probieren Sie Carolas Übungen aus! Sie werden vom Ergebnis mit Sicherheit überrascht sein! Ich erinnere mich gut an die zweifelnden Blicke von Carolas Reitschülerinnen Emma und Kärstin. Es war ihre erste Unterrichtsstunde im mentalen Reiten. Das Pferd am langen Zügel auf dem Zirkel reiten? Über Bodenstangen? Und dann auch noch fühlen, wo im eigenen Körper man den Pferdekopf spürt? Die Skepsis war den beiden Frauen ins Gesicht geschrieben – und ihre Pferde Sisse und Jaffe spiegelten deutlich die Aufregung ihrer Reiterinnen. Ein Erlebnis war es dann allerdings, minutenschnell die Veränderung zu erleben: Alle vier wurden ruhig, entspannten sich, die Pferde gingen wunderbar versammelt – trotz der hingegebenen Zügel, bogen ab, wo sie sollten, hielten an, wo sie sollten, und fußten sogar zuletzt mit dem Hinterbein auf, das angesagt war. Nach einer Stunde waren alle vier schweißnass, obwohl nur im Schritt gearbeitet worden war und im unwirtlichen Schwedenwinter bestimmt zehn Grad minus in der Halle herrschten.

Als sich Lotta die Nackenhaare aufstellten

Lotta Petersson aus Torup nahm an einem mehrtägigen Kurs bei Carola teil, der nicht nur Kommunikation, sondern auch OKIDU-Healing und mentales Reiten beinhaltete.

„Als Carola bei meinen Pferden gewesen war und das, was sie erzählte, so haargenau stimmte, entschloss ich mich, einen Kurs bei ihr mitzumachen. Ich muss zugeben, dass ich ein bisschen skeptisch war, ob ich so etwas lernen könnte, aber mein Bauch sagte mir, dass Carola nicht sagen würde, dass alle es lernen können, wenn das nicht auch stimmte.

Am ersten Tag, als wir mit Pferden sprachen, kamen die Antworten als vereinzelte Wörter an und ich fand es schwierig, sicher zu sein, ob es sich um die Gedanken eines Pferdes oder um meine eigenen handelte.

Aber am dritten Tag passierte etwas Unglaubliches. Ich saß auf der Weide und sprach mit einem Pferd, und ganz plötzlich fing meine Hand an, sich vollkommen selbstständig zu bewegen, und schrieb mit gewaltigem Tempo auf, was das Pferd erzählte – und das auch noch mit einer ganz fremden Handschrift. Leicht zu raten, dass mir die Haare im Nakken zu Berge standen! Mittlerweile habe ich mich daran gewöhnt, dass das jedes Mal geschieht, wenn ich mit einem Tier spreche. Je mehr man übt, desto leichter geht es. Aber mit meinen eigenen Vierbeinern finde ich es schwer. Ich weiß ja so viel über sie, dass ich manchmal nicht ganz sicher bin, ob sich nicht doch eigene Gedanken einschleichen.

Wenn es sich um ein mir völlig unbekanntes Tier handelt, ist es leichter, dem Ganzen zu vertrauen – und bis jetzt hat immer alles gestimmt.

Das mentale Reiten ist wahnsinnig gut. Es bewirkt, dass man sich seines eigenen Körpers bewusst wird und merkt, wie es sich anfühlen soll, wenn man es richtig macht. Das ist ein Gefühl, auf einem Pferd zu sitzen, wenn man spürt, dass die Kommunikation funktioniert!!! Die erste Übungsphase beim Reiten dauerte höchstens eine Viertelstunde, aber ich war noch nie in meinem Leben so müde wie nach diesem Ritt – sowohl körperlich als mental.

Am Tag danach hatte ich den furchtbarsten Muskelkater, den man sich nur vorstellen kann. Sich auch nur aus dem Bett zu robben war eine Riesenarbeit!

Außerdem muss ich einfach Carolas wunderbares vegetarisches Essen erwähnen. Ich habe noch nicht einmal im feinsten Restaurant leckerer oder besser gegessen. Absolut unübertrefflich."

Mentales Training – nicht nur für den Pferdealltag

„Vielleicht fragen Sie sich, wozu man mentales Training braucht. Warum sich nicht einfach mit dem Leben zufrieden geben, wie es ist? Wieso sollen wir immer mehr und mehr leisten? Warum setzen wir uns, und vor allem unsere Kinder, diesem Druck aus? Ja, vielleicht kann das sogar zu Leistungsdruck führen, der zu anderen, noch viel schlimmeren Krankheiten führt, wie traumatischen Zuständen, Anorexie, Depression u. v. m.

Wir Eltern haben offenbar das Bedürfnis, zu sehen, dass unsere Kinder das werden, was wir nie geschafft haben. Zu sehen, wie unsere Kinder mehr leisten, um damit unser eigenes Ego zu stärken und die Angst zu heilen, die wir immer ertragen mussten, weil unsere Eltern nicht mit uns zufrieden waren. Und weil sie nicht mit uns zufrieden waren, sind wir all die Jahre herumgelaufen mit dieser Schuld auf unseren Schultern, weil wir unsere Eltern nicht zufrieden stellen konnten. Und da stehen wir jetzt mit einem eigenen Kind – und wir wollen ja auf keinen Fall, dass es ins gleiche Schicksal gerät wie wir, also diesen Druck zu spüren bekommt. Nie würden wir etwas tun, dass es diesem Kind schlecht geht – und mitten drin in all dieser Heuchelei stehen wir trotzdem da und feuern an und fragen uns, ob unser Kind nicht doch ein bisschen mehr Ehrgeiz an den Tag legen könnte. Ich meine, Sie haben doch immerhin all die Hobby-Ausrüstung auf dem neuesten Stand gekauft, die man für Geld überhaupt nur zu kaufen kriegt.

Kommt Ihnen das bekannt vor?

Wir üben selbst Druck aus und rackern uns ab, sind aber nie zufrieden. Und was macht das mit unserem Selbstvertrauen, wenn man schuftet und schuftet und immer die anderen, die Widerstände, gewinnen?!?

Wie fühlen wir uns, wenn wir nicht gewinnen, und wie geht es unseren Kindern?

Kinder haben es schwerer als wir Erwachsene, sie sollen nicht nur für sich selbst Zufriedenheit erreichen, sondern auch noch ihre Eltern zufrieden stellen.

Durch mentales Training und Zielbildtraining können wir alle unser Innerstes erforschen und unsere eigene Kapazität erfühlen, unabhängig vom Alter. Mit mentalem Training können Sie Ihr ICH stärken und ein Selbstvertrauen bekommen, das aus Ihrem Inneren wächst.

Mit einem solchen Selbstvertrauen finden Sie einen Ausweg, wenn Sie verlieren oder Misserfolge haben, ohne zurückzumüssen zum Ausgangspunkt des Spielfeldes, ohne sich allzu enttäuscht zu fühlen.

Sie können Stärke gewinnen, um weiterzugehen, ohne sich von sich selbst verlassen zu fühlen. Mit einem starken Selbstvertrauen kann ein Kind seine Druck ausübenden Eltern auf einem anderen Niveau angehen. Es muss die negativen Gefühle und Enttäuschungen der Eltern nicht für sich annehmen. Das Kind spürt die Emotionen sicherlich, auch wenn die Eltern versuchen, sie nicht zu zeigen.

Wenn Sie Ihr mentales Inneres entwickeln, setzen nur Sie selbst dafür die Grenze. Nur Sie können darüber bestimmen, wie Sie es im Leben haben wollen. Einzig Sie können entscheiden, was Sie in Ihrem Leben erreichen wollen. Sie!
Rein visuell können Sie all die Situationen schaffen, die Sie erleben wollen. Nur Sie können die Grenze ziehen.
Alle Menschen können mit Kraft ihrer Gedanken ihr Leben verbessern.
Nehmen wir an, Sie haben ein Ziel im Blick. Sportler oder nicht, das Ziel ist wichtig für Sie.
Wie stellen Sie sich vor, es zu erreichen?

Wenn Sie mit einer Situation arbeiten, in die ein Tier mit einbezogen ist, wie beim Reiten, beeinflussen Sie das Pferd genauso sehr wie sich selbst. Handelt es sich um Situationen, in denen nur Sie selbst etwas zustande bringen wollen, brauchen Sie keine Rücksicht auf das Tier zu nehmen.

Ich gehe im Folgenden davon aus, dass Sie mit einem Pferd arbeiten.
Wir haben ein Ziel. Wir müssen schon von Anfang an wissen, was wir erreichen wollen. Das Ziel muss es uns wert sein, erreicht zu werden.
In unserem Inneren müssen wir uns klar machen und klar sehen, in welcher Reihenfolge wir wollen, dass die Dinge geschehen, damit unser Ziel erreicht werden kann. Auf dem Weg zu unserem Ziel kann viel geschehen. Diese Sachen sollten wir schon zu Beginn berücksichtigen.

Alles auf dem Weg zum Ziel UND das Ziel selbst sollten wir positiv betrachten. Alles, was passiert, hat zwei Seiten, eine positive und eine negative. Transformieren Sie jeden negativen Gedanken in einen positiven, ungeachtet dessen, was Sie eigentlich davon halten.
Üben Sie sich darin, zumindest eine gute Seite auch in allen negativen Dingen zu sehen.
Versuchen Sie zu verinnerlichen, dass alles Schlechte, was passiert, nicht nur schlecht ist. Denn wie gesagt, alles hat zwei Seiten!

Eine positive und eine negative.
Lehren Sie sich, die positive für sich anzunehmen, indem Sie alle Situationen, Geschehnisse, die winzigkleinste Sache zum Positiven wenden.
Das Negative sollten wir nicht sehen oder hervorheben. Wir sollten dem Negativen keine Nahrung geben.
Das, was Sie fokussieren, worauf Sie sich konzentrieren, wird so geschehen.
Das ist eine Grundregel. Leben Sie danach."

Welchen Einfluss solche Projektionen (die so genannten „self fulfilling prophecies" gehören für mich mit in diese Kategorie) tatsächlich auf unser Leben haben, würde das eine oder andere weitere Buch füllen. Damit öffnen wir natürlich einerseits Tür und Tor für das weite Diskussionsfeld zum Thema „Zufall", andererseits ist aber Autosuggestion wissenschaftlich durchaus als wirksames Phänomen bekannt. Man denke nur an den Placebo-Effekt.
Es scheint uns in der Tat wesentlich leichter zu fallen, Dinge schwarz zu malen und mit einem lakonischen „Ich hab ja gleich gesagt, dass das nichts wird" abzuhaken, als einen Bruchteil dieser Konzentrationsenergie darauf zu „verschwenden", den Spieß mental umzudrehen: uns Dinge positiv zu denken und bunt auszumalen, wie wir sie gern hätten. Lassen Sie sich mal überraschen, wie oft Sie gegebenenfalls einen positiven „Huch! Das klappt ja wirklich!"-Effekt verbuchen können. Was kann es denn schaden?

Carolas Meditationsübung:
Energien heranziehen und fokussieren.

„Schließen Sie die Augen.
Nehmen Sie drei tiefe Atemzüge.
Fokussieren Sie Ihren Scheitel. Fühlen Sie, wie die Energien Ihren Scheitel aufwärmen.
Lassen Sie die Energien zu Ihrem Hals strömen. Fokussieren Sie Ihren Hals. Fühlen Sie, wie die Energien Ihren Hals erwärmen.
Konzentrieren Sie sich nun auf Ihre Handflächen. Fühlen Sie, wie Wärme Ihre Handflächen anfüllt.

Lassen Sie die Energien weiterströmen in Ihre Oberschenkel. Fühlen Sie, wie Ihre Beine warm werden.

Fokussieren Sie Ihre Stirn. Spüren Sie, wie sie warm wird.

Fokussieren Sie jetzt Ihren Bauch. Ziehen Sie alle Energie unten in Ihrem Bauch zusammen. Fühlen Sie, wie dort Wärme entsteht und sich ausbreitet.

Fokussieren Sie Ihre Füße. Fühlen Sie, wie Ihre Füße durch all die Energien erwärmt werden.

Nehmen Sie drei tiefe Atemzüge, öffnen Sie die Augen und kommen Sie zurück.

Auf dieselbe Weise können Sie alle möglichen Situationen in Ihrem Leben fokussieren.“

Wie das aussehen kann, haben wir schon bei der Gedankenreise auf Seite 73 kennen gelernt. Um besser verstehen zu können, was mentales Training bewirken kann, versetzen wir uns bitte einmal in unsere Kindheit zurück. Sie werden sich erinnern: Die Fähigkeit, unsere Wirklichkeit durch Gedankenkraft zu beeinflussen, haben wir alle mehr oder weniger stark ausgeprägt in uns.

„Denken Sie sich einige Jahre zurück – genau genommen, versetzen Sie sich in das Jahr hinein, in dem Sie sechs Jahre alt waren. In diesem Alter geschieht sehr viel um einen herum.

Wie haben Sie es damals angestellt, Ihren Willen durchzusetzen?

Gequengelt – denken sicher jetzt die meisten. Aber wenn Sie jetzt vom Quengeln absehen: Sie haben sich in Situationen hineinversetzt, Bilder geschaffen von sich selbst und von dem, was Sie haben wollten, nicht wahr?

Hatten Sie sich in solche verschiedenen Fantasien versponnen, konnten Sie richtiggehend schmecken, riechen, fühlen, wie es sein würde, genau das zu bekommen, was Sie haben wollten.

Ganz automatisch haben Sie diese kraftvollen Bilder Ihren Eltern geschickt, die auf irgendeinem telepathischen Weg diese Vibrationen aufgefangen haben. Sie spürten einen Hauch davon, wie wohl Sie sich fühlten, wie zufrieden Sie waren, während Sie diese unterschiedlichen harmonischen Situationen präsentierten.

*Ganz automatisch haben Sie Ihr eigenes Unterbewusstsein dahin beein-
flusst, zu glauben, dass Sie diese Sache bereits besäßen. Denn Ihre Gefühle waren so echt, dass Sie Ihr Unterbewusstsein dazu gekriegt haben,
es zu glauben, und aus diesem Glauben heraus agierten.*

*Waren Sie nicht selbst mitunter ganz schön verwundert, wenn Sie dann
plötzlich genau die Sache bekommen haben, nach der Sie sich so gesehnt
hatten?*

*Die Freude darüber, das zu bekommen, was in Ihrem Leben ‚fehlte‘, wich
so allmählich einem regelrechten Urvertrauen, dass das tatsächlich
geschehen würde. In dem Maß nämlich, wie Sie Ihr Unterbewusstsein
damit geladen haben, zu glauben, dass Sie es fast schon hatten.“*

Als Carola Kind war, lernte sie schnell, diese Methode für sich aus-
zunutzen. Ihr wurde bewusst, so sagt sie heute, dass sie die Kraft
hatte, das zu bekommen, was sie wollte.

Wenn sie ihr Ziel nicht ausreichend fokussierte, war sie furchtbar
enttäuscht, denn dann traf das Erwartete nicht ein.

*„Wenn man sein Unterbewusstsein mit diesem Glauben auflädt und
dann den Schmetterling doch nicht erwischt, an der Schokolade schnuppert, die einem dann vor der Nase weggezogen wird, fühlt sich das gemein
an. Aber dieses Gefühl wird ziemlich schnell vom Wunsch nach der
nächsten Sache abgelöst, die man haben will.*

*Man verleitet also sein Unterbewusstsein dazu, etwas zu glauben. Und
aus diesem Glauben heraus schafft das Unterbewusstsein regelrecht Situationen, die es ermöglichen, das zu erschaffen, was man haben möchte.
Wenn ich mir wünsche, dass eine bestimmte Situation eintreffen soll,
wenn ich also will, dass etwas geschehen soll, dann visualisiere ich sie,
schaffe die Umstände zunächst in meiner Fantasie. Ich male sie mir aus.
Ich füttere die Situation, gebe ihr Leben, indem ich mich richtig ins
Detail verliebe. Ich gehe durch jedes Detail, teile es sozusagen in Mikrostückchen auf, und lasse jedes dieser Mikrostückchen aufleben, indem ich
es in mein Herz schließe. Ich fühle, schmecke, rieche es. Ich sehe es wie
einen Videofilm im Kopf – genau wie Sie, wenn Sie fantasieren. Indem
man sich verhält, als ob man etwas schon besitzt, das man gerne haben*

möchte, als ob das bereits geschehen wäre, von dem man möchte, dass es geschieht – dadurch wird es geschehen, und zwar im wirklichen Leben."

Åsa Bauhns Erfahrungen

„Ich heiße Åsa Bauhn und komme aus Dalby. Das liegt bei Malmö. Carola bei einem Kurstag zuzuhören und an ihrem Alltag teilhaben zu können war wunderbar. Das Gefühl, als ich erkannte, dass es mir auch passierte, dass ich Telepathie empfangen konnte, war unbeschreiblich. Anfangs hatte ich Angst, dass es meine eigene Fantasie wäre, die mir einen Streich spielte. Aber als Carola nickte und wiedererkennend lächelte, als ich erzählte, was ich von den Tieren aufgefangen hatte, wurde mir innerlich ganz warm. Carola und ich haben guten Kontakt miteinander und wir kommen leicht überein. Das Gefühl und Verständnis von Carola vermittelt zu bekommen, was und warum es passierte, war das Beste daran.

Es funktioniert wirklich, alle haben diesen sechsten Sinn latent in sich, diese mentale Geschichte. Man stelle sich vor, wenn alle wie Carola wären und das Leben aus ihren Augen sehen würden, dann würde es keine Not geben, keinen Krieg oder Leiden. Nur Wärme, Liebe und Verständnis.

Es funktioniert sogar, wenn ich allein bin. Was ich noch üben muss, ist klar zu kriegen, in welchem Zusammenhang ein Pferd etwas meint. Einmal erzählte mir zum Beispiel ein Wallach ganz einfach ‚neue Eisen'. Ich nahm an, dass er neue Eisen haben wollte und dass ein neuer Beschlag notwendig war, aber er hatte gerade neue bekommen – solche Sachen muss ich trainieren.

Das Gespür, ob ein Pferd gesund ist oder ob es ihm nicht so gut geht, habe ich. Aber wie gesagt, ich muss besser werden in der Kommunikation selbst.

Carola hat auch meine Pferde schon gestretcht und mit ihnen geredet. Sie hat meinem alten Pferd Sören, das in ein Unglück verwickelt gewesen war, sehr geholfen. Er brach in einen Brunnen ein und verstauchte sich *den ganzen Körper. Beide Hinterbeine waren vom Huf bis zu den Leisten aufgeschnitten. Er wurde ganz schief im Rücken und die komplette Hüfte war verdreht. Sören wurde lange nicht derselbe wie vorher – bis Carola hier herunterkam und ihn wieder gerade gerichtet hat. Sie bekam das in einem Anlauf wieder hin. Und heute geht es ihm besser als jemals zuvor!*

All meine Pferde, Musse, Jojje, Nova, Sören, Skorpan und Massa, wurden viel munterer, losgelassener und es ging ihnen schon nach Carolas erstem Durchlauf sichtlich viel besser.

Mich hat vor allem eine Episode bewegt: Carola sprach mit Noviform, genannt Nova, und er erzählte ihr, dass er nicht kalt geduscht werden wollte. Und ich blöder Esel hatte ihn zwei Tage vorher tatsächlich mit eiskaltem Wasser abgeduscht. Also, funktioniert es?

JA! WIRKLICH!

Ich hab mich geschämt wie ein Hund für das, was ich getan hatte. Es war warm draußen gewesen, also hatte ich gedacht, wie schön ein kurzer kalter Guss sein müsste. Aber ach, wie ich mich da getäuscht hatte. Nova, der sonst normalerweise Feuer und Flamme ist, wenn er duschen darf, führte sich an diesem Tag auf wie ein Monster. Und wäre ich schon im Kurs gewesen, bevor das geschah, hätte ich seine Signale ja selbst viel besser deuten können. Heute verstehe ich mehr. Ich bin viel offener dafür geworden, was Pferde meinen und denken. Mein Leben mit den Tieren hat sich verändert und ich kann mich in ihr Leben viel besser einfühlen. Carola sei DANK.

Ich übe die Kommunikation immer noch, manchmal bin ich blockiert, aber das ist mein eigener Fehler, dann will ich zu viel.

Mit meinen eigenen Pferden spreche ich nicht auf diese Weise, da ist das Gefühl dafür, was gut ist oder schlecht, so stark geworden, es hat richtig überhand genommen und kommt ganz direkt."

Reitausbildung von Trabern

Carola Lind arbeitete, als dieses Buch entstand, mit Trabern, solchen, die aus verschiedenen Gründen nicht länger für die Rennbahn taugten, nicht mehr gewinnträchtig liefen oder als Zwölfjährige in Schweden nicht mehr starten dürfen. Sie nahm sie auf ihrem kleinen Hof in Tollarp, nicht weit von Kristianstad, auf und päppelte sie wieder auf. Sie „sozialisierte" sie, ließ sie verschnaufen, eine Auszeit nehmen vom Leben – ohne das an irgendwelche Forderungen zu knüpfen – und verkaufte sie dann als Reitpferde weiter.

Ihr Trainingsschema hatte sie zwar explizit für die Ausbildung von Trabern zu Reitpferden entwickelt, aber, so Carola, es könne ebenso gut eine Grundlage für Sie bilden, mit Ihrem eigenen Pferd – egal welches Geschlecht oder welche Rasse – ein bisschen Abwechslung in den bisherigen Reitalltag zu bringen. Vielleicht übernehmen Sie ja einfach Teile des Trainingsplans. Das Programm sei gut geeignet, Pferde anzureiten, in einer Rekonvaleszenzphase wieder mit der Arbeit zu beginnen – und vor allem sich gemeinsam in der Kunst des mentalen Reitens zu erproben und zu üben.

„Die ersten vierzehn Tage lasse ich die Pferde vollkommen in Frieden. Sie sollen sich erst einmal eingewöhnen. Dann bekommen sie alle möglichen Behandlungen, abhängig davon, was anliegt. Sie bekommen exakt das Futter, das sie brauchen, die Hufpflege, die sie benötigen – und zum Schluss, wenn sie sich selbst wiedergefunden haben, dann, wenn sie zu einem gelassenen, freien Individuum geworden sind, mit neuem Mut zu glauben und zu vertrauen, dann finden wir für sie ein kompetentes Heim. Die neuen Eigentümer müssen ganz schönen Druck aushalten, bevor ich ein Pferd verkaufe. Sie müssen ehrliches Interesse zeigen und beweisen. Manchmal dürfen die Pferde bis zu zwei Monaten hier bleiben, bevor ich finde, dass Pferd oder neuer Besitzer füreinander reif sind. Diese Tiere sind keine Schnäppchen oder überhaupt irgendeine Ware. Sie haben es vorher schlimm genug gehabt. Das soll sich auf gar keinen Fall wiederholen. Dabei können die neuen Besitzer durchaus Menschen sein, die noch nicht so viel von Pferden verstehen. Was sie nicht wissen, dürfen sie gern hier lernen!

Wir treffen uns auch regelmäßig virtuell auf meinen Seiten im Internet und reden über Futter, Ausrüstung, Stallpflege, Pferdepflege, Putzen, Ausbildung u. v. m. Seien auch Sie dazu herzlich eingeladen! (http://home.swipnet.se/Alternativstallet)

Einen Traber zum Reitpferd auszubilden, das kann sehr vieles mit sich bringen: Es kann unter anderem schwierig, frustrierend, total hoffnungslos, vielleicht gar lebensgefährlich sein.

Warum?

Weil diese Pferderasse nicht dafür vorgesehen ist, geritten zu werden.

Oft haben Traber darüber hinaus von der Rennbahn Verspannungen mitgebracht, sowohl physisch als auch psychisch.

ABER!

Man kann, mit ziemlich viel Arbeit die Muskeln des Pferdes umformen, sodass sie einen Reiter tragen können und mit Leichtigkeit Bewegungen ausführen, genau wie jedes andere Reitpferd auch.

Es dauert etwa zwei Monate, bis man den Beginn einer Veränderung erahnen kann – bei kontinuierlicher Arbeit, wenn man alles richtig macht.

Was also ist die beste Art und Weise?

Die richtigen Muskeln sollen arbeiten, schon von Anfang an muss das Pferd lernen, seinen Körper richtig einzusetzen, um die Belastung korrekt zu verteilen: ein Bein in jeder Ecke, die Hinterhand unter sich, den Hals hoch, ein weicher, aber aktiver Rücken.

Was ist die richtige Form? Heutzutage geht es immer um Form bei Pferden. Viele glauben, es würde ausreichen, wenn das Pferd den Hals knickt, dass es dann ,am Zügel geht'. Allein diesen Ausdruck halte ich für den schlimmsten, den es gibt. Rein bildmäßig soll das Pferd nicht ,am Zügel gehen'. Klingt besser mit ,in der richtigen Form'.

Was IST also Form?

Form ist alles. Das Pferd hat immer irgendeine Form.

Was ist die RICHTIGE Form?

Die richtige Form ist, wenn das Pferd so gut arbeitet, wie es eben kann – ausgehend von den Möglichkeiten, die seine Rasse mit sich bringt, seinem Alter, seiner Ausbildung, Physik, Mentalität und den übrigen Voraussetzungen.

Die richtige Form ist, wenn Sie als Reiter danach streben, das Pferd in seinem Körper dazu zu bekommen, hinterlastig, beweglich, feinfühlig, weich und ruhig zu werden.

Hat das Pferd, wo auch immer, eine Spannung im Körper, kann es sich nicht für längere Zeit in der richtigen Form bewegen.

Schauen Sie mal nach rechts. Halten Sie den Kopf mindestens zehn Minuten so. Sogar wenn Sie vom Computer aufstehen, Kaffee kochen, auf die Toilette gehen. Testen Sie es mal!
Sie merken, dass Sie tatsächlich nicht mehr stabil stehen, mit dem Kopf so schief. Und wenn wir jetzt noch einen Zwangsriemen anbringen würden, der Ihren Kopf auf diese Weise festhält! Was glauben Sie, wie sich das anfühlen würde?
Darüber hinaus verlange ich dann aber auch noch, dass Sie den übrigen Körper gymnastizieren sollen, und wenn Sie das nicht richtig machen, kriegen Sie eins mit der Peitsche übergezogen. Wenn das Pferd auch nur die geringsten Spannungen im Körper hat, fühlt es sich für es genau so an.

Die richtige Form für einen Traber, der auf der Rennbahn startet, ist es, mit erhobenem Kopf zu gehen. Man setzt einen Hilfszügel ein, der den Kopf hochhält, damit das Pferd schneller läuft und nicht stolpert.
Wie fühlt sich das an, meinen Sie?
In meinen Augen ist das eine unnatürliche Haltung, aber mit dem richtigen Training, wenn das Jungpferd sich langsam, aber sicher aufbauen kann, wird die Unterlinie gestärkt und das Pferd hat damit keine Probleme. Doch genausooft wird das Pferd übertrainiert und ist nicht reif genug für diese Position.

Die gleiche Sache ist es mit unseren Reitpferden.
Sie sind nicht reif genug, in der Balance zu gehen, die wir als Reiter verlangen, bevor sie nicht ganz ausgewachsen sind.
Man muss individuell jedes Pferd ansehen, um die Voraussetzungen zu erkennen und das Ziel danach zu richten.
Die richtige Form für einen Dreijährigen ist NICHT die untergesetzte Hinterhand und hohe Aufrichtung.
Die richtige Form ist in dem Fall ein losgelassenes, frohes Pferd, das den Rücken hergeben kann und den Weg nach unten sucht.
Wenn man bei einem unreifen Pferd Ausbindezügel einsetzt, bedeutet das genau genommen, sich selbst entgegenzuarbeiten. Ein Pferd auf diese Weise körperlich harmonisch zu bekommen ist fast ausgeschlossen.

Ich schreibe ‚fast‘, weil es tatsächlich kaum Profis gibt, die exakt wissen, was sie tun.

So. Sie haben also einen Traber, da fang ich doch mal damit an, zu raten, was so Ihre verschiedenen kleinen Probleme sind.

- Das Pferd tut sich schwer im Linksgalopp.
- Es schlägt mit dem Kopf.
- Es knirscht mit den Zähnen.
- Fühlt sich an, als ob das Pferd ständig Muskelkater hätte.
- Das Pferd macht mit einem der Hinterbeine kürzere Schritte.
- Es hat Rückenschmerzen.
- Es ist sofort gestresst, wenn Sie etwas von ihm wollen.
- Es haut ab in vollem Renntrab.
- Das Pferd hat Schmerzen hinter den Ohren, große Knoten, Wülste, die hart und empfindlich sind.

Hier mein Vorschlag für ein Trainingsschema:

Wenn Sie sich für Ihr Pferd entscheiden, auf es setzen wollen, versuchen Sie dem Plan, so gut Sie können, zu folgen. Machen Sie die Arbeit nicht halbherzig. Das haben weder Sie noch das Pferd verdient.

Ich werde im Folgenden sehr detailliert beschreiben, wie lange Sie reiten sollen. Beginnen Sie aber immer mit zwanzig Minuten Schritt. Immer! Um die Gelenke des Pferdes zu schmieren.

Also, wenn ich schreibe: dreißig Minuten reiten, bedeutet das, Sie sollen zusammen genommen fünfzig Minuten reiten.

Erste und zweite Woche:

Holen Sie einen Equitherapeuten, Pferdezahnarzt und Masseur.
Folgen Sie deren Instruktionen.
Meist handelt es sich dabei um Schrittreiten am langen Zügel, auf gerader Bahn, nach den Behandlungen.

Dritte Woche:

Erneuter Besuch vom Masseur.
Notieren Sie alles und passen Sie gut auf, wie der Masseur vorgeht. Sie können auf die Art vieles auch selber (nach)machen!

Seien Sie schlau und fragen Sie nach Dingen, die man absolut nie machen darf, wenn man ein Pferd massiert – dann können Sie auf keinen Fall etwas falsch machen!

Arbeiten Sie weiter im Schritt auf gerader Bahn, lassen Sie das Pferd bergauf gehen, klettern, wenn Sie die Möglichkeit dazu haben.
Reiten Sie mindestens fünfundvierzig Minuten täglich. Immer noch Schritt, am langen Zügel. Sie dürfen Kontakt zum Pferdemaul aufnehmen, aber nicht draufsitzen und (fest)halten.

Vierte Woche:

Tag eins:
Beginnen Sie die Arbeit auf dem Zirkel.
Im Schritt!
Machen Sie viermal Halt pro Runde. Wechseln Sie ab und zu die Hand. Halten Sie an, indem Sie das Pferd bereits zehn Meter vor dem Stopp darauf vorbereiten. Zeigen Sie ihm, wie es aussehen soll, wenn es zum Stehen kommt, indem Sie ihm ein Bild davon zeigen. Stellen Sie sich vor, wie es aussehen soll, wenn das Pferd anhält, wie es sich anfühlen soll. Bestimmen Sie exakt den Punkt, wo das Pferd anhalten soll. Also, zehn Meter vor dem Halt bereiten Sie es darauf vor – so wie Sie es mit der Visualisierung gelernt haben. Dann setzen Sie sich rein, nehmen ein klitzekleines bisschen die Zügel an und sagen: ‚Stopp‘. Natürlich nehmen Sie den äußeren Zügel ein wenig mehr an (= Anlehnung des Pferdes). Tun Sie dies viermal pro Runde. Reiten Sie etwa dreißig Minuten lang. Steigen Sie ab und lassen Sie das Pferd ausschreiten, indem Sie es über Stangen gehen lassen, es darüber rückwärts richten, zurückgehen, eine Runde gehen, halten, das Pferd wenden, es Ihren Körperbewegungen folgen lassen. Lassen Sie es sich nur in die Richtung bewegen, die Sie vorgeben. Nur das Bein bewegen, von dem Sie wollen, dass Ihr Pferd es bewegt. Üben Sie auf diese Weise etwa zehn Minuten lang.

Tag zwei:
Reiten Sie ganze Bahn. Traben Sie, halten Sie an, gehen Sie Schritt. Trab, Halt, Schritt … Tempowechsel.

Auch hier wieder: Zeigen Sie dem Pferd, wie die Übergänge aussehen sollen. Übermitteln Sie ihm ein Bild davon, wie es aussehen soll, stellen Sie sich vor, wie es sich anfühlt, wenn Ihr Pferd den Übergang macht, exakt wo es den Tempowechsel vornehmen soll. Also zehn Meter bevor es geschieht, bereiten Sie das Pferd mental darauf vor.

Es gilt viel im Kopf zu behalten, aber es ist nicht so schwierig, wie es klingt. Sie wissen ja, wie es in den Übergängen aussehen und sich anfühlen soll. Halten Sie dieses Bild in Ihrem Kopf, und das Pferd wird es aufschnappen.

Nehmen Sie die Zügel nicht an, halten Sie einen weichen Kontakt mit dem Pferdemaul, aber ziehen Sie nicht, rucken Sie nicht, werden Sie nicht laut.

Wenn das Pferd Sie nicht versteht, fangen Sie einfach geduldig noch einmal von vorn an.

Tag drei:
Nur Bodenarbeit. Spielen Sie! Tollen Sie miteinander herum! Halten Sie das Pferd an der Longe. Lassen Sie es Ihnen folgen. Wenn Sie stehen bleiben, soll auch das Pferd stehen bleiben, wenn Sie abbiegen, soll es mit abbiegen. Wenn es nicht gehorcht, Rückwärtsrichten!

Seien Sie direkt in Ihren Bewegungen, werden Sie Pferd!

Sie sind sein Leittier und sollten sich wie eines benehmen.

Spielen Sie, so lange Sie können, seien Sie draußen in der Natur.

Tag vier:
Auf dem Zirkel geritten. Dieselbe Sache wieder: vier Halts pro Runde. Machen Sie es exakt so wie an Tag eins.

Konzentrieren Sie sich! Lassen Sie niemand anderen Ihre Arbeit stören.

Tag fünf:
Galopp auf gerader Bahn.
Sie können sich dazu alternativ gern einen geraden, weichen Weg im Gelände auswählen. Wechseln Sie ab zwischen Galopp und Schritt.

Reiten Sie ganz geradeaus.

Machen Sie einen Sekundenhalt zwischen den Wechseln.

Zeigen Sie dem Pferd, was es tun soll – zeigen Sie ihm das Bild, das Sie davon haben. Stellen Sie sich vor, wie es aussehen soll.
Wenn Ihr Pferd keinen Galopp hat, wechseln Sie stattdessen zwischen Schritt und Trab. Üben Sie keinen Druck aus, indem Sie versuchen zu galoppieren, wenn Sie diese Gangart nicht schon konsolidiert haben.
Reiten Sie dreißig Minuten lang.

Tag sechs:
Eine lange, herrliche Runde im Schritt bei ganz langen, wenn möglich hingegebenen Zügeln. TRABEN SIE NICHT!

Tag sieben:
Dasselbe wie Tag drei!
Spielen und tollen Sie herum.

Fünfte Woche:

Zirkelarbeit.
Jede zweite Runde abwechselnd traben beziehungsweise Schritt reiten.
Vier Halts pro Runde.
Weiche Halts, halten Sie die Anlehnung am äußeren Zügel, ohne dass Sie das Pferd damit im Maul mehr begrenzen als mit einem leichten Druck, stellen Sie das Pferd ein wenig nach innen, biegen Sie es weich mit dem inneren Schenkel. Arbeiten Sie mit Ihren Gedanken, zeigen Sie ihm, was Sie von ihm wollen. Bereiten Sie das Pferd, zehn Meter bevor Sie anhalten wollen, darauf vor. Verweilen Sie nicht im Halt. Wenn das Pferd den Halt perfekt gemacht hat, lassen Sie es weitergehen. Aber wann Sie es wollen!
Vergessen Sie die Halts nicht! Sie sind der Schlüssel dazu, Ihr Pferd gehorsam zu machen!
Springen Sie ab und führen Sie das Pferd im Schritt über Bodenstangen, vor und zurück, in der Volte usw.
Reiten Sie vierzig Minuten lang.

Tag zwei bis sieben:
Spielen Sie viel!

Gehen Sie raus in die Natur und galoppieren Sie, traben Sie, spielen Sie. Arbeiten Sie im Gelände mit den Halteübungen. Sagen Sie ‚Stopp'. Bleiben Sie ruhig. Atmen Sie tief, ziehen Sie nicht an den Zügeln.

Das Pferd sollte jetzt gehorsam auf Ihre Gedankenbilder und Ihre Sitzhilfen reagieren. Reiten Sie um Bäume herum, haben Sie Spaß miteinander! Klettern Sie, reiten Sie bergauf, wenn Sie können.

Arbeiten Sie auf diese Weise jeden zweiten Tag, spielen Sie die übrigen Tage vom Boden aus.

Sechste Woche:

Erneuter Besuch von Equitherapeut und Masseur.

Arbeiten Sie ansonsten wie in der vierten Woche.

Siebte Woche:

Mit dem Zirkel klappt es jetzt. Der Halt funktioniert.

Das Pferd hört zu und gehorcht.

Arbeiten Sie nun auf die gleiche Art weiter, aber bei jedem Halten steuern Sie das innere Hinterbein so, dass es im Halt als Letztes zum Stehen kommt. Das machen Sie teilweise über Ihr Bild im Kopf – davon also, was das Pferd ausführen soll – und dazu über den Einsatz von innerem Schenkel und äußerem Zügel.

Ihr innerer Schenkel arbeitet mit dem äußeren Zügel zusammen, und indem Sie mit dem inneren Schenkel ein bisschen mehr drücken und den äußeren Zügel etwas höher nehmen, setzt das Pferd sein Hinterbein unter. Lassen Sie es einen Augenblick stehen und sich dehnen. Etwa sieben Sekunden.

Das Gleiche gilt, wenn Sie aus dem Halt anreiten. Das äußere Hinterbein ist das erste Bein, das sich bewegen soll. Darum drücken Sie etwas mehr mit dem äußeren Schenkel, nehmen gleichzeitig den inneren Zügel etwas auf und erreichen so eine Bewegung des äußeren Hinterbeins.

Es geschieht leicht, dass man dabei selbst hinter der Bewegung zurückbleibt, sodass man mit einem Ruck wieder zum Halten kommt. Sie müssen das Zusammenspiel finden, die Zügel nachgeben, dem Pferd mit dem Bild im Kopf zeigen, dass es vorwärts gehen soll. Denken Sie vorwärts und gehen Sie vorwärts!

Sie sollten dabei zu Beginn vorsichtig üben. Muskelkater entsteht leicht, und denken Sie daran, immer ebenso viele Runden in beiden Richtungen zu reiten.

Wenn Sie das Gefühl haben, dass dieses Grundtraining sitzt, dass der Halt perfekt klappt, sogar mit den Hinterbeinen, können Sie mit derselben Aufgabenstellung zur Trabarbeit übergehen.
Arbeiten Sie das Pferd nie mehr als jeden zweiten Tag mit solch anstrengenden Sachen. Spielen Sie und gönnen Sie sich Spaß!

Den Galopp konsolidieren

Ein Traber kann nicht galoppieren.
Ach so?
Oh doch! Alle Pferde können das!
Aber nicht alle sind dazu geboren.

Hier folgen einige Tipps:
Wenn Sie das vorige Trainingsprogramm bereits absolviert haben, dann haben Sie schon einmal eine ziemlich gute Voraussetzung. Wenn Sie es nicht gemacht haben, rate ich Ihnen eben jetzt, es nachzuholen.

Bevor Sie an Galopp mit Ihrem Pferd auch nur denken, muss es von einem Equitherapeuten oder Chiropraktiker behandelt worden sein. Verspannungen und Schiefheiten machen es Ihrem Pferd nicht leichter, zu arbeiten. Davon abhängig, was im Stammbaum Ihres Trabers eingemischt ist, kann das entscheidend dafür sein, welche Form das Pferd in seinem Galopp bekommt. Einige Linien kommen mehr vom Vollblut, andere von schwereren Pferden. Die französischen Pferde pflegen sehr hochblütig zu sein und sind oft klein und kompakt. Hier haben Sie bessere Voraussetzungen.
Amerikanische Traber sind manchmal stämmiger, haben größere Köpfe, einen längeren Rücken und sind ansonsten ziemlich unproportioniert.
Ich sage nun nicht, dass das immer so ist – aber ziemlich häufig.

Sie können das Pferd also zum Galopp bringen, aber vielleicht nicht ganz taktrein. Ich gehe davon aus, dass Sie ein wenig geübt haben und ein gut durchgearbeitetes und gehorsames Pferd haben.

Achten Sie darauf, das Pferd NIEMALS losjagen zu lassen.

Alles soll ruhig und geschmeidig geschehen.

Ich will Sie noch einmal daran erinnern, dass Sie Ihrem Pferd durch Gedankenübertragung zeigen sollen, was es für Sie ausführen soll.

Erster Tipp:

In einer eingezäunten Reitbahn. Rechte Hand. Sitzen Sie einen ruhigen Trab aus. Weicher Kontakt zum Pferdemaul.

Zehn Meter vor der Ecke bereiten Sie das Pferd darauf vor, was es tun soll. In der Ecke stellen Sie es einen Tick nach außen (so wird es leichter anspringen) und drücken mit dem Galoppschenkel. Gleichzeitig nehmen Sie beide Zügel eine Winzigkeit an und sagen: ‚Galopp!‘ Wenn das Pferd es schafft, machen Sie, wonach Sie auch streben: Loben Sie direkt. Und an der nächsten Ecke versuchen Sie dasselbe noch einmal.

Was geschieht, ist, dass das Pferd ein wenig freier in der Linksbiegung wird und sich mit links vorn ‚bedienen kann‘.

Machen Sie keine halben Sachen. Wenn ein Fehler geschieht, halten Sie direkt an. Sammeln Sie sich. Sammeln Sie Ihre Gedanken und gleich noch mal. Ruhiger Trab und deutliche Signale.

Sobald das Pferd einen reinen Galoppsprung macht, lassen Sie es ein paar Schritte weitergehen.

Zweiter Tipp:

Ein ordentlicher Hügel ist am besten. Lassen Sie das Pferd hangaufwärts antraben, geben Sie eine deutliche Galopphilfe mit dem Schenkel und sagen Sie: ‚Galopp!‘

Wenn das Pferd einen reinen Galoppsprung macht und richtig angaloppiert, lassen Sie es weitergaloppieren, aber in gemäßigtem Tempo.

Wenn es Ihnen nicht gelingt, halten Sie an, beginnen Sie wieder im Trab und machen Sie das Ganze noch einmal.

Alles ruhig und methodisch.

Stürmen Sie niemals los.

Reiten Sie nicht hinter Ihren Kumpels als Zugnummer her. Ganz falsch.
Das Einzige, was Sie damit erreichen, ist, den Wettbewerbsinstinkt auf-
zuwecken und das Pferd zu stressen.
Schlagen Sie niemals mit der Gerte zu.
Verstehen Sie: Es ist nicht das Pferd, das einen Fehler macht, sondern
SIE!

Wenn der Galopp so einigermaßen funktioniert, sodass Sie mit dem Tra-
ber in der Volte arbeiten können, machen Sie Halteübungen, um die
Hinterhand weiter zu stärken.
Beginnen Sie erst nach etwa vier Monaten Training mit dieser Übung.
Dann kann das Pferd reif genug sein für diese Aufgabe – wenn es bei
keiner der anderen Übungen Rückschritte macht. Falls dies der Fall sein
sollte, fangen Sie bitte immer wieder von vorn an.

Als natürlichen Bestandteil der Pferdepflege unterstreiche ich nachdrück-
lich: Wenden Sie sich mindestens alle zwei Monate an einen Masseur
und mindestens einmal alle vier Monate an einen Equitherapeuten/
Chiropraktiker.
Dazwischen können Sie Ihr Pferd ruhig JEDEN TAG selbst stretchen
und massieren. Nach der Arbeit."

Pferdemassage für den Hausgebrauch

Massage ist für Carola Lind wesentlicher Routinebestandteil der alltäglichen, ganzheitlichen Pferdepflege. Der körperliche Check steht
für sie am Beginn jeder Begegnung mit einem vierbeinigen Klienten. Fragen auch Sie Ihr Pferd täglich, wie es ihm geht, wo etwas
drückt – und wenden Sie selbst Massage und Stretching ein- bis
dreimal wöchentlich an. Massage am und mit dem Pferd kann
Ihnen helfen, die Beziehung, die Bindung zu Ihrem Pferd weiter zu
vertiefen – und ist gleichzeitig ein wunderbares Übungsfeld, Ihre
telepathischen Fortschritte zu überprüfen und zu trainieren. Wir
möchten Sie mit diesem Kapitel ermuntern, es nach jeder Menge

Fakten und Theorie selbst auszuprobieren. Entwickeln Sie ein bisschen Fingerspitzengefühl, trauen Sie sich, üben Sie. Nehmen Sie Technik und Intensität der Massagehandgriffe sowie die Reihenfolge in steter Zwiesprache – in Kommunikation mit Ihrem Pferd vor. Daher reicht es unserer Meinung nach nicht, an dieser Stelle einfach auf die zahlreich erschienenen Massagefachbücher zu verweisen. Wenn Sie tiefer einsteigen möchten, finden Sie dort und in entsprechenden Seminaren reichlich Anleitung. Hier wollen wir Ihnen einige grundlegende Kenntnisse vermitteln, die für den Hausgebrauch und zum Einsteigen genügen – und welche die mentale Kommunikation mit dem Pferd mit einbeziehen.

Noch ein Tipp: Nehmen Sie sich am besten vorher ein gutes Anatomiebuch, damit Sie wissen, wo was hingehört und dass es sich womöglich genauso anfühlen muss, wie es das tatsächlich tut! Nicht dass Sie am Ende in der irrigen Annahme, Muskelknötchen wegmassieren zu wollen, auf Knochen Ihres Pferdes herumdrücken!

„Warum soll man eigentlich überhaupt massieren?
Nun, was machen Sie, wenn Sie sich irgendwo anstoßen?
Auf die betroffene Stellen drücken. Akupressur. Massieren.
Was geschieht dabei?
Die Massage stimuliert das Abwehrsystem des Körpers, das heißt, Endorphine werden freigesetzt, die körpereigenen Schmerzmittel.
Massage unterstützt die Ausscheidung von Schlackeprodukten aus dem Körper. Massage fördert die Blutzirkulation im Körper.
Massage ist sozialförderlich und wunderbar wohltuend bei nahestehenden Menschen oder Tieren.
Für Ihren Hausgebrauch als Pferdebesitzer haben wir die Beschreibungen sehr vereinfacht, sodass Sie leicht nachvollziehbare Anleitungen, Tipps und Methoden zur Verfügung haben, um Ihr Pferd im Alltag weich und geschmeidig halten zu können.
Um zu massieren, muss man kein Profi sein, aber man wird richtig gut, je mehr man übt. Und je mehr man übt, desto mehr lernt man über die Anatomie des Pferdes. Sie lernen Ihren Gefährten von einer viel tieferen Warte her kennen, Sie bekommen ganz neue Einsichten über Ihr Pferd.

Massage ist fast ebenso alt wie die Menschheit. Sie verleiht mehr Elastizität und erweitert das Bewegungsvermögen.

Es gibt viele verschiedene Anlässe, warum man massieren sollte, und es gibt Gründe, wann man es mitunter nicht darf, weil die Stimulation dann eine gegenteilige Wirkung mit sich bringen könnte. Nicht massieren sollten Sie bei:

- *trächtigen Stuten (Gefahr vorzeitiger Wehentätigkeit),*
- *fiebrigen Erkrankungen (Infektion wird im Körper verteilt),*
- *akuten Brüchen (das heißt: wenn es gerade eben passiert ist,*
- *Blutgerinnseln (Thromboserisiko),*
- *Tumoren (v. a. bei Melanomen beim Schimmel gilt: die Umgebung in Ruhe lassen!),*
- *Nierenkrankheit.*
- *Oder generell: wenn das Pferd sich so verhält, dass Sie unsicher werden. Kontakten Sie immer den Tierarzt und bitten Sie ihn um Rat!*

Wie soll sich ein Muskel anfühlen?

Ein gesunder Muskel ist glatt, schwabbelt in entspanntem Zustand und ist nicht schmerzempfindlich.

Wie soll es nicht sein?
Muskeln sind von Bindegewebe umgeben. Dies trägt dazu bei, dass die Muskeln gleiten und sich leicht miteinander bewegen können.
Wenn der Muskel gestresst wird, kann ein Krampf entstehen und die Fasern ziehen sich zusammen. Wir merken das an der Bewegung des Pferdes.
Solche Verspannungen können sich ausbreiten und Schlackeprodukte können plötzlich nicht mehr abtransportiert werden.

Kleine Übersicht zu Anatomie und Körperfunktionen

Das Skelett des Pferdes besteht aus 200 Knochen. Das Pferd hat drei verschiedene Muskelgruppen: die Skelettmuskulatur, die glatte Muskulatur und die Herzmuskulatur.

Die Skelettmuskeln sind es, die man willentlich bewegen kann.

Sehnen verbinden die Muskeln mit den Knochen. Glatte Muskulatur finden wir in und rund um die inneren Organe herum, die Herzmuskulatur rund ums Herz. Die Knochenhaut ist eine starke, schmerzempfindliche und reich von Nerven durchzogene Membran, über die Knochen und Sehne quasi an den Muskel geklebt sind. Sie versorgt den Knochen mit Nahrung. Die Nährstoffe spielen beispielsweise bei der Wundheilung (Brüche) eine Rolle.

Das Lymphsystem besteht aus der Lymphe, die in den Lymphgefäßen und im Gewebe des ganzen Körpers vorhanden ist. Die Lymphflüssigkeit wird in die Lymphknoten transportiert. Gesteuert wird das Lymphsystem durch die zusammenziehende Wirkung der Muskeln. Sie ermöglichen das Vorwärtskommen der Lymphflüssigkeit.

Wenn wir massieren, unterstützen wir dabei diesen Abtransport der Lymphflüssigkeit. Das heißt, wir können ganz gezielt um die Lymphknoten herum massieren, um den Entschlackungsprozess zu fördern. Die wichtigsten Lymphknoten sitzen etwa auf Augenhöhe hinter den Ganaschen, am Unterkiefer mittig zwischen Kinngrube und Ganasche, im Kehlgang, Bug, vor dem Schultergelenk und etwas oberhalb des Ellbogenhöckers an der Vorhand, in Höhe der Kniescheibe an der Beinaußenseite, im Schenkelspalt und in der Mitte zwischen Hüfthöcker und Kniescheibe.

Massagegriffe

Man beginnt und endet immer mit sanft streichenden Händen und fließenden Bewegungen. Manchmal genügt es schon, die Hand über verspannten, härteren Stressmuskelpartien einfach einen Moment still zu halten, damit der Muskel sich lockert.

Das Pferd entspannt sich und beginnt Vertrauen zu fassen. Wenn es Schmerzen hat, beginnen diese nachzulassen. Der Reinigungs- und Entschlackungsprozess im Körper beginnt, sobald Sie anfangen.

Während Sie über das Pferd streichen, legen Sie Ihre Aufmerksamkeit auf die Stellen im Körper, wo die härtesten Punkte sind, auf Muskelknoten unterschiedlicher Art.

Notieren Sie sich am besten, wo Sie diese Stellen bemerkt haben, damit Sie später keine vergessen.

Streichen Sie rhythmisch in Ihrem eigenen Takt über das Ganze Pferd in Richtung der Pfeile, wie Sie auf der Abbildung auf S. 131 eingezeichnet sind. Beginnen Sie im Genick und an der Kehle. Führen Sie Ihre Hände in Richtung Schulter und Bug (m. bracchio cephalius, Nackenband, m. trapecius, m. bizeps bracchii), hinter dem Vorderbein in Richtung Gurtlage (m. triceps bracchii). Unter dem Bauch (m. pectoralius ascendens, m. obliquus externus abdomis) vorsichtig mit dem Uhrzeigersinn kreisen. Entlang der Wirbelsäule (niemals auf den Wirbeln!) (longissimus, gluteus-Gruppe) abwärts über die Kruppe Richtung Flanke (m. vastus lateralis, m. gastrocnemius). Die Nierengegend bitte aussparen. Die Pferdebeine werden grundsätzlich aufwärts, niemals abwärts streifend massiert. Blutzirkulation und Lymphfluss sollen ja angeregt werden, Giftstoffe und Schlacken über den Körper abzutransportieren und auszuscheiden – und sie nicht in Hufen oder Fesseln zu deponieren, wie es geschehen könnte, würde man abwärts streifend massieren.

Arbeiten Sie sich immer von vorn nach hinten am Pferd durch, wechseln Sie sukzessive die Seiten. Lieber nur beide Halsseiten und den Bug massieren als bloß eine Seite des Pferdes „komplett".

Zeigt das Pferd deutlich Unbehagen, wenn Sie nach diesem Schema bei der Massage vorgehen oder wenn es sich für Sie selbst falsch anfühlt, ändern Sie die Richtung oder Vorgehensweise so, dass es sich für Sie beide gut anfühlt. Vertrauen Sie Ihrem Gefühl. Fragen Sie das Pferd, ob es ihm gut tut, so wie Sie es machen! Sie können es ja!

Kompression – Massage mit Druck

Dies ist der zweite Schritt. Mit Druck erreicht man tiefere Schichten des Muskelgewebes. Halten Sie die Hand in erster Linie so, dass es für Sie bequem ist und Ihnen nicht wehtut. Als Faust oder halb offen. Tasten Sie sich vorwärts. Kompression mindert den Schmerz. Darum drücken Sie automatisch gegen, wenn Sie sich gestoßen haben.

Das vermindert Blutansammlungen im Muskel, steigert die Durchblutung und dehnt die Muskelfasern genau an der Stelle, wo Sie drücken.

Mit Kompression kommen Sie ganz tief hinunter, seien Sie darum sehr vorsichtig. Denn Sie können die empfindlichen Fasern leicht schädigen, wenn Sie den Muskel zu sehr bearbeiten.

Massage breitet die Muskelfasern aus und vermindert das Risiko, dass sie zusammenkleben.

Hackende/trommelnde Massage

Diese Form ist eine aufmunternde Massage. Die trommelnde Massage sollte nicht zusammen mit der entspannenden Massage angewendet werden. Sie wirkt sich vorteilhaft bei Pferden aus, die sehr sensibel für Berührungen sind. Denn das Pferd stumpft dadurch ab – man kann nach so einem Durchgang mit kräftigeren Griffen weitermachen. Gehen Sie dabei trotzdem vorsichtig zu Werke: Es dient nur dazu, das Pferd dafür empfänglich zu machen.

Körperteile, die Sie niemals mit hackenden/trommelnden Bewegungen bearbeiten dürfen: Bauch, über den Nieren, Rückgrat, Hüften, Beine unterhalb des Vorderfußwurzelgelenks (vorne) bzw. unter dem Sprunggelenk (hinten).

Pressend

Jetzt kommen Ihre Notizen zum Einsatz! Wo haben Sie Stellen am Pferd mit Muskelknötchen oder Knubbeln bemerkt? Achten Sie darauf, dass Sie keinesfalls einen Muskelknoten mit einem verkapselten Knochenstückchen, einem Tumor (Melanome, so genannter „Schimmelkrebs") o. ä. verwechseln!

Gehen Sie die Knötchen der Reihe nach durch. Setzen Sie den Mittelfinger über den Zeigefinger. Pressen Sie direkt auf den Knubbel – achten Sie unbedingt darauf, dass Sie nicht abrutschen. Und drücken Sie mit all Ihrer Kraft, etwa dreißig Sekunden lang.

Lassen Sie locker, zählen Sie wieder bis dreißig und wiederholen Sie das Ganze. Dreimal.

Gehen Sie auf diese Weise die Knötchen am ganzen Körper durch. Spüren Sie, wie sie danach locker werden. Streichen Sie nach dem Druck sanft über die Muskelumgebung.

Stellen, an denen Sie keinen pressenden Druck ausüben dürfen: Bauch, über den Nieren, am vorspringenden Skelett, am Kopf, an den Vorderbeinen unterhalb des Vorderfußwurzelgelenks, hinten unterhalb des Sprunggelenks.

Worauf Sie achten sollten

Geben Sie keine aufmunternde Massage vor der Fütterung (v. a. abends). Geben Sie keine entspannende Massage vor einer anstrengenden Aktivität. Machen Sie nicht zu viel und nicht zu wenig, übertreiben Sie keine Bewegungen, hören Sie auf das Pferd! Seien Sie vorsichtig, wenn das Pferd Schmerzen hat!
Massieren Sie nicht entgegen der Wuchsrichtung der Haare (Wirbel gelten nicht).
Massieren Sie NIE in der Nierengegend.
Massieren Sie immer in Aufwärtsrichtung an den Beinen.

Abschließend sei noch einmal betont: Verlassen Sie sich auf Ihr Gefühl. Setzen Sie sich keinen Situationen aus, wo Sie durch das Pferd in Bedrängnis geraten könnten. Arbeiten Sie nicht allein mit einem unbekannten Pferd. Wenn Sie zu klein sind und deswegen nicht richtig beikommen, verschaffen Sie sich soliden Halt, benutzen Sie einen Hocker oder Strohballen. Ziehen Sie sich vernünftig an, einen dicken Pulli, auch wenn es warm ist. Denken Sie ans Beißrisiko!
Wir kratzen mit diesem kleinen Ausflug in die Pferdemassage nur an der Oberfläche. Wenn Sie mehr wissen wollen oder sogar beginnen wollen, als Masseur zu arbeiten – ich kann es Ihnen nur empfehlen. Aber so eine Ausbildung ist lang: Rom wurde nicht an einem Tag erbaut!"

Stretching

Den Begriff Stretching kennen Sie vielleicht aus dem Sport. Er hat sich für Dehnübungen eingebürgert, die man meist beim Aufwärmtraining während der Gymnastik ausführt – aber auch Fußballer kennen sie zur Genüge.
Carola Lind hat den Begriff entlehnt für spezielle physiotherapeutische Dehn- und Streckübungen, mit denen sie die Muskeln und den Bewegungsapparat des Pferdes gymnastiziert und dadurch Rücken- oder Knieprobleme lindert oder sogar auf Anhieb löst. Wenn Sie sich dafür entscheiden, einen Physiotherapeuten für Ihr

Pferd zu konsultieren, prüfen Sie ihn genau! Ich habe sogar die Erfahrung gemacht: Je teurer, desto unseriöser. Es tummeln sich leider viele Hobbyeinrenker und Kurpfuscher auf dem Markt. Fragen Sie nach der Vorbildung, nach Ausbildungswerdegang, nach Referenzen. Mundpropaganda ist viel wert! Ich habe mehr Vertrauen zu jemandem, der eine solide Ausbildung als Krankengymnast für Menschen hinter sich hat, als zu jemandem, der mit ungeschützten Begriffen als Berufsbezeichnung jongliert.

In der Regel arbeitet Carola so, dass sie sich das entsprechende Pferd je nach physischem Problem an der Longe oder auf der Stallgasse vorführen lässt. Mit Kennerblick checkt sie sekundenschnell die Schwachstellen des Pferdes ab und rückt dem körperlichen Problem am aufgewärmten(!) Pferd mit Massage und Stretching zu Leibe. Dabei hilft sie dem Tier, sich in verschiedene Richtungen zu dehnen. Sie führt die Beine vorwärts-abwärts, nach hinten-abwärts, hintenhoch, schräg zur Seite. So rückt sie verschobene Bänder, Sehnen, verspannte Muskeln, blockierte Wirbel und Gelenke zurecht. Das heißt, indem sie die Muskeln „stretcht", kommen die Wirbel wieder in die richtige Lage. Manchmal geht das auf Anhieb, manchmal braucht es mehrere Sitzungen. Nach ihren Erfahrungen gibt es bei über neunzig Prozent der Pferde Fehlstellungen des Beckens. Hüftknochen bzw. Kreuzbein-Darmbein-Gelenke sind dabei immer in Mitleidenschaft gezogen. Was zuerst da war – das Rückenproblem oder das Problem mit dem Becken –, kommt dabei Fachleuten zufolge der Frage nach Huhn oder Ei gleich. Viele unerkannte Rückenprobleme führen sogar erst zu einem „schiefen Becken". Um das auch als Laie zu erkennen, muss das Pferd die Hinterhand möglichst parallel auffußen. Dann wird die Schiefe sichtbar – manchmal nur horizontal oder vertikal, oft genug aber in beide Richtungen. *„Oft sind es mehrere Zentimeter, die nach und nach über Stretching und Massage korrigiert werden müssen. Den Effekt sieht man sofort. Die meisten Beinprobleme, nicht losgelassenes Gehen, Knieschäden, Lahmheiten sind oft Folge von nicht erkannten Rückenproblemen. Nach der Behandlung fußen Pferde oft von sich aus parallel auf. Dann weiß man, dass man alles richtig gemacht hat."*

Das Nackenband stellt die wichtigste Voraussetzung für die Reitbarkeit des Pferdes dar. Es zieht sich vom Hinterhauptsbein über den gesamten Kammbereich des Halses bis in den Rücken des Pferdes und gewährleistet statisch, dass ein Pferd seinen Reiter überhaupt tragen kann.

Carola meint außerdem einen Zusammenhang festgestellt zu haben zwischen Problemen mit den Kniebändern (Hinterhand) und dem weit verbreiteten Kopfschlagen.

Wenn Sie selbst Stretching bei Ihrem Pferd anwenden wollen, empfehlen wir Ihnen die folgenden Bewegungen. Sie sind nur ein kleiner Ausschnitt dessen, was man mit Dehnungen machen und bewirken kann. Für den Rest sollte man allerdings den Fachmann oder die Fachfrau (Equitherapeut, Chiropraktiker, Osteopath, Physiotherapeut) heranziehen oder zumindest einen wirklich guten Kurs unter fachkundiger Anleitung besucht haben. Über ein Buch lässt sich nur schwer vermitteln, wie sich gerade kompliziertere Bewegungsabläufe wirklich anfühlen müssen. Wenn Sie nun aber von Ihrem Pferd auf telepathischem Weg erfahren, wo es ein akutes oder chronisches Problem im Bewegungsapparat hat, wollen wir Sie ja nicht im Regen stehen lassen. So empfiehlt es Carola Lind:

„Sie können Ihrem Pferd mehr schaden als nützen, wenn Sie den kleinsten Fehler machen. Am besten, Sie bitten beim ersten Mal einen Fachmann dazu, schauen sich ab, wie's gemacht wird und machen es unter seiner/ihrer Anleitung nach.

Vergleichen Sie zu unseren Beschreibungen bitte auch die Fotos! Man dehnt und streckt Muskelgruppen, damit der Muskel nicht fest wird, das gilt für alle Muskeln gleichermaßen: Man will keine harten Knoten haben, sondern lange Fasern, schlanke, lang gezogene Muskeln, in diesem Zustand arbeiten sie auch am besten.

Durch Dehnung des Hinterbeins nach vorn beeinflusse ich die Kruppen- und Hüftmuskeln (Gluteus), Rücken, Kniebänder, und natürlich die Beinmuskeln. Das Pferd kann dadurch einen besseren Schub von der Hinterhand bekommen, eine bessere Hinterhandaktivität. Wenn Sie das Hinterbein nach vorn herausziehen (gerade in Richtung Vorderhuf), halten Sie es dabei an der Fesselbeuge. Lassen Sie das Pferd selbst das

Bein strecken. *Nehmen Sie die Mitte des Röhrbeins an der Vorderhand als Richtlinie, aber erlauben Sie dem Bein, sich Richtung Boden zu senken, ohne ihn allerdings zu berühren.*

Ein Stretching das Hinterbeins nach hinten heraus hat die Funktion, die Streckermuskulatur, also die komplette Vorderseite des Beins, zu dehnen. Darüber hinaus werden auch kleinere benachbarte Muskelpartien am Bauch und in der Leistenregion erreicht. Sie fassen das Sprunggelenk und legen sich das Bein auf Ihren eigenen Oberschenkel. Stützen Sie das Sprunggelenk mit Ihrer Hand, lassen Sie das Pferd sich ausstrecken und bringen Sie ihm bei, ruhig zu halten und von Mal zu Mal mehr nachzugeben und auszustrecken.

Achtung: Es kann passieren, dass das Pferd sein Bein plötzlich zurückzieht. Passen Sie auf, dass Sie keinen Tritt abbekommen.

Stretche ich das Nackenband, so wirkt das auf die Rückenmuskulatur (Longissimus), Halsmuskeln und zu einem gewissen Grad auch die Schultermuskulatur. Das Pferd kann sich leichter stellen und bekommt keinen Krampf im Nacken. Wenn man das Nackenband und die übrigen Muskeln des Halses seitwärts dehnt, hält man ausschließlich den Nasenrücken des Pferdes. Locken Sie das Pferd mit leichtem Druck (und geben Sie sofort nach, wenn es mitmacht!) in Richtung Schulterblatt. Sie können es auch mit einer Karotte herumlotsen. Das Pferd soll nur mit Kopf und Nacken arbeiten. Der Körper bleibt gerade stehen.

Um das Nackenband abwärts zu dehnen, können Sie Ihr Pferd einfach mit einer Mohrrübe (vom Bauch her) zwischen den Vorderbeinen hindurch locken – oder mit leichtem, gleichmäßigem Druck. Lassen Sie immer sofort locker, wenn das Pferd nachgibt und der Bewegung folgt.

Wenn ich das Vorderbein dehne, beeinflusse ich damit nicht nur die Beinmuskeln, sondern auch die Schultermuskulatur und sogar ein Stück Bauchmuskulatur. Ich bekomme das Pferd dadurch dazu, freiere Bewegungen zu machen, schulterfrei zu werden.

Um das Vorderbein nach vorn heraus zu dehnen, dürfen Sie das Bein nie mehr als immer nur ein kleines bisschen anheben. Sie halten es wiederum an der Fesselbeuge. Lassen Sie das Pferd sich selbst ausstrecken, heben Sie dann ein bisschen mehr an. Lassen Sie das Pferd sich in der neuen Position wieder strecken. Bald merken Sie die Grenze des Pferdes, achten Sie sehr genau und feinfühlig auf seine Reaktionen. Genau hier verläuft die Grenze zwischen Nutzen und Schaden.

Lassen Sie die Fessel nicht los, bis Sie fertig sind mit der Dehnungsübung.

Folgen Sie dem Bein und führen Sie es bis hinunter, zurück zur Ausgangsposition.

Wenn Sie loslassen, so lange der Huf noch in der Luft ist, kann das Hufbein einen Riss bekommen."

Beachten Sie bitte drei Dinge:
- Wie beim Menschen, so beim Tier: Um Verletzungen vorzubeugen, darf Stretching unter allen Umständen nur an einem vollständig aufgewärmten Pferd ausgeführt werden.
- Stretching, das nicht direkt vor oder hinter dem Pferd ausgeübt wird, geschieht unter ihm.
  Machen Sie sich daher nie allein zu schaffen, arbeiten Sie immer mit einem Helfer.
  Arbeiten Sie niemals ohne Helfer bei einem Pferd, dessen Reaktionen (Schlagen, Treten) Sie nicht einschätzen können.
  Überschätzen Sie Ihre eigene Reaktionsschnelligkeit nicht!
- Um sich und dem Pferd nicht zu schaden, dürfen Sie niemals eine Bewegung erzwingen.
  Drücken oder ziehen Sie also niemals gegen den Willen des Pferdes!

„Meine Stretchingmethode basiert darauf, dem Pferd den Weg zu zeigen.

Das Einzige, was Sie dazu tun, ist so mit den Händen zu führen, dass das Pferd erfährt, wie es sich bewegen soll, um sich zu dehnen.

Die Bildserie auf Seite 175 zeigt, wie die Stretchingbewegungen richtig ausgeführt aussehen.

Lassen Sie anschließend an das Stretching noch einmal Ihre Handflächen sanft über das ganze Pferd gleiten, damit sich die Muskeln in ihrer neuen Lage beruhigen.

Legen Sie eine Stalldecke auf und geben Sie dem Pferd Wasser.

Es ist nicht ungewöhnlich, wenn ein Tier auf die Behandlung mit Durchfall oder Müdigkeit reagiert."

Maria Celion

„Ich war immer schon sehr an Energien, geistigen Kräften und selbstver-
ständlich auch an der Kommunikation mit Tieren interessiert.
1998 und 1999 machte ich eine Ausbildung zum Reiki-Healer durch die
Kurse 1 & 2A. 1999 nahm ich sogar an einem Kursus in Tierkommuni-
kation bei der Amerikanerin Penelope Smith teil. Dieses Seminar weckte
mein Interesse an der Kommunikation mit Tieren enorm – auch wenn
es, was mich selbst betrifft, nicht dazu führte, dass ich es lernte. Es wollte
nicht funktionieren. Ich fing infolgedessen an, das Internet nach Kursen
zu diesem Thema zu durchforsten, und bekam dadurch Kontakt zu
Carola.
Im Herbst 1999 nahm ich an einem Tierkommunikationskurs bei ihr in
Ystad teil. Ihr zufolge sprach ich schon da mit einigen ihrer Tiere. Ich
durfte auch das Reiten durch Gedankenübertragung ausprobieren, das so
genannte Mentalreiten also. Von diesem Kurs zurück nach Hause
gekommen, begegnete mir meine Umgebung mit so großer Skepsis, dass
mein Selbstvertrauen in die angehende Tierkommunikation einen Schlag
bekommen hat, und so blieb das Ganze fürs Erste auf der Strecke. Im
April des darauf folgenden Jahres gab Carola einen ‚Weiterentwicklungs-
kurs‘, an dem ich teilnahm. Jetzt konnte ich Automatschrift ausprobie-
ren, Meditation und meinen Guides begegnen. Ich konnte vieles über
Energien lernen und bekam wunderbar gutes Essen vorgesetzt!
Im Sommer 2000 wurde ich zu einem viertägigen Kursus in Tollarp bei
Kristianstad eingeladen. Dieser Kursus gab mir einen richtigen Schub
nach vorn, was die Tierkommunikation betrifft (mittlerweile ist der Kno-
ten komplett geplatzt!), ich wurde im OKIDU-Healing initiiert und wir
meditierten mehrmals täglich. Außerdem sind wir täglich geritten und
machten lange Spaziergänge in den weiten Wäldern. Ein wirklich fan-
tastischer Kursus, und am letzten Tag wollte man absolut nicht nach
Hause.
Carola ist ein absolut wunderbarer Mensch. Sie hat wirklich ein Gespür
für Tiere, wie es nur wenigen Menschen vergönnt ist. Außerdem ist sie
stark genug, für das zu stehen, was sie macht – was nicht immer leicht,
aber notwendig ist, wenn man als Tierdolmetscher arbeitet. Obendrein ist

sie eine hervorragende Köchin, was vegetarisches Essen angeht. Sie ist ehrlich und kann Humor und Ernst auf wunderbare Weise mischen. Ihr Wunsch, anderen zu helfen, wird sie noch weit bringen und ich hoffe wirklich, dass ihr alles gelingt, was sie sich für ihr Leben wünscht.

Ich selbst arbeite heute als Tierdolmetscherin, ich bin an den Wochenenden rundum beschäftigt, herumzufahren und mit verschiedenen Tieren zu sprechen (meist Pferde).

Mein Kundenstamm ist ausschließlich durch Mundpropaganda gewachsen, was für meinen Teil bekräftigt, dass ich in Sachen Tierkommunikation als hinreichend tüchtig angesehen werde.

Das habe ich einzig Carola und ihren Kursen zu verdanken. Ich habe immer noch sehr guten Kontakt zu Carola, unter anderem wohnt mein Shetlandpony Kajsa bei ihr, da ich im Moment in Eskilstuna (110 Kilometer von Stockholm) ein Studium zur Pferdephysiotherapeutin absolviere.

Als fertige Therapeutin werde ich mit Problemen im Bewegungsablauf des Pferdes arbeiten. Zu den Studieninhalten zählen Massage, Akupunktur, Laser, Chiropraktik und Magnetfeldtherapie. Die Ausbildung dauert anderthalb Jahre (Vollzeit). Ich glaube, es ist die einzige ihrer Art in ganz Europa. Jetzt bin ich bald halb damit durch und fühle eindeutig, dass ich das Richtige in meinem Leben getan habe. Carola und ich helfen uns immer gegenseitig, wenn es notwendig ist, und können stundenlang miteinander telefonieren. Ich hoffe wirklich, dass dieser gute Kontakt zwischen uns weiter bestehen bleibt."

Maria Celion, Eskilstuna

Ein paar Schlussgedanken für den „Tierdolmetscherazubi"

„Wenn Sie ein bisschen geübt haben und spüren, dass es funktioniert, entwickeln Sie vielleicht das Bedürfnis, die ganze Welt teilhaben lassen zu wollen. Aber denken Sie dann daran, dass Ihre Wahrheit die Ihre ist. SIE wissen, dass Telepathie funktioniert, aber es gibt Leute, die zweifeln. Alle Menschen müssen glauben dürfen, was sie wollen. Versuchen Sie nicht, jemanden überzeugen zu wollen. Unterstützen Sie gern – aber legen Sie nicht zu viel Ihrer Energie da hinein, andere überreden zu wollen, dass es geht.

Alle Menschen kommen an einen Punkt im Leben, an dem sie selbst fühlen, dass sie sich vielleicht verändern wollen. Dann können Sie zur Hand gehen. Helfen Sie ein bisschen mit und fühlen Sie die Freude, jemanden etwas zu lehren, der es wirklich wissen will, der wirklich lernen möchte, mit Tieren zu kommunizieren.

Wenn Sie als Tierdolmetscher arbeiten möchten, nehmen Sie eine große Verantwortung auf sich. Wenn Sie hinausgehen, unters Volk, und arbeiten, denken Sie daran, dass diejenigen, die sich Rat suchend an Sie wenden, wirklich an das glauben, was Sie tun – wenn auch vielleicht nur zaghaft –, sonst würden sie Sie wohl kaum dafür bezahlen.

Sie müssen bescheiden bleiben und Menschen verstehen, die überhaupt nicht an Sie glauben wollen. Sagen Sie ihnen nur, dass Sie nicht arbeiten, um jemandem etwas zu beweisen, sondern dass Sie arbeiten, um Tieren zu helfen. Und so sollte es auch wirklich sein.

Sie machen einen guten Eindruck, wenn Sie im Vorfeld etwas über die Anatomie der Tiere lernen, sodass Sie auch in anderen Bereichen helfend wirken können.

Wenn ein Tier krank ist und Ihnen das zu erklären versucht, erleichtert es die Sache, wenn Sie exakt in Worte fassen können oder am Körper zeigen, um was es sich handelt. Auch das stärkt das Vertrauen des Besitzers in Sie.

Wenn Sie auf ehrliche Art und Weise arbeiten, sollten Sie höchstens und ausschließlich den Namen und das Alter des Tieres kennen, eventuell die

Rasse. *Alles andere sollte der Besitzer Ihnen nicht im Vorfeld sagen müssen. So halten es wir bereits aktive Tierdolmetscher – das ist eine Art Ehrenkodex.*

Nach etwa fünfzehn bis zwanzig Minuten, wenn Sie alles aufgeschrieben haben, was das Tier Ihnen mitgeteilt hat, und es dem Besitzer vorgelesen haben, darf er eigene Fragen stellen. Sie vermitteln dem Besitzer die Antworten. Auf jeden Fall sollten bis zu dreißig Fragen gestellt werden dürfen, aber die ganze Konsultation sollte anderthalb Stunden pro Pferd nicht übersteigen, damit das Tier nicht mental übermüdet und überbeansprucht wird.

Sie sollten dem Besitzer auch mitteilen, dass das Pferd Durchfall bekommen und noch einige Stunden danach müde sein kann.

Was Sie an Honorar nehmen, können nur Sie selbst bestimmen. Nur Sie selbst können Ihre Zeit wertschätzen. Dolmetschen Sie als Vollzeitjob? Zusätzliches Taschengeld? Oder nur als Hobby, hier und da? Dies alles spielt eine Rolle.

Viel Glück mit Ihrer Arbeit!"

Carola Lind

Dank

Carola sagt Danke:

„Ich danke meiner Mutter, die mein Leben so gestaltete, dass ich lernen konnte. Jonas, der mich leben und mich entwickeln lässt. Meinen Kindern, die sich mich als Mutter auswählten. Lasst euch nichts einreden, behauptet euch! Sonst übernimmt das jemand anders! Åsa, Ingela, Susann, meinen Seelenfreundinnen und mentalen Sparringspartnerinnen, die mich jederzeit ertragen.
Dank allen, die ich getroffen habe und die mit mir zusammen die Situationen schufen, aus denen ich gelernt habe. Dank an die Pferde, meine besten Freunde, meine Seelenverwandten, die mir lieb und teuer sind. Danke, dass es euch gibt!
An alle Mitwirkenden dieses Buches, danke, dass ihr euch Zeit genommen habt! Und selbstverständlich dir, Karin, ohne dich gäbe es kein Buch! Danke!"

Karin Müller sagt Danke:

Mein Dank gilt allen voran „meinen" Tieren. Denen, die mich bis hierhin begleitet haben, und denen, die mir in der Zukunft Freund, Spiegel und Lehrer sein wollen. Meinen wunderbaren Pferden Sunny und Porky und all den geduldigen Schulpferden meiner Kindheit, meinen Pflegepferden und Reitbeteiligungen. Unendlicher Dank den guten Mächten, die mich so weit und weiter sicher geführt haben.

Ganz irdisch möchte ich mich bei meinen Eltern bedanken, dass sie mich gelehrt haben offenen Auges und Herzens durchs Leben zu gehen. Meiner Mutter, dass sie nicht mit der Wimper gezuckt hat, als sie auf den ersten Seiten dieses Manuskriptes das Wort „Telepathie" las. Meinem Vater sowieso, für alles, was er von dort aus tut. Meiner Schwester Edith, Kerstin und Olaf Christiansen und Nina Mårtensson für die Übersetzungshilfe bei schier unauffindbar scheinenden schwedisch-pferdischen Redewendungen. Karin und Göran Jönsson dafür, dass ich immer in Yngsjö sein durfte – und für Lillepuss!

Dr. med. vet. Roland Boerner, Kerstin Hasse-Schwenkler, Jörg Heimann, Frank Wilde, Harald Koch, all meinen Freunden einmal mehr für Rat und Tat und Geduld – und nicht zuletzt Ilona Rudolphi und Angela Bähr, dass sie sich so voll Liebe und Verantwortung mit um meinen Zoo gekümmert haben – ohne euch wäre dieses Buch nicht möglich gewesen! Bei Moa, Julia, Jonas und den Tieren des Alternativstallets möchte ich mich bedanken, dass ich ihnen Mutter, Frau bzw. Frauchen so oft entführen durfte.

Gemeinsam möchten wir uns für die Gastfreundschaft und freundliche Unterstützung bei Anne-Lee Skarlen und ihrer Familie in Barcelona bedanken, bei Rosa Llobet und Don Manuel San Miguel Uslé, Finca „Can Morató", der sich die Zeit nahm, uns seine wunderbare P.R.E.-Zucht in Cardedeu-Llinás zu zeigen.
Und last but not least: Ganz herzlich bei Ihnen, lieber Leser, dafür dass Sie dieses Buch tatsächlich bis zur allerletzten Zeile gelesen haben!

Karin Müller • Carola Lind

Teil II
Gespräche
mit Pferden

"Lots of people talk to animals", said Pooh.
"Not that many of them listen though.
That's the problem."
Alan Alexander Milne, Winnie Pooh

„Viele Menschen reden mit Tieren", sagte Pooh.
„Nur, dass nicht viele von ihnen zuhören.
Das ist das Problem."
Alan Alexander Milne, Winnie Pooh

Von Zauberuhren und der Wichtigkeit des Zuhörens

Ich habe mein Meerschweinchenbuch wiedergefunden. Eines meiner Lieblingsbücher aus Kindertagen, das den innigen Wunsch eines kleinen Mädchens zum Thema hat: Es möchte mit seinem heißgeliebten Meerschweinchen sprechen – und der Wunsch geht in Erfüllung, denn es ist „das wunderbarste Meerschweinchen der Welt". Der Autor heißt Paul Gallico und das Buch ist seit den siebziger Jahren vergriffen. Ich habe es übers Internet ersteigern können. Durch verschlungene, witzige „Zufälle" und die Hilfe einer Kursteilnehmerin habe ich es fast dreißig Jahre später wieder gelesen und jetzt hat es einen Ehrenplatz auf meinem Schreibtisch.

Was das mit diesem Buch zu tun hat?

Es geht in beiden Fällen um die Kommunikation mit Tieren und ihre natürliche Selbstverständlichkeit. Die Geschichte vom Granatäpfel liebenden Meerschweinchen Hans-Peter und der kleinen Cäcilie fesselt mich heute ebenso wie damals. Damals wie heute hatte ich dasselbe Aha-Erlebnis: Ich wusste die ganze Zeit, dass es geht: Natürlich kann man mit Tieren sprechen. Ich habe es immer getan und brauche dafür nicht einmal eine Zauberuhr wie im Kinderbuch. Und doch habe ich den Wahrnehmungen all meiner sechs Sinne nicht immer voll und ganz getraut. Als mir klar war, dass ich nicht mehr als Redakteurin arbeiten wollte und eine Auszeit in Schweden nahm, fand ich nicht nur örtlich zu meinen Wurzeln zurück. Hier begann ich, meiner Liebe zu Tieren, Kindern, dem Schreiben und meinen energetischen Fähigkeiten wieder ihren Platz als Schwerpunkt in meinem Leben einzuräumen. Ich begegnete in Schweden unter anderem Carola Lind, die mir auf den Kopf zusagte, dass ich schon lange Tierdolmetscherin war. Mein Buch „Der sechste Sinn – Zwiesprache mit Pferden" habe ich mit der Erinnerung an dieses Meerschweinchenbuch begonnen.

Neben verschiedenen Buchprojekten arbeite ich heute – so unglaublich es klingt – weltweit mit Tierkommunikation und gebe mein Wissen in Seminaren weiter. In meinem kleinen Seminarhaus in Norddeutschland behandle und berate ich Menschen und Tiere auf den Grundlagen von Kinesiologie, systemischer und energetischer Arbeit als staatlich geprüfte Heilpraktikerin für Psychotherapie.

Ich bin damals im positivsten Sinn überrannt worden von Leserbriefen, E-Mails, Anrufen, Faxen. Ich wurde gebeten, mit unzähligen Tieren zu kommunizieren, habe vielen Menschen auf ihrem Weg weiterhelfen dürfen, Gespräche geführt, Fragen beantwortet. Manchmal hatte ich das Gefühl, dass jede Antwort eine neue Frage aufwirft. Ihr großes Interesse an diesem Thema hat letztlich zu diesem Buch geführt. Vielen Dank dafür. Und vielen Dank auch all jenen, die Sie und uns mit ihren Erfahrungsberichten in diesem Buch teilhaben lassen.

Ich möchte hier die häufigsten und interessantesten Fragen beantworten, neue Tipps geben für die Telepathie mit Pferden und anderen Tieren, aber auch für den daraus resultierenden ganzheitlichen Umgang mit ihnen. Das gehört für mich unumstößlich zusammen.

Ich habe durch Sie die Erfahrung gemacht, dass auch das „ganzheitliche Drumherum" einen wichtigen Platz in einem Buch über Mentale Kommunikation einnimmt. In allen Kapiteln finden Sie daher auch praktische Tipps für den Alltag. Die können Sie selbstverständlich zum Wohle Ihres Tieres nutzen, egal, ob Sie nun an Telepathie glauben oder nicht. Dieses Buch ist keine Bibel. Hier steht nirgends: Sie *müssen* oder gar Sie müssen *glauben*. Aber *Nachdenken*, ob Sie alles richtig machen und wie Sie Ihrem Pferd Gutes tun können, das wünsche ich mir!

Ziehen Sie sich das für Sie und Ihr Pferd derzeit Wichtige heraus. Den Rest vergessen Sie sowieso. Vielleicht sind Sie allerdings bei der erneuten Lektüre dieses Buches in ein paar Monaten ziemlich erstaunt, dass ich „auch darüber?" etwas geschrieben hatte – Sie haben es glatt überlesen, weil es für Sie „damals" kein Thema war. Ist doch schön, wie unser Gehirn uns vor zuviel Input schützt, oder?

So schließt sich der Kreis und man stellt gleichzeitig fest, dass man immer noch am Anfang steht. Sie können dieses Buch als Fortsetzung und Vertiefung von „Der sechste Sinn – Zwiesprache mit Pferden" lesen – oder umgekehrt. Fürs Verständnis spielt die Reihenfolge keine Rolle. Denn im Gegensatz zu manch anderen Lehren verschiedenster Szenen sind mir allem voran Ihre Unabhängigkeit, Eigenverantwortlichkeit und Selbstständigkeit *Ihres eigenen* Denkens und Fühlens wichtig. Wie sollte ich Ihnen vorschreiben wollen oder können, was Sie fühlen und denken?

Nehmen Sie einzig das aus Büchern, Kursen und Gesprächen mit, was *für Sie und Ihr Tier* passt und sich *in Ihrem Herzen* und Bauch richtig für Sie beide anfühlt. Wenn es sich für Sie gut anfühlt, dann ist es für Sie richtig. Wenn nicht, lassen Sie die Finger davon. Probieren Sie aus, dann wissen Sie. Sie sollen nicht einfach „glauben". Doch Achtung: So manchem Skeptiker hat mein Ansatz sein komplettes Weltbild über den Haufen geworfen. Wenn Sie sich darauf einlassen, Ihren sechsten Sinn zu reaktivieren, mental zu kommunizieren, wird Ihre Welt garantiert nicht mehr so sein, wie sie vorher war. Ihre Wahrnehmungen werden schärfer. All Ihre Sinne werden aktiver. Das ist ein reiches Geschenk. Ich bitte Sie nur eins, aber mit Nachdruck: Gehen Sie achtsam und sinnhaft damit um und versuchen Sie nicht, es für simple Zwecke wie unbedachte Neugier, sportlichen Ehrgeiz oder produktionswirtschaftlichen Erfolg zu missbrauchen und zu funktionalisieren. Mein Ansatz dient einer besseren Verständigung zwischen den Arten, zum Wohle der Tiere – und der Menschen. Doch letztlich muss auch Ihre Ethik Ihnen überlassen bleiben. Ob zum Positiven oder zum Negativen – früher oder später fällt es einzig auf Sie selbst als Verursacher zurück, wie Sie mit Ihrem Leben und allem, was Ihnen darin zuteil wird, umgehen. Das ist eine Regel, die nicht von uns gemacht ist.

Wir sind schnell dabei, alles Mögliche, was wir mit bekannten wissenschaftlichen Methoden nicht fassen können, mit dem Aufkleber „esoterischer Spinnkram" zu versehen. Dann ist es leicht, sich A: per definitionem nicht damit auseinander setzen zu müssen, weil Esoterik aus dem Rahmen unseres fest verankerten, wissenschaftlich geprägten „normalen" Weltbildes fällt – oder wir stellen B: im Gegenteil erleichtert fest, dass es noch viele andere „Spinner" gibt. Und wenn wir nicht allein sind, sondern hinter welchem Buchstaben auch immer, eine Gruppe Gleichgesinnter um uns haben, dann sind wir ja – Gott sei Dank – auch wieder innerhalb der Norm, innerhalb des Normalen.

Drehen und wenden Sie es also, wie Sie wollen. Telepathie – diese Form mit Tieren zu kommunizieren ist in jedem Fall normal.

Unnormal ist es allerdings, wenn wir unseren Mitgeschöpfen jedwede Art emotionaler Regungen, Gefühle wie Trauer, Schmerz, Sehnsucht, Leiden, Freude, Glück, Hoffnung... kurz: eine Seele absprechen, um – um was? Vor uns zu rechtfertigen, wie wir sie behandeln? Wie wir sie nicht behandeln? Aus Selbstschutz und Selbstzweck, weil wir sonst radikal umdenken müssten über unseren Missbrauch an der Natur? An der Schöpfung? An unseren Sportgeräten? Prestigeobjekten?

Nahrungslieferanten? Partner- und Familienersatz?
Aber dazu kommen wir später noch und Sie, lieber Leser/liebe
Leserin, halten Ihre Tiere artgerecht und sind bemüht, tierge-
recht mit ihnen umzugehen. Davon gehe ich aus und das freut
mich ehrlich.

Aber trotzdem fürchtet sich ein kleiner Teil in Ihnen davor, zu
hören, was Ihr Pferd Ihnen zu sagen hat? Freuen Sie sich doch
auf „tierisches Lob"! Und falls Ihnen eine Kleinigkeit entgangen ist, dann ist es doch um so schöner, wenn Sie den Miss-
stand abstellen können, oder nicht?

Ach? Sie haben gar keine Angst und sind schon mitten dabei?
Es klappt hervorragend mit der mentalen Kommunikation –
oder auch mal gar nicht? Wunderbar! Es gibt immer etwas zu
üben oder weiter zu perfektionieren.

Nichts ist gefährlicher, als zu lang im eigenen Saft zu schmo-
ren und sich selbst nicht mehr kritisch zu begegnen und seine
Ergebnisse zu hinterfragen.

Übrigens: Noch ein Satz zur Klärung: Ob Sie an Telepathie
glauben oder nicht ist mir – gelinde gesagt – wurscht. Oh, überrascht? Erleichtert sogar? Gern geschehen! Noch einmal herzlich willkommen, lieber Skeptiker! Ich möchte nicht, dass Sie
irgendetwas einfach *glauben*! Ich möchte, dass Sie *Erfahrungen
sammeln* und zu Ihrem eigenen Ergebnis kommen.

Und so ein Ergebnis soll einzig und allein ein schönes, ver-
ständnisvolles, gutes Zusammensein mit Tieren sein. Wie
auch immer es für Sie beide – Ihr Pferd und Sie – ganz persönlich und individuell aussieht: Man erreicht es, indem man
alle Sinne einsetzt und danach handelt, was man mit ihnen
wahrnimmt. Dabei wollen wir Ihnen helfen.

Doch Achtung! Sie haben wahrscheinlich eh schon drauf
gewartet. Der Haken, genau. Gut, wenn Sie unbedingt einen
haben wollen: Es gibt Risiken und Nebenwirkungen. Das werden Ihnen all diejenigen bestätigen, die in diesem Buch zu

Wort kommen oder die Sie darauf ansprechen: Wie schon erwähnt, wir werden durch Tierkommunikationen sensitiver in allen Lebensbereichen. Zuerst kommt meist das – vielleicht noch rein intuitive – Verstehen auf der Gefühlsebene. Schritt für Schritt, während wir gezielt weiter üben und lernen, öffnet sich unser „drittes Auge" immer mehr. (Dem so genannten Dritten Auge wird in der Chakrakunde der Sitz unseres telepathischen Vermögens zugeordnet, seine Farbe ist Indigo, ein sattes, dunkles blau-violett.) Wir empfangen nicht mehr nur allein Gefühle, Bilder, Worte, Geschmack oder Geruch, sondern immer mehr von allem zusammen. Es steigert sich, quantitativ und qualitativ, ohne dass wir unseren Fokus besonders darauf richten müssen.

Segen oder Fluch?

Wir nehmen in der Folge Dinge wahr, die andere nicht wahrnehmen (wollen!). Die ihnen noch nicht bewusst sind. Warum auch immer – auch das wird seine Gründe haben. Vielen ist schon gar nicht bewusst, was ihre Tiere so alles von ihnen wissen, und in der Folge auch einem Tierdolmetscher weitererzählen können. Versetzen wir uns in die Lage unseres menschlichen Gegenübers. Oft genug empfinden wir es als unangenehm, befremdlich oder sogar unverschämt, wenn andere mehr wissen als wir. Bestimmt kennt jeder von uns eine Situation aus der Schulzeit, als man mit Trotz, Scham oder Wut reagierte, weil der Lehrer einem auf den Kopf etwas zusagte, das man doch für sich behalten wollte. Bloßgestellt! Peinlich! Schlimm genug vor Papa und Mama – aber vor Fremden und der ganzen Klasse? Da fühlt sich niemand wohl. Auch das gehört mit zur Schule der Tierkommunikation: Sie können Menschen nur da abholen, wo sie stehen. Wenn der Bus noch nicht da ist, muss der Passagier warten. Wenn der Passagier noch nicht da ist, muss der Fahrer warten – oder auch nicht. Drängen Sie sich nicht auf. Jeder und Alles hat seine Zeit. Und wenn Sie bereit sind, etwas Neues zu lernen, dann wird auch Ihr Lehrer nicht auf sich warten lassen. Vertrauen Sie darauf! Auch solche Lebensweisheiten lernt man unter anderem durch die Kommunikation mit Tieren. Da geht es nämlich längst nicht nur um mehr Möhren, frisches Wasser, viel Bewegung und Spiel mit Artgenossen – jenseits der Befriedigung der Grundbedürfnisse sind viele Tierbesitzer erstaunt, dass ihre Vierbeiner Erstaunliches aus dem Nähkästchen plaudern. Unsere Pferde – genau wie alle anderen Mitgeschöpfe – machen sich viele Gedanken um unser Wohl und Weh, um ihre Menschen. Wenn wir das ernst nehmen wollen – und das sollten wir –, setzt ein Umdenken ein, welches – ich erwähnte es bereits – unser gesamtes bisheriges Weltbild aus Fugen und Angeln heben kann. Schwer genug manchmal, das für sich selbst zuzulassen. Überlassen Sie es daher jedem Anderen, wann und wie er sich damit befassen möchte.

Vielleicht schmeckt Ihnen plötzlich Ihr Essen oder Ihr Wasser nicht mehr. Vielleicht ziehen Sie irgendwann um, wechseln den Job oder machen einen Reikikurs. Bilden Sie sich in allen möglichen Bereichen fort! Vielleicht fühlen Sie sich unwohl an öffentlichen Plätzen, die vor Menschen wimmeln, schauen sich die Nachrichten mit noch mehr Beklemmung an als sonst, usw. ...

Die Kommunikation mit Tieren, das Öffnen unseres sechsten Sinnes (oder des siebten, wenn man den Gleichgewichtssinn in die Rechnung mit einbezieht) bringt eine Vielzahl von Folgen mit sich, die alle auf einen gemeinsamen Nenner zurückzuführen sind: Es wirkt einer Abstumpfung entgegen, die allgegenwärtig vorherrscht in unserer Gesellschaft. Sie werden sensibler und sensitiver – nach spirituellem Verständnis ändert sich Ihre energetische Schwingung. Und das wird weit reichende Konsequenzen haben für Ihr Leben mit Tieren und ohne.

Als ich klein war, haben viele Erwachsene das Mädchen belächelt, das wissen wollte, wie man mit Tieren spricht und es dann einfach tat. Manche lächelten später über die junge Frau und noch später, vielleicht jetzt gerade, über die Frau, die ich heute bin. Na und? Wissen Sie was? Ich finde es viel schöner, wenn ich jemanden zum Lächeln bringe als zum Weinen!

Habe ich niemals Zweifel? Aber sicher doch! Ich bin ein verletzlicher Mensch! Wenn ich unsicher bin, mich Kritik trifft oder jemand meine Gefühle kränkt, gehe ich zu meinen Tieren, hole mir Trost und Energie von ihnen und von menschlichen Freunden, oder lese ein paar Zeilen aus den vielen Briefen, E-Mails und Faxen, die ich im Lauf der Zeit von glücklichen, dankbaren Tierbesitzern bekommen habe. Auf diesem Weg Dank Ihnen allen für Ihre Zuschriften und all die lieben Worte und Wünsche!

Wir wollen Sie einladen, mit uns und diesem Buch eine weitere Reise zu unternehmen. Eine Reise zu unserem Mitgeschöpf Pferd – stellvertretend für alle anderen Tiere, zu denen Sie sich hingezogen fühlen. Erleben Sie mit uns, dass Tiere mehr Gefühle, mehr Empfindungen, mehr Gedanken und mehr Seele haben, als Sie es ihnen vielleicht bislang zugetraut haben. Lesen Sie, üben Sie und machen Sie weitere Erfahrungen damit, dass und wie Sie Ihre Kommunikation mit Tieren verbessern können. Dabei spielt es keine Rolle, wie gut Sie reiten können oder sich mit Pferden auskennen, welche Rasse Ihr Pferd hat oder ob es sich um irgendein anderes Tier handelt, mit dem Sie Kontakt aufnehmen wollen. Jeder kann es! Egal ob Sie Skeptiker, Anfänger oder Telepathie-Fortgeschrittener sind.

Mit Tieren kommunizieren können. Im Kinderbuch war dafür ein Wunder nötig. Als Erwachsene bekam ich die alte Erkenntnis bestätigt, dass das Wunder in mir ist, in Ihnen, in uns allen. Natürlich hören Ihnen Tiere zu und verstehen Sie. Sie wissen, wie es in Ihnen aussieht. Auch Sie können mit Tieren sprechen und sie verstehen. Die Gabe dazu war und ist die ganze Zeit in Ihnen. Wir müssen nur den Mut haben, sie zuzulassen und anzuwenden. Und (Achtung – ich wiederhole mich mit Absicht noch einmal) dann aber bitte auch verantwortungsvoll die Konsequenzen tragen: Wir sind in der Pflicht, die Ergebnisse der Kommunikation aus Wünschen und Nöten des Tieres in Veränderung umzusetzen!

Warum also wollen Sie mit Tieren kommunizieren?

Meine Hündin Lillepuss hat es in einem meiner Tierkommunikationsseminare für Anfänger auf den Punkt gebracht: „Warum lernt ihr Gedanken lesen, wenn ihr nicht zuhört?"

Lassen Sie das bitte mal sacken, am besten bis ins Herz.

In diesem Sinne viel Freude bei der weiteren Lektüre und Willkommen schon längst mittendrin, in einer Zeit des Erwachens und Lernens!

Karin Müller

Zeit des Erwachens und Lernens

Die Physik der Telepathie

Wie kann so etwas sein?

Es geht also wieder um Telepathie. Das schlimme Wort, das an Hollywood und Zaubertricks denken lässt. An Hokuspokus und Löffelverbieger, an Fernsteuerung und Mummenschanz. Ach, Schnickschnack! Schauen Sie noch mal genau hin: Telepathie. Das Wort kommt aus dem Griechischen und bedeutet nichts anderes als die Übertragung von Gefühlen (Pathos) auf Entfernung (Tele). Klingt trotzdem blöd? Berührungsängste? Gefällt Ihnen Nonverbale Kommunikation (also: ohne Wort) besser? Mentale (geistige) Kommunikation gar? Ätsch, es ist das Gleiche in grün, aber rufen Sie das Kind gern so, wie Sie am liebsten mögen.

Oder glauben Sie generell nicht, dass es etwas wie Telepathie (ich bleibe jetzt einfach mal bei diesem Wort) gibt? Oder, dass ausgerechnet Sie es lernen können? Doch. Können Sie. Jeder kann es.

Schauen Sie mal Ihrem Reitlehrer über die Schulter, oder Ihrem Tierarzt. Sie werden sich wundern, was die alles „aus dem Bauch heraus" entscheiden, was für ein feines Gespür, welch sensible Antenne sie für ihnen anvertraute Tiere haben. Tierpfleger im Zoo geben im vertrauten Gespräch zu, dass sie manchmal intuitiv auf die absurdesten Ideen kommen, sie umsetzen, und baff erstaunt sind, dass das Gnu wirklich wieder frisst – einzig, weil sie danach handelten, was ihnen in den Sinn kam. Und was bedeutet es, wenn einem etwas in den

Sinn kommt? Wenn man eine Eingebung hat? Dass es „von außen" kommt. Richtig! Hundert Punkte. „Außersinnlich" – also doch!

All diese Leute nennen es vielleicht nicht unbedingt Telepathie, sie tun „es" aber trotzdem. Genau wie Sie und ich. Jeden Tag. Diese Glückstreffer, Zufälle, Merkwürdigkeiten kennt jeder: Das Telefon klingelt und derjenige ist dran, an den Sie gerade dachten. Sie schauen jemanden, der mit dem Rücken zu Ihnen steht, intensiv an, und die Person dreht sich um. (Das können Sie übrigens wunderbar überall und jederzeit üben!) Ihr Partner nimmt Ihnen das Wort aus dem Mund, das Sie gerade noch im Kopf hatten. Oder – um zu unserem lieben Vieh zurückzukehren: Das Pferd führt eine Lektion aus, noch bevor Sie die Zügel aufgenommen haben – nur weil Sie daran dachten. Oder nimmt Reißaus, obwohl Sie ihm die Wurmkur noch gar nicht gezeigt haben. Daran „Schuld" sind natürlich Ihre Gedanken. Ihr Hirnstübchen ist ein offenes Buch für alle Tiere. Darin blättern sie genauso gern wie in unserer Körpersprache, den Farben unserer Aura, unserem Geruch, und was wir noch so an „Ausstrahlung" und Absicht mitbringen.

Trainieren Sie das doch einfach! Und ich meine wörtlich: Einfach!

Gedanken sind machtvoll, denken wir nur an die selffulfilling prophecies (sich selbst erfüllende Prophezeiungen). Es kann *nur* schwer werden, wenn wir es uns schwer denken. Hausgemacht. Die Frage ist eher: Warum ist es uns oft augenscheinlich lieber, wenn wir es schwer haben? Warum verwenden wir all diese Schwarzmal-Energie nicht für Leichtes, Buntes, Schönes – Positives?

Zwei Kleinigkeiten, die Ihren Alltag (mit und ohne Pferd) ungemein erleichtern werden: Streichen Sie Verneinungen aus Ihrem Wortschatz. In jedem besseren Erziehungsratgeber fordern Psychologen und Pädagogen, dass Eltern Sätze wie „Fall nicht von der Schaukel" oder „Lauf nicht auf die Straße!" bleiben lassen. Weil – genau – das Gegenteil passiert. Und warum? Darum: Wir können kaum an zwei Sachen gleichzeitig denken: an „nicht" und „auf die Straße". Das „nicht" oder „kein" verpufft regelrecht. Die gegenteilige Aussage kommt an, eine Art „Stille Post".

Genau so ist es bei unseren Tieren. Darüberhinaus programmieren wir unbewusst, fast schon hypnotisch durch achtlos Dahingesagtes wie „der blöde Bock will wieder nicht" oder „das Vieh ist so doof"... in genau die unerwünschte Richtung. Wenn Sie es nur oft genug wiederholen und Ihrem „verrückten Gaul" auch noch einen Namen wie „Kasper" oder „Crazy" verpassen – dann brauchen Sie sich nicht zu wundern. Wie würden Sie sich fühlen, wenn man Ihnen so was tagtäglich um die Ohren hauen würde? Glauben Sie bloß nicht, Ihre Tiere würden das nicht mitbekommen.

Davon abgesehen, ich finde, es ist eine ebensolche Unart, in Gegenwart eines Tieres mit dem Tierarzt die schauerlichsten Geschichten zu beraten. Wir wissen mittlerweile gesichert, dass das menschliche Gehirn ALLES speichert. Auch das, was wir vergessen haben, findet sich auf der Festplatte. Wissenschaftler haben das zufällig bei Operationen am offenen Gehirn herausgefunden. Was Ärzte während einer Narkose reden, beeinflusst den Heilungsprozess des Patienten. Und so anders ist das Hirn unserer vierbeinigen Gefährten nicht, dass wir uns unter unserer Schöpfungskrone davor verstecken könnten.

Noch ein Tipp, der in die gleiche Richtung gehört: Verschieben Sie – auch mental – nichts auf morgen. Mit „ich versuche es" oder „ich probier' mal" oder „morgen wird es mir gelingen" schaffen Sie die beste Voraussetzung dafür, dass es ganz genau so und nicht anders passieren wird: Sie kommen nie hinterher, sie schaffen Ihr Vorhaben nie ganz. Denn: Sie haben sich nie vorgenommen, es einfach (!) zu können (!).

Und da sind wir schon – fliegender Übergang – bei der dritten Kleinigkeit. Wer gar grundsätzlich sagt: Ich kann das nicht (zum Beispiel die Kommunikation mit Tieren lernen), setzt sich selbst Grenzen. Und Grenzen will doch eigentlich niemand, oder? Zumindest nicht so eng gesteckte!

Ein guter Freund schenkte mir mal eine Postkarte, auf der zu lesen steht: „Die Hummel hat eine Flügelfläche von 0,7 cm^2 bei 1,2 Gramm Gewicht. Nach den bekannten Gesetzen der Aerodynamik ist es unmöglich, bei diesem Verhältnis zu fliegen. Die Hummel weiß das nicht und fliegt trotzdem."

Seien Sie Hummel, wenn es an die Beschäftigung mit Telepathie geht. Wann immer Sie mit Tieren kommunizieren: Fliegen Sie los und beweisen Sie, dass Aerodynamik nicht alles erklären kann. Das soll nicht heißen, dass ich Wissenschaft ablehne, keineswegs. Anscheinend fehlt aber noch eine unentdeckte Disziplin, die erklärt, warum die Hummel doch fliegen kann. Anders ausgedrückt: Mit einer Gabel kann ich keine Suppe schöpfen. Wenn der Löffel noch nicht erfunden ist, heißt das nicht, dass man Suppe nicht essen kann. Das gilt auch für die Telepathie: Also lassen Sie sich nicht verunsichern, denn viele Wissenschaftler machen genau das: Stellen sich mit der Gabel vor den Suppenteller, fischen gutwillig darin herum und konstatieren: Seht ihr, man kann Suppe nicht essen! Na gut, im Rahmen ihrer Möglichkeiten haben sie es zumindest versucht! Kinder und Tiere probieren alles aus. Ob die Herdplatte wirklich heiß ist, ob Strom auf dem Zaun ist, wo die Machtgrenzen verlaufen. Das ist (in Maßen natürlich) ein ziemlich gesunder Weg. Die eigene Erfahrung lehrt uns mehr als ein: „Achtung, das ist heiß!"

Da sind wir schon wieder beim Erfahrungen sammeln.

So, und jetzt wiederhole ich es auch nicht noch einmal, versprochen. Lesen Sie hier ein paar Erfahrungsberichte von Menschen, die es ausprobiert haben.

Kurserfahrungen

„Der Gedanke, dass es möglich sein könnte, mit Tieren zu „sprechen", faszinierte mich schon seit frühester Kindheit. Nachdem ich das Buch „Der sechste Sinn" gelesen hatte, wurde dieser Wunschtraum wieder mit neuer Hoffnung genährt. Es fällt mir leicht, die Signale einer Katze oder die Gefühle meiner Hunde – ja auch ihre Gedanken – zu deuten, da sie sich sehr eindringlich gebärden. Ich spüre auch, wie sensibel Pferde auf die Stimmungen der Bezugsperson reagieren. Mir fällt es im Umgang mit ihnen jedoch schwer, ihre Botschaften deutlich zu vernehmen. So erhoffte ich, mir durch den Kurs bei Karin diesbezüglich mehr Sicherheit zu verschaffen.

Die Kommunikation über Foto hat mich sehr erstaunt. Wir gaben den anderen nur Auskunft über Alter, Name und Geschlecht. Einige Teilnehmer äußerten in der Feedbackrunde körperliche Empfindungen wie Atemnot, Enge, Schmerzen in verschiedenen Körperregionen. Andere nahmen Farben wahr, die sie mit Empfindungen assoziierten. Ich selbst schrieb Gedanken auf, die mir spontan in den Sinn kamen. Das Feedback der Besitzer ließ überraschend viele Übereinstimmungen zu Tage treten. Ich hätte mir gewünscht, auch so deutliche körperliche Empfindungen zu haben, da ich bei den Gedanken, die mir kamen, noch nicht unterscheiden konnte, ob es meine oder die des Pferdes waren.

In der letzten Kurseinheit durften wir uns einigen Pferden aus dem Stall zuwenden. Der Ablauf der Übung war ebenso einfach wie die vorigen. Zur Ruhe kommen – tief ein- und ausatmen – Verbindung zum Tier herstellen über eine fiktive „Telefonleitung" von Stirnchakra zu Stirnchakra – und aufschreiben, was spontan registriert wird. Mein Tierpartner war ein älterer Wallach, der mir traurig und einsam schien. Ich vermeinte zu spüren, dass er Kopfweh hatte und seiner früheren Familie nachtrauerte. Tatsächlich wurde ich auch diesmal bestätigt. Er hatte sich noch nicht in die Herde integriert, obwohl er schon zwei Jahre auf dem Hof war. So ging ich um die

*Erfahrung meiner telepathischen Fähigkeiten reicher nach Hause –
voller Elan, weiterzuüben."*

Marlene Brütting, Frensdorf

*„Ich habe meinen ersten Kurs bei Karin Anfang Dezember letztes
Jahr gemacht. In unglaublich lockerer Atmosphäre haben wir losgelegt. Nach einer theoretischen Einführung und kurzen Entspan-
nungsübungen haben wir zunächst paarweise mit anderen Kursteilnehmern einfache Telepathieübungen gemacht. Am nächsten
Tag haben wir dann mittels Foto angefangen, mit den Tieren der
anderen Kursteilnehmer zu kommunizieren. Das war wirklich
spektakulär. Jede von uns hat von fremden Tieren erstaunliche
Details empfangen, die wir wirklich nicht wissen konnten. Zum
Schluss haben wir dann noch mit Karins Pferden, ihrem Hund und
dem Hund einer Kursteilnehmerin geübt, auch hier mit überwälti-
genden Ergebnissen. Derart gerüstet und voller Euphorie fuhren wir
nach Hause. Eine Freundin ließ mich dann zum Üben mit ihrem
Pony reden und stellte immer Testfragen, deren Antwort ich nicht
wissen konnte. Ich lag immer richtig und war natürlich stolz auf
mich."*

Bärbel Jürgens, Lehre

*„Nachdem ich durch einen Kurs im Ausland entdeckt hatte, dass ich
es auch konnte, arbeitete ich in meiner Freizeit seit drei Jahren ein
bisschen als Tierdolmetscherin. Ich trat auf der Stelle, war total unsicher, war ich gut? Ich spürte, dass ich mich weiterentwickeln musste, wusste aber nicht wie. Zum Glück kam ich über meine Tochter
an einen Katalog, in dem „Der sechste Sinn" vorgestellt wurde. Ich
bestellte es sofort, obwohl ich nun absolut kein Bücherwurm bin.
Sonst lese ich nie Bücher. Aber aus irgendeinem Grund fühlte ich,
dass ich dieses eine bestellen musste. Als es endlich ankam, las ich es
in einem Stück durch. Ein paar Sachen hauten mich um. Ich fand
Carolas Homepage und sah, dass sie Kurse gab. Endlich war also*

die Zeit reif. Es war Mitte März, als der Anfängerkurs bei Carola Lind stattfand. Ich hatte nie gezögert, mich dafür anzumelden, obwohl ich schon eine Weile auf Hobbyniveau gearbeitet hatte. Ich habe nie erwähnt, dass ich bereits als Tierdolmetscher gearbeitet hatte, und bin so unglaublich froh darüber, diesen Kurs mitgemacht zu haben. Ich habe so viel gelernt, von dem ich schon viel Nutzen gehabt habe. Carola ist eine faszinierende Frau. Sie bei der Arbeit zu sehen, ist eine Freude, ein Mensch, der so unglaublich viel Gefühl in sich trägt. Ihre Finger gleiten über das Pferd und, schwupps, findet sie empfindliche Punkte, Knoten. Sie drückt ein bisschen vorsichtig und sacht, aber sicher – bis ... ja, man kann richtig zusehen, wie es dem Pferd besser geht.

Carola betonte stark die große Verantwortung, die wir Tierdolmetscher haben. Es ist so wichtig, dass wir uns an die Schweigepflicht halten, niemals mit einem Tier ohne die Erlaubnis des Besitzers sprechen usw. Ich kann ewig weiter über den Kurs erzählen ... aber ich will das ganze abrunden, indem ich sage: DANKE Carola. Ich werde weitere Kurse bei dir machen. Und ich kann euch allen ihre Kurse wärmstens empfehlen!"

Katarina Eriksson, Edsbyn, Schweden

„Schon als wir mit Karins Zimmervermittler durch den Ort fuhren, wusste ich sofort: „Das ist der Hof und da fühlst du dich wohl." So war es auch. Es war eine nette Gruppe, mit sehr verschiedenen Menschen. Viele Fragen klärten sich schon in den ersten Minuten. Alleine die Erfahrung, über dieses Thema so locker zu reden. Am meisten beeindruckte mich, die individuellen Gedankenbrücken so deutlich zu erkennen und das deutliche Gefühl, wann und wie der Gegenüber „andockte". Nach dem Partnertausch klebte man oft noch an dem Vorherigen. Es war schon lustig. Alle waren eifrig bei der Sache. Das Senden an einen Menschen war für mich schwieriger als ich dachte, die Fotos waren viel leichter. Die Tiere saugen einen regelrecht an, wenn man sich öffnet, und antworteten oft

Carola Lind und Karin Müller laden ein zu noch mehr Kommunikation mit Pferden. Jeder kann sie lernen. Schärfen auch Sie Ihren sechsten Sinn für eine ganzheitliche Verständigung.

210

Richtig atmen ist die Grundlage
für eine gute Kommunikation.

Für mehr Energie: So kann man
gegenseitig Chakren aufladen.

Durch das Chakren freiklopfen, kann jeder für sich Blockaden lösen.

schon, bevor ich die Frage fertig gestellt hatte. Mir wurde bewusst, wie lange ich eigentlich schon mit meinem Pferd in Kontakt stand. Karins Pferde „Porky" und „Sunny" drehten sich während einer Übung plötzlich um und kamen mit auf mich gespitzten Ohren herüber. „Möhren?", fragten gleich beide. Sie schauten mich freudestrahlend an und kamen zügigen Schrittes zu mir (als hätte ich sie, mit einem Eimer in der Hand, zu mir gepfiffen). Ich hatte mich erschrocken und sagte laut: „Ich habe keine Möhren. Wirklich nicht!" Oh Gott, ein Bild von unserem großem Haufen feinster gewaschener Biomöhren hämmerte mir im Kopf. „Möhren!", kam es erwartungsfroh. Oh, tat mir das Leid. „Echt nicht, ich habe keine Möhren." „Keine Möhren, das glaub ich nicht!", kam von beiden. Sie wandten ihre Köpfe ab und trotteten in verschiedene Richtung davon. Noch nie haben mir gleich zwei Pferde so erwartungsvoll und lange direkt in die Augen geschaut.

Im Kurs hat Karin mir die Hand gereicht, um „aufrecht zu gehen". Nun ist es an mir zu üben. Es macht so viel Spaß und wenn man einem Tier helfen konnte, war es wieder Belohnung genug für die Mühe. Was das für ein Geschenk an das Leben ist, kann ich noch gar nicht voll abschätzen. Ich hoffe, die Gabe bleibt immer bei mir und mögen sie noch viele wieder entdecken. Liebe Karin, auf diesem Wege möchte ich mich noch mal bei Dir bedanken."

Rosa Struve, Neuenkirchen

„Seit ungefähr zwei Jahren ziehe ich Tierdolmetscher bei meinen Tieren zu Rate, sooft es der Geldbeutel zulässt. Ich bekam auch das Angebot einer Kommunikation über Distanz. Das klang komisch, aber warum nicht ausprobieren? Ich schickte also ein Foto und ich bereue es nicht. Alles, was meine Stute erzählte, stimmt auf Punkt und Komma.

Ich kam mit Carola im Herbst 2001 übers Internet in Kontakt, als ich ihre Hilfe für mein verletztes Pferd brauchte. Damals entschloss ich mich auch zur Teilnahme an einem Kurs in Tierkommunikati-

on bei ihr, obwohl ich skeptisch war, dass auch ich das lernen können sollte. Im März 2002 kam der Kurs. Ein bisschen nervös war
ich schon, aber ich merkte dann, dass das ganz unnötig war. Was
für ein Tag! Viel gelacht, positive Menschen, redelustige Tiere und
sehr gutes Essen. Zu Beginn glaubte ich, dass mir meine Fantasie
einen Streich spielte. In einer der Übungen, als wir einander Bilder
schickten, schnappte ich eine Blume mit dem Namen Gerbera auf.
Die war auch noch gelb. Ein paar schauten mich komisch an und
ich dachte schon, jetzt hätte ich mich lächerlich gemacht. Das ist
meine Lieblingsblume und bestimmt wollte ich so eine einfach sehen.
Da ging ein breites Lächeln übers Gesicht der Frau, die mir das Bild
gesandt hatte – woher ich wusste, wie die Blume heißt?
Dasselbe herrliche Gefühl war es, als wir raus in den Stall gingen,
um dort mit Carolas Pferden zu kommunizieren. Mitten in einer
Frage an ein Pferd kam eine Katze an, die auch mit dabei sein
wollte. Sie machte deutlich, dass ich sie ja nicht vergessen sollte! Sie
wollte auch reden. Da fing das Pferd an zu seufzen, denn wir waren
ja gerade miteinander im Gang. Hilfe! Kann man mit mehreren
gleichzeitig kommunizieren? Ich musste Carola mehrmals bitten,
mir zu erklären, wie man abschaltet, so dass man nur mit einem
zur Zeit redet. Am Ende schaffte ich das irgendwie ganz gut. Sowohl
Pferd als auch Katze waren am Schluss ganz zufrieden, ich wurde
von ihnen sogar gelobt. Als wir wieder hineingingen, holte Carola
ein paar Fotos hervor, auf die wir schauen und erzählen sollten,
was die Tiere sagten. Ich wusste, dass das funktioniert, weil ich ja
selbst Tiere hatte, mit denen auf diese Weise gesprochen worden war.
Aber, schon jetzt? Wir konnten ja kaum schon auf die normale
Weise kommunizieren. Als ich auf das Foto schaute, kamen Gefühle in mir hoch, die ich vorher noch nie gefühlt hatte. Was für ein
Leid. Ich erzählte, was ich bekommen hatte und Carola nickte
zustimmend. Jedes einzelne Wort, das ich bekommen hatte, stimmte. Noch ein Kick! Ich konnte sogar das! Der Kurs hat mir unglaublich viel gegeben. Eine ganz andere Sichtweise auf unsere Tiere. Sie

*haben so viel zu erzählen, uns zu lehren und sie sind so willig mit-
zuhelfen.*"

Jenny Hammargren, Schweden

„*An einem kalten Dezembertag klingele ich an Karins Tür. Ich
komme zu ihrem Wochenendkurs „Kommunikation mit Tieren".
Nach und nach treffen alle Teilnehmer ein, und in unserer Vorstel-
lungsrunde merke ich, dass auch die anderen noch ein wenig unsicher sind, was Kontaktaufnahme und Gespräche mit Tieren angeht.
Was stimmt, was entspringt der eigenen Vorstellung? Nach einer
kurzen Einführung springen wir sozusagen ins kalte Wasser.*
*Als wir nach mehreren Übungen zum Kaffeetrinken mit leckerem
hausgemachtem Kuchen runtergehen, freue ich mich, dass mich
„Porky" von draußen so intensiv anzugucken scheint. Hatte ich
doch in Karins Buch noch auf der Fahrt intensiv studiert, wer Porky
und wer Sunny ist. Im Gespräch stellt sich schnell heraus, dass
„Porky" in Wirklichkeit Sunny ist. Und was passiert? Ich entschul-
dige mich im Geist bei Sunny, die Stute leckt sich die Lippen, dreht
sich um und geht weg. Es ist mir, als wenn sie aufseufzt und sagen
will: „Hat sie das nun endlich kapiert!"*
*In unserer letzten Übung an diesem Abend sollen wir uns einen Her-
zenswunsch vorstellen. Es wird von großen, hehren Zielen und Wünschen gesprochen. Und was habe ICH empfangen? Einen angenehmen Geschmack im Mund und richtig echten und vielen
Speichelfluss! Meine Partnerin ist frustriert, ich würde mich gern in
einem Mäuseloch verstecken und Karin lacht laut auf. Da haben
sich wohl ihre Pferde sehr intensiv bemerkbar gemacht, denn ihre
normale Fütterzeit war schon weit überschritten.*
*Für mich am beeindruckendsten war mein Gespräch mit Alex, einer
Papageiendame. Erst im Austausch mit ihrer Besitzerin wurde mir
richtig klar, dass mir Alex ein „Gefühl" geschickt hatte. Mitten im
Gespräch verspürte ich nämlich starke Unzufriedenheit, was ich erst
einmal auf mich bezog und gar nicht verstand: Warum sollte ich,*

Bärbel, mitten im Kurs um alles in der Welt plötzlich unzufrieden sein? Alex aber sehr wohl, wie sich im Gespräch herausstellte.
Am Nachmittag erwarten uns Karins Tiere zum Gespräch. Karin hat uns einige Fragen vorgegeben, wir sammeln Antworten. Ich habe den Eindruck, am intensivsten mit Porky zu kommunizieren, auch wenn mich seine Antworten manchmal überraschen. Was meint er nur, als er sagt, Karin „solle jetzt lernen, Ställe zu bauen – für die anderen Pferde"? Manchmal benutzen unsere Tiere eine sehr bildhafte Sprache, an uns Menschen liegt es, diese richtig zu interpretieren. Wenn ich meine Gedanken zum Wort STALL schweifen lasse: Stall – Schutz – Energie – Aura – Reiki – ... Aber wir kommunizieren auch sehr bodenständig miteinander, Porky und ich: Das Seminar bei Karin war hochinteressant! Unglaublich, auf welche Art kommuniziert werden kann: Bilder, Gedanken, Geruch oder Geschmack, physisches Empfinden, sogar ein Gefühl! Ich hatte das Glück, davon so viel selbst spüren zu dürfen. Wunderbar."

Bärbel Mirke, Walscheid, Frankreich

„Im Dezember 2001 entdeckte ich Karins Buch im Katalog, ich wünschte es mir zu Weihnachten, verschlang es und saß im April 2002 zusammen mit vielen anderen wissenshungrigen Frauen (!) in einem ihrer Kurse. Ich versuchte mich mit einer Stute zu unterhalten, die mir gleich wegen ihrer Farbe, ihrer Ausstrahlung und auch wegen ihres Namens gefallen hatte. Es war ein kurzes, nettes Gespräch und ich war sehr verwirrt. Waren das nun meine Gedanken, war meine Fantasie mit mir durchgegangen? Sollte tatsächlich ICH gerade mit einem Tier gesprochen und eine Antwort bekommen haben? Ich war mir sicher, dass andere Menschen dies können, aber ICH? Ich setzte mich eine Weile hin, um ruhiger zu werden. Da kam der Hofhund auf mich zu, ließ sich aber nicht streicheln, sondern legte sich in einer Armlänge Abstand von mir entfernt hin. Nach einem Augenblick wurde ich ruhiger und der Hund stand wieder auf und ging – natürlich nicht ohne ein dickes Dankeschön mei-

*nerseits!!! Dann habe ich noch mit anderen Pferden kommuniziert
und es war großartig. Ich hatte dabei immer ein ganz besonderes
Gefühl, es fühlte sich so richtig an und das Gefühl der Nähe war einfach überwältigend! Trotzdem hatte ich Schwierigkeiten mich
darauf einzulassen, den Kopf frei zu bekommen und mich zu konzentrieren. Und da war auch der Gedanke: Dass, was ich hier tue,
das tue ich nicht erst seit heute. Bloß hatte es vorher keine Worte."*

Sandra Fricke, Schinkel bei Kiel

Die Kraft von Gedanken, Wort und Schwingungen

Wie kann so etwas wie Gedankenübertragung, noch dazu zwischen den Arten, zwischen Mensch und Tier, überhaupt möglich sein?

Gegenfrage: Was ist Zeit?

Eigentlich nur ein Gedanke, oder?

Was ist Raum?

Auch ein Gedanke.

Was sind Erinnerungen? Träume? Hoffnungen? Wünsche?
Alles Gedanken. Schmerz, Freude, Leid ... sämtliche Empfindungen sind letztlich nur Gedanken. Gedanken, die uns
schwer machen, oder leicht. Gedanken, mit denen wir es
schwer haben, oder leicht. (Wir sprachen schon davon, es geht
„einfach" (!) darum, wie wir sie nehmen, Gedanken selbst
haben ja kein Gewicht). Ob wir etwas nur akzeptieren oder für
uns annehmen, ist ein Riesenunterschied: Wäre der Gedanke
ein Postpaket und ich akzeptierte es, stünde ich da mit ver-
schränkten Armen. Nehme ich es an, bin ich schon halb dabei,
es auszupacken, und drücke den Inhalt förmlich an mich.
Gedanken haben also Macht. Uns zu beeinflussen zum Beispiel. „Das ist nur ein Gedanke", pflegt meine Reikimeisterin
zu sagen, wenn ich klage, wie schwer irgendetwas ist. (Ja,
natürlich tu ich das manchmal, was dachten Sie denn?) Recht
hat die Reikimeisterin also. Es liegt an uns, einzig an uns, wie

schwer wir etwas nehmen (oder ob wir die Annahme des Pake-
tes verweigern – was wir letztlich dann davon haben, ist eine
andere Geschichte).

Die ganze Welt um uns herum besteht aus Gedanken ebenso
wie aus Materie und beides ist miteinander verknüpft: Das
klingt komisch und abgefahren? Nun, das ist Quantenphysik,
kein „Esoterikkram".

Die Wissenschaft an sich spaltet sich also derzeit in zwei
Hauptgruppen. In die Vertreter des (antiquierten) mechani-
schen Weltbildes und die eines holistischen, ganzheitlichen
(wozu Quantenphysik und Neurowissenschaft zählen). Letzte-
re haben (noch) einen schweren Stand und sind daher – ver-
ständlicherweise – eisern darauf bedacht, wissenschaftlich
hieb- und stichfeste Beweise für ihre Theorien und Thesen zu
bringen und nicht in die Schubladen New Age oder irgendwas
mit den Vorsilben Pseudo- oder Para- gestopft zu werden.

Schade eigentlich, denn darum schlagen sie ein Kreuz und wollen nicht einmal ihren Namen in Verbindung mit derlei Teu-
felszeug gebracht wissen. Die Zeiten, in denen ein Albert Einstein sogar ein Vorwort zu einem Buch über Telepathie schrieb,
sind lange her.

*„Viele Wissenschaftler ziehen es vor, nicht öffentlich über diese Dinge
zu reden, weil sie mit einem großen Tabu behaftet sind. ... Es gibt
eine ganz außergewöhnliche Intoleranz innerhalb der Wissenschaft,
bestimmte Bereiche von Erfahrung ernsthaft zu diskutieren, Telepathie ist eins der größten Tabuthemen"*, sagte Rupert Sheldrake in
einem WDR-Radiointerview. („Der sechste Sinn – Über Tiertelepathie und die Irritation der Wissenschaft", Radiosendung
von Hartwig Tegeler, WDR 2003)

Sei's drum. Die Physik revolutioniert sich etwa seit den 20er
Jahren des vergangenen Jahrhunderts mit der These, dass die
Wirklichkeit erst durch die Betrachtung entsteht. Physiker wie
Max Planck oder Heisenberg brachten die Auffassung von Rea-

lität, von unserem physikalischen Weltbild innerhalb der Wissenschaftsgemeinde ins Wanken. Geist und Materie sind nach ihrer Auffassung untrennbar miteinander verbunden. Oh großes Problem!

Die Kernaussage der Quantentheorie besagt nichts anderes, als dass alle Materieteilchen auf der Welt sich gegenseitig beeinflussen. Quanten sind kleine Energieportionen, die gleichzeitig Überträger und Empfänger dieser Einflüsse sind – alles hängt mit allem zusammen.

Alles fließt, pantha rei, das wussten schon die alten Griechen. Wir finden allmählich wieder dahin zurück und entdecken: *„Wenn auf der Quantenebene alles mit allem verbunden ist, wenn das Geschehen in der Biosphäre auf Symbiose und gegenseitige Hilfe aufbaut und wenn in offenen selbstorganisierenden Systemen das Ganze stets mehr „weiß" als die Summe seiner Teile, dann ist Bewusstsein – Geist – konstituierend für das gesamte materielle Geschehen."* (aus: Matthias Bröckers, Das sogenannte Übernatürliche, Frankfurt a. Main 1998, S. 15)

Diese Schlussfolgerung ist härterer Tobak, als Sie vielleicht ahnen. Sie rüttelt erdbebengleich an Festen, die von so großen Namen wie Freud, Darwin und Einstein gehalten wurden – an unserem Grundlagenverständnis nämlich, wie die Natur und damit die Welt, in der wir leben, funktioniert.

Wie also funktioniert Telepathie, Gedankenübertragung?

Vom physikalischen Standpunkt aus lassen sich diese winzigen Energieteilchen als Wellen beschreiben und demzufolge schwingen alle miteinander. Quantenphysiker vermuten über die uns bekannten drei Raumdimensionen hinaus zusätzliche Dimensionen, die wir zwar nicht wahrnehmen, die bestimmte Energieteilchen jedoch durchdringen könnten. So beschreibt der deutsche Physiker Burkard Heim einen zwölfdimensionalen Raum, der neben den Dimensionen von Zeit, Raum, Energie und Materie nichtörtliche Bereiche, einen Informationsraum und einen noch darüber liegenden Überraum definiert. (Über meine Vorstellungskraft geht das übrigens auch hinaus, keine Bange.)

Es gibt weitere Theorien, die besagen, dass wir alle letztlich verbunden sind in einem Feld von energetischen Schwingungen. Ein Feld, das Informationen enthält über alles Sein der Welt. Ein kollektives Unterbewusstes nannte es C.G. Jung in seiner Theorie der Archetype. Als morphisches oder morphogenetisches Feld bezeichnet es der englische Biologe Rupert Sheldrake. Kennen Sie die Geschichte von den Affen, die zeitgleich auf zwei verschiedenen Inseln damit beginnen, ihre Nahrung zu waschen, ohne jemals die Möglichkeit gehabt zu haben, voneinander abzuschauen? Dies wird gern als Erklärung herangezogen für solche Phänomene – und auch für unsere Telepathie.

Was wir heute für „übersinnlich" oder zumindest rätselhaft halten, wird in ein paar Jahrzehnten von derselben Wissenschaft, die Telepathie heute als Humbug ablehnen mag, erforscht sein. So lange kann es ja nicht dauern – Sie erinnern sich an meine Metapher – einen Löffel für die Suppe zu erfinden, oder?

„Übernatürliches anzunehmen, heißt nicht, sich von der Vernunft zu verabschieden, sondern sie auf neuem Niveau zu etablieren. Es heißt auch nicht, sich von der Wissenschaft zu verabschieden und der Irrationalität und dem Aberglauben anheim zu fallen, sondern neu zu definieren, was Wissenschaft und Religion in einem nichtlokalen, beobachtergeschaffenen Universum bedeuten." (aus: Mathias Bröckers, Das sogenannte Übernatürliche, S. 283)

Es wird Zeit, umzudenken, neue Sichtweisen zuzulassen. Unglaublich viel lernen können wir diesbezüglich von unseren Tieren. Wenn wir denn zuhören und unsere Lehre aus Gesprächen mit ihnen ziehen.

Nach meinen Erfahrungen etwa haben Tiere – manche mehr, manche weniger – anscheinend bewussten Zugang zu diesem kollektiven Gedächtnis der Natur. Sie zapfen unser, teils sogar vergessenes oder unbewusstes, Wissen an. Carola Lind bezeichnet es als „allgemeine Gedankenwolke".

Was in diesem Zusammenhang äußerst spannend ist, sind neurologische Forschungsergebnisse, die ohne es zu wollen, in dieselbe Bresche schlagen: Erinnerung und Gedächtnis lassen sich ihnen zufolge nicht in irgendwelchen Hirnwindungen lokalisieren – sie seien quasi überall und nirgends, schreibt Bröckers in seinem Buch „Das sogenannte Übernatürliche".

Wussten Sie, dass man mit einem Lügendetektor (Polygraph) Ausschläge an Zimmerpflanzen registrieren konnte, auf den bloßen Gedanken hin, sie mit einem brennenden Streichholz zu quälen? Das gelang dem US-Wissenschaftler Cleve Backster. Ist das der Nachweis, dass die Pflanze den Gedanken des Wissenschaftlers las?

In einem Kurs erzählte mir ein Teilnehmer, er habe besten Erfolg mit dem Gedeihen seiner Blumen, wenn er ihnen massiv drohe, sie ansonsten wegzuwerfen. (Wobei ich immer noch glaube: mit Liebe und Lob wachsen sie bestimmt ebenso gut.) Der Lügendetektortest gilt als Parapsychologie – weil er bei Forschern in anderen Labors nicht wiederholbar schien. Die fühlten sich nicht ein, mutmaßte Backster, denn bei ihm klappte es immer wieder.

Doch Empathie, Einfühlungsvermögen, ist (auch noch) kein wissenschaftliches Parameter. Machen Sie Ihr eigenes Experiment, wenn Sie mögen. Kaufen Sie zwei Pflanzen, mit einer sprechen Sie (ob Sie drohen oder lieben, bleibt Ihnen überlassen), mit der anderen nicht. Sie werden ja sehen, ob eine bei sonst identischer Pflege besser wächst.

Die Zeitschrift „Bild der Wissenschaft" berichtete von einem Experiment mit Herzpatienten in San Francisco. Der Arzt Randolph Bird schickte eine Liste mit der Hälfte seiner Patienten an verschiedene Priester und Glaubensvertreter. Zehn Monate lang wurde täglich für diese eine Hälfte gebetet – weder Patient noch Arzt wussten, wen das Los in die Kontrollgruppe und wen in die Gebetgruppe eingeteilt hatte. Das Ergebnis der Studie jedoch war eindeutig. Drei gegenüber sechzehn kamen ohne Antibiotika aus, auf der einen Seite mussten zwölf künstlich beatmet werden, auf der anderen niemand. Sie können dreimal raten, bei welcher Gruppe. (Vgl. Bild der Wissenschaft, Ausgabe Nr. 6/1994)

Vom Quantenphysiker Niels Bohr wird die Anekdote berichtet, er habe ein Hufeisen über seiner Haustür gehabt – obwohl er freilich nicht abergläubisch war, aber *„man sagt, es bringt auch dann Glück, wenn man nicht daran glaubt"*. Also handeln Sie doch einfach Ihren Tieren zuliebe nach der Kantschen Regel: Was du nicht willst, das man dir tu, das füg auch keinem andern zu.

Es gibt Geräte, mit denen man Hirnströme messen kann. Zum Beispiel während wir schlafen, meditieren, uns konzentrieren oder ... telepathisch aktiv sind. Diese elektromagnetischen Wellen in unserem Kopf werden in Alpha, Beta, Delta und Theta unterschieden und haben verschiedene, charakteristische Hertz-Schwingungen. Für Telepathie interessant sind Aktivierungen zwischen vier bis zwölf Hertz, also Alpha und Theta. Dominiert Theta, schlafen wir übrigens ein, und Endorphine werden auch noch ausgeschüttet.

Es gibt mathematische Arbeiten, die in ihrer Konsequenz Einsteins Relativitätstheorie widerlegen, oder noch schlimmer, die „Richtigkeit" von Mathematik oder Physik grundlegend infrage stellen. Und auch mit der Telepathie gibt es ein wissenschaftliches Problem: *„Da sich die Belege häufen, dass Telepathie sich als eine normale Methode biologischer Kommunikation erweist, argumentieren die Vertreter von Vernunft und Wissenschaft immer irrationaler und unwissenschaftlicher, um ihre Behauptung von der Nichtexistenz dieser Phänomene überhaupt noch aufrecht erhalten* *zu können. Sie verteidigen nur noch eine Ideologie und ein Weltbild"*, sagt Rupert Sheldrake.

Lieblingsschubladen tragen Aufschriften wie selektive Wahrnehmung, Gruppenhysterie oder Manipulation. In einer Hörfunksendung über Tiertelepathie und die Irritation der Wissenschaft konfrontierte der Redakteur Hartwig Tegeler einen Vertreter des Freiburger Instituts für Grenzgebiete der Psychologie und Psychohygiene mit dem Feedback eines durchaus glaubwürdigen Katzenbesitzers, für den ich per Foto mit seinem Tier kommuniziert hatte. Er berichtete von Übereinstimmungen, nachweislich richtigen Sachverhalten, die ich – obwohl nie in der Wohnung gewesen – richtig benannt hatte. Diplompsychologe Eberhard Bauer beharrte, dass ein telepathischer Bezug zum Tier unverrückbar Humbug sein müsse, denn: *„Ich weiß nicht, was in einer Katerseele vorgeht. Ein Außenstehender interpretiert das Verhalten eines Tieres. Es handelt sich um Erlebnisberichte und Anekdoten ... Das Erfahrungsmaterial ist unter nicht systematischen Bedingungen gewonnen."*

Die renommierte Kieler Biologin Dr. Dorit Feddersen-Petersen vom Institut für Haustierkunde lässt sich dagegen mutig auf die inhaltliche Diskussion mit dem Journalisten Hartwig Tegeler ein. Sie wisse von Menschen, die sehr genau beobachten können und einiges aus dem Ausdrucksverhalten eines Tieres schließen können. Dann hört sie sich das Statement des Katzenbesitzers an. Ihr Kommentar: *„Es gibt immer wieder Grenzfälle, die wir nicht erklären können. ... man könnte jetzt Wege beschreiten, vor denen ich Angst habe, schlicht und einfach. Weil ich überhaupt nicht weiß, wohin ich mich bewege, also nicht nur hypothetisch, sondern spekulativ. Auf der anderen Seite finde ich es interessant, wenn ich so etwas höre. Ich frage mich, woran hat sie das festgemacht. Sie war nie da. Spricht von einem bevorzugten Tier mit einer bestimmten Farbe, das man also auch individuell ausmachen kann, von einer Pflanze, die stört, also von Sachverhalten* *aus dem Leben des Tieres. Und ich überlege jetzt, ob über dieses sehr, sehr feine Ausdrucksverhalten jemand so etwas festmachen kann, und ich muss sagen nein, es ist unmöglich. Er kann etwas über die Befindlichkeit aussagen und vielleicht auch etwas sehr Differenziertes, aber keine Sachverhalte. Ich habe dazu keine Erklärungsmöglichkeit. "*

Hut ab für diese Aussage, wo selbst Parapsychologen Tatsachenübereinstimmungen in der Tiertelepathie als Zufälle abtun. Das wiederum beweisen können sie auch nicht. Also auch nur eine Hypothese – wenn auch eine „im weißen Kittel". Und das sieht ja immerhin schick aus und Wissenschaftlern glaubt (sic!) man vielleicht eher als Tierbesitzern? Ich schmunzele.

Der bereits zitierte Biologe Rupert Sheldrake ist für seine Abhandlungen schon als Ketzer verschrien und in England für eine neue Bücherverbrennung vorgeschlagen worden. Er hat nach seinen wissenschaftlichen Bestsellern „Das schöpferische Universum" (1983) und „Das Gedächtnis der Natur" (1990) in empirischer Feldforschung zahlreiche „übersinnliche Phänomene" von Tieren und ihren Haltern gesammelt und untersucht. Es erschienen seine Bücher „Sieben Experimente, die die Welt verändern können", (1994) und „Der siebte Sinn der Tiere" (1999). Sheldrake sagt: *„Wenn man fragt: Ist Telepathie ungewöhnlich, seltsam, eigenartig? Dann antworte ich Nein. Nein, weil fünfzig Prozent aller Tierhalter glauben, dass ihre Tiere in einem telepathischen Kontakt mit ihnen stehen. So gesehen sind diese Dinge ganz normal und gewöhnlich. Menschen, die eindeutig nicht verrückt sind, erleben sie. Wie auch immer, aus der Sicht konventioneller Wissenschaft allerdings ist all dies paranormal, weil es nicht erklärt werden kann im Rahmen unserer herrschenden Theorien von Physik und Chemie. "* Sheldrake berichtet von Tieren, die wissen, wann ihre Halter nach Hause kommen, die trösten, heilen, den Tod ihres Herrchens in einem anderen Land spüren, die Absichten aufschnappen und auf telepathische Rufe reagieren. Biologisches Fundament dafür sind für ihn die bereits erwähnten morphischen Felder. Durch sie können Halter und Tier in Verbindung bleiben und *„telepathisch kommunizieren, selbst wenn sie weit voneinander entfernt sind"*. (Rupert Sheldrake, Der siebte Sinn der Tiere, Ullstein Verlag München 1999, S.183)

Max und Angela

„Fühle mich ein bisschen allein und traurig. Aber das kann auch daher kommen, dass so wenig Licht ist. Mir liegt das Frühjahr mehr, wenn es auf den Sommer zugeht, fühle ich mich wohl. Wärme ist schön auf meiner Haut und für die Knochen. Meine Hüfte ist schief und ich habe Rückenschmerzen, ziehen bis zum Hals hoch. Mag mich nicht biegen. Aber Hüfte ist am schlimmsten. Und die Zähne tun auch weh. Mir fehlt ein Spurenelement/Mineral. Mehr Magnesium (!), Selen und Zink tun auch Not. Nicht so viel Eiweiß. Es macht mich traurig, dass ich missverstanden werde. Bin eifersüchtig auf die anderen, die sind glücklicher als ich. Hadere mit meinem Schicksal, unzufrieden mit mir selbst. Bin stieselig, weiß es auch. Mir fehlt ein echter Freund. Da war ein Esel, hat mir gut gefallen. Fühle mich älter, als ich geschätzt werde. Die Kälte nervt. Zehrt. Möchte leckereres Futter haben. Das Wasser friert manchmal ein. Dann stehen wir und warten. Dauert manchmal. Sonst ist die Anlage sehr schön hier. Die blonde Frau ist sehr nett. Und ich mag die Mutter. Manchmal pfuschen die Menschen in unsere Rangordnung, ohne es zu merken, auch das macht mich aggressiv. Muss dann doppelt kämpfen um meinen Stand. Aber meist ist es Eifersucht und Neid. Und Unzufriedenheit. Komme mit mir selbst nicht gut klar im Moment. Vielleicht, wenn der Schmerz weg ist. Möchte mehr Abwechslung. Ich weiß, dass ich es Frauchen schwerer mache als sonst, auch beim Reiten. Können wir nicht mal was Neues ausprobieren? Eine Aufgabe, die mich fordert. Will lernen und mich kon-

zentrieren. *Nicht zu viel auf einmal natürlich, aber so, dass ich voll bei der Sache sein muss. Geschicklichkeitssachen zum Beispiel. Und Vertrauensübungen. Darin sind wir eigentlich gut. Manchmal bin ich nur zu büffelig. Es tut mir Leid, wenn ich es Frauchen schwer mache. Ich habe sie sehr lieb, aber ich bin im Moment nicht gut ansprechbar. Von früher her kommen Dinge hoch. Vertrauen zum Menschen allgemein ist eingeschränkt. Bin kein Schmuser mehr. Habe schon schlechte Erfahrungen hinter mir, Dinge erlebt und gesehen, die mich sauer gemacht haben. Aber ich bin klug und gelehrig und möchte den Spaß am Leben wieder finden. Frauchen muss die Balance finden, sich durchzusetzen, aber einfühlsam zu bleiben. Meine Launen zu tolerieren, wo es einfach keinen Sinn hat. Wir können nicht beide mit dem Kopf durch die Wand. Sie soll mich nur lieb haben, dann wird schon alles wieder gut. Versteht mich denn keiner? Ich brauche Hilfe. Ich bin doch nicht böse. Ich kann im Moment nur einfach nicht mehr, nicht aus meiner Haut. Bin genervt. Überdrüssig. Das waren Kleinigkeiten, die sich summiert haben, Frauchens Wankelmütigkeit in Situationen, falsche Entscheidungen. Sie weiß schon, wenn sie nachdenkt. Hat ein paar Mal unüberlegt gehandelt, nicht nachgedacht, Versprechen nicht gehalten, enttäuschte Erwartungen.* (Er druckst herum, drückt sich leider nicht klarer aus, als ob er selbst überlegen müsste, wie es anfing – wenn ich nachfrage, kriege ich höchstens so ein unbestimmtes „hmmm, kommt ungefähr hin" – Gefühl ... Da war was mit Menschen und anderen Pferden, eine Situation, wo er geführt wurde, sich erschreckt hat ... aber kein richtiges Schlüsselerlebnis, mehr die Summe von kleineren Dingen, bis „das Fass voll war", sozusagen ...) *Unkonzentriertheit, Stress und nicht bei mir gewesen. Pflichterfüllung, aber halbherzig, so kam es mir vor. Fühlte mich zeitweise nicht geliebt, meine Liebe wurde nicht angenommen, nicht gesehen, wurde missverstanden, auch in meinen Krankheiten und Sorgen und Nöten. Sie soll mehr auf mich hören, auf das achten, was ich sage und möchte und brauche – und weni-*

ger auf die anderen Menschen. Ihr Bauch ist das Entscheidende. Sie soll zu uns stehen. Wankelmütigkeit. Mir fehlt Klarheit. Eine gemeinsame Linie. Aber es ist keine Frage von Schuld. Ich habe Erfahrungen von früher, die mich so aufhorchen lassen, bei Kleinigkeiten schon hochschnellen. Menschen sind nicht einfach, Pferde auch nicht. Jeder hat seine Vergangenheit voller Erfahrungen. Eine Summe von Kompromissen. Ich bin auch als Lehrer zu ihr gekommen, damit wir beide reifen können aneinander. Es ist eine große Chance. Vielleicht bin ich auch wütend aus Angst, dass wir sie nicht gebührend nützen können, aus Unachtsamkeit, oder weil die Umstände so sind. Wir sollten sie ändern, die Umstände. Ich bin bereit. Liebe sie sehr. Aber sie soll mich auch ihren guten Willen deutlich spüren lassen. Ich bin sehr angenehm angetan davon, dass sie weiß, dass wir ein Problem haben. Ich hatte schon daran gezweifelt. Das gibt mir neuen Mut und Hoffnung. Wir werden das schaffen. Ich weiß es, denn ich spüre ja auch ihre Zuneigung jeden Tag. Ich will gern versöhnlich sein. Es ist nicht so sehr ein Problem zwischen uns beiden allein. Mein Lieblingsfutter ist schmatzend. Gern weichen, warmen Brei (Mash?), viel Früchte und Rüben. Gute Qualität, sauber und keine Schimmelstellen, Futter soll nicht stauben. Gutes Heu, lieber noch duftende Silage und frisches Gras natürlich. Am liebsten fresse ich frisches Gras, auf dem noch der Tau sitzt. Und Obst. Bananen. Viele Bananen mag ich gern. Ich möchte gern mit ihr allein spazieren gehen, dass sie ganz bei mir ist. Das wäre eine gute Basis."

Max (Brandenburger-Haflinger-Mix, 8 Jahre)

„Wir wohnen in Stechendorf und der Max steht in Treppendorf, das liegt zwischen Bayreuth und Bamberg in der Fränkischen Schweiz. Ich war echt total erschrocken, als ich das Protokoll gelesen habe, insgeheim habe ich gehofft, es würde besser um uns stehen. Mir war klar, dass es Probleme zwischen uns gibt, und ich wollte endlich wissen welche, damit ich etwas verbessern kann.

Es stimmt, Max ist seit einigen Jahren ein sehr trauriges Pferd, deswegen warst du auch meine letzte Hoffnung um zu erfahren, was
mit ihm los ist. Und ich weiß, er hasst den Winter und liebt den
Frühling, da benimmt er sich immer wie ein kleiner Jährling. Ich
hatte vier Wochen vorher eine Osteopathin und einen speziellen
Pferdezahnarzt bei uns im Stall. Alles, was du an Beschwerden aus
ihm rauslocken konntest, wurde behoben. Seine Zähne waren mehr
als überfällig, die Hüfte wurde eingerenkt, der ganze Rücken bis
zum Hals musste Wirbel für Wirbel wieder eingerenkt werden. Ich
habe in den Jahren vor meiner Schwangerschaft immer peinlichst
darauf geachtet, dass es Max an nichts fehlt, gerade im Winter. Seit
der Schwangerschaft habe ich leider aus Überforderung alles sehr
schleifen lasse, auch das Zufüttern von Zusatzstoffen und seinem
warmen Brei. Ich kann mir also vorstellen, dass es ihm mehr als
gefehlt hat. Einen echten Freund hatte er noch nie, weil wir so oft
umgezogen sind und er eigentlich nie die richtige Möglichkeit hatte,
sich fester zu binden. Leider.
Mein Mann und ich haben lange überlegt, ob in einem der neun
Ställe ein Esel war, und uns ist ein Eselpärchen eingefallen. Mutter
und Sohn, aber mir war nie bewusst, dass er den toll fand. Er hat
zwar immer anders reagiert, wenn er den Esel gesehen hat, aber ich
dachte, dass es vielleicht am Gebrüll lag.
Vor meiner Schwangerschaft war ich jeden Tag mindestens drei
Stunden im Stall, bin geritten, habe Bodenarbeit mit ihm gemacht
oder wir waren so unterwegs. Seit mein Sohn geboren war, habe ich
fast gar nichts mehr mit ihm gemacht. Das muss ihn ganz schön
frustriert haben.
Was ich die letzten drei Jahre von ihm geflogen bin, echt unglaublich. Ich bin ihn ohne Sattel und nur mit Halfter eingeritten und
das anderthalb Jahre lang. Da ist nie was passiert. Wir sind durch
die Wälder gejoggt und er lief frei neben uns her. Wir haben viel frei
gearbeitet und viele Geschicklichkeitsübungen gemacht. Wenn ich
heute merke, ich bin mies drauf, dann mache ich nichts mit Max,

Bäume und das Meer sind ideale Partner für Ruhe und Erdung. Seine Gedanken auf die Reise nach Innen schicken, zu sich selbst finden, auftanken kann man aber natürlich überall und jederzeit. Den Kopf freizubekommen ist eine Voraussetzung für die mentale Kommunikation mit Tieren.

Auch Tiere verschiedener Arten kommunizieren nicht nur körpersprachlich sondern auch telepathisch miteinander. Telepathie ist eine
universelle Sprache.

Das Beste was es gibt: Mit Pferden sein zu dürfen.

weil ich aus der Erfahrung heraus weiß, es schaukelt sich in irgend-
einer blöden Situation hoch, und das will ich nicht mehr. An solchen
Tagen fahre ich nur hin und sage Hallo. Wenn er mies drauf ist,
mache ich auch nichts, ich kann und will ihn nicht zwingen. Leider
sind wir beide Typen, die mit dem Kopf durch die Wand wollen.
Diese Situation, wo er geführt wurde und sich erschreckt hat – voll
krass, dass er dir davon erzählt. Wir haben vor vier Jahren einen
Wanderritt gemacht. Auf dem Weg nach Hause hat sich Max echt
schlimm benommen, wenn er an fremden Pferden vorbei musste, ist
piaffiert etc. Ich hatte ja keinen Sattel mit und bin zwischendurch
immer mal gelaufen. Ich weiß nicht, was wirklich passiert ist, auf
jeden Fall war da ein Ruck im Zügel und er stand in einem Feld und
hat dann angefangen zu fressen. Ich habe die Zügel genommen und
ihm die an den Hals gehauen, die Schnalle ist über seinen Hals und
genau ins Auge. Ab da war alles vorbei. Er war nur noch am tän-
zeln, wiehern und steigen, ich super fertig, und hatte echt Probleme,
uns heile nach Hause zu bekommen. Er wird tierische Schmerzen
gehabt haben, als wir ankamen, brauchten wir erst einmal einen
Tierarzt. Ich habe mich damals so geschämt.

Er liebt schon immer Karotten und vor allem rote Beete. Silage hat
er allerdings noch nie bekommen, wie er darauf kommt, weiß ich
nicht. Und dass er auf die Bananen abfährt, wusste ich schon vorher, aber ich fand es gut, dass er es erzählt hat. Ich weiß, du denkst
wahrscheinlich, die spinnt, die schreibt hier Romane. Aber es gibt
noch einiges zu erzählen. Mein Mann glaubt ja gar nicht an das,
was du machst, auch wenn es fast alles zutrifft, was Max dir erzählt
hat. Mein Mann hat versucht, mich auf den angeblichen Boden der
Tatsachen zurückzuholen und mir versucht weiszumachen, dass
ich mich da auf einen Quatsch eingelassen habe.

Als ich am nächsten Tag in den Stall gegangen bin (einen Tag nach
Erhalt des Protokolls), es regnete in Strömen, habe ich einen langen
Spaziergang mit Max gemacht und ihm danach warmes Futter
gegeben. Er hat mich zwischendurch immer mal angesehen mit

mindestens tausend Fragezeichen im Gesicht. Ich habe es genossen,
denn ich habe gemerkt, dass er weiß, dass ich es weiß und etwas
ändern werde.
Jeden Tag fahre ich jetzt wieder in den Stall, mal machen wir was,
mal auch nicht. Er bekommt weiterhin das zu fressen, was er mag.
Und ich bin seitdem nicht mehr runtergefallen, weil er auch gar
nicht versucht hat, mich loszuwerden. Immer wenn ich merke, wir
kommen an ein Problem, das kann eine einfache Weggabelung sein,
dann quatsche ich ihn voll und sage, was ich denke und meistens
geht es dann auch weiter. Und wenn es nichts bringt, weil er sich da
in eine Sache verrennt, dann gehe ich mit ihm nach Hause und ver-
suche es am nächsten Tag noch einmal, aber etwas anders. Viele liebe
Grüße aus Bayern."

Angela Doerre

Die Bedeutung des Mitfühlens – Empathie als Schlüssel

Das A und O einer funktionierenden Telepathie ist die emotionale Bindung zwischen Tier und Halter. Wie soll sich da nun
ein Dritter telepathisch einklinken können, als Mittler oder
Dolmetscher? Neben dem Können steht und fällt das Ergebnis
mit dem ehrlichen Interesse des Dolmetschers, seinem Ein-
fühlungswunsch – wir hatten das schon beim Backstereffekt
gesehen (das war die Geschichte mit dem Lügendetektor) –
und scheitert zwangsläufig an Profitgier.
Carola Lind hat eine ebenso einfache wie plausible Erklärung,
warum es geht: *„Weil sich das Tier danach sehnt, sich mitteilen zu*
dürfen. Seinen Gefühlen Ausdruck zu verleihen, seinen Gedanken,
seinen Ideen. Und da der Besitzer selbst die Signale des Tieres nicht
dolmetschen kann, funktioniere ich ausgezeichnet als Kanal, ich bin
nicht persönlich emotional eingebunden. Ich werde der Kanal des
Eigentümers zum Tier und umgekehrt. Es ist mir nur ein einziges
Mal passiert, dass ein Pferd nicht daran interessiert war, zu kom-
munizieren. Da entstand nur totale Dunkelheit und absolute Stille."

Interessanterweise fällt es den meisten Tierdolmetschern, die ich kennen gelernt habe, selbst den meisten Anfängern, sogar leichter, mit fremden als mit eigenen Tieren zu kommunizieren: Weil sie sich da nicht durch Hoffnungen oder Befürchtungen, durch Vorwissen oder schlichte Angst selbst blockieren – eben wegen jener emotionalen Bindung! Wohlgemerkt: Wir reden hier von einer vom Menschen angestrebten Kommunikation. Wenn mir ein Pferd etwas mitteilen möchte, in einer Notsituation etwa, klinkt es sich ohne Schwierigkeit einfach ein, wenn wir uns zuvor kennen gelernt haben.

Da heißt: Natürlich kann ich mit meinen Tieren ebenso gut kommunizieren, wahrscheinlich sogar wesentlich besser als mit fremden. Aber ich tue mich schwerer, wenn es von meiner kopflastigen Seite her „um die Wurst" geht. Da sind meine Synapsen anderweitig blockiert und ich komme nicht in die entsprechenden „entspannten" Hertzbereiche, die notwendig sind, um zweifelsfrei von außen empfangen zu können.

Es ist mir in einer Fernkommunikation einmal passiert, dass sich ungebeten ein anderes Pony eingeschaltet hat: Für alle Beteiligten eine beeindruckende Erfahrung, die Sie auf Seite 83 (Bärbels Belina) nachlesen können. Auch das gehört mit zur Physik der Telepathie. Stellen wir uns das morphische Feld, in dem sich das Pony, mit dem ich sprechen möchte, und seine „Leute" befinden, wie einen See vor. Wenn ich eine Kommunikation beginne, berühre ich – bildlich gesehen – das Wasser, um Kanal zu werden. Das Eintauchen schlägt Wellen, die erreichen das Pony. Da Wellen aber die Tendenz haben, Kreise zu ziehen, kommen sie auch bei jemand anders an, der sich in diesem See befindet. Das kann jemand sein, an den ich gerade denke, oder der gerade an mich denkt. Zum Beispiel dieses andere Pony, das ebenfalls etwas Dringendes auf dem Herzen hatte.

In der Kommunikation mit einem fremden Tier bin ich berührt, obwohl ich nicht persönlich betroffen bin. Genau das umgekehrte Phänomen scheint mir, nebenbei bemerkt, des Rätsels Lösung für die Blockaden mancher Menschen zu sein, die so übermotiviert gern mit Tieren kommunizieren möchten, es aber „einfach nicht schaffen": Da sind zu große Erwartungshaltungen im Spiel, Stress, der den entsprechenden Hirnwellenbereich nicht erreichen lässt – oder die unterbewusste Befürchtung, dem Ganzen emotional nicht gewachsen zu sein. Es gilt also, den Königsweg der Gelassenheit zu finden. Daher müssen auch zwangsläufig Vorführexperimente z.B. im Fernsehen zum Scheitern verurteilt sein. Welcher halbwegs normale Mensch ist wirklich entspannt bis in den Alpha/Thetabereich hinein, wenn Scheinwerferlicht auf ihn gerichtet ist und er weiß, dass ihn Hunderttausende Menschen beobachten? Ich jedenfalls nicht, für andere kann ich nicht sprechen. Ich war während meiner Recherchen für unser erstes Buch über Monate so aufgeregt, wenn Carola mich in ihren Kursen vorstellte, dass ich in der Folge nicht einmal mehr bei den einfachsten telepathischen Übungen die übermittelte Farbe empfangen könnte. Immerhin, wir hatten viel Spaß, wenn Carola fragte, mein wievielter Anfängerkurs das war. Im anschließenden Gelächter löste sich für manch anderen Teilnehmer die Anspannung, so dass es daraufhin insgesamt höhere Trefferquoten gab. Ziel erreicht. Wer sagt denn, dass der gerade Weg der beste ist?

Im traditionellen, streng wissenschaftlichen Sinn muss ein Experiment reproduzierbar sein. Zum Nachweis der Telepathie besteht man etwa auf eine absolute Abschirmung zwischen Sender und Empfänger, das heißt, die beiden dürfen sich während des Experiments keinesfalls im selben Raum befinden, besser noch nicht einmal im selben Gebäude, so dass gewährleistet wird, dass sie einander nicht sehen oder hören können. Im Bereich der Kommunikation mit Tieren würde hier also allenfalls die Distanzkommunikation wissenschaftlich als „Telepathie" gewertet – wenn man sich denn überhaupt inhaltlich einlassen würde.

Das heißt nun nicht, dass beispielsweise unsere Anfänger-übungen (Sender schickt Empfänger eine Farbe, einen Baum, ein Auto etc.) keine Telepathie wären. Es heißt nur, dass sie nicht als solche wissenschaftlich beweisbar sind. (Das ist, als ob Sie in der Bank Zugang zu Ihrem Konto wollen und keinen Personalausweis dabei haben. Natürlich sind Sie die Person, die Sie sind, und der Schalterbeamte hat Sie vielleicht schon ein Dutzend Mal gesehen – aber Sie können Ihre Identität trotzdem nicht beweisen. Blöd, oder?)

Leider sind selbst die Popstars unter den Quantenphysikern, diejenigen also, die sich mit revolutionären Thesen durchsetzten, ohne für schwachsinnig gehalten zu werden, gerade deswegen sehr auf ihr Gleichgewicht auf jenem dünnen Grat der wissenschaftlichen Akzeptanz und Glaubwürdigkeit bedacht, dass sie sich höchst ungern auf Diskussionen einlassen, die in eine andere Richtung gehen, nämlich die der Erklärbarkeit und Glaubwürdigkeit. (Lieber Bankkaufmann, mein Freund hier neben mir kennt mich seit der Sandkastenzeit und kann Ihnen bestätigen, dass ich „Telepathie" heiße!)

Wann immer ein Wissenschaftler mit seinen Messmethoden nicht weiterkommt, definiert er etwas als nicht nachweisbar. Dass es darum nicht existent ist, wäre ein unzulässiger Umkehrschluss.

Nichtsdestotrotz möchte ich Skeptikern Recht geben, wenn sie sagen, dass in Kurssituationen – und auch nach eigenem „Wollen" vieles schönredbar ist. Dass man einen Teil der scheinbaren Ergebnisse unserer Gedankenexperimente als Wahrscheinlichkeit, puren Zufall, Projektion, Annahme mit dem Hintergrund von Fachwissen, psychologische Einschätzung und Interpretierbarkeit etc. widerlegen oder zumindest begründen könnte.

Auf einen Teil der Ergebnisse mag das – je nach Kursdynamik und Wunschdenken des Einzelnen – sicher zutreffen. Darum ist es mir gerade wichtig, dass in meinen Kursen ein direktes Feedback vom Besitzer des Tieres gegeben werden kann, nachdem die anderen Teilnehmer per Foto eine Kommunikation über Distanz versucht haben. Das heißt, es wird grundsätzlich mit fremden Tieren und möglichst auch fremden Menschen gearbeitet, um eigenes Hintergrundwissen und Vermutungen auszuschließen. Ich gehe in den Kursen manchmal sogar noch einen Schritt weiter, ich nehme die Fotos so entgegen, das niemand der übrigen weiß, um wessen Tier es sich handelt.

Die „Fundis" unter den Wissenschaftlern mögen über uns „esoterische Spinner" lächeln oder uns auslachen. Die Ergebnisse unserer Arbeit, solche „Fakten-Phänomene", können sie damit nicht widerlegen. Schlussendlich glaube ich eher, dass niemand von uns die absolute Wahrheit kennt. Wir nähern uns ihr von unterschiedlichen Seiten und Dimensionen an: Was letztlich einzig und allein zählt, ist aber doch, dass ich durch meine Arbeit helfen kann: Der Kreatur Pferd, Hund, Katze, Maus. Unzähligen Geschöpfen, deren Besitzer mich um Rat gebeten haben, weil sie mit dem Tierarzt oder Physiotherapeuten allein nicht weiterkamen, geht es jetzt besser. Teils sind körperliche oder psychische Beschwerden verschwunden, weil man durch die Gespräche eine unerwartete Ursache fand, teils hat ein Protokoll oder Kursbesuch beim Besitzer ein genaueres, verständnisvolleres und einfühlsameres Hinsehen und Hinhören nach den Bedürfnissen seines Tieres ausgelöst oder verstärkt und dies führte in der Folge zu Änderungen in der eigenen Wahrnehmung, den Haltungsbedingungen, der Beziehung zweier Wesen im täglichen Miteinander.

Das allein zählt: Ich arbeite mit allen Sinnen zum Wohl der Tiere. Ich möchte Ihre Wahrnehmung schärfen, lieber Leser.

Schauen Sie hin, mit allen sechs Sinnen, und handeln Sie entsprechend: gewissenhaft und eigenverantwortlich! Mit Verstand und Kopf und Bauch und trainierter Intuition, mit Wissen und Erfahrung.

Was wir aus der Physik lernen: Vorsicht Falle!
(Übersetzungsungenauigkeiten und Zeitsprünge)

„Wie bei vielem anderen dolmetschen wir Menschen unsere Tiere davon ausgehend, wie wir selbst denken. Vor allem, wenn es um Zeit und die Auffassung davon geht, glauben wir oft, dass Tiere genauso denken, vor allem, weil unsere Hunde genauso erzählen wie wir, und im Namen der Wahrheit – so ist es, aber wir sind die Ursache dafür, und das, worauf wir unseren Fokus haben.

Wenn ich von zuhause weggehe und meinem Hund sage, dass ich nur ganz kurz weg bin, höchstens zehn Minuten und gleich wieder da bin, glaubt der Hund daran, du fühlst, dass es nur eine kurze Weile ist – weil du dir vorgestellt hast, dass es schnell geht. Auch wenn du den Hund vier Stunden lang allein lässt, liegt die Vorstellung weiter bei einer kleinen Weile, du wirst ja „gleich wieder da sein“.

Wenn der Hund höchstens zehn Minuten allein bleiben soll, während du schnell einkaufen gehst, und dir der arme Hund Leid tut und du ihm zum Abschied sagst: „Du Armer, jetzt musst du so lang allein sein“... und wenn du dich richtig hineinversetzt, wie lang sich das für den Hund anfühlen muss, dann wird es für ihn zur Qual, soo lang allein zu sein. Wir projizieren alle unsere Gedanken auf unsere Tiere und schaffen die Lebensumstände, die sie haben und in denen sie sich dann befinden.

Tiere leben nicht nach der Uhr, sie haben keine Zeiten, sie haben Zyklen, sie leben nach dem Rhythmus der Natur, an den wir Menschen uns wieder zu erinnern und zu leben anfangen sollten, bevor wir das Leben aus uns heraus stressen. Sie spüren die Abschnitte des Tages, sie spüren ihren Hunger, was sie brauchen, ihren eigenen Rhythmus.

Zeit ist etwas, das wir Menschen geschaffen haben, um unser Leben schematisieren und organisieren zu können. Zeit gibt es eigentlich nicht, Zeit ist eine Einteilung, ein Muster, eine Art zu leben, nichts, was etwas mit Natur zu tun hat. "

Carolas Erklärung zum Zeitbegriff von Tieren macht deutlich, dass gerade ungeübten Tierdolmetschern hier Tür und Tor für Übersetzungsungenauigkeiten oder gar Missverständnisse weit offen stehen. Unverständnis oder Verwunderung lösen beim Besitzer und Leser eines Gedankenprotokolls zum Beispiel auch Zeitsprünge aus. Man kann gar nicht genug betonen, dass Pferde (und andere Tiere) bei ihren Erzählungen mitunter sogar gehörig in den Zeiten hin- und herspringen. Die Erklärung dafür liegt auf der Hand. Man stelle sich einen Eremiten vor, einen Schiffbrüchigen von mir aus, irgendjemanden, der zwanzig Jahre lang schweigen musste und jetzt plötzlich und unerwartet einen Zuhörer gefunden hat. Er wird sich anfangs vielleicht zieren, oder es wird gleich sprudeln. Was er dann erzählt, wird ihm unendlich wichtig sein. Aber nicht unbedingt – in Menschenmaßstäben – siehe Carolas Ausführung oben! – chronologisch geordnet.

Und: *Ihm, dem Tier,* wird es wichtig sein, d.h. die Wichtigkeit ist natürlich keine objektive, sondern entsteht aus *seiner* Wahrnehmung der Dinge heraus. Es wird Dinge und Vorfälle erzählen, die aus seiner Sicht, aus seiner Perspektive heraus erwähnenswert sind. So bekommt vielleicht eine ausgebliebene Mohrrübenration einen ungleich dramatischeren Anstrich als eine verpatzte Springprüfung. Merke: Pferde denken nicht in menschlichen Maßstäben und Zeit ist einer davon!

Zeit ist für die Tierkommunikation ein Kriterium mit verschiedenen spannenden Facetten.

Denn so etwas wie Zeit gibt es nicht! Wer sich für dieses scheinbare Paradoxon interessiert, dem lege ich die Lektüre der „Gespräche mit Gott" von Neale Donald Walsch nahe, und hier vor allem den dritten Band, in dem es einige sehr schöne Passagen über den sechsten Sinn gibt, die ich so komplett unterschreiben würde. Drei Regeln in Bezug auf mediale Kräfte, wie wir sie alle haben, könnte ich nicht besser zusammenfassen:

1. Jeder Gedanke ist Energie.
2. Alle Dinge sind in Bewegung.
3. Alle Zeit ist jetzt.

Tierbesitzern rate ich, zwischen den Zeilen eines Protokolls zu lesen und ein bisschen mit den Zeitbegriffen „zu spielen". Manchmal stellt sich ein bis ins Detail beschriebener Stall (*„So einen haben wir nicht, bei uns sieht es ganz anders aus."*) als der des Vorbesitzers heraus (*„Warten Sie mal, mir fällt da was ein. Beim Züchter sah es so aus, wie er es beschreibt!"*). Manchmal wird ein Sattel erwähnt, der nicht passt und Rückenschmerzen macht. (*„Aber den haben wir doch schon vor drei Monaten ausgetauscht!"* Und haben Sie im Anschluss die Rückenschmerzen behandeln lassen? *„Nein, wir dachten, damit wäre es gut."* Aha, war es offenbar noch nicht – Der Sattel war traumatisch und der Schmerz noch präsent – also beides erwähnenswert.) Manchmal tauchen einfach Dinge auf, die Besitzern nicht so bewusst oder tatsächlich unbekannt sind. Nicht nur aus der Vergangenheit des Tieres, sondern auch in der Gegenwart. Wer ist schon rund um die Uhr bei seinem Pferd im Stall? (*„Stellen Sie sich vor, da gibt es doch eine rotweiße Katze, die oft bei meinem Pferd in der Box ist. Die Kinder haben sie beobachtet und dann hat mir der Stallbursche bestätigt, dass sie regelmäßig kommt."*)

Einmal hatte ich ein – zugegeben – leichtes Gänsehauterlebnis, in dem uns ein Jährling exakt die Situation seines drei Wochen später notwendig gewordenen Einschläferns beschrieben hat.

Und manchmal rutscht man innerhalb einer Kommunikation komplett durch das Maschennetz des Zeit-Raum-Kontinuums, wie bei dem Hannoveranerwallach Ecu:

Ecus Besitzerin schickte mir ein Foto ihres Pferdes, das bei Tempo sechzig auf der Autobahn aus dem Anhänger gestürzt war. Die Frage lautete fürs erste schlicht: War mein Kommen in die Tierärztliche Hochschule erforderlich oder „genügte" eine Distanzkommunikation per Foto. Wie mir später berichtet wurde, waren zu diesem Zeitpunkt alle Beteiligten davon überzeugt, dass Ecu wie durch ein Wunder alles fabelhaft überstanden hatte und sich auf dem Weg der Genesung befand.

Christine Erdsiek erinnert sich: *„Der Unfall, bei dem sich Ecu maßgeblich verletzte, war der Anlass, Deine Hilfe in Anspruch zu nehmen. Herauszufinden, was das Pferd veranlasst hat, sich bei voller Fahrt loszureißen und die Hängerklappe aufzudrücken. Du bekamst Fotos von Ecu aus der Klinik und sahst dich durch „schreckliche Bilder" wie Du sagtest, veranlasst, das Pferd selbst zu besuchen."*

Als ich die Fotodatei öffnete, wurde mir blitzartig schwindelig, speiübel, ich fühlte mich „sterbenselend" und nicht mehr Herrin meiner Beine und meines Gleichgewichts. Dabei sah mir auf dem Bild ein tapferes Pferd entgegen, das zwar wegen diverser kleinerer und größerer Schürfwunden verbunden war, aber hellwach in die Kamera schaute. Wir vereinbarten einen blitzartigen Termin – und ich stand wenige Stunden später einem tatsächlich erstaunlich „gesunden" Ecu gegenüber, der nicht einmal Rescuetropfen benötigte. Des Rätsels Lösung: *„Nach Rücksprache mit mir mussten wir feststellen, dass der Zeitpunkt der Fragen an das Pferd auf den Zeitpunkt des Ziehens der Fäden fiel und so die schmerzhaften Bilder entstanden sind."* Genau in dem Moment, als ich das Foto ansah, wurden, wie wir im Anschluss nachrechneten, bei Ecu die Fäden gezogen. Unter Sedierung. Das Pferd war halb betäubt und fühlte sich entsprechend miserabel!

„Beeindruckend für mich bei dem folgenden Zwie- oder Tri-Gespräch vor Ort war Folgendes: Deine Frage, ob er Motorräder nicht leiden könnte. Mir war keine besondere Aversion bekannt, zumal

der Reitplatz an einer viel befahrenen Bundesstraße liegt. Aber ein Motorradfahrer fuhr bei dem Unfall als erstes Fahrzeug hinter uns und hatte mir geholfen, Ecu einzufangen. Dieses konntest Du nicht wissen. Dann tauchte bei mir die Frage auf: Was kann ich ihm Gutes tun (besonders bezogen auf sein regelmäßiges Abhusten beim Reiten). Parallel dazu bekamst Du ein Bild von Salbei, sodass für mich der Eindruck entstand, das Pferd hat meine noch nicht laut gestellte Frage beantwortet. Eine andere Aussage von dem Pferd fällt mir noch ein, die auch meine Wahrnehmung spiegelt. Im Moment unseres Eintreffens im Stall wurde dort gerade eingestreut. Ecu berichtete von den netten Leuten in der Klinik mit Ausnahme eines Mannes, den er nicht mochte. Dieser war der Einstreuende, den auch ich für etwas grob, ungehobelt und merkwürdig empfand. Selbst wenn ich es auch nicht gelernt habe, mit den Pferden zu spre- chen', so hat mich diese Erfahrung bestätigt im Umgang mit mei- nen Wahrnehmungen, diese ernst zu nehmen und auch danach zu handeln. Vielen Dank dafür."

.Christine Erdsiek, Hannover.

Neben dem „Zeitproblem" ist Ecu auch ein Paradebeispiel für die von uns grundverschiedene Sichtweise auf einige andere Wertmaßstäbe im weitesten Sinne. Nicht der Schmerz, die Nar- ben, der Unfall standen für ihn im Mittelpunkt des Interesses, sondern Salbei und ein komischer Kauz als Stallbursche.

Ich werde ab und zu gebeten, meine tierischen Klienten nach ihrer Herkunft, ihrem tatsächlichen Alter, ihrer Rasse etc. zu befragen. Die Antworten darauf bleibe ich Ihnen, lieber Leser, jetzt scheinbar schuldig, denn Sie ahnen es vielleicht schon: Sicher, es gibt einige Pferde, die aufgrund des Stellenwertes, den ihnen Menschen meist leistungsbedingt (und damit geld- wertig) verpassen, und der ihnen von klein auf eingeimpft wird, über derlei Dinge auf dem Laufenden sind. Verkaufs- pferde auf Auktionen zum Beispiel. Sie haben ihr Alter einfach oft genug gehört, um dieses Wissen weitergeben zu können. Manche Tiere haben Leistung, Prestige und Ehrgeiz sogar fast menschlich verinnerlicht. Sie haben vielleicht nie kennen lernen dürfen, dass es auch ein Gerittenwerden ohne Schmerz, rein zur Freude und Entspannung gibt, dass es andere Lebensformen gibt als neun Quadratmeter Box für dreiundzwanzig Stunden am Tag und eine Stunde in der Halle oder auf dem Viereck, und dass man Gras in frischem Zustand, direkt auf einer herrlichen, zu Bocksprüngen und Wälzen einladenden Wiese fressen kann. Diese Pferde wissen ihr Alter, ihre Abstammung und ihren Wert für die Menschen meist sehr genau.

Aber zurück zum (hoffentlich) mehrheitlichen Anteil der Pferdewelt.

Überwiegend werden die Antworten auf nummerische Fragen anders ausfallen, als von ihren Besitzern erhofft. Manchmal führt der Versuch zu netten Gegenfragen. („Warum will sie das wissen? Mir gegenüber hat sie ihr Alter und ihre Rasse auch noch nie erwähnt und meiner Liebe tut das keinen Abbruch.") Manchmal verinnerlichen Tiere auch fast schon „menschlich" Leistungszwänge oder Erwartungen. Weil so etwas ja in Pferdekreisen nie vorkommt (Achtung, Ironie!), nenne ich hier in zwei Sätzen das Beispiel eines traurigen Boxerrüden und seines Herrchens. Nach Erhalt des Protokolls erzählte man mir, dass niemals ein solcher Leistungsdruck an den krank gewordenen Hund gestellt worden sei oder würde, wie der ihn formuliert und empfunden hatte. Ich wollte das gern glauben. Trotzdem hatte der Hund beim Training, bei Wettbewerben, beim regelmäßigen Zuschauen, nachdem er krank geworden war, zu oft gesehen, wie wichtig Leistung und Pokale waren. Doch scheinbar auch für Herrchen? Und warum wollte er sich nun einen zweiten Hund anschaffen, wenn das nichts mit Abschieben und nicht mehr „gut genug sein" zu tun haben sollte?

Mich haben die Tiere oft, sehr oft zum Nachdenken gebracht durch ihre Aussagen und ihre Sicht auf unsere Welt. Meine Schöpfungskrone mag jedenfalls gern tragen, wer will. Sie steht zur Disposition.

Anuschka und Sandra

„*Meine Stute Anuschka koppte – mal mehr, mal weniger und in letzter Zeit nahezu ekstatisch. Dementsprechend waren auch ihre Bauchschmerzen vorprogrammiert. Warum tat sie das? Was konnte ich tun, um ihr Koppen auf ein Minimum zu reduzieren? Wie sehr hing ihr ihre Vergangenheit nach? Wir bekamen sie 1992 total abgemagert und anscheinend mit schlimmen Erinnerungen. Warum erschrak sie sich nach so vielen Jahren voller Vertrauen plötzlich beim Reiten so heftig und schien mir auch sonst immer fremder zu werden? Verlor sie in schlimmen Kolikphasen den Lebensmut? Wollte sie, dass ich in ihrer Nähe bin, wenn sie stirbt? Und warum war sie oft so widersprüchlich? Ich verstand sie (in doppelter Hinsicht) einfach nicht. Auch die Gefühle, die ich früher von ihr gesandt bekommen hatte, waren verwirrend. Dazu kam, dass auch meine berufliche Situation nicht die tollste war, so dass ich nicht wusste, wer von uns beiden wen und wie beeinflusste. Das war der Zeitpunkt, wo ich sehr, sehr traurig wurde: Ich wusste um die Möglichkeit der Telepathie und doch blockierte ich mich. Meine Versuche, mit Anuschka zu reden, scheiterten kläglich. Und doch brauchte ich so viele Antworten. Das war der Zeitpunkt, zu dem ich Karin bat, sich mit ihr zu unterhalten. Ich stellte viele Fragen an meine dreizehnjährige Warmblutstute und bekam das folgende Protokoll, nach dem sich bei uns einiges veränderte. Seitdem sehe ich nicht nur die Tiere mit anderen Augen. Die ganze Welt hat ein neues Gesicht bekommen. Heute bin ich noch viel dankbarer geworden, für das, was die Tiere freiwillig für uns zu tun bereit sind. Sie sind für mich die besten Lehrmeister in puncto bedingungsloser Liebe.*"

Sandra Fricke, Schinkel bei Kiel

„Polen, ja, schlimme Dinge, ich bin dankbar, dass sie nicht daran rühren will. Sie weiß ohnehin genug. Es tut weh, darüber nachzudenken. Natürlich beeinflusst es mein Verhalten heute, daher ist es vielleicht wichtig. Aber sie hat mir schon so viel Vertrauen zu den Menschen zurückgegeben. Ich werde nur unsicher, wenn eine Situation schwierig ist und ich sie vielleicht nicht sehen kann. Dann überfallen mich die Dinge, Bilder, Eindrücke von früher und ich höre wieder das Schreien der anderen Pferde. Verladen. Nie wissen, wo der Transport endet." (Anuschka sendet Bilder von einem endlosen Zug der Verzweiflung, der an Krieg und Vertreibung erinnert ...wisst ihr, ob sie mit Schlachtpferden zusammen war oder so was? Da ist viel Schmerz, Trauer, Wehmut – aber keine Verbitterung. Sie sieht zuversichtlich in die Zukunft – mit wehmütigem Beigeschmack. Sie hat mit ihrer Vergangenheit abgeschlossen, kann sich aber nicht vollständig davon lösen.)
Sandra: Wir haben Anuschka 1992 von einem Händler gekauft, der sagte, sie käme aus Polen. Ihrem damaligen Zustand – sowohl körperlich als auch geistig – nach zu urteilen hat sie vorher viel Schlimmes erlebt. Wir tippen auf einen Schlachtpferdetransport!

„Ich bin ein ganz freundliches Wesen und eine alte Seele. Ich habe schon viel gesehen und erlebt. Sie heilt mich. Mein Frauchen, meine ich. Ich weiß, dass sie gut auf mich aufpassen und Acht geben will, sie tut dies auch, und mit jedem Tag wächst das Vertrauen, aber es wird von außen immer mal wieder erschüttert. Das ist so. Daran kann man vielleicht nichts ändern. Aber das ist meine Geschichte. Ich bin gern im Wald und höre den Blättern zu. Die erzählen mir Geschichten. Von weit her. Das Koppen ist eine Angewohnheit von damals, Mittel, um den Schlägen zu entkommen, einfach abschalten, weit weg sein. Hier geht es mir gut. Aber die Angewohnheit habe ich beibehalten, es macht dumpf, man träumt und taucht weg. Es ist ein schönes Gefühl, manchmal weg zu sein, ohne Gedanken im Kopf und Bilder. Warum soll ich es lassen? Ich merke nicht, dass es mir schadet."

Sie ist so schlau und kann sich dennoch nicht von der Koppe-
rei lösen. Sie müsste wissen, dass sie ihr die Bauchschmerzen
bringt. Das Koppen ist wie eine Sucht für sie.

*„Ich brauche ganz viel Liebe. Umgib mich mit Wärme. Ich brauche
Beschäftigung, Liebe, Freundschaft und viel Vertrauen. Zeig mir,
dass ich noch mehr Vertrauen haben kann und mich wirklich geborgen fühle. Dann wird es allmählich immer besser. Wir haben doch
schon so viel erreicht, oder? Ich brauche den Blick in die Ferne,
Offenstall, Artgenossen, ich muss raussehen können und bei anderen sein. Hautkontakt, Nähe, Wärme, keine Box. Ich will nie wieder eingesperrt sein, da bekomme ich Platzangst.“*

Hier widerspricht sie sich in ihrem Verhalten: Ist sie mit den
anderen Pferden zusammen, gehen sie ihr auf die Nerven. Ist
sie für sich, scheint etwas zu fehlen. Am wohlsten scheint sie
sich in einer Box mit Ausblick und Kontakt zu den Nachbar-
pferden zu fühlen, die sie einen Winter bewohnte.

*„Platz, ich brauche Platz und viel frische Luft. Und frisches Stroh,
das Wasser immer sauber und frisch. Sonst ertrinke ich.“*

Ist das Wasser nicht frisch, trinkt sie nicht.

*„Solange der Hänger fährt, füge ich mich in mein Schicksal, aber ich
will raus, sobald er steht* (Sie trampelt dann wie verrückt). *Dann
wird mir die Enge bewusst, dass ich nicht sehen kann, was draußen
ist, höre Geräusche und weiß nicht, sind sie in meinem Kopf, in der
Erinnerung oder real. Es macht mich verrückt, wenn ich niemanden
und nichts sehen kann. Klaustrophobie. Ich bin doch ein Fluchttier
und kann nicht flüchten. Ist da Bewegung, dann habe ich nicht ganz
so den Eindruck der Enge. Aber im Stehen, da lauert dann etwas.
Nicht wissen was kommt, wo ich bin, und wo ist sie dann, um mich
zu trösten? Wenn ich ihre Stimme höre, ist es besser, sie sehen ist aber
noch besser. Es ist im Stillstand am schlimmsten.“*

Die letzte Tour haben wir mit einem großen Hänger mit drei
Fenstern vorn (links, Mitte + rechts) gemacht. Wir kamen in einen Stau. Da haben wir zusätzlich in Gedanken mit ihr gespro-

chen und ihr versichert, dass wir in ihrer Nähe und für sie da sind und siehe da: Alles O.K., kein Getrampel!

„Unterbringung: groß, hell, trocken, warm und viel frische Luft zum Atmen und Sich-frei-fühlen. Setz dich selbst in meinen Raum und fühle. Was bei dir ankommt, trifft zum großen Teil meine Gefühle."

Sie steht im Offenstall, den wir mittlerweile für sie noch etwas umgestaltet haben. Im Winter bekommt sie über Nacht eine Decke auf, das findet sie Klasse!

„Ich muss den Horizont sehen können (Windschutznetz statt Holzwand) und so etwas wie Freiheit fühlen, mag mich nicht eingesperrt, beengt fühlen, das ist mein größter Feind.

Kolik ist dem Schmerz ausgeliefert sein. Es zerreißt mir fast den Bauch, ich habe Angst, dass sich die Därme drehen. Ich weiß, das wäre das Ende. Lass mich nicht allein, wenn es soweit ist. Die Därme sind nicht mehr so gut, wie sie waren, fühlen sich zerlöchert an, wenn ich gegen die Kolik kämpfe, scharfe Gase in mir. Ohnmacht, Angst, Schmerz, Zorn. Da ist auch ein Teil unterdrückte Wut in mir und Hass auf die, die mir das angetan haben (Tipp von Karin: Versuch da mal, was mit Bachblüten zu machen, vielleicht hilft das, ich hab da gute Erfahrungen! – oh, und nimm du die gleichen Blüten!!! Würde mich sehr täuschen, wenn es euch nicht beiden gut täte – wenn du keinen Tierheilpraktiker weißt, der sich mit Bachblüten auskennt, hast du vielleicht eine Heilpraktikerin für dich. Was sie dir gibt, könnte auch gut auf dein Pferd passen ... frag nach) *Ich habe manchmal Angst vor dem, was kommt. Ich sehe aber Licht, wenn um mich alles dunkel wird. Ich weiß, nach dem Schmerz wird alles licht. Aber hilf mir hinüber. Lass mich nicht allein sterben. Wenn du es kannst. Ich fürchte mich, allein zu gehen. Ich brauche dann deinen Trost, Deinen Mut und Deine Kraft. Du musst mich loslassen, sonst schaffe ich es nicht so gut. Loslassen müssen wir beide üben. Wenn das nicht geht, sei in Gedanken bei mir, halte mir über die Ferne „die Hand". Aber ich werde versuchen, es zu steuern, dass du da sein kannst. Ich will war-*

Distanzkommunikation Schritt für Schritt: Den Abstand vergrößern Sie beim Üben zuerst einfach mal um die Hausecke,

dann übers Telefon   und auf beliebige Entfernung.

Paarübungen können Sie aus-
dehnen, indem Sie sich zu vereinbarten Zeiten ...

... Bilder schicken, wo immer
Sie sind.

Kursteilnehmer üben die Distanzkommunikation mit Tieren an mit-
gebrachten Fotos.

ten auf dich." Es ist mein größter Wunsch, sie in diesem Moment nicht allein zu lassen, sondern bei ihr zu sein!

„Ich erschrecke mich bei Ausritten manchmal, wenn etwas unverhofft auftaucht in meinem Blickfeld, das ich nicht gesehen habe. Meine Augen sind nicht mehr so gut. Ich habe noch nie so gesehen wie viele andere. Es ist auch, weil mir ein bisschen das Selbstvertrauen fehlt, ich bin nicht so mutig und selbstbewusst wie andere."

Das stimmt, es sei denn, sie ist sauer!

„Ich bin eher scheu und ängstlich, daher erschrecke ich mich leicht. Du kannst mir da helfen mit deinem Mut. Zeige mir, dass ich mich nicht fürchten muss, dann will ich es versuchen. Ich bin schüchtern. Ja, es ist schlimmer geworden in letzter Zeit, aber was ich brauche, ist Halt. Ich habe Angst zu entgleiten. Ich will in ihrer Nähe sein, aber sie ist oft nicht ganz da, dann verliere ich den Halt. Sie muss mir Sicherheit geben. Bitte, sag ihr, sie soll sich nicht erschrecken lassen, nicht auf die anderen hören. Ich bin unsicher. Sie wird mich aber nicht weggeben, oder? Das ertrage ich nicht. Ich habe Angst, wegzumüssen.

Sie soll meine Augen anschauen lassen. Und beim Putzen ist es auch manchmal so, dass es unangenehm ist, wo die Haut die Knochen berührt. Hüfte/Rippen/Bauch, da bin ich empfindlich geworden. Ich brauche eine ganz weiche Bürste und langsame Bewegungen. Und vor allem das Gefühl, dass sie wieder bei mir ist. Vollständig, mit ihren Gedanken und ihrem Gefühl. Manchmal fühlt es sich so an, als ob wir uns entfernen, dann tue ich das auch. Aber ich spiegele nur, was sie tut. Es ist eine Reaktion."

Ich binde sie beim Putzen nicht an und wenn meine Gedanken abschweifen, dann dreht sie sich um und geht.

„Ein Begleiter, ja, ein Freund von meinesgleichen, ein richtiger Freund, an den ich mich anlehnen kann, der fehlt mir. Das würde mir gut tun und Kraft geben. Die Größe der Herde ist nicht so entscheidend, aber ihre Kraft."

Anuschka (polnisches Warmblut, 13 Jahre)

Praktische Übungen für Einsteiger, Skeptiker und Fortgeschrittene

In meinem Buch „Der sechste Sinn" habe ich zahlreiche Partnerübungen beschrieben, durch die man Schritt für Schritt lernen kann, mit seinem Gegenüber und damit später auch mit einem eigenen oder fremden Pferd zu kommunizieren.

Was aber, wenn Sie allein sind oder Ihnen das nicht reicht? Machen Sie doch in einer stillen Viertelstunde einmal die folgende (oder eine ähnliche) Gedankenreise:

Gedankenreise in den Stall

Setzen oder legen Sie sich bequem hin. Atmen Sie tief durch und schließen Sie die Augen.

Nun stellen Sie sich vor, wie Sie den vertrauten Weg zum Stall/zur Koppel gehen, wo Ihr Pferd sich zu dieser Tageszeit gerade aufhält. Sehen Sie genau hin. Was für Einzelheiten fallen Ihnen auf? Wie sieht es draußen aus? Welches Wetter ist gerade? Ist es hell oder dunkel, weht der Wind oder ist es still? Singen Vögel, hören Sie Straßenlärm? Achten Sie auf alle möglichen Einzelheiten, auf Geräusche, auf Gerüche. Was passiert um Sie herum? Und wie fühlen Sie sich? Machen Sie die Stalltür/das Koppelgatter auf, gehen Sie die Stallgasse hinunter/ über die Wiese hin zu Ihrem Pferd.

Wie ist es, wenn Sie Ihrem Pferd jetzt gegenüber stehen? Was macht es gerade? Hebt es den Kopf, wenn es Sie wahrnimmt? Wie verhält es sich Ihnen gegenüber? Lässt es sich streicheln? Sie kramen in Ihrer Tasche. Sie haben ein Leckerli dabei, einen frischen Apfel. Sie nehmen ihr Taschenmesser aus der Hosentasche und zerteilen den Apfel in vier Stücke. Wartet Ihr Pferd schon ganz ungeduldig? Halten Sie ihm den Apfel hin, aber ein Viertel behalten Sie, das essen Sie selbst. Wie schmeckt es Ihnen? Spüren Sie das säuerlich süße Fruchtfleisch zwischen

Ihren Zähnen, auf Ihrer Zunge? Wie der Bissen die Speiseröhre hinunterrutscht? Hören Sie, wie Ihr Pferd den Apfel knirschend zermalmt? Spüren Sie, wie Ihnen der Saft über die Handfläche rinnt? Süß und klebrig? Wie fühlen Sie sich, hier zusammen mit Ihrem Pferd? Wie fühlt es sich? Beobachten Sie es genau. Streicheln Sie es, wenn es ihm angenehm ist. Fühlen Sie in Ihr Pferd hinein. Spüren Sie genau hin. Wie geht es ihm? Was denkt es gerade? Was geht ihm durch den Kopf? Vielleicht möchten Sie sich in seiner Nähe hinsetzen. Tun Sie es. Verweilen Sie einen Augenblick und genießen Sie das friedliche Beisammensein. Worauf sitzen Sie? Auf Spänen, Stroh, auf der Wiese? Wie reagieren die anderen Pferde? Oder sind Sie ganz allein? Was für Bilder kommen Ihnen in den Sinn? Was für Gefühle nehmen Sie wahr? Von Ihrem Pferd, von sich?

Wenn Sie den Zeitpunkt für richtig erachten, stehen Sie auf, verabschieden sich von Ihrem Pferd und gehen langsam den Weg zurück, den Sie gekommen sind. Wie geht es Ihnen jetzt? Schauen Sie sich noch einmal um. Hat sich etwas verändert an Ihrer Wahrnehmung? Wie ist es mit den Gerüchen, den Geräuschen, mit dem, was Sie sehen? Prägen Sie sich alles ein. Die Einzelheiten, das Wetter, die Farben, alle kleinen Details. Fühlen Sie Ihren Körper. Ihre Beine, Ihre Füße, nehmen Sie Kontakt mit dem Boden auf. Atmen Sie tief durch und kommen Sie langsam zu sich. Verschnaufen Sie und öffnen Sie dann die Augen.

Ich empfehle Ihnen, die Erlebnisse aufzuschreiben, machen Sie sich Notizen. Wenn Sie mögen, können Sie Besonderheiten auch „in der Wirklichkeit" überprüfen. Sehr wahrscheinlich nutzt Ihr Pferd diese gedankliche Reise zu ihm, um Ihnen etwas mitzuteilen, über das Sie nachdenken und gegebenenfalls danach handeln sollten.

Immer wieder werde ich von Leserinnen und Lesern sowie von Menschen, die unsere Kurse besuchen, angesprochen, was sie tun können, wenn es nicht richtig klappen will. Beim Einen hakt das „Senden", beim Nächsten das „Empfangen". Wieder ein Anderer fühlt sich nicht durchlässig genug, zweifelt an seinen Wahrnehmungen, was gerade das eigene Haustier angeht. Hier ein paar der hilfreichsten Tipps aus unserer mentalen Schatzkiste.

Luft und Wasser für Ihren Resonanzkörper

Atmen Sie richtig! Trinken Sie genug und vor allem das Richtige. Dann haben Sie schon die halbe Miete für die Tierkommunikation.

Tierkommunikation hat mit Schwingungen zu tun. Mit Resonanz. Wir sind quasi der Resonanzkörper. Damit wir leitfähig bleiben, um unsere Resonanz zu erhöhen, bessere Kommunikationsergebnisse zu erzielen, müssen wir viel trinken. Am besten Wasser, gutes Wasser, mindestens zwei Liter täglich. Ob mit oder ohne Kohlensäure ist dabei sicherlich Geschmackssache. Aber haben Sie mal drüber nachgedacht, dass Kohlensäure eigentlich ein Abfallprodukt unseres Körpers ist? Wir sollten uns überlegen, wie oft es ihm gut tun mag, damit zusätzlich belastet zu werden. Nebenbei werden durch Energiearbeit – und dazu gehört die mentale Kommunikation – in uns selbst Entschlackungs- und Entgiftungsprozesse in die Wege geleitet. Auch deswegen ist Ausschwemmen, viel Trinken angesagt (Unterstützend wirkt Heilerde, zwei Mal täglich zwei Teelöffel in einem Glas Wasser).

Alkohol verringert unsere Resonanz und die Schwingung unserer Energie ebenfalls. Wer zu wenig von dem einen und zu viel von dem anderen trinkt, will „weniger spüren". Sensible Kinder und ältere Menschen sind Lieblingsopfer dieser unbewussten Mechanismen des Körpers. In den ersten Wochen, nachdem ich meinen Ersten Reikigrad erworben hatte, stellte ich bei mir weniger Durst als sonst fest. Als ich darüber nachdachte, war mir völlig offensichtlich, warum ich mich vor „zu viel" schützen wollte.

Zurück zum Üben. Jetzt soll es nach soviel Theorie schließlich endlich losgehen, nicht wahr?

Eine gute Anfangsübung für eine gelungene Tierkommunikation ist entspanntes Atmen: Ein und aus. Ohne geht es nicht. Ach was? Sie atmen schon Ihr ganzes Leben und können das? Klar können Sie, und obendrein sage ich Ihnen, es gibt „Atmen" und Atmen. Fragen Sie mal professionelle Sprecher, Sänger und Sportler oder besuchen Sie Meditationskurse, machen Sie Autogenes Training oder asiatische Kampfsportarten. Sie alle wissen: Richtiges Atmen ist eine (lebenswichtige) Kunst.

Ein Fernsehjournalist fragte mich vor kurzem, was die größte Schwierigkeit der meisten Kursteilnehmer sei, die Tierkommunikation zu erlernen. Ich antwortete: Hausgemachtes. Die Hürde steht immer, einzig und allein im eigenen Kopf. Die Kunst ist es, „einfach den Kopf leer zu machen", damit ein fremder Gedanke überhaupt Platz hat, Raum findet, von außen hereinzukommen. Menschen mit Blockaden erzählen mir oft, das „Anklopfen" des fremden Gedankens, dass ein Tier (oder ein Mensch) mit ihnen Kontakt aufnehmen will, das würden sie genau spüren. Aber dann ginge es nicht weiter. Logisch. Man merkt, da klopft wer und hört ganz genau hin, man kneift vielleicht sogar die Augen zusammen und sperrt die Ohren auf und spannt die Hirnmuskeln an: Jetzt bitteschön soll der fremde Gedanke die Tür aufmachen und hereinspaziert kommen. Wir wollen empfangen. Und zwar jetzt, pronto. Und: Die Tür klemmt, geht nicht auf. Nix geht. Warum? Blöder fremder Gedanke, jetzt steht der da draußen auf der Gedankenbrücke und klopft und friert und kriegt die Tür nicht auf. Doof. Oder?

Tja, diese Tür geht meist nur von innen auf. Ganz leicht, ohne Druck, nicht ziehen, nicht schieben, zur Seite gleiten lassen. Und warum klemmt die Tür jetzt?

„Ich hab's wirklich ganz doll versucht!"

Ja, eben drum. Versuchen und sich konzentrieren hat mit Anstrengung, mit Verkrampfen zu tun. Klar. Da fehlt die Entspannung. Fokussieren, Telepathie, mentale Kommunikation hat mit entspannen, mit Lockerlassen zu tun. Und Entspannung wollen wir lernen oder weiter perfektionieren. Eine kleine Atemübung dazu ist das Hara-Atmen.

Das Hara-Atmen

Zählen Sie beim Einatmen bis drei, beim Ausatmen bis fünf. Atmen Sie tief ein, bis weit in ihren Unterbauch hinunter, beim Ausatmen lassen Sie den Atem einfach fließen. Und mit der Luft fließen alle nebensächlichen Gedanken, alles, was sie am Tag belastet oder gestört hat mit weg, einfach aus Ihnen heraus.

Atmen Sie in Ihr Hara. Das ist Ihr eigenes kleines Energiezentrum, etwa zwei Fingerbreit unterhalb und innerhalb des Bauchnabels. Stellen Sie sich dort eine leuchtend goldgelbe rotierende Scheibe vor. Wie schnell dreht sie sich? In welche Richtung? Spüren Sie hin, wie aus Ihrem Körper kleine Bällchen überschüssiger Energie dorthin eilen. Sie werden von Ihrem Hara angezogen wie von einem Magneten. Die Scheibe wird zu einer Kugel, sie ändert ihre Farbe, wird golden, rotiert langsam, ruht in sich. Und Atmen nicht vergessen!

Wenn Sie die Übung vor dem Schlafengehen im Bett machen, können Sie danach wunderbar entschlummern. Vor einer Tierkommunikation zentriert sie und sammelt Ihre Energie so, dass Sie prima einsteigen können. Unterstützend können Sie Ihre Hände auf Ihr Hara-Zentrum legen. Schicken Sie mit Ihrer Vorstellungskraft Sonnenlicht durch Ihre Hände dorthin. Erden Sie sich. Stellen Sie Ihre Beine auf den Boden und fühlen Sie, wie auch von dort goldgelbes Licht durch Ihre Füße, die Unterschenkel, die Oberschenkel bis hinauf ins Hara strömt.

Das Chakra-Aufladen in sieben Positionen

Eine zweite gute Übung für mehr Kraft und Fokus dient ebenfalls nicht nur der Tierkommunikation, sondern auch der Aktivierung unserer Selbstheilungskräfte.

Setzen Sie sich aufrecht hin, legen Sie Ihre Hände auf die Höhe Ihres Wurzelchakras. Wenn Sie mögen und gelenkig sind, legen Sie in den verschiedenen Positionen eine Hand vor, eine Hand hinter Ihren Körper. Als Partnerübung geht es das natürlich leichter, aber allein und auch mit den Händen nur vor dem Körper funktioniert es auch wunderbar.

Stellen Sie sich die Farbe Rot vor. Leiten Sie dieses Rot durch Ihre Hände in Ihre Körpermitte. Verharren Sie so einige Minuten und spüren Sie die sich ausbreitende Wärme. Nach zwei bis drei Minuten – oder einfach, wenn Sie das Gefühl haben, „so ist es gut", gehen Sie mit Ihren Händen eine Etage höher. Das Sakralchakra. Hüllen Sie es mit Orange ein. Auf der Höhe Ihres Solarplexus schenken Sie sich eine Lichtwolke aus Gelb. Geben Sie Ihrem Herzen grün, dem Kehlchakra blau, Ihrem Dritten Auge Indigo. Zum Abschluss legen Sie Ihre Hände sanft auf Ihren Scheitel und lassen sie so auf dem Kronenchakra ruhen. Als Farbe kommt Ihnen ein leuchtendes Violett in den Sinn.

Falls Sie gezielt und kurz Ihr Stirnchakra aktivieren und stärken wollen, lassen Sie einfach die anderen Positionen aus und schicken Sie sich selbst Indigo.

Das Chakra-Freiklopfen

Wenn Sie das Gefühl haben, Ihre Chakren seien irgendwie blockiert, die Energie kann nicht frei fließen und Ihr Drittes

Auge will sich von daher nicht öffnen, dann klopfen Sie Ihre Chakren einfach mal ab.

Lassen Sie frische Luft ins Zimmer, trinken Sie ein Glas Wasser, atmen Sie ein paar Mal tief ein und lassen Sie die verbrauchte Luft beim Ausatmen frei mit offenem Mund aus sich herausfließen. Stellen Sie sich aufrecht hin und beginnen Sie auf der Höhe des Wurzelchakras. Schließen Sie Ihre Hände zu lockeren Fäusten und klopfen Sie vorsichtig vom Wurzelchakra beginnend in aufsteigender Richtung Ihre Chakren ab. Von der Scham entlang der Wirbelsäule bis hinauf zur Stirn. Das können Sie bei Bedarf zwei- bis dreimal wiederholen. Jetzt atmen Sie ein paar Mal tief durch, trinken in Ruhe noch ein Glas Wasser, hören auf, ständig auf die Uhr zu schauen, stellen den Anrufbeantworter an und gleich geht's viel besser. Wetten?

Und noch ein Tipp: Machen Sie sich Ihre Ängste, Blockaden oder anderen „Gründe" für Ihre Unzufriedenheit mit sich selbst (denn das ist es ja schlussendlich, was Sie quält, wenn Sie sagen: „Bei mir funktioniert es einfach nicht!") mal so richtig bewusst. Auf Seite 110 finden Sie dazu eine kleine Übung zum Loslassen.

Waldfürst und Alice

Alice Stockinger erzählt: „Als mir im November 2002 das Buch „Der sechste Sinn" von Karin Müller in die Hände fiel, war mein erste Reaktion: „Ja, das ist es! Es funktioniert wirklich." Als ich beschloss, Karin zu schreiben, führte ich zu diesem Zeitpunkt meinen zwölfjährigen Hengst Waldfürst bereits den zweiten Monat an der Hand im Schritt, hatte den dritten Klinikbesuch hinter mir und war ziemlich verzweifelt. Eine Hufrollenentzündung hatte man diagnostiziert. Eine wirkliche Lahmheit hatte ich nie festgestellt, auch hatte ich nie das Gefühl, dass mein Pferd von Schmerzen geplagt war. Da ich mich selbst seit einiger Zeit mit alternativen Heilmethoden

(Reiki, Bach-Blüten, Aura Soma) für Pferde auseinander setzte, versuchte ich zusätzlich zur Schulmedizin alles. Nach dem dritten Klinikbesuch war noch immer keine Besserung sichtbar. Irgendwann kam mir der Gedanke, ob man denn Waldfürst nicht „krank redete" und ich aufgrund meines schlechten Gewissens mich selbst zu geißeln versuchte.

Waldfürst war sechsjährig, als ich ihn kaufte. Er sollte ein Dressurpferd werden in meiner damaligen naiven Vorstellung. Jahrelang habe ich uns beide dazu vergewaltigt. Bis ich merkte, dass er eigentlich gerne springt.

Nach einem Sturz mit Waldfürst in der Halle war ich jahrelang von Ängsten geplagt. In Kurven zügig zu galoppieren war für mich ebenso angstbesetzt wie im Gelände zu reiten. Um so größer war die Freude über unseren Sieg in einer kleinen Vielseitigkeit 2001. Ich beschloss in diesem Jahr, Waldfürst aus dem Dressursport zu nehmen und nur mehr springen zu gehen und in einen Stall zu ziehen, wo es ein schöneres waldreiches Gelände gibt. Wenn ein Pferd schon mal Waldfürst heißt, dachte ich, gehört er auch dort hin und nicht in das Dressurviereck.

Da mein Herz aber nach wie vor an der Dressurreiterei hängt, begann ich parallel ein anderes Pferd zu mieten und zu reiten. Bald war ich in einem Teufelskreis aus zu wenig Zeit für beide Pferde, schlechtem Gewissen Waldfürst gegenüber, dem Wunsch, das andere Pferd zu erwerben (was zeitlicher und finanzieller Selbstmord gewesen wäre) und absoluter Unklarheit, wie es weitergehen sollte, gefangen.

Als ich dann auch noch sechs Wochen lang im Herbst 2002 beruflich so eingespannt war, dass ich nur einmal die Woche zu Waldfürst kam und ihn den Rest der Woche in den (wenn auch fürsorglichen) Händen meiner Mitreiterin ließ, tat die Hufrollenentzündung ihr übriges. Springen ist ein für alle mal gestrichen.

In diesem Dilemma und Gefühl vollkommener Hilflosigkeit schickte ich Karin die gewünschten Angaben, Name, Alter und ein Foto.

Die Fragen, die ich an Waldfürst hatte, formulierte ich auf ihren eigenen Wunsch sehr allgemein. Was er gerne in Zukunft machen möchte (Dressur, Springen, Freizeitpferd ....)? Ob ihm irgendwo etwas weh tut bzw. wie sein körperlicher Zustand ist? Ob er gerne auf eine Koppel will? Ob er lieber barfuß geht oder beschlagen? Und schließlich, wie er generell so mit mir als Frauchen zufrieden ist? Als einen Monat später das Protokoll von Karin kam, zitterten mir die Knie ...“

Protokoll von Waldfürst

„Bin sehr biegsam und ehrgeizig. Diene gern und Springen ist eine Leidenschaft. Bin in die Dressur erst hineingewachsen. Sportpferd. So bin ich gezogen und gebildet. Könnte mir aber auch andere Dinge vorstellen, wenn sie Frauchen liegen. Eigentlich würde ich schon gern auch mal was anderes machen. Weiß nicht, ob ich es kann, aber ich glaube, meine Tage im Sport sind gezählt. Ich merke, dass es meine Sehnen und Bänder mehr und mehr belastet. Da war schon mal ein Riss. Ich werde spröder. Ich habe Spaß an der prickelnden Wettbewerbsatmosphäre. Ihre Energie steckt an, wir beflügeln uns gegenseitig. Habe Angst, dass sie sich einem anderen zuwendet, wenn ich nicht mehr „funktioniere“. Nicht mehr genug bringe. Es wird ein anderes Leben. Ruhiger. Umstellung, weiß nicht, ob ich gleich von Anfang damit klarkomme. Möchte nicht abgeschoben werden. Nicht woanders hin. Bleiben, viel Spaß haben und Erinnerungen. Spüre Unentschlossenheit, wohin es gehen soll. Würde gern durchs Gelände toben. Männer in roten Jacken. Schnelles Reiten. Wir fliegen über Hindernisse. Hundegebell. Ich bin bei der Meute. Schneller, weiter. Getriebenes Gefühl. Möchte aber auch lernen, geruhsam durch den Wald zu reiten, kenne das kaum. Fremdes Gefühl. Mein Hals ist wunderbar gebogen. Bin sehr durchlässig, habe solides Fundament und Grundlagen. Gute Abstammung. Man ist stolz auf meine Herkunft und mein Können. Adlig. Wir sind ein gutes Sportsteam. Einer weiß, wo der andere hinwill. Aber haben wir

uns auch genug ohne das zu sagen? Ich spüre Traurigkeit in mir
und von ihr. Da ist etwas im Schwange, was ich nicht verstehe, nicht
greifen kann. Mein Name ist auch Bürde. Ich kann mich doch nicht
einfach so schmutzig machen auf der Koppel. Aber ich möchte so
gern einfach mal „die Sau rauslassen". Furzend mit den anderen
um die Wette toben, bocken, keilen, rasen und bersten vor Glück. (Er
wirkt, als ob er sich gar nicht traut, das zu denken ...?) Vermisse den Sommer. Unbeschwerte Freiheit. Lange her. Mein Zuhause
ist sehr in Ordnung. Alles wird sauber gehalten. Das ist gut. Hier
gibt es helles Licht und viele Annehmlichkeiten. Suhlen kenne ich
nicht. Ich könnte das aber genießen, glaube ich. Es ist mir unbekannt und etwas fremd. Ich finde es ein bisschen eklig, wenn Matsch
unter meinen Hufen spritzt. Trockener Boden ist mir lieber. Würde
gern einmal soviel grasen, wie ich möchte – unbegrenzt. Aber schon
mit menschlichem Kontakt. Sie soll mich bloß nicht ins Ungewisse
geben. Man achtet sehr auf meine Gesundheit und meinen Allge-
meinzustand. Ich weiß gar nicht, wie das ist, wenn das Fell nicht so
glänzt, man richtig lange Haare hat, durch die der Wind nicht geht.
Das würde ich gern kennen lernen. Ich habe oft eine Decke. Manchmal ist mir sehr warm darunter, dann wieder fast ein bisschen
klamm. Es sind keine eigenen Haare. Ich mag die harten, hellen
Gamaschen/Streichkappen nicht so, unter denen sammelt sich
manchmal Sand und der scheuert. Der Sattel sitzt gut, aber manchmal drückt er im Sprung ein wenig nach vorn. Wir sind gut. Könnten aber noch besser sein, wenn ich nicht auf meine Sehnen achten
müsste und wenn sie zwei, drei Kilo weniger wiegen würde. Sie soll
ihre Hände ruhiger halten. Manchmal verunsichert es mich, wenn
sie an den Zügeln ruckelt. Wir können eine ganze Menge. Ich bin
stolz darauf, auf uns. Und auf mein Aussehen. Frauchen strahlt,
wenn wir gut sind. Dann strahle ich mit. Es ist toll, ich genieße es,
wie sie dann alle gucken. Das ist doch was, oder? Das kann nicht
jeder. So wie wir. Manchmal tut mir das Genick ein bisschen weh
und die Muskulatur an den Ganaschen. Habe auch ein bisschen

Probleme mit den Zähnen, Backenzahnbereich, v.a. unten. Meine Hinterhand ist kräftig, aber am Hüftansatz habe ich auch manchmal einen Druck. Kommt aus dem Knie und Sprunggelenk heraus und strahlt in die Hüfte hinein. Linke Schulter ist verspannt, weil sie mehr trägt als die rechte. Und Sprunggelenk links hinten tut weher als das andere. Unter dem linken Rippenbogen sticht etwas manchmal. Möchte mehr draußen sein und weniger in der Halle arbeiten. Würde meiner Lunge gut tun. Da ist verstopfter Schleim. Aber ich bin schon sehr robust. Mein Lieblingsfutter ist das frische. Ich bekomme aber auch gute gelbe Körner. Gut und viel davon. Ich bin ja auch ein Sportler. Springen auf Leistung ist nicht mehr lange gut für meine Gelenke. Aber bei Dressur sieht es ähnlich aus. Ich möchte gern leichteres Training machen und Spaß haben bei Prüfungen, aber nicht so viel tun. Viel Weidegang, auch mal ein paar Wochen, aber zwischendurch immer Kontakt mit meinem Frauchen. Sie ist wichtig für mich, meine Beziehung zu ihr kann gern noch tiefer werden. Sie lässt mich nicht so richtig an sich heran. Ihre Unsicherheit färbt auf mich ab. Nicht Unsicherheit im Umgang an sich. Da ist sie konsequent und eine gute Führerin. Aber im Umgang mit mir als Wesen. Ich kenne doch die Möglichkeiten gar nicht alle. Neu. Sie muss sie mir zeigen und erklären, was ich soll. Ich kenne keine behinderten Menschen. Außer na ja, aber das zählt nicht. Ich möchte Anschluss an Freunde haben auf der Koppel. Toben, fressen, Spaß haben und raufen. Keine Eisen. Ein geschützter Unterstand, in den viele passen, wäre gut. Und der Kot soll abgesammelt werden. Ich möchte gern mehr entspannt und gelenkschonend geritten werden. Spaziergänge im Freien. Langes Longieren finde ich doof. Freie Arbeit ist schön. Abwechslung. Kinder sind lange her. Möchte insgesamt gern barfuß gehen, aber vorn brauche ich noch ein wenig Hilfe, die mir das ermöglichen kann. Meine Vergangenheit steckt mir in den Knochen. Viele Reisen und Umzüge. Fremde Menschen. Ortswechsel. Enge Box als gut gemeintes Gefängnis.

Er ist sehr früh eingeritten worden und gleich mit relativ harter Hand geritten. (Er schickt mir Bilder, wie ein junger Mann richtiggehend an den Zügeln reißt und riegelt, dass er das Maul aufsperrt, scheint immerhin eine einmal gebrochene Wassertrense gewesen zu sein, aber mit so Stäben an den Seiten, und auch mal mit Kinnkette.) *Da hat er den Rücken steif gemacht, hat offenbar vor Sprüngen verweigert, weil er die Aufgabe nicht gleich verstand bzw. sich davor erschreckt hat. In der Halle, rotweiße Stangen, ist rückwärts und seitwärts getänzelt, wurde nicht verprügelt, aber vorwärts gezwungen und auch mal richtig durchgeritten durch das Hindernis (!) – Angstschweiß, Schaum auf der Brust, hart klammernde Schenkel, „Schraubzwingengefühl" ... dann wurde es wieder friedlicher, anderer Reiter/Reiterin, da hatte er mehr Glück und stieß auf Einfühlsamkeit. Da fing es an Spaß zu machen. Er hat gelernt, dass er aus der Box kommt, wenn er etwas leistet um zu arbeiten. Fällt ihm schwer zu begreifen, dass man ohne Leistungsdruck Spaß haben kann beim Reiten – also ohne Erfolgsdruck, das kam ja auch im Protokoll vorher schon raus. Das sind die Wurzeln davon.*

Ansonsten zeigt er mir noch einen schönen großen Stall, Boxenstall mit flachen Dächern, Außenboxen, helle Farbe/Holz, hellbraun, großem gepflasterten Hof davor, auch Koppelanlage dabei, aber da wurde wohl „rationiert" zugeteilt – also nur begrenzte Zeit „Freigang". Zu kurze Jugend. Keine richtige Bezugsperson, aber oft Menschenwechsel, ob Besitzer oder Bereiter kann ich schwer sagen. Viele Hängerfahrten auch. Keine Emotion von seiner Seite, fühlt sich versteinert an, emotionslos – „So ist das halt – wie sollte es anders sein" – gar nicht mal verbittert, sondern einfach, dass er es nicht anders kannte .... Und eine warmherzige blonde/hellbrünette Frau, bisschen üppig, liebevoll lächelnd – kann jetzt aber nicht genau sagen, ob du das bist oder seine Züchterin – da ist jedenfalls ganz viel Zuneigung und ein bisschen Sorge/Kummer/Sehnsucht auf beiden Seiten ..."

Alice erzählt weiter: „*Ich war total betroffen von seiner Angst, dass ich ihn weggeben könnte. Stand das doch für mich nie zur Diskussion. Ich war immer nur unsicher, was für ihn gut ist. Hatte mir sogar überlegt, ihn in Pension auf eine Koppel zu schicken, wenn seine Beine nicht besser werden würden. Dass er das als Abschieben empfand, wurde mir jetzt erst bewusst. Ich habe ihm dann immer wieder gesagt, dass er immer bei mir bleiben würde. Ich wusste zwar schon vorher, dass er lieber springt als Dressur arbeitet, unsere Erfolge waren aber immer auf eine Höhe zwischen 80 und 100 cm beschränkt. Es überraschte mich deshalb, dass er sich so als „Springpferd" sieht, denn für „menschliche Maßstäbe" war er davon noch weit entfernt. Irgendwann dämmerte mir aber, dass es für das Pferd keinen Unterschied macht, wie hoch es springt. Die Aufgabe war Springen und das tat er erfolgreich. Unsere Maßstäbe gelten für Pferde wahrscheinlich nicht. Außerdem spürte er meinen Stolz und meine Euphorie immer nur nach dem Springen (in der Dressur waren wir immer „nur" Mittelfeld). So war mir auch bald klar, dass er im Herzen doch ein Springpferd ist und sich auch als solches fühlt.*

Dass er gerne auf der Koppel toben will und sich nicht getraut, hat einen ganz klaren Hintergrund. Mir ist es am liebsten, wenn er sich auf der Koppel ruhig verhält. Ich möchte auch immer dabeisein, weil ich fürchte, er könnte ausbrechen. Wenn er losgaloppiert, fürchte ich schon, dass er sich weh tut, und versuche ihn zu bremsen oder hole ihn gar von der Koppel.

Als die Koppelsaison begann und ich ihn das erste Mal auf die Koppel stellte, hielt ich den Atem an. Er galoppierte, wie er es beschrieben hat, buckelte in alle Richtungen und freute sich seines Lebens. Meine Angst um ihn habe ich nicht ganz los bekommen, aber ich versuchte auch, ihm mehr zu vertrauen, dass er ja nichts machen würde, was ihm Schmerzen verursachen würde. Ich versuche zunehmend, nicht für mein Pferd zu denken, sondern ihn auch in Eigenverantwortung handeln zu lassen.

Ich erkenne hier mein Pferd sehr deutlich bis hin zur Beschrei-
bung der Gamaschen und Decke. Ich könnte das noch seitenweise
belegen.

Als ich am nächsten Tag in den Stall kam, war da bei mir ein Urver-
trauen vorhanden, dass ich ihn erstmals am Putzplatz ohne anbin-
den versorgt habe und er nur auf meine Stimme hin stehen blieb und
gehorchte. So etwas hätte ich mich vorher nie getraut. Ich begann
auch zusätzlich mit Bodenarbeit und Arbeit an der Doppellonge.
Mein Vertrauen ihm gegenüber war ständig gewachsen. Ich begann
alles, was ich an ihm bewunderte, ihm auch mitzuteilen. Als gleich
drei Kinder (im Alter von 3, 8 und 13) am Putzplatz auf dem unge-
sattelten Pferd saßen und er sich nicht bewegte, sagte ich ihm immer
wieder, wie stolz ich auf ihn bin. Zusammenfassend hat das Proto-
koll über das Gespräch mit Waldfürst meinen Horizont sicher erwei-
tert, so dass ich heute mein Pferd mit anderen Augen sehe und auch
behandle. Danke Karin!"

Alice Stockinger und Waldfürst (tschechisches Warmblut,
13 Jahre), Breitenfurt bei Wien, Österreich, Frühjahr 2003

Wie funktioniert Distanzkommunikation und wie lerne ich das?

Auf Distanz zu kommunizieren bedeutet und beinhaltet, dass
man sich dabei nicht in unmittelbarer Nähe neben dem
Tier befindet. Sobald du dich außerhalb des Energiefeldes des
Tieres befindest, ist es Distanzkommunikation, die du ge-
brauchst. Distanzkommunikation ist von großem Nutzen,
wenn man Informationen von einem Tier braucht, aber sich
nicht an den Ort begeben kann, an dem sich das Tier aufhält.
Worum es sich dabei eigentlich handelt, erklärt Carola folgen-
dermaßen: *„Man stimmt sich auf das richtige Tier ein. Wenn du*
ein Bild hast und die Angabe von Name und Alter, ist es ebenso

leicht, mit diesem Tier Kontakt aufzunehmen und zu kommunizieren wie mit einem, das direkt neben dir steht.

Es handelt sich dabei nicht um irgendwelche extra Kanäle oder anderen Hokuspokus, den manche Leute gern daraus machen. Telepathie hat keine Grenzen, nicht Zeit und Raum. Wir selbst bestimmen wie, wann und wo. Es ist immer noch das Stirnchakra, mit dem wir arbeiten. Der Kanal sieht genauso aus wie bei der Telepathie „vor Ort". Und wie sie nun aussieht, deine Gedankenbrücke, das weißt ja nur du, du hast sie ja selbst geschaffen.

Alle haben die Fähigkeit, das Vermögen, Telepathie auszuüben, in welcher Form auch immer. Du sollst nur wissen, dass du es bist, der die Grenzen setzt: Du und nur du. Willst du Kontakt aufnehmen mit deinem Pferd oder Hund oder welchem Haustier auch immer, wenn du in den Ferien bist, dann mach es! Stell die Fragen, die du stellen würdest, wenn du dich in seiner Nähe aufhalten würdest. Die telepathische Strömung geht dahin, wohin du sie richtest. Immer! Probier es aus, indem du die ganz normalen Paarübungen machst, in denen man Bilder schickt und empfängt, Mensch zu Mensch. Vergrößert den Abstand zwischen euch sukzessive, bis ihr jeder auf einer Seite des Hauses sitzt – der eine drin, der andere draußen, dann jeder in seinem Haus, verschiedene Städte, durchs Telefon, usw.

Es ist sehr effektiv, in Abwesenheit des anderen zu üben und zu versuchen, ihn oder sie dazu zu bringen, zum Beispiel zu einem bestimmten Zeitpunkt anzurufen. Wenn das zwei miteinander ausmachen, schadet man ja niemandem. Wir haben viel zu lachen gehabt, wenn die, mit denen ich geübt habe, zum Beispiel zu einem Treffen genau die gleichen Kleider angezogen hatten wie ich, wir uns genau zu dem Zeitpunkt trafen, den ich fokussiert hatte, etc.

Zögere nicht, einen Distanzkommunikator zu beauftragen, meist ist es leichter für einen Tierdolmetscher zu Hause in Frieden zu arbeiten, ohne Ablenkung durch diverse Geräusche im Stall, und ohne von dir als Besitzer beeinflusst zu werden. Es ist immer noch genau wie bei der Telepathie mit Vor-Ort-Kontakt, es hat nichts mit

Wenn der Kopf im Weg ist: Über intuitive Bilder kann man sich mental dem eigenen Tier zuhause annähern.

Deutsch-schwedische Manuskriptarbeiten. Alles drin? Alles richtig formuliert? Karin Müller übersetzt für Carola Lind.

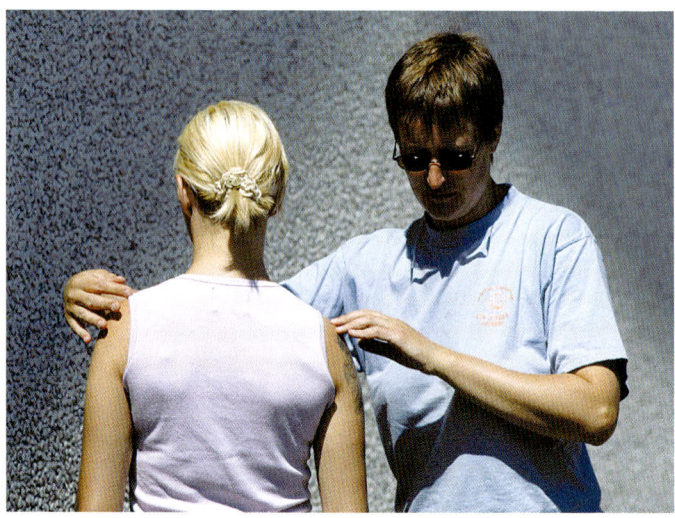

Die Osteopathin Ingela Mauritsson zeigt ein häufiges Reiterproblem an Carolas Rücken: Die rechte Schulter ist deutlich tiefer.

Ein gerades Pferd: selten und schön anzusehen

Die rechtshändige Reiterin überbelastet die rechte Seite des Pferdes, sodass Schiefheiten bei beiden entstehen.

Medialität zu tun. Mir ist es wichtig, genau dafür Verständnis und Begreifen zu schaffen. Telepathie liegt in uns allen begründet, es ist etwas ganz und gar Irdisches, etwas, das wir alle machen, jeden Tag. Jeder für sich glaubt daran oder eben nicht. Medial zu sein, ist eine ganz andere Sache. Da arbeitet man mit seinem Kronenchakra, mit dem geistigen Teil des Körpers. Diese beiden können gekoppelt werden und einander unterstützen, aber ich empfehle, dass man mit seiner Intuition, dem telepathischen Chakra, dem Indigopunkt der Stirn anfängt, um sein telepathisches Vermögen am Anfang zu vervollkommnen.

Man kann im Zuge der Distanzkommunikation dieselben Dinge wie sonst auch schicken und empfangen: Geschmack, Gefühle, Düfte, Bilder, Wort. Übe damit!"

Ein eigenständiges Pony: Bärbels Belina

Eines Tages hatte ich auf witzigen Wegen plötzlich ein Protokoll zu viel – oder zu wenig auf meinem Schreibtisch vorliegen (siehe auch Seite 51). Folgendes war passiert: Ich wollte für eine Klientin mit deren Pony sprechen, aber es hatte sich ganz deutlich ein anderes Pony eingemischt und das Gespräch förmlich an sich gerissen. Statt von einer jungen Dame namens Cindy sprach dieses Pony immerfort von Christine. Das war nur ein Indiz, das mich stutzig werden ließ. Ich hatte schnell einen Verdacht, um wen es sich handeln könnte, da ich einige Wochen vorher bereits „offiziell" mit Belina gesprochen hatte. Also durchsuchte ich mein Archiv, mailte ihre Besitzerin an und schickte ihr das „unangeforderte" Gespräch mit der Bitte um Überprüfung.

Hier das Protokoll und was Christines Mutter dazu sagte:

„Ich fühle mich ein bisschen alleine, hätte gern einen gleichgroßen Freund. Christine ist manchmal gemein zu mir. Das Mädchen zieht manchmal sehr an meinen Haaren, an der Mähne und dem Schweif, das tut weh. Mag das nicht. Sie weiß es besser. Und sie weiß, dass ich weiß, dass sie das weiß. Sie testet aus. Probiert Macht-

spiele. Ich weiß, dass die Mutter versucht, dazwischen zu gehen, wann immer sie kann. Gern noch öfter, aber ohne Christine weh zu tun. Sie soll die Freude an mir behalten und es mir nicht „heimzahlen", wenn sie erwischt worden ist. Das braucht viel Gefühl. Aber die Mutter hat das. Es gab eine schlimme Phase. Feuer unter meinen Hufen. Aber die haben wir jetzt bald überstanden. Sie braucht immer noch ein bisschen mehr Mut, aber wir sind über den Berg. Auch Christine war verwirrt und kannte nicht so recht den Weg, daher auch ihr Verhalten teilweise. Ich kann mir das wohl erklären, aber es tut trotzdem weh, körperlich und in der Seele. Dabei kann sie so lieb sein. Wir haben auch viel Spaß miteinander, so ist es ja nicht. Ich springe gern mit ihr. Aber sie soll nicht so im Maul ziehen, das brennt und tut weh. Möchte so gern einen richtigen Freund in meiner Größe haben. Die Großen sind schon ganz nett zu mir, aber nicht meine Art. Ich bin da natürlich das schwächste Glied. Möchte geliebt werden. Von ganzem Herzen. Ansonsten bin ich ein echter Tausendsassa. Kann viele Dinge und kann ihr noch viel beibringen. Habe ja schon einiges erlebt in meinem Leben. Schöne Dinge, Seltenes und Blödes. Aber das Schöne ziehe ich mir hervor, wenn ich in meiner Ecke stehe und nachdenke. Nein, ich fahre nicht gern mit dem Hänger, da kriegt man hinten immer einen Klapps drauf, das hasse ich. Und es schwankt so und ist dunkel. Ich mag auch das Ziel der Fahrten meist gar nicht so besonders. Bin am liebsten da, wo ich zu Fuß hinkann. Mag keine Umzüge mehr. Ich mag viele Möhren und Kiwis und Äpfel, aber am liebsten geviertelt. Kleine runde grüne kann ich schwer beißen. Mag am liebsten alles, was frisch ist, und Müslikraftfutter. Nina (?) kann gut reiten. (Wird sie von mehreren Kindern geritten? Diese Nina scheint es am besten zu können.) Christine mag ich schon sehr gern, sie ist ja mein kleines Frauchen. Ich weiß auch, dass sie mich sehr lieb hat. Aber sie soll aufpassen, dass sie nicht zu grob ist. Das hat mir schon einmal einen großen Schrecken eingejagt. Sie soll nicht traurig sein, wenn sie das hört, aber es sich zu Herzen nehmen. Ich bin gern ihr

Freund, wenn sie mich wie einen behandelt. Wenn ich ungehorsam bin, dann habe ich auch einen Grund. Dann soll sie lieber mal schauen und überlegen, woran es liegen könnte. Ich bin eigentlich nicht frech, sondern gelehrig. Mag es sehr gern, wenn sie mir Dinge beibringt und mich beschäftigt. Ich möchte am liebsten den halben Tag beschäftigt werden. Dann möchte ich auch gern frei haben, wirklich meine Ruhe. Ich mag es gern, wenn man mir mein Fell krault und mit mir kuschelt. Ich finde es toll, dass ihr gut auf meine Hufe achtet. Ich darf eigentlich nicht so viel fressen. Nicht so viel Eiweiß vor allem. Ich kann Zirkustricks und gut klettern. Ich mag Katzen, vor allem die kleine schwarze mit wenig weiß. Ich mag es, mir meinen Schweif zu scheuern. Aber es juckt da auch manchmal. Brauche eine Wurmkur. Bei feuchtem Wetter schmerzen mir manchmal die Gelenke. Dann möchte ich nicht so viel tun. Bei trockenem Wetter geht es mir am besten. Ich habe Angst, dass sie mich nicht mehr mag und braucht, wenn sie älter ist und größer. Sie soll mich dann nicht in die Ecke stellen, sondern weiter lieb haben und gut für mich sorgen. Aber es ist ja auch noch die Mutter da. Das ist gut. Schade, dass sie nicht kleiner ist, dann könnte sie auf mir reiten. Aber ich diene ihr auch gern in Form ihrer Tochter. Mir geht es ansonsten gut, meine Zähne müssten mal überprüft werden. Manchmal tut mein Rücken weh. Ich fände es prima, wenn ich auch einmal eine Massage bekommen könnte, wie die großen. Ja, wir haben viel Spaß zusammen, das Mädchen und ich. Es ist toll, wenn wir etwas unternehmen. Mein Glück ist, wenn die Kinder Spaß haben und lachen. Da geht mir das Herz auf. Sie soll vielleicht ein bisschen sorgfältiger putzen. Ich mag das gern, es sind Streichel-einheiten für Körper und die Seele. Sie kann doch ein Spiel draus machen, wenn ich in den Hänger soll. Es mir spielerisch beibringen. Sie kann das bestimmt. Es wäre schön, wenn ich einen Freund hätte, so groß wie ich. Mit dem ich mich gut verstehen kann. Und ich fände es schick, eine Kutsche zu ziehen, irgendwann vielleicht. Und mehr Tricks lernen. Und lecker Möhren und Fressen. Und danke, dass die

Mutter so gut für mich sorgt und an mich denkt. Beide natürlich. Aber es tut gut, zu wissen, dass sie da im Hintergrund ist. Wir mögen sie alle sehr. Die anderen haben auch wieder ein bisschen Würmer, soll ich sagen. Danke für das Gespräch."

Belina (Welsh-B-Stute, 7 Jahre)

Bärbels Feedback

„Hallo Karin, jetzt bin ich aber platt. Stimmt fast alles. Geritten wird Belina hier nur von Christine. Nina gibt es auch, die hat ein Pferd – Wilma – bei uns stehen und füttert immer Bananen, ob auch Kiwis? Ich müsste sie mal fragen. Grüne Äpfel. Beim letzten Gespräch hat sie danach verlangt und natürlich bekommen, vielleicht waren sie zu grün und hart? Gesprungen sind wir mit ihr nicht, vielleicht meint sie den Riesenluftsprung, den sie Anfang des Winters gemacht hat und der Christine sehr entzückt und mich sehr erschreckt hat. Beim Hängerfahren ist sie schlicht traumatisiert worden. Bei Ihrem letzten Besitzer kann ich mir sehr gut vorstellen, dass er sie hinaufgedroschen hat. Als er sie brachte, war sie komplett nassgeschwitzt, völlig panisch und ist mit einem Riesensatz vom Hänger gehechtet. Und eigentlich ist sie auch immer nur gefahren worden, wenn sie verkauft wurde. Was uns zu denken gab, war, dass sie gar nicht alleine runtergehen konnte, daher wahrscheinlich damals auch der Hechtsprung. Wir haben dann immer ganz vorsichtig den Fuß angetippt, den sie setzen sollte, das hat dann geklappt. Wir haben es danach noch nicht wieder versucht. So, wie ich sie kenne, wird es das nächste Mal aber klappen, weil sie unglaublich gelehrig ist und vieles gleich beim ersten Mal sitzt. Das Kutschefahren ist irre, hat sie ja beim letzten mal auch schon gesagt. Da liest sie, wie eigentlich immer, meine Gedanken. Genau das möchte ich nämlich mit ihr tun, wenn Christine zu groß für sie ist. Die Wurmkur bekommt sie natürlich, das Schweifscheuern hatte sie aber von Anfang an, obwohl ich regelmäßig entwurmt habe. Von den Zähnen hat sie das letzte Mal auch erzählt. Der Tierarzt konn-

te aber nichts finden. Der Rücken ist in der Tat etwas verspannt. Ich versuche aber mit Bodenarbeit und longieren, sie dazu zu bewegen den Kopf zu senken und den Rücken mehr schwingen zu lassen. Mitteilsam ist sie mit Sicherheit und sehr aufmerksam, unglaublich neugierig und immer dabei, sobald irgendwelche Leute in den Stall kommen. Ich habe auch schon erlebt, dass sie sehnsüchtig auf den Reitplatz schaute. Wann immer einer von uns am Auslauf vorbei geht, schaut sie auf und sieht uns nach. Die anderen kratzt das normalerweise gar nicht. Sie ist ein unglaublich spezielles Pony und weiß das auch. Zu Christines Ehrenrettung muss ich sagen, dass sie nicht grob mit Belina umgeht. Es ist eher so, dass Belina, wohl auch wegen ihrer Vorgeschichte, unglaublich empfindlich ist. Christine kann sehr impulsiv sein. Hektische Bewegungen, insbesondere Arme hochreißen, sollte man bei Belina jedoch vermeiden. Das versuche ich ihr auch immer zu erklären. Schweif und Mähne putzt sie in der Tat sehr gern und bei Belinas dichter Mähne und Schweif kann ich mir sehr gut vorstellen, dass das auch mal ziept. Der Rest des Putzens kommt in der Tat, weil langweilig, zu kurz.

Nina ist die einzige, die den Reitplatz regelmäßig nutzt. Ich denke, dass Belina ihr dabei immer zuschaut. Daher ihr Statement. Sie bekommt Mineralfutter mit einer homöopathischen Portion Hafer und natürlich die von allen geliebte Rote Beete. Wilma, die neben ihr steht, bekommt aber Müsli. Belina hatte, bevor sie fünfjährig zu uns kam, schon drei bis vier Besitzer. Als wir sie bekamen, waren ihre Hufe viel zu lang. Reheringe waren nicht zu erkennen. Ihr Züchter hat mir aber erzählt, dass ihre Mutter oft Geburtsrehen bekam und deshalb zum Schluss auch getötet werden musste. Die Veranlagung ist daher mit Sicherheit da und ihre Warnung vor zuviel Eiweiß ernst zu nehmen. Dass sie mit meiner Hufpflege zufrieden ist, freut mich natürlich kolossal. Wenn wir ins Gelände gehen, bekommt sie Hufschuhe an.

„Schade, das sie nicht kleiner ist, dann könnte sie auf mir reiten." Das schlägt dem Fass den Boden aus !!!! Hier zitiert sie nämlich

mich. *Ebenso wie beim Kutschefahren. Den Pferdedentisten habe ich schon fürs Frühjahr eingeplant.*

Etwa eine Woche, bevor sie mit Dir geredet hat, begannen unsere Probleme mit ihr auf dem Reitplatz. Eine Freundin von mir gibt den Kindern Reitunterricht. Anfang März war unser Platz endlich wieder nutzbar und wir haben losgelegt. Belina war sehr unwillig, weigerte sich weiterzugehen und stieg ansatzweise. Wir haben uns natürlich Sorgen gemacht, dachten aber zunächst, dass da bei ihr doch ein wenig Ponywesen durchkommt. Außerdem habe ich unterstellt, dass sie Christines derzeitige Trotzphase mitmacht. Im Gelände war sie nämlich weiterhin problemlos zu reiten. Ich habe sie dann auf dem Reitplatz geführt bzw. mittels Körpersprache von hinten weiter geschickt, und auch das ging. Des Rätsels Lösung ergab sich, als ich Ende April für Ari (meinen Hund) einen Chiropraktiker da hatte. Belina jedenfalls hatte ein Problem an der rechten Hüfte und höchstwahrscheinlich wegen einer Ausgleichs- oder Schonhaltung eine völlig verspannte linke Halsmuskulatur, die offensichtlich sehr schmerzhaft war.

Nun war mir natürlich klar, weshalb sie im Gelände als Handpferd und am langen Zügel artig war und auf dem Reitplatz, wenn die Zügel angenommen wurden, sich ziemlich massiv gewehrt hat. Gott sei Dank haben wir sie für ihr angebliches Fehlverhalten nicht bestraft, sondern erst mal die Platzarbeit eingestellt. Im Nachhinein erklärt sich auch ihr Wunsch nach Massagen."

Bärbel Jürgens, Lehre

Auswirkungen auf das Miteinander – Zeit der Besinnung

Tierkommunikation im Alltag – Sind wir nun Spinner oder Scharlatane?

Folgender Leserbrief erreichte uns aus Österreich:

„Sehr verehrte Frau Müller! Liebe Frau Lind!

… Meinem Mann und mir, als neuen und vollkommen unwissenden Pferdebesitzern, wurde jeden Tag klarer, dass wir außer Reiten noch viel lernen mussten. Es war mir einfach zu wenig, gute Tipps und hoffnungsvolle Ratschläge zu hören. Ich wollte auch am Leben, am Seelenleben meiner Pferde teilhaben. Vor allem an Sunnys! Der sich so große Mühe gab, Frauchen zu verstehen und oftmals mit ihrer etwas missverständlichen Art fertig zu werden. Eine Bekannte gab mir den Tipp, ein Buch zu kaufen. Frauchen bestellte sich also über das Internet Ihr Buch „Der Sechste Sinn – Zwiesprache mit Pferden". Ach, du bist ein Depp, Frauchen! Du hast das ja eh schon alles gewusst, nur vergessen, dass das alles nicht nur bei den Menschen funktioniert.

Die Fortschritte, die wir nun machten, glichen einer Sensation. Nicht nur, dass mich sämtliche Pferde aufhielten, um mir zu sagen, was sie wollten oder nicht. Kam ich natürlich mit meinem Sunny besser zurecht und er verstand mich auch besser. Von „Hi Mädel!", wenn ich in den Stall kam, bis hin zu: „Du sag meinem Frauerl, ich mag die kalten Hände von dem Mädchen nicht und überhaupt, die ist so zickig!" Ballu lahmte nämlich grundsätzlich, wenn sich das Mädchen draufsetzte. Als ich ihn dann eben danach fragte, sagt er mir: „Weißt du, man kann auch krank sein erfinden, damit dann niemand aufsteigt!" Da musste ich lachen.

Ich kam also in den Genuss, viele Dinge zu erfahren. Als vorige Woche der Hufschmied kam, um Sunnys und Jagos Hufe zu maniküren, machte Frauerl einen Fehler. Sunny kann es nicht vertragen, am Halfter angehängt zu werden. Stattdessen nimmt man eben einen Halsgurt. Zu schnell war auch der Hufschmied bei der Sache und Sunny flippte aus und weg war er und sprang über den Zaun. Nun stand er da und Frauerl dort und was nun??? Soll ich hingehen? Was wird kommen? Hat er Vertrauen zu mir? Karl, mein Mann, holte Jago, und so kamen wir ihm etwas näher. Frauchen atmete tief durch und dachte: Komm Schatz, es ist alles gut! Brauchst dich nicht zu fürchten, es geschieht dir nichts!" „Das kenn ich doch! Das sagt Frauchen immer, wenn sie spürt, dass ich mich fürchte und ich brauch mich nicht zu fürchten, sie hat Recht!"

Ich begab mich also in seine Nähe und hockte mich hin. Ich ließ ihm Zeit und er kam. Wir gingen ganz ruhig in die Box, um uns zu erholen. Danach ganz ruhig zur Hufmaniküre. Als alles vorbei war, ohne Angst, ohne Hysterie kam es. „Warum hast du noch Angst?", frage ich ihn. Er webt immer, wenn er unsicher ist. „Es ist ja alles vorbei und du hast gesehen, dass nichts geschehen ist. Du brauchst nicht zu weben, Sunny!" So, dachte ich! Nun mag er mich nicht mehr. Seine Verhaltensweise war unsicher, etwas ablehnend und ängstlich. Von ihm bekam ich aber: „Ich habe Angst, dass du mich wieder hergibst, weil ich ungehorsam war!"

Und dann hatte ich solchen Respekt vor meinem Pferd, dass ich nur noch weinen konnte. Ich umarmte ihn und sagte: „Das wird nicht geschehen, Sunny! Das habe ich dir versprochen und du hast mir ja gesagt, dass du gerne springen möchtest. Du bist mit mir sehr geduldig und brav. Dafür danke ich dir sehr! Glaubst du, wenn ich mir Mühe gebe dich zu verstehen, möchte ich dich wieder hergeben? Ich hab dich doch lieb." Danach regnete es Bussis für Frauchen. Sein Kopf lag an Frauchens Schulter und seine nasse weiche Nase berührte dankbar mein Gesicht. Zum ersten Mal! Mit meiner Einstellerin und Reitlehrerin habe ich ausgemacht, ihn nun mal so richtig zu reiten. *Was unseren Lausbuben, Traber Jago angeht, so bin ich Ihnen dankbar für die guten Tipps in Ihrem Buch. Der Chiropraktiker kommt heute oder morgen wieder. Wir werden das schaffen und ich wünsche Ihnen, liebe Karin und Carola, alles Glück der Erde, viel Erfolg bei dem, was Sie noch schaffen möchten. Durch Ihr Buch habe ich bestätigt bekommen, dass ich eine Kraft in mir habe, die ich nun so richtig nutzen kann. Bei Menschen ist das oft vergebene Liebesmühe und man bekommt außer Kritik nichts zurück. Tiere jedoch danken einem das mit Zuneigung, Liebe und Treue. Gott segne Sie beide! Frieden, Licht und Liebe möge Sie beide begleiten. Liebe Grüße aus der schönen Steiermark in Österreich."*

Ilse Dollmann, Mürzzuschlag

Warum steht diese Zuschrift hier, stellvertretend für unglaublich viele andere, für die ich mich an dieser Stelle noch einmal herzlich bedanke? Ich möchte Ihnen die Möglichkeit geben, gerade Erfahrungen von anderen Lesern, von Kursteilnehmern – von anderen ganz normalen Menschen zu lesen. Sie haben Berufe wie Bankkauffrau, Apothekerin oder Finanzbeamtin. Manche haben beruflich mit Pferden, mit anderen Tieren zu tun, sind Heilpraktikerin, Hufschmied (doch – es kommen auch Männer in unsere Kurse), Landwirtin oder Reitlehrer. Niemandem würden Sie „es" auf der Straße ansehen. Was sind das für Menschen, die mit Tieren kommunizieren und wie erleben sie „es" und sich selbst? Was sie bei ihrem ersten Kurs erlebt haben, konnten sie schon weiter vorn lesen. Aber wie ging es danach weiter? Sind sie wirklich nicht abgehoben? Halten sie mit ihrem Wissen hinterm Berg? Wie gehen sie mit dieser wiedergefundenen Gabe um? Nehmen sie ihre Tiere und den Alltag anders war? Werden sie umgekehrt von ihren Pferden anders wahrgenommen? Was hat sich geändert in der Beziehung, beim Umgang, dem Reiten, in der Ausbildung? Wie reagieren die Mitmenschen auf die Tierdolmetscherfrischlinge?

Und – vielleicht am wichtigsten von allem: Wie reagieren die Tiere? Im Folgenden finden Sie ein paar Anekdoten, Erzählungen und Tipps von diesen Menschen wie Sie und ich, die seit einiger Zeit die Kommunikation mit Tieren zu einem Lebensbestandteil gemacht haben. Sie berichten von Anfangsschwierigkeiten und Erfolgen, von kleinen und größeren Schritten auf dem Weg des Übens und Lernens .... Es soll eine kleine Mutmachrubrik sein, zum Anfangen, Weitermachen und Dranbleiben. Genau wie dieser Ausspruch Nelson Mandelas:

„Unsere tiefste Angst ist nicht, dass wir unzulänglich sind.
Unsere tiefste Angst ist, dass wir grenzenlose Macht in uns haben.
Es ist unser Licht und nicht unsere Dunkelheit, vor der wir uns am meisten fürchten.
Wer bin ich schon, fragen wir uns, dass ich schön, talentiert und fabelhaft sein soll?
Aber ich frage dich, wer bist du, es nicht zu sein?
Du bist ein Kind Gottes.
Dich kleiner zu machen, dient unserer Welt nicht.
Es ist nichts Erleuchtendes dabei, sich zurückzuziehen und zu schrumpfen, damit andere Leute nicht unsicher werden, wenn sie in unserer Nähe sind.
Wir wurden geboren, um die Herrlichkeit Gottes, die in uns ist, zu offenbaren.
Sie ist nicht nur in einigen von uns, sie ist in jedem von uns.
Wenn wir unser eigenes Licht strahlen lassen, geben wir unterbewusst unseren Mitmenschen die Erlaubnis, dasselbe zu tun."

Nelson Mandela

„Nach dem Kurs hatte ich zwar noch viele schöne Gespräche, aber dann kam ein derbes Tief. Ich war echt entmutigt, aber im Nachhinein weiß ich, dass es an meinem persönlichen Stress lag. Der nämlich bildet die größte Stolperfalle. Die Tiere geben mir zu meinen Problemen den besten Rat. Außerdem muss man weitermachen, auch wenn man den Mut verliert. Noch immer habe ich ein Problem, mich zu outen. Einerseits, um nicht für komisch erklärt zu werden, und andererseits, weil ich Angst vor großen Erwartungen und „Beweis' doch mal" habe. Meilensteine sind natürlich immer direkte Reaktionen der Tiere. So wie Deine beiden Hottis freudestrahlend die Möhrchen in meinem Kopf sahen. Man muss die Erwartung ablegen, die Tiere würden uns aufmerksam anschauen, ja, am besten den Mund öffnen. Wenn sie untereinander kommunizieren (mental, nicht durch Körpersprache), dann schauen die sich auch nicht an, wie wir Menschen das machen. Mein Tipp ist, Leute um sich sammeln, mit denen man darüber reden kann. Unser Internet-Forum hat mir die „Flugstunden" gegeben, die ich sonst sicher nicht bekommen hätte. Die Feedbacks sind das Wichtigste. Offen sein und daran glauben. Die Gedanken zuzulassen und natürlich, das „Sich-selber-leer-Machen". Lauschen auf das Innere. Anfangs habe ich mir vorgestellt, ich gehe in mich, alles ist mit leuchtendem Wasser gefüllt, in dem ich atmen und schwimmen kann. Nur Licht und Ruhe. Aber nicht wie ein Baby im Bauch der Mutter, sondern mit dem Platz der Unendlichkeit. So habe ich gelernt, die Worte und Gedanken aus meinem Kopf zu schieben. Und mich nicht zu ärgern, wenn es nicht klappt. Wenn man die Tür dann erst einmal geöffnet hat, braucht man das noch zum Stressabbauen.

Nur meine besten Freundinnen wissen davon. Ich gehe damit nicht hausieren. Aber die Wenigen haben es toll aufgenommen. Und ich habe bis jetzt noch kein Outen bereut. Und was es für mich bedeutet, brauche ich ja wohl hier nicht zu erwähnen ..."

Rosa Struve, Neuenkirchen

„Mit meinem Wallach Gino habe ich die Erfahrung gemacht, dass er auf jeden Fall meine Mitteilungen erhält: Gino findet Wurmkuren und alles, was aus dicken Spritzen direkt ins Maul befördert werden soll, gar fürchterlich. Ich komme also in den Stall und unsere Stallpächterin kommt mir entgegen und sagt mir, dass sie mein Pferd soeben mit der Wurmkur in der Hand in die Flucht geschlagen hat. Ich solle das doch bitte selber regeln. Ok. Ich bin dann raus zu Gino und habe ihm erklärt, wie wichtig so eine Wurmkur ist und hab ihm Bilder geschickt, wie der Darm voller Würmer sitzt und er Bauchschmerzen bekommt, und habe ihm klar gemacht, dass, wenn er die Wurmkur schluckt, alle Würmer tot umfallen und ausgeschieden werden: Darauf ist er mit mir wieder in den Stall gegangen und hat sich ohne Widerwillen die Wurmkur geben lassen. Und da war ich echt baff."

Bastienne Beyer, Melle

„Ich kann nur jedem raten, üben, üben üben und immer am Ball bleiben, auch wenn es mal harte Einschläge gibt. Die Telepathie lässt einen nicht mehr los. Hat sie einen erst gepackt, gibt es kein Zurück mehr und der Weg nach vorne ist wunderschön, auch oder gerade im Hinblick auf die Tiere! Damals, einen Tag nach dem Anfängerkurs bei Karin, war alles ganz anders, als ich in den Stall kam. Sie hatte mit allem Recht behalten. Mein Pferd wusste ganz genau, was Sache ist und wo ich am Vortage war. Calito schaute mich gleich so erwartungsvoll an. Ich, mit Block und Stift bewaffnet, ging also in die Stallgasse und setzte mich an die Boxentür. Calito krabbelte mir fast auf meinen Schoß. Ich konnte richtig „sehen", dass er mir alles Mögliche sagen wollte. Er stand total unbeweglich bei mir und erzählte und erzählte wie ein Wasserfall ... Nur war ich leider viel zu aufgeregt durch seine Reaktion, so dass ich mich nicht konzentrieren konnte. Ich habe nicht viel mitbekommen, was er mir geschickt hat, leider! Hinzu kommt noch, dass mein Stift versagte. Genau in diesem Moment drehte sich Calito um und schaute aus

der Box. Und gerade als ich dachte: „Ahhh, er geht wieder!!", dreh-
te sich Calito, schwupps, wieder zu mir, um in der gleichen Position
zu verharren wie vorher!! Also ich finde das Wahnsinn. Er wusste
und „hörte" genau meine Gedanken, hinzu kommt, diese Reaktion
habe ich vorher noch nie bei ihm bemerkt. Und ich bin mir absolut
sicher, er hat sich gefreut, dass ich diesen Kurs bei dir gemacht habe,
Karin. Dafür war seine Reaktion zu eindeutig! In der Folge musste
ich nur noch lernen zu verstehen, was er mir gedanklich mitzutei-
len hat! Er ist ein sehr kluges und einfühlsames Pferd. Und ich sage
nochmals DANKE Karin, dass du diese Kurse veranstaltest und du
uns die Telepathie näher bringst ..."

Silke Haupt, Hamburg

„Für mich bestand die größte Anfangsunsicherheit darin, dass ich
nicht wusste, was habe ich empfangen und was ist meine blühende
Fantasie. Für das Üben zuhause war das Wichtigste, mir Feedback
von den Tierbesitzern zu verschaffen. (So habe ich, durchaus auch
eigennützig, übers Internet ein Forum der Kurs-Ehemaligen
geschaffen. Mit den dort veröffentlichten Tierbildern können die Teil-
nehmer üben und von den Besitzern der Tiere Feedback zu ihren
Interviews bekommen.)
Meine Umwelt nimmt's nicht nur erstaunlich gelassen, sondern
viele geben nun zu, dass sie schon immer vermutet haben, dass es
„so etwas" gibt. Es ist schön für mich, dass ich im Freundeskreis mein
Denken und Tun nicht verstecken oder umständlich erklären muss.
Mich selbst hat die Kurserfahrung zunächst mehr ins Schleudern
gebracht als Freunde und Familie. Die neue Fähigkeit hat nicht
weniger als ein verändertes Selbstverständnis von mir verlangt. Wer
bin ich? Eine Frau, die mit Tieren spricht? Auch hier hat der Aus-
tausch mit Gleichgesinnten geholfen. „Probleme" gab es eher mit
meinen Tieren in Form von ein paar Dominanzproblemen. Sie
waren aber nicht schwer zu lösen. Man darf eben die artspezifische
Verhaltensweise eines Tieres nicht über der Telepathie vergessen.

Meine schönsten Erlebnisse sind es, wenn eine Botschaft so klar ist, dass ich weiß, hier brauche ich kein Feedback. Dann sehe ich, dass ich die Unsicherheit des Anfängers allmählich überwinden kann."

Ulrike Yaani Buergel-Goodwin aus Regensburg

„Dass die mentale Kommunikation mit Tieren bei mir funktioniert, hat mich schon sehr überrascht! Ich hatte mir vorher zwar sehr gewünscht, dass ich es lernen könnte, habe es aber nicht so wirklich geglaubt. Ich habe es einfach auf mich zukommen lassen. Meist empfange ich „nur" einzelne Bilder, manchmal Worte und selten ganze Sätze. Anfangs nach dem Kurs hat das Empfangen mit meinen eigenen Tieren (zwei Pferde, eine Katze) und den Übungs-Tieren der anderen Kursteilnehmer in der Internet-Group ganz gut geklappt, aber nach einer Zeit plötzlich nicht mehr. Ich weiß, dass ich für Erfolge wieder mehr üben müsste, dazu habe ich aber nicht immer die nötige innere Ruhe. Das Senden meiner Gedanken funktioniert jedenfalls immer noch ganz gut, besser als das Empfangen. Das ist sehr praktisch, weil ich Tieren so sehr gut etwas mitteilen oder erklären kann! Zum Beispiel geht mein Pony jetzt endlich ohne Stress in den Hänger. Das hat allerdings auch viel Üben (Bodenarbeit) benötigt, nur mit Telepathie ging es auch nicht. Eines Nachts während der Hängerübezeit, als ich nicht einschlafen konnte, hat mich Kelvin plötzlich gefragt, ob das schlimm wäre, im Hänger stehen bleiben zu müssen! So, als ob er fast schon überzeugt war, sich nett verladen zu lassen, und sich nochmal bei mir rückversichern wollte, dass es wirklich nichts Gefährliches ist. Und dann hat sich auch noch mein anderes Pony Kenia eingemischt, und halb zu ihm, halb zu mir gesagt, dass das gar nicht schlimm wäre! Das war das erste Mal, dass Tiere mich von sich aus angesprochen haben. Ich denke, dass sie das öfter probieren, aber ich dann nie offen genug bin, um es zu merken. Das hat mir wieder den Ansporn gegeben, weiterzumachen!"

Daniela Marx, Sehnde

„Ich begann, mich von der Vorstellung zu befreien, dass ich als blutige Anfängerin gleich eloquente Gespräche mit meinen Tieren führen würde. Und dann wurden sie mir bewusst, die kleinen schönen Erlebnisse und Satzfetzen, Gedankenbruchstücke, wie auch immer ... Ich merkte, dass meine Wahrnehmung feiner wurde und ich begann unbewusst, mich mehr auf die Tiere einzustellen. Ich habe immer schon mit ihnen geredet, jedoch nie mit dem Bewusstsein, dass sie wirklich jedes Wort verstehen. Seit einigen Monaten rede ich mit ihnen genau so, wie ich auch mit meinen Mitmenschen rede. Mir ist dabei klar, dass sie mein Deutsch natürlich nicht verstehen. Es ist aber für mich eine „Krücke", mit der ich mich verständlich mache, weil ich in dem Augenblick, in dem ich einen Gedanken oder Wunsch als Satz formuliere, ihn auch klar im Kopf habe. Und dadurch, dass mein Gedanke derart fokussiert ist, verstehen sie mich (wenn sie wollen, die Schlingel). Gleichzeitig biete ich offenbar auch Schwachstellen, die schamlos ausgenutzt werden.

So hat eines unserer Pensionspferde, immer hungrig und auf Dauerdiät, mich dazu gebracht, ihm eine Riesenportion Hafer zu servieren. Es war mein Geburtstag und wir hatten reingefeiert. Ich war gerade erst wieder in der Lage, die Augen offen zu halten und meine Füße voreinander zu setzen. Dass ich noch keine nennenswerten eigenen Gedanken im Kopf hatte, hat Sultan sofort ausgenutzt und mir seinen sehr starken Wunsch nach Hafer übermittelt. Wie in Trance habe ich dann die für ein anderes Pferd bestimmte Riesenportion in seinen Trog wandern lassen. Dieses Pferd steht jetzt schon neun Jahre bei uns, aber das ist mir bei ihm wirklich noch nie passiert. Seitdem bekommt er aber immer, wenn ich füttere, eine Hand voll Hafer ab. Was mir immer noch nicht so recht gelingt, ist bewusst und mit einer konkreten Fragestellung mit meinen Tieren zu reden, da muss ich noch weiter lernen und üben. Ich würde sie gerne von unterwegs aus fragen, wie es ihnen geht und ob alles in Ordnung ist. Eine Lösung könnte für mich sein, auch den Kontakt zu meinen eigenen Tieren mittels Foto herzustellen.

Was ich mir mittlerweile auch abgewöhnt habe, sind abfällige Bemerkungen (Mistvieh, Fettkloß, blöder Gaul etc., nicht böse gemeint, aber doch herabsetzend) über unsere Tiere, weil ich gemerkt habe, dass sie das kränkt, auch wenn man es gar nicht böse meint. Meine Umgebung, zumindest der weibliche Teil, reagiert erstaunlich positiv, wenn ich von der Tierkommunikation berichte. Die, die selber Tiere haben, finden es eh nicht abwegig und auch die anderen hatten alle irgendwann schon telepathische Erlebnisse, haben es aber nie an die große Glocke hängen wollen. Aber auch bei denen, die es nicht wahrhaben wollen, dass Tiere denkende und fühlende Wesen sind, machen sich Bewusstseinsänderungen bemerkbar.

Mein Mann und ein Freund von uns besprachen den Anbau einer Remise an unseren Stall. Ich habe die Gelegenheit beim Schopfe gegriffen und für Joey eine neue Box angemeldet, die dann außerhalb des Stalls liegen würde, und somit staubfrei wäre.

Sofort kam natürlich die Frage, wozu das dann gut sein solle. Ich erzählte dann, dass Joey mir gesagt hat, dass er keinen Staub verträgt und frische Luft braucht. Natürlich haben sie rumgefrozzelt und die üblichen Bemerkungen über Pferdewurst und Rouladen gemacht.

Aber sie wirkten unsicherer als sonst. Mein Mann hat einen Teil der Protokolle gelesen, hält sie zwar vorgeblich für Quatsch, denkt aber mit Sicherheit darüber nach. Ich denke, dass sie Angst haben, unsere Tiere, Luxus- wie Nutztiere, als denkende und fühlende Wesen anzuerkennen.

Ich bin jedenfalls froh über die neuen Horizonte, die sich mir eröffnet haben und die es mir ermöglichen, meine Tiere besser zu verstehen und durch die ich einen noch harmonischeren und partnerschaftlicheren Umgang mit ihnen pflegen kann."

Bärbel Jürgens, Lehre

„Anfang März hat mich meine Stute Nadine etwas unsanft abgesetzt und ich bin über acht Wochen nicht geritten. Das war eine sehr gute Zeit. Ich habe mit meinen Beiden nach Ga Wa Ni Pony Boys Pferdetraining „gearbeitet". Und ich habe so viel dabei gelernt. Da ich ja nicht reiten konnte, musste ich Misserfolge einfach wegstecken und am nächsten Tag wieder neu probieren. Ich muss dabei an Daniela Marx und ihre Hängergeschichte denken. Ich bin auch mit Telepathie alleine nicht weitergekommen, aber die Kombination aus Geduld und immer wieder ruhig auf sie eingehen hat uns geholfen. Ein Beispiel: Ich habe mit Jerry, meinem Wallach, frei im „Round-pen" (abgetrenntes Stück Wiese) gearbeitet, auf Schnalzen und etwas Strickwedeln in Trab bzw. Schritt zu gehen. Das lief schon sehr gut. Jetzt war der Galopp dran. Die ersten Runden sah es sehr hektisch aus, und ich rannte wie verrückt hinter ihm her und machte ihn nur ganz panisch, bis er dann aus einem wilden Trab einige hektische Galoppsprünge machte. Da habe ich gemerkt, so geht das nicht, er denkt ja, ich will ihn hetzen und er kann nicht weg. Also, stand er schnaufend und etwas verwirrt bei mir und war auch ganz aufmerksam. Ich redete dann ruhig mit ihm, so, wie wenn man einem Schüler etwas beibringen will. Ich habe ihm erzählt, was ich von ihm erwarte, dass es gar nicht schwer ist zu galoppieren, dass er keine Runden rennen soll, sondern einfach auf mein Zeichen hören soll, ich habe ihm Bilder geschickt, wie ich mir das vorstelle, dass er ganz ruhig und gelassen aus dem Trab in den Galopp anspringen kann. Ich habe es ja bei ihm gesehen, er kann das (in der Herde, beim Spielen). Er hörte auch wirklich aufmerksam zu, schnaufte entspannt auf, und wir versuchten es noch mal. Ich ließ ihn einige Zeit traben, dann gab ich das Zeichen zum Angaloppieren und schickte dabei Bilder mit seinen Galoppsprüngen, wie er sich dabei bewegt. Und ...? Was soll ich sagen: Es hat geklappt, ganz ohne Hektik und ruhig sprang er an und ich holte ihn auch bald wieder zurück. Und das haben wir weiter und weiter verfeinert, über die Wochen. Es war ein Supergefühl! Ich habe noch oft mit ihm so geredet, und er hört dann richtig zu, kaut und schnauft zufrieden. Bei meiner Stute Nadine geht es auch oft ohne viel Worte. Sie kann gut

„leise" hören! Das war meine Geschichte. Und es gibt immer mehr.
Das ist das Schöne an der Telepathie. Danke für alles, Karin. Liebe
Grüße an alle Zwei- und Vierbeiner!"

Christel-Maria Burzeya, Hamburg

„Ich möchte mich nochmals bei Karin bedanken, es war ein sehr
schönes, prickelndes und aufschlussreiches Wochenende – ich kann
jetzt noch davon zehren und erinnere mich gerne daran!
Es hat sicherlich auch damit zu tun, dass wir alle so gut miteinan-
der harmoniert haben und viel voneinander lernen konnten. So viele
Emotionen auf einem Haufen habe ich noch niemals erlebt.
Am Dienstag nach dem Seminar habe ich Besuch von einem Freund
bekommen, der mir gleich zwei Bilder von seinen Pitbulls dagelas-
sen hat. Nein, das sind nun wirklich keine Kampfhunde – im Ge-
genteil. So was Verschmustes und Liebes habe ich selten erlebt!!! Tja,
dann habe ich mich unterhalten und als ich es ihm vorgelesen habe,
sind ihm die Tränen über die Backen gelaufen. Sogar ein mysteriö-
ser roter Ball hat sich nach ein paar Tagen wiedergefunden. Ich war
wirklich verblüfft, weil ich dachte, ich kann's nicht mehr, wenn ich
zu Hause bin, *sorry Karin*.
Mir geht es recht gut, ich übe fleißig und motiviere Freunde, mir Bil-
der von ihren Tieren und Tieren von Bekannten zu geben. Hatte
schon nette Gespräche und zwei Freunde von mir habe ich voll ange-
steckt. Meine Freundin gibt mir Bilder von Hunden, Katzen, Hasen
und wenn alle Stricke reißen, gibt es ja noch den Fischteich!
Meine Arbeitslosigkeit kommt mir sehr gelegen, so dass ich mich
dem, das so kommt, voll hingeben kann. Ist ein schönes Gefühl, von
den Tieren aufgemuntert zu werden und einfach nur zu plaudern.
Habe bis jetzt immer Druck auf mich ausgeübt und nun endlich
begriffen, dass es so nicht funktionieren kann. Wie gut, dass ich eine
Notbremse habe. Es war mir auch bewusst, dass dieses Seminar alles
verändern wird und ich mich danach neu orientiere. Nun kann ich
langsam anfangen, mein Haus auf festem Untergrund zu bauen

und den Sand zu beseitigen. Ein langer Weg, der sich lohnt – ich
sehe und spüre es nun mit ganzem Herzen, und meiner Seele geht
es von Tag zu Tag besser. Meine Erwartungen habe ich runterge-
schraubt und kann sehr gut damit leben, mir nicht zu viel zuzu-
muten. Durch deine liebe und offene Art lerne ich recht schnell und
kann dich voll und ganz annehmen. Ein schönes und neues Gefühl,
das mir immer wieder die Tränen in die Augen treibt. Vielen Dank,
dass ich dich kennen lernen durfte!"

Michelle Pouillon, Esslingen

„Meine Stute, die leider nicht mehr am Leben ist, half mir dabei, auf
die kleinen, kleinen Details zu achten, die manchmal wichtig sind,
damit ich als Tierdolmetscher die Antwort auf bestimmte Probleme
finden kann. Wenn ich etwas falsch übersetzte, wurde sie recht-
schaffen sauer. Kommunikationen wende ich in meiner alltäglichen
Arbeit mit meinem Jungpferd an. Alles wurde so viel einfacher! Ich
möchte anderen mit ihren Tieren helfen, also war es ganz natürlich,
dass ich anfing, mir ein Zubrot als Tierdolmetscher zu verdienen.
Ich versuchte mein Glück und hängte eine Anzeige ans schwarze
Brett in unserem Lebensmittelgeschäft. Das Telefon klingelte und
klingelte. Ein paar Monate später bekam ich Kontakt mit jemandem weit weg in Norrland, der Probleme mit seinen Pferden hatte.
Ich überlegte, ob ich mich an Distanzkommunikation heranwagen
sollte – es klappte. Jetzt rufen Leute an von Malmö im Süden bis
Kiruna im Norden, alle gleichermaßen dankbar für die Hilfe. Ich
habe sogar schon mit Pferden im Ausland kommunizieren üben
können. Ich selbst war skeptisch, aber ich probierte es. Und wie sauer
das Pferd war! Jemand sollte absolut damit aufhören, vor seiner Box
mit dem Fahrrad herumzufahren! Ich musste dort anrufen und ein-
gestehen, dass es mir nicht gelungen war, weil das Pferd nur davon
redete, dass jemand aufhören sollte hin und her zu radeln. Es gab
ein Riesengelächter am anderen Ende der Leitung. Das Pferd befand
sich auf einer Trabrennbahn, nur ein paar Stunden vor dem Start.

Mit dem Pferd zusammen war der Pferdepfleger angereist, der alles mit dem Rad erledigte. Es funktionierte also auch mit ausländischen Tieren. In Carolas Aushang stand, dass es alle können, ich zweifelte. Jetzt nicht mehr! Wenn ich es kann, dann können es alle anderen auch!

Etwas, das ich sehr zu schätzen weiß, ist all die Hilfe, die ich von Carola nach dem Kurs bekommen habe. Wenn ich Fragen hatte und anrief, habe ich immer Antwort und Ansporn von ihr bekommen. Wenn ich anfange zu zögern, reicht es schon, wenn ich Carolas Stimme höre. Nach einem positiveren Menschen kann man lange suchen! Wir haben immer noch Kontakt und ich hoffe inständig, dass er bestehen bleibt. Carola hat mich etwas gelehrt, von dem ich allen wünsche, dass es ihnen widerfährt. Einen so tiefen Kontakt mit seinen Tieren zu bekommen, wie ihn die Gespräche beinhalten, das ist pures Gold wert. Ich werde niemals bedauern, dass ich meinen Sattel verkauft habe, was nämlich dazu führte, dass ich das Geld für diesen unglaublichen Kurs zur Verfügung hatte. Jetzt sitze ich hier mit dem Gedanken, mich selbstständig zu machen. Was ich da anbieten will? Tierkommunikation natürlich!"

Jenny Hammargren, Munka-Ljungby, Schweden

„Nachdem ich innerhalb eines Jahres meinen Vornamen geändert habe, aus der Kirche ausgetreten bin, einen sicheren Beamtenjob an den Nagel gehängt und gegen vorläufige Arbeitslosigkeit getauscht habe, ohne so genau zu wissen, was kommen wird, und nebenbei eine Menge Geld für Seminare und die teure und zeitaufwendige Pflege meines kranken Pferdes aufgewendet habe und es mir dabei auch noch sichtlich besser ging als vorher, hat sich in meinem direkten Umfeld auch niemand mehr gewundert, als ich anfing mit Tieren zu kommunizieren. Die ersten Erfahrungen mit den Besitzern meiner tierischen Gesprächspartner: Die Leute sind total begeistert! Wenn sie die Protokolle lesen, können sie ihre Tiere darin genau wiedererkennen, gewinnen neue Einsichten und oft gibt es Grund zu schmunzeln. Einige wollen selbst die Tierkommunikation erlernen, andere erzählen begeistert ihren Bekannten davon. Ich habe mich bereits innerhalb kürzester Zeit herumgesprochen."

Johanna Jülich, Tübingen

„Leider wurde dieser anfängliche Enthusiasmus bald etwas abgedämpft durch das fehlende unterstützende Umfeld der Gruppe. Es fehlte mir der Austausch, das Mitteilen der Erfahrungen. Ich bleibe dran, meine Tiere haben den Auftrag bekommen, nicht nachzulassen in ihrem Bemühen, mich zu unterrichten, ihre Botschaften zu verstehen."

Marlene Brütting, Frensdorf

„Liebe Karin, ich muss einfach nochmal los werden, wie gut mir das Wochenende getan und gefallen hat! Es war ja unschwer zu erkennen, dass ich am Samstag leicht gestresst und unter Strom ankam. Du hättest aber mal das selige Grinsen sehen sollen, mit dem ich am Sonntag vier Stunden lang nach Hause gefahren bin! Habe mich selten so rundherum wohl gefühlt! Ich habe schon an einigen Türen gerüttelt, und hie und da auch ein wenig über Energiearbeit erfahren, wieviel anders ist es jedoch, das Ganze zu erleben! Die Kombination aus Deiner Anleitung, den immer genaueren Ergebnissen und den so angenehmen Menschen, aus denen sich die Gruppe zusammensetzte, war einfach eine wunderschöne Erfahrung. Seit dem Wochenende spreche ich jeden Tag mit einem Tier, natürlich mit den eigenen, mal mit besserer, mal mit schlechterer Resonanz, aber zumindest kommt immer irgendwas. Als mir die älteste von unseren drei Katzen erzählte, sie sei die Königin, sei klug, schön und elegant und sie müsse den beiden Bauerntrampeln (ihre Worte!), erst mal Erziehung angedeihen lassen, da wusste ich einfach nochmal, wie sehr sich alles gelohnt hat.
Inzwischen lote ich auch diejenigen Freunde aus, die mich nicht sofort für bescheuert erklären, wenn ich mit ihren Tieren sprechen

möchte, denn ich möchte natürlich auch gerne ein Feedback haben, und hier ergibt sich auch einiges. In die Newsgroup habe ich auch schon reingeschnüffelt, macht einen netten Eindruck und man kann ja auch hier prima üben. Sicher werden wir uns mal in einem Deiner Auffrischungs- oder sonstigen Kurse wiedersehen und ich freue mich schon jetzt darauf. Ganz liebe Grüße aus Oberfranken, falls es Dich mal in diese Richtung verschlägt: Es gibt immer einen guten Kaffee oder Tee bei uns."

Anja Gemmer, Marktschorgast, bei Bayreuth, Oberfranken

„Bei meinen eigenen Tieren sind es nicht unbedingt die großen Problemdiskussionen, sondern eher die kleinen Alltagsgespräche, oftmals in Zusammenhang mit Körpersprache, die uns Spaß machen. Beispiel: Meine Stute ist verschwitzt vom Ausritt. Beim Absatteln guckt sie mich intensiv an. Mein Blick fällt auf das Stück Sandweg, an dem wir stehen, nach wochenlanger Trockenheit ein schöner, feiner und trockener Sand. Und ich erinnere mich an die Aussage einer Kursteilnehmerin nach der Arbeit mit den Fotos: „Etoile wälzt sich gern im Sandauslauf." Nun, den haben wir nicht, aber heute dieses Stück Sandweg. An der Longe führe ich sie hin und schlage ihr mental vor, sich dort zu wälzen (eigentlich eher unwahrscheinlich für ein Pferd, sich auf Aufforderung hin und noch dazu an der Longe zu wälzen, oder?). Ich selbst bin überrascht, denn sie zögert nicht lange und wälzt sich sichtlich genüsslich im feinen, von der Sonne erwärmten Sand!
Aber auch die Tage gibt es, an denen alles durcheinander zu geraten scheint. Im Gespräch mit unserem Wallach Champion aus 1.000 km Entfernung „sehe" ich einen vom Pferd fallenden Reiter. Panik. Ist mein Freund bei dem Karnevalsumzug, an dem er an diesem Nachmittag teilnehmen wollte, gestürzt, oder ein anderer Reiter, oder hatte Champion Angst, es könnte passieren? Ich weiß es bis heute nicht, aber zum Glück ist niemand gefallen oder hat sich weh getan. Aber auf den Schreck hin habe ich erst einmal ein paar Tage

Abstand genommen von den Gesprächen. Aber auch dieses Erlebnis zeigt wieder, wie wichtig eine angemessene Einschätzung des telepathisch Erfahrenen und die richtige Interpretation ist. Und auch die braucht wohl ausgiebige Übung!"

Bärbel Mirke, Walscheid

„Das, was mir ermöglicht hat, überhaupt Tiergespräche zu führen und Feedback zu bekommen, ist unser Internet-Treffpunkt, die „Group". Gäbe es sie nicht, wüsste ich nicht, wie man in Übung bleiben sollte. Tierbesitzer, die man eingeweiht hat und die wissen wollen, was dran ist, stellen sehr hohe Erwartungen und zweifeln jede Unstimmigkeit an. Dann wird das ganze Gespräch und die Tierkommunikation als solche in Frage gestellt, was den Anfänger natürlich entmutigt. Ganz wichtig ist die Erkenntnis, dass es eben kein „kleiner Mann im Ohr" ist, auf den man wartet. Es ist kein Gespräch im wörtlichen Sinn. Man hört keine Stimme. Es sind (zunächst) keine Worte, geschweige denn Sätze, man sieht keine glasklaren Bilder.

Es sind Ahnungen von Eindrücken, blitzschnelle Kurzaufnahmen, zu schnell zum Festhalten, undeutlich und ohne Details. So fängt es an. Es wird allmählich besser, wenn man oft übt und die Erfolge einem Mut machen. Man kann Tiere nicht zu „Beweishandlungen" überreden. Auch mit reizvollsten Belohnungen, durch die sie sonst aus dem hintersten Winkel des Hauses zu locken wären, lassen sie sich nicht mental zu etwas auffordern. Echte Wünsche, die von Herzen kommen und entsprechend vorgetragen werden, erfüllen sie dagegen gern.

Man muss nach einer Weile aufpassen, dass einem nicht verräterische Sätze entfleuchen wie: „Mein Pferd hat sich eine blaue Decke gewünscht" oder „Die Katze meiner Freundin findet es albern, wenn man so kindlich mit ihr spricht." Ein Meilenstein für mich war mein allererster (bewusster) mentaler Tierkontakt, direkt nachdem ich das Buch gelesen hatte, mit einem meiner Kater. Auf die Frage, ob es ihm bei uns gefällt, sagte er klar und deutlich: „Schönes Haus. Meine Sonne, deine Sonne." Natürlich habe ich da noch gedacht, ich spinne ...

Oder die Erfahrung mit dem freilebenden Bussard, der mir auf meine Frage, ob er genug Nahrung findet, ein Bild von zwei Mäusen in einer Feldfurche sandte und dazu die Worte: „Sind wenig."

Tiergespräche, am besten ganz ohne Besitzerfragen, sind fantastisch. Man kommt von einem auf das nächste Thema, merkt gar nicht, wie Besonders das ist, was man gerade tut, schreibt verblüfft merkwürdige Dinge auf und bekommt dann ein Feedback, das einem die Freudentränen in die Augen treibt.

Nach der ersten Euphorie stellt sich sehr schnell Ernüchterung ein. Wenn man mal mit einem Tier Kontakt hatte, das seinen Gefühlen Luft macht, dem es nicht gut geht, spätestens dann wird einem klar, dass man nur wenig Möglichkeiten zum Helfen hat. Änderungen der Umstände, unter denen „domestizierte" Tiere leben (müssen), hängen im besten Fall von ihren Besitzern ab. Im schlimmsten Fall von der Nutztiervermarktung, Massentierhaltung, von Tierversuchslabors, nicht tiergerechten Zoos und anderen Einrichtungen, auf die man selbst keinen direkten Einfluss hat. Was würden diese Tiere sagen, wenn man sie fragte? Sie wissen um ihre Situation, die Aussichtslosigkeit. Sie empfinden Hoffnungslosigkeit, Trauer, Schmerzen und Angst. Man muss nicht mit Tieren reden, um beim Gedanken daran Beklemmungen zu bekommen, aber die Erkenntnis, die auf die Gespräche folgt, steigert die Betroffenheit und die Hilflosigkeit."

Gaby Brandt, Köln

Was, wenn es nicht klappt – oder zu gut?
Selbsthilfe und Rettungsanker

Gerade am Anfang tut man sich als „Tierdolmetscher-Azubi"
schnell schwer, wenn niemand da ist zum Üben, zum
Erzählen, zum Austauschen, oder wenn man sich einfach mal
wieder selber im Weg steht. Gaby Brandt aus Köln hat ein paar
sehr gute Tipps und Tricks, die Ihnen bestimmt weiterhelfen:
„*Um die ewige Stimme im eigenen Kopf abzuschalten, hat mir das
Meditieren geholfen. Obwohl ich mich noch nie damit beschäftigt
hatte, ging es schon nach kurzer Übung. Auch unmittelbar vor
einem Tiergespräch hilft es mir, mich zu zentrieren, zu entspannen.
Es geht aber mittlerweile auch ohne. Bei Autofahrten denke ich an
jeder roten Ampel „nichts". Das schult, den Kopf frei zu machen und
hat den angenehmen Nebeneffekt, dass man sich über rote Ampeln
freut. Geräusche lenken mich noch leicht von den Tiergesprächen ab.
Mit Ohrstöpseln blende ich alles Störende aus. Walt Disneys Dumbo
hatte eine Feder, ich hatte anfangs einen Bergkristall, den ich bei den
Gesprächen in der linken Hand hielt.
Es nützt nichts, sich wie wild auf das Bild zu konzentrieren und auf
das zu warten, was immer da kommen mag. Dann geht gar nichts.
Mir hilft, das Bild entspannt wirken zu lassen und dann schon erste
Eindrücke zu notieren. Wie wirkt das Tier auf mich (freundlich, leb-
haft, traurig, krank …)? Würde ich es gern streicheln, kommt es
mir dabei entgegen? Wie würde es sich verhalten (aufgeschlossen,
schmusig, scheu, abwehrend)? Bekomme ich Bilder, Gefühle, tut
mir plötzlich etwas weh? Meist tut sich dann schon was und ich
kann mich dem Tier vorstellen, indem ich Freundschaft und Wärme
schicke und frage, ob es Lust auf ein Schwätzchen hat. Wenn das
Tier dann mitmacht, man nicht abgelenkt wird und nicht an sich
zweifelt (!), geht es wie von selbst. Hat bis dahin alles geklappt, ist
das Wichtigste, wirklich alles, das ganz Normale aber auch das
Merkwürdige aufzuschreiben, ohne darüber nachzudenken. Wenn*

eine Frage keine Antwort bringt, nicht selbst anfangen, eine Antwort zu basteln (!), sondern entweder anders formulieren oder eine neue Frage stellen. Am Ende des Gespräches das Tier nicht einfach stehen lassen, sondern ihm einen Impuls geben, was es jetzt tun kann (futtern, schlafen, spielen ...). Und bedanken nicht vergessen!
Die besten Gespräche entstehen, wenn ich die Fragen vorher nicht durchlese, sondern sie zunächst zur Seite lege. Damit schließe ich aus, dass die Fragen den ersten Eindruck und den Anfang des Gespräches beeinflussen. Als Erstes stelle ich eigene Standardfragen und warte ab, ob sich dadurch ein Gespräch ergibt. Erst danach nehme ich die Besitzerfragen dazu. Das Interessante bei dieser Art der Kontakte ist, dass am Anfang der Gespräche oft schon einige der (noch unbekannten) Fragen des Besitzers beantwortet werden, normalerweise die, die für das Tier selbst am wichtigsten sind."

Genau mein Reden, kann ich da nur sagen!

Wenn Ihnen das Meditieren bislang fremd war und Sie nicht recht wissen, wie Sie den Einstieg finden sollen, wie wäre es mit der folgenden Gedankenreise?

Gedankenreise zu den inneren Blockaden

Setzen oder legen Sie sich bequem hin und machen Sie die Augen zu. Stellen Sie sich vor, wie Sie Ihr Kronenchakra (zur Erinnerung: das auf Ihrem Scheitelpunkt), Ihre Öffnung nach „oben" öffnen. Von oben lassen Sie weißes strahlendes Licht, einen Strom aus kosmischer Energie, in Ihren Körper fließen. Spüren Sie, wie sie jeden Winkel Ihres Körpers erreicht und umspült? Alles, was Sie am heutigen Tag beschäftigt, gehemmt, angespannt oder behindert hat, löst sich auf durch den Einfluss dieser leuchtenden Energie. Je mehr Sie davon einatmen und durch Ihr Kronenchakra in sich einfließen lassen, desto lockerer und entspannter werden Sie.

Wenn Sie so weit sind, stellen Sie sich vor, wie Sie einen gesunden Frühlingswald betreten. Machen Sie einen Spaziergang. Es ist warm, Sie sind barfuß. Sie spüren das Moos unter Ihren Füßen. Fühlen Sie genau hin. Sehen Sie sich um. Nehmen Sie alles ganz genau wahr. Die Geräusche des Waldes, das wärmende Licht der Sonne, das durch das Blätterdach zu Ihnen dringt. Den Wind in den Bäumen, ein sanftes Rauschen, fast wie am Meer. Alles ist friedlich und von Leben erfüllt. Sie gehen weiter und kommen an eine Lichtung. Eine Quelle entspringt dort zwischen ein paar Felsen, ein kleiner Bachlauf schlängelt sich hindurch. Was ist noch da? Richtig. Da liegt eine einladende Decke für Sie. Lassen Sie sich darauf nieder und hören Sie den Bäumen zu, dem Vogelzwitschern und dem Plätschern des Baches, den anderen Geräuschen des Waldes. Riechen Sie das Moos und die Bäume. Trinken Sie einen Schluck köstlichen Quellwassers, wenn Sie mögen. Und dann denken Sie an Ihr Problem mit der Tierkommunikation. Jagt Ihnen dabei etwas Angst ein? Was macht Ihnen zu schaffen? Was steckt dahinter? Machen Sie es sich einfach deutlich bewusst. Nehmen Sie dabei Ihren Körper wahr. In welchem Körperteil empfinden Sie den Druck, die Angst, die Beklemmung, Ihr Problem am stärksten? Gehen Sie mit Ihrer Vorstellungskraft dorthin und schauen Sie es sich genau an. Ist es punktuell oder führt es Sie weiter durch Ihren Körper? Gehen Sie dem Problem nach. Sie spüren es körperlich, es wird greifbar. Und deswegen greifen Sie jetzt auch in Ihren Körper hinein und ziehen den Druck heraus. Wie sieht er aus? Halten Sie ihn in der Hand. Streicheln Sie ihn. Er gehört zu Ihnen. Schenken Sie ihm ein warmes Gefühl und aufmunternde Worte. Und fragen Sie. Fragen Sie die Angst, das Problem, den Druck, welche Funktion er für Sie hatte und ob er diesen Zweck vielleicht schon längst erfüllt hat. Wann haben Sie es zum ersten Mal gespürt? Warum konnten Sie bisher noch nicht loslassen? Streicheln Sie das Problem weiter, während es auf Ihrer Hand sitzt und nehmen Sie mit der anderen Hand all das weg, was wie eine Kruste um dieses liebe Ding herum liegt und es wie einen Panzer einschnürt. Was übrig bleibt, das, was Sie noch gut brauchen können, diesen lieben Teil von Ihnen, bringen Sie behutsam und vorsichtig in Ihren Körper zurück. Dahin, wo es sich für Sie gut und stimmig anfühlt. Sie merken, wie es sich auflöst und in Ihrem Körper verteilt, wiedergewonnene positive Energie. Sie stärkt Sie mit jedem Atemzug, strömt in jeden Winkel Ihres Körpers und entfaltet sich dort zu Ihrem Besten. Ihr ganzes Sein spürt die Nützlichkeit dieses Teils von Ihnen.

Dann buddeln Sie ein Loch in den weichen Waldboden, gleich am Ansatz der Quelle. Hier begraben Sie das, was Sie vorher weggepellt haben. Das, was Sie nicht mehr brauchen. Es hat seinen Sinn erfüllt. Graben Sie es tief ein, ohne Markierung und so, dass nichts mehr davon zu sehen oder zu ahnen ist. Sie finden den Fleck nicht mehr wieder. Er gleicht sich dem übrigen Boden an. Und beim nächsten Regen, wenn die Quelle stärker fließt, wird sich das, was darunter verborgen ist, spurlos auflösen. Es wird neutralisiert und als neue, andere Energieform neuen Bestimmungen zugeführt. Ihnen wird es nichts mehr anhaben. Sie fühlen es nicht einmal mehr und können sich auch nicht mehr erinnern, wie es sich angefühlt haben mag. In Ihnen ist nur noch das positive Gefühl, der sinnvolle, nützliche Teil.

Und jetzt spüren Sie noch einmal genau in Ihren Körper. Wie fühlen Sie sich jetzt, wo Ihr Problem weg ist? Spüren Sie ganz genau den Unterschied. Und wenn Ihnen danach ist, stehen Sie auf, atmen Sie ein paar Mal die frische Waldluft ein, lassen Sie die Füße im Bach abkühlen, machen Sie einen Luftsprung, so leicht fühlen Sie sich.

Sie sind frei! Genießen Sie den Augenblick, das Glück, den Frieden des Waldes. Saugen Sie alle Eindrücke, alle Einzelheiten in sich auf. Und dann kommen Sie wieder in die Wirklichkeit zurück. Spüren Sie den „wirklichen" Boden unter Ihren Füßen, atmen Sie tief durch und öffnen Sie die Augen.

Natürlich können Sie anstelle der Angst oder des Problems auch Vergangenheit oder Zukunft anschauen und loslassen – oder Ihre eigenen Krankheiten. Leben Sie in der Gegenwart. Lassen Sie unnötigen Ballast los. Und das sind eben nicht nur materielle Dinge, sondern auch überholtes Gedankengut. Sie werden sich leicht und unbeschwert an Ihre nächste Tierkommunikation heranmachen können!
Manche führen ein richtiges Gedankenreise-Tagebuch. Ich halte das für eine schöne und sinnvolle Idee, um mehr über sich selbst zu erfahren und Fortschritte zu erinnern.
Praktische Übungen sind natürlich auch die weiter vorn (S. 73 ff.) beschriebenen zum Chakra-Aufladen und Freiklopfen und ähnliche mehr.

Wenn man die nötige innere Ruhe, seine viel zitierte „Mitte" gefunden hat, nimmt ein gutes Gespräch seinen Lauf. Doch was, wenn man vom Pferd der Stallnachbarin plötzlich Schauderliches aus der Vergangenheit des Tieres erfährt? Wenn man es schier mit der Angst zu tun bekommt, weil da von so viel Leid und Schmerz und Krankheit die Rede ist, man überwältigt wird von Gefühlen, die nicht die eigenen sind? Manche Tiere nutzen einen aufgeschlossenen Menschen als Katalysator. In Kursen trifft es (man möge mir den Ausdruck verzeihen) interessanterweise meist Menschen, die weit von sich gewiesen hätten, dass sie derart empfänglich sind für fremde Empfindungen und ihrem eigenen Können sehr skeptisch gegenüber stehen. Nun, die ein oder andere Packung Taschentücher später zweifeln sie nicht mehr. Und das ist dann auch meist der Zeitpunkt im Kurs, wo mich alle bitten, doch noch mal „das mit dem Selbstschutz" zu wiederholen. Gern.

Die Lichtdusche

Bevor ich mich als Anfänger in ein Gespräch mit einem fremden Tier begebe, kann ich mich beispielsweise mit einem Mantel aus Licht umgeben. Sie können sich den wie eine unzerbrechliche Glaskugel vorstellen, die Sie umgibt, wie einen Wattekokon, wie Sie mögen. Das reine, weiße Licht kommt aus dem Universum und duscht auf Sie herab. Es ist ein prima Gratis-Schutz, der auch vor jeder unangenehmen Begegnung mit „Energieräubern" oder „negativen Menschen" schützt. Viele sensible Menschen, die mit dem Kommunizieren mit Tieren begonnen haben, berichten, dass sie sich immer unwohler fühlen, wenn sie in große Menschenmengen kommen. Das können Konzerte ebenso sein wie andere Großveranstaltungen oder der schlichte Einkaufsbummel in der Innenstadt. Unsere Antennen werden durch das stete Üben immer feiner – das ist eine der Kehrseiten der Medaille. Auch hier ist die Lichtdusche hilfreich.

Reinigende und schützende Accessoires

Es gibt regalweise Bücher, die sich mit Heilsteinen beschäftigen. Viele Kristalle haben auch eine schützende Wirkung. Mir sind allen voran Bergkristall und Bernstein lieb und teuer. Wichtig ist beim Einsatz von Steinen vor allem, dass sie Kontakt zur Haut haben, täglich gereinigt werden (etwa eine halbe Minute unter fließendem, kalten Wasser) und zum Aufladen mit neuer Energie regelmäßig ins Sonnen- oder Mondlicht oder in die Erde kommen (zum Beispiel vergraben bei den Wurzeln eines gesunden Baumes). Wichtig auch: Tragen Sie die Steine nicht ständig, damit sich Ihr Körper nicht daran gewöhnt und die Wirkung sich dadurch schleichend verringert. Manchmal fühlt man sich an einem Ort nicht wohl, vielleicht hängt noch eine energetische Schwingung im Raum, die wir als

unangenehm empfinden. Manchmal ist es eine Emotion aus
einer Kommunikation, die wir dem Pferd abgenommen haben,
nicht für uns angenommen haben (was gut ist) und nun hängt
sie da. Lösen Sie sie auf, indem Sie erst mal ganz schlicht die
Fenster aufreißen. Lassen Sie frische Luft rein. Manchmal tut
ein richtiger Hausputz gut – auch in feinstofflichen Bereichen.
Darüber hinaus hat es seinen Grund, warum fast jede große
Religion ihr Räucherwerk hat. Oder was dachten Sie, warum
katholische Ministranten im Gottesdienst Weihrauch schwen-
ken? Er dient ursprünglich nichts anderem als der energetischen Reinigung von Räumen und der Menschen, die sich
darin befinden.
Für zuhause tut es neben Weihrauch auch Salbei. Ich verwende gern die getrocknete Pflanze. Ätherische Öle oder Räucher-
stäbchen gehen sicher auch. Das ist in erster Linie Geschmackssache. Manche ziehen auch den frischen Duft von
Zitrone vor.
Wenn Ihnen Steine und Räucherwerk zu abgefahren sind, hüllen Sie einfach ganze Räume, in denen Sie sich nicht wohlfühlen, in weißes Licht. Stellen Sie mittels Ihrer Vorstellungskraft Lichtsäulen auf. In jede Ecke eine. So viele Sie wollen.

Und last but not least: Sie können ja nun mit Ihrem Tier reden.
Reden Sie doch einfach mit ihm und bitten Sie es darum, dass
es Ihnen nicht die volle Breitseite seiner Gefühle um die seeli-
schen Ohren haut. Achten Sie sein Schicksal, aber weisen Sie
auch dezent darauf hin, dass Sie seine Bürde nicht schleppen
können. Sie gehen Ihren Weg, das Tier seinen. Hören sie zu,
trösten und vermitteln Sie, versuchen Sie mutig Dinge zu
ändern, die Sie ändern können, helfen Sie dem Tier, Dinge mit
Gelassenheit hinzunehmen, die niemand ändern kann und
beten Sie um die Weisheit, das eine vom andern zu unterscheiden. Jeder hat das Recht „Nein" zu sagen, wo es an seine

Grenzen geht. Und während Mitfühlen vollkommen in Ordnung und sogar wünschenswert ist – Mitleiden ist es nicht.

Wie aus meiner Stute Eclaire ein Stern wurde

„In der Zeitschrift „Freizeit im Sattel" wurde ich auf ein Buch aufmerksam, in dem es um Kommunikation mit Tieren ging. Über Internet lernte ich dann die Autorin kennen und bestellte spontan bei ihr ein Gespräch mit meiner Stute Eclaire. Als der dicke Umschlag endlich eintraf, war ich trotz einem Rest gebliebener, wohl angeborener Skepsis, richtig aufgeregt. Was würde meine Stute wohl erzählt haben? Außer Namen und Alter hatte ich auch einige Fragen gestellt, welches der beiden benutzten Gebisse sie lieber mag, ob sie sich bei uns wohl fühlt, was sie am liebsten frisst ... Mir war schon klar, dass bei derartigen Fragen die Chancen auf richtige Interpretierung quasi bei fünfzig Prozent liegen, nach dem Motto, sie mag lieber das dicke Gebiss, fühlt sich bei uns ganz wohl und frisst am liebsten Gras. Aber was ich dann las, hat mich schier umgehauen! Für das Folgende eine Erläuterung: Mit meiner Stute Eclaire, die ich vor sechs Jahren hier gekauft habe, lebe ich in Frankreich in Lothringen und spreche mit ihr meistens französisch. Der Name: Eclair(e) bedeutet Blitz, ist aber auch der Name eines französischen Cremetörtchens.

„Sie sei doch kein Keks", meinte meine Stute nämlich zu Karin, außerdem wolle sie lieber einen hell klingenden Namen haben wie „Etoile". Karin sprach mit ihr deutsch, aber der Name kam auf französisch an, „une étoile" ein Stern. Für Karin noch spannender wurde es dann wahrscheinlich beim Gespräch mit unserem Wallach Champion, der auch mit Karin dauernd von „Etoile" sprach und meinte, den Namen „Eclaire" würde sie doch sowieso nicht so mögen.

Aber was hat mich daran so umgehauen? Nun, meine Stute war in den ersten Jahren für mich sehr schwierig, und als wir später gemeinsame Fortschritte machten und uns zusammenrauften, und ich wie-

derum in der „Freizeit im Sattel" darüber gelesen hatte, welche Auswirkung ein Name auf ein Tier haben könne, beschloss ich nämlich, meine „Eclaire" in – ja richtig: „Etoile" umzutaufen. Später ließ ich die Umtaufaktion dann aber fallen, ich glaube, weil sie mir letztendlich doch ein wenig „spinnert" erschien. Aber meine Pferde, die sprechen jetzt nach Jahren mit Karin noch von „Etoile"!

Es stellen sich viele Fragen: Wie kam ich gerade auf diesen Namen? Hatte ihn mir Eclaire schon damals telepathisch als Wunschnamen „eingeflüstert"? Woher wusste Champion davon? Er war zwar zu diesem Zeitpunkt als Fohlen in derselben Herde, aber erklärt das seine Kenntnis der verbal nie ausgesprochenen Aktion, wenn es nicht auch unter Tieren eine telepathische Verständigung gäbe?

Neben diesen erstaunlichen Ergebnissen des Gesprächs kamen mir die vielen anderen Übereinstimmungen fast wie „peanuts" vor, aber eines war sicher: Diese Frau wollte ich kennen lernen und Telepathie mit Tieren selbst ausprobieren!

Anmerkung: Einen Kurs bei Karin habe ich inzwischen mitgemacht und bin beeindruckt. Mit meinen Pferden spiele ich mich immer mehr auf den Namen „Etoile" ein, und wir wollen, sobald es draußen etwas wärmer ist, aus diesem Anlass ein kleines PicknickFest auf der Weide veranstalten. Und miteinander reden tun wir auch, zumindest üben wir daran!"

Bärbel Mirke, Walscheid, Frankreich

Die Verantwortung der freigelegten Gabe

Das deutsche Durchschnittspferd wird derzeit etwa 7,4 Jahre alt bei einer Lebenserwartung von rund dreißig Jahren. Eine Anklage in Zahlen. Teure Sportgeräte in Gitterboxen, eingepferchtes Pferdematerial ohne Sozialkontakte, geschweige denn Weidegang, das an unserem leistungsorientierten System zerbricht. Ferraris sollte man bei Wind und Wetter in die

Garage stellen – Pferde bekommen Winterfell, wenn man sie nicht schert, aber artgerechte Haltung wiederum schert viele nicht.

„In unserer gesamten Kultur gibt es ein gespaltenes Verhältnis zu Tieren, das ist einer der Gründe, warum es so schwer ist, rational über diese Themen zu sprechen. Denn wir haben Haustiere, die zur Familie gehören, denen wir Namen geben, um die wir trauern, andererseits gibt es die Tiere, wie die Käfighennen, die in kleinen Käfigen, in Legebatterien für Ei- und Fleischproduktion leben, die nicht mehr sind als Produktionslinie einer industriellen Landwirtschaft, möglichst billige Fleischlieferanten. Und wenn wir an diese Tiere wie an unsere Haustiere denken, nun, das ist ziemlich unbequem. Stellen wir uns einfach mal vor, unsere geliebten Haustiere würden das gleiche Schicksal wie die Fleischproduzenten erleben. Eine große Zahl ist versklavt und wird sehr, sehr schlecht behandelt, auf keinen Fall so wie wir unsere Tiere, mit denen wir leben, die wir lieben, behandeln würden“, sagt Rupert Sheldrake. *„Wenn Sie also die Gefühle für Ihre Haustiere auch bei allen anderen Tieren zulassen, werden Sie zuerst Vegetarier und dann möglicherweise Tierschutzaktivist, aber für eine Gesellschaft wie die unsrige, die auf industrieller Landwirtschaft basiert, sind das natürlich unbequeme Gedanken.“*

Irgendwann, vor Jahren, sprach mich eine Freundin darauf an, dass sie so gern bei mir im Stall sei, weil ich „so anders“ mit den Tieren umginge und ganz selbstverständlich mit ihnen spräche. Sie lachte, weil ich sie ansah wie ein Mondkalb. Es war mir nie aufgefallen. Ebenso wenig, wie es vielleicht anderen nicht auffällt, dass sie nicht natürlich mit ihren Tieren umgehen, sie nicht so artgerecht wie möglich halten. Ebenso unbedacht kaufen wieder andere vielleicht ihre Eier, ihr Fleisch ein, von Orten, wo es den Tieren nicht gut geht. Ich finde, auch Schlachtvieh, Milchvieh oder Eierlieferantinnen haben ein Recht auf ein tiergerechtes Leben und einen angenehmen Tod. Wer sind wir, dass wir unsere Tiere in ein grausames Zwei-

Klassensystem einteilen – das Nutzvieh auf der Schattenseite, das unter teils erbärmlichen Bedingungen bis zu einem elenden Tod dahinvegetiert und die Lieblinge auf der Sonnenseite des Lebens, wo sie in luxuriösen Ställen mit Klimaanlage leben und schmuckbesetzte Trensen und Sättel tragen.

Ganz abgesehen davon, dass Massentierhaltung Seuchen begünstigt und wir uns letztlich „ins eigene Fleisch schneiden": Wo ist unser Respekt dem Leben gegenüber? Allem Leben gegenüber meine ich! Wer sind wir, dass wir da qualitative Unterschiede machen? Ach ja, ich vergaß, die „Krone der Schöpfung". Na, wenn uns die mal nicht schon lange über die Augen gerutscht ist, prust! – Mit unseren Artgenossen und unserem Planeten gehen wir ja nicht besser um.

Ich bin fest davon überzeugt, dass natürlich auch Tiere Seelen haben, ein höheres Selbst, eine Aufgabe im Leben. Ich glaube, genau wie bei uns Menschen entscheidet sich die Tierseele lange vor der Geburt für die jeweilige Inkarnation. Auch das verdient unseren Respekt. Wer als „Opfer" wiederkommt, will vielleicht einem „Täter" eine neue Chance geben, sich umzuentscheiden? Vielleicht sind dieses Mal auch die Rollen vertauscht? Wie auch immer es sein mag – wenn wir Besitzer, Schlächter, Fleischesser verurteilen, dann sehen wir im besten Fall nur die eine Seite der Medaille. Und sicher helfen wir niemandem damit, indem wir ihn mit negativer Energie, schlechten Schwingungen überschütten und damit erst recht hindern umzudenken, einen anderen Weg einzuschlagen. Missionieren hilft – das hat die Kirchengeschichte hinlänglich bewiesen – ebenfalls nur zum Schlechten. Wie wäre es, wenn wir stattdessen schlicht ein gutes Beispiel vorleben, anderen zeigen, dass es anders geht – und sie dadurch motivieren? Nur wer selbst drauf kommt, dass es anders geht, wird sich nachhaltig verändern. Und verändern, ja das kann nun mal nur jeder sich selbst – wenn er es für sich selbst für erstrebenswert und sinnvoll hält.

Ein weiser Mann sagte mir mal, dass es besser sei, jemandem die Wahrheit wie einen Mantel hinzuhalten, in den man hineinschlüpfen mag, als sie ihm wie einen kalten Waschlappen um die Ohren zu schlagen.

Wir machen täglich Fehler. Daraus lernen wir, dadurch entwickeln wir uns weiter. Aber das sollte uns nicht daran hindern, es täglich mit all unserer Kraft ein bisschen besser zu machen. Wie gehen wir also damit um, mit Tieren zu sprechen?

Ein Kindheitstraum ist wahr geworden, wir sehen in den Spiegel und da steht ein neuer Doktor Doolittle. Doch Vorsicht. Zwei mächtige Fallgruben auf dem neu eingeschlagenen Lebensweg heißen Selbstüberschätzung und Selbstunterschätzung. Beide verhindern das angestrebte Optimum an Objektivität in der Zwiesprache mit einem Tier.

Seien Sie ehrlich mit sich selbst. Lassen Sie die Finger von einer Kommunikation, wenn Sie nicht ausgeglichen sind, wenn Sie gestresst zwischen zwei Terminen hetzen oder voll eigener Sorgen sind. Es wird nichts, fließt im Zweifel unterschwellig mit ein und verfälscht das Gespräch. Seien Sie nicht überheblich, machen Sie sich selbst aber auch nicht klein. Wieso soll ein Tier mit Ihnen sprechen, wenn Sie ihm in Bildern signalisieren, dass Sie es eigentlich gar nicht können und ihm demzufolge nicht helfen werden?

Tun Sie sich selbst und dem Tier einen Gefallen und lassen Sie die Finger davon, wenn Sie kein aufrichtiges Interesse am Schicksal eines Pferdes haben. Ich bin skeptisch, für Tierbesitzer Kontakt aufzunehmen, die „einfach nur neugierig" sind, oder „mal sehen wollen ..." – Nichts gegen Skeptiker, die nicht glauben wagen, ob es funktionieren wird. Aber der Wunsch und die Bereitschaft zu helfen, die müssen da sein.

Ich muss niemandem etwas beweisen und wäre dem betroffenen Tier dann auch keine Hilfe. Ich weiß, dass im Eifer des Gefechtes doch der eine oder andere „missioniert" oder sich nicht an eine zweite Empfehlung hält: Sich gut zu überlegen, ob ein Gespräch wirklich Sinn macht bzw. ob der Auftraggeber auch bereit ist, etwas zu verändern, dafür gerade zu stehen und die Verantwortung, die Konsequenzen zu tragen.

Verantwortung ist ein Kernthema, über das ich immer wieder stolpere. Aus was für Gründen auch immer – mitunter wird leichtfertig mit der Gabe, dem Geschenk, mit Tieren kommunizieren zu können, umgegangen. Es siegt der Reiz, sein Können zu präsentieren oder „auf Teufel komm raus" (!) helfen zu wollen.

Erinnern wir uns: Wir können Mensch wie Tier nur da abholen, wo sie stehen. Wo sie auf *ihrem* Weg stehen, wohlgemerkt, nicht auf unserem! Unüberlegtes Handeln, mangelnder Wille oder mangelnde Fähigkeit zur Selbstreflexion, Über- wie Unterschätzung führen letztlich nicht nur zu falschen Ergebnissen – sondern oft genug zu massiven Nachteilen für das Tier. Wer kann die Reaktion eines „ungefragten" Besitzers einschätzen, hinter dessen Rücken man ein Pferd aus dem Nähkästchen plaudern lässt und der davon Wind bekommt, oder dem man, Eifer auf die Fahne geschrieben, gehörig die Leviten liest?

Mir ist es wichtig, nur mit Erlaubnis des Eigentümers mit einem fremden Tier Kontakt aufzunehmen. Carola: *„Aus Respekt und als Arbeitsrichtlinie sollten alle Tierdolmetscher die folgende Regel einführen und einhalten: Nämlich niemals mit irgendeinem Tier zu kommunizieren, ohne zuallererst die Erlaubnis des Besitzers eingeholt zu haben, danach die des Tieres. Man geht nicht durch eine Tür, nur weil sie offen steht! Wilde Tiere dürfen selbst bestimmen. Bist du würdig mit ihnen Kontakt zu bekommen, geschieht es, wenn kein Kontakt zustande kommt, spricht das für sich selbst. Man fragt immer. Man hält sich raus aus dem privaten inneren Raum von Lebewesen, das hat mit Rücksicht zu tun. Wenn sich ein Tier mir trotzdem aufmerksam macht, trotzdem mit mir* *kommunizieren will, erzähle ich dem Eigentümer, dass er oder sie ein kommunikatives Tier hat, das etwas zu berichten hat. Darf ich wohl? Wenn der Besitzer dagegen ist, darf es so sein, ich dränge mich niemals auf. Manchmal kommen Sachen herein, ohne dass ich darum gebeten habe, dann ist es so stark und ich bin so unaufmerksam, das es einfach geschieht, dafür kann ich nichts. Wenn man ein Tier sieht, mit dem schlecht umgesprungen wird, finde ich nicht, dass die Kommunikation das erste Mittel der Wahl ist, sondern der Tierarzt oder andere Fachleute, die dazu beitragen, die Situation zu lösen. Tierkommunikation ist nicht anstelle von Hilfe da, sie ist eine Ergänzung."*

Holly und Evelyn

„Ich würde gern wieder viel mehr Zeit mit Frauchen verbringen. Ich weiß, dass sie sehr unsicher ist momentan. Sie ist auf und geht, kommt, bleibt, alles in ihr ist durcheinander, sie weiß nicht mehr so recht, wo sie hingehört und hinwill, was tun. Ich kann ihr nur meine Stärke und Ruhe geben, aber das funktioniert am besten, wenn sie bei mir ist und sich Zeit nimmt zum Atmen. Sie atmet manchmal nicht mehr richtig, das macht mir Sorge, denn so beginnen Krankheiten und ich kann ihr nicht vollständig vertrauen, wenn sie nicht richtig atmet. Sie kommt viel besser zur Ruhe, wenn sie ihrem Körper Luft schenkt. Es ist selbstzerstörerisch, nicht lang genug innezuhalten. Ich wünsch mir so, dass sie das liest und versteht. Du bist uns eine Hilfe und wir wollen sie gut nutzen. Ich liebe Frauchen sehr, es fällt mir schwer manchmal, Zugang zu bekommen. Wir machen viele schöne Dinge, wenn wir zusammen sind, und ich nutze die Zeit, so gut ich kann. Aber manchmal muss ich auch springen und bocken, um ihr klarzumachen, dass wir nicht ewig haben und warten können. Meine Zeit fließt anders als ihre. Ich warte und meine Tage vergehen langsam, wenn sie nicht da ist oder

kaum. Ich habe ein sanftes Wesen und bin klug, manchmal nicht so geduldig, aber ich gebe mir alle Mühe. Ich mag auch Kinder und kleine Wesen. Fohlen. Einmal habe ich eins verloren, das hat ein tiefes Loch in meine Seele gebrannt. Ich habe schon viel erlebt, Schönes und Schlimmes. Mag nicht an alten Wunden rühren. Männer waren grob zu mir. *Fahrt in freier Luft* (wie auf einem offenen Lastwagen?). *Bin zum Spaß versaut worden. Das ist lange her. Manchmal reißt es aber noch körperlich an mir.* Meine Knie (vorne, sie meint eher die Vorderfußwurzelgelenke) *tun mir manchmal sehr weh. Bin zu viel belastet worden, als ich jung war. Gesprungen. Fühlen sich dick an. Sonst bin ich sehr geschmeidig und bei klarem kalten Wetter geht es mir gut, wenn mein Körper warm gehalten ist. Ich mag ansonsten aber die Sonne und den Frühling lieber. Im Herbst ist es mir zu feucht. Stehe gern in warmem Stroh und Spänen. Gut für meine Lunge, wenn es nicht so staubt. Damit ging es mir einmal schon sehr schlecht. Mein Magen ist stabil im Moment, das wird Frauchen freuen. Draußen ohne Decke ist es wunderbar. Ich mag es, wenn der Wind in mein Fell fährt. Natürliche Balance. Habe links hinten im Sprunggelenk Schmerzen ab und zu. Zieht und drückt. Als ob da etwas scheuert. Mein Sattel passt nicht richtig, er scheuert ein wenig und rutscht und drückt. Minimal, aber es belastet und tut weh. Verspanne daher auch mein Kreuz. Es wäre toll, wenn sich da mal jemand was ausdenken könnte. Ich habe von Heilern mit heißen Nadeln gehört, das könnte mir doch auch gut tun, oder?* (Ich glaube, sie meint Akupunktur, kennen Sie die Tierärzte Kai Schäfers oder Christian Torp? Die sollen fantastisch sein mit so was.) *Schmerzen über den Nieren. Blockaden, auch in manchen Wirbeln sitzend. Zieht sich hinunter bis zur Schweifrübe. Aber mein Genick ist frei. Wäre auch gut, wenn die Zähne mal nachgesehen würden, aber das ist nicht so dringend. Da war mal eine eitrige Geschichte. Kaue immer noch komisch dran. Besser doch den Zahnarzt eher vielleicht. Rechte Schulter drückt auch. Und ich bin unglücklich mit meinen Hufen.*

Ich habe mich im vergangenen Jahr ein wenig verloren gefühlt, so konnten auch die anderen dichter an mich rankommen. (Sie zeigt mir Kabbeleien auf der Weide, wo sie sich gegen andere Pferde zur Wehr setzen muss.) *Nagte an meinem Selbstvertrauen/ Selbstbewusstsein. Mein Mensch kam seltener als die anderen. Warum? Dauerte, bis ich begriff und lernte. Aber es war nicht einfach und auch nicht schön. Die Tage sind lang ohne Frauchen. Möchte wieder mehr in ihrer Nähe sein, nicht nur, wenn ich krank bin, aber das war mit ein Grund für mich, diesen Weg zu wählen, den ich jetzt gehen muss. Es würde mir hier besser gefallen, wenn einige der Rahmenbedingungen anders stimmig wären. Wasser ist ein Mangel und frisches Stroh und Heu. Es staubt und riecht oft muffig. Tut meiner Lunge nicht gut. Ist gewechselt worden. Stehe jetzt nachts drin auf Spänen und habe etwas Frisches.* (Ich weiß nicht, ob das jetzt „Fakt" ist oder Wunsch!) *Viel draußen sein ist auf alle Fälle gut. Aber es darf nicht zugig sein. Und ich möchte eigentlich lieber in ein richtiges Zuhause. Das ist hier nicht, kann werden, liegt an Frauchen. Brauche ihre Nähe. Macht mich traurig. Wir leiden beide still auf unsere Art. Bitte, Frauchen soll wissen, dass sie mich braucht und ich ihr helfen kann, aber sie muss kommen und zuhören, lernen, bereit sein. Jetzt. Wir haben nicht alle Zeit der Welt. Komm, und sieh und handle. Ich habe sie sehr lieb. Das weiß sie, und ich weiß auch, dass sie mich liebt. Es waren schwere Zeiten, es geht jetzt aber wieder dem Licht entgegen. Das ist gut. Ein neuer Sattel wäre schön und ich mag frisches Obst und viele Möhren oder rote Rüben. Gut Duftendes, und Flüssigkeit ins Futter, die mir schmeckt. Kann sie mich nicht näher zu sich holen? Hier ist manchmal so viel Lärm und Unwesen, das mich stört bei meiner Heilung."*

Holly (Haflingerstute, 19 Jahre)

„Als ich Holly das erste Mal sah, war es „Liebe auf den ersten" Blick und nach unserem gemeinsamen Ausritt war alles klar. Zwei Mona-

te später kaufte ich sie. *Wir blieben auf dem kleinen Hafi-Hof, weil er ganz in meiner Nähe ist und sie bereits siebzehn Lebensjahre dort verbracht hatte.*

Ein Jahr später gab es bei mir große persönliche Veränderungen und ich konnte mich eine Weile nicht so um sie kümmern, wie ich es gern getan hätte. Ich litt sehr darunter und fragte mich oft, was in ihr vorging.

Dann entdeckte ich im Prana-Katalog dein Buch und war sofort interessiert. Ich las es fast in einem Stück durch. Durch die Offenheit der Pferde und ihrer Menschen bin ich selbst auf diesen Weg gekommen und der Gedanke, dass wir einen Teil für andere dazu beitragen können, finde ich wunderschön.

Alles, was Holly erzählt hat, ist wahr! Ich war sehr berührt von so viel Klugheit und Liebe. Seitdem hat sich unser Verhältnis noch verbessert. Ich sehe sie mit anderen Augen, bin sicherer und ruhiger im Umgang mit ihr. Oft verstehen wir uns „ohne Worte", und wenn sie mich anschaut, dann geht mir das durch und durch. Ich finde es sehr schön, dass ich dich auf diesem Wege „gefunden" habe. Deine Arbeit ist etwas so wertvolles und schönes für Mensch und Tier."

Evelyn Urban, Wolfsburg

Das Finden von vermissten Tieren

Rupert Sheldrake schreibt in „Der siebte Sinn", dass das Auffinden verloren gegangener Tiere ein guter Anfang wäre, Tierkommunikationen empirisch überprüfen zu können (S. 228). In der Theorie eine tolle Idee. Aber wie sieht es mit der „Logistik" aus? Will man eine Anzahl Tiere verstecken und Tierdolmetscher beauftragen, sie wiederzufinden? Oder wartet man auf repräsentative Erlebnisse von Tierbesitzern? Wie sollen die dann aber dem Kriterium wissenschaftlicher Vergleichbarkeit standhalten?

Ein Problem dabei kann außerdem sein, dass solche Kommunikationen, in denen Dritte – nämlich wir Tierdolmetscher – eingeschaltet werden, meist nicht vom Tier selbst angestrebt sind. Gerade Katzen verwildern sehr schnell und fühlen sich wohl als freie Jäger, solange ihnen die menschlichen Jäger oder mordlustige Katzenhasser kein Ende bereiten.

Carola bot ihre Mithilfe beim Auffinden verschwundener Tiere (mehr als ich) an: *„Das ist ein Dienst, den ich als ganz natürlich betrachte. Es ist mir darüber hinaus einige Male richtig gut gelungen. Das Hauptproblem bei der Sache ist, dass Tiere, die flüchten, sich oft verschließen, so dass es schwer werden kann, mit ihnen eine Verbindung zu bekommen. Aber nach einer Weile, wenn sie anfangen, Sehnsucht nach Hause zu bekommen, laden sie mich ein ihnen zu helfen. Dann kommen kleine Hilferufe.*

Es ist von Fall zu Fall verschieden, warum ein Tier verschwindet. Oft ist es zuerst der Instinkt, der einen Hund ins Abenteuer lockt, manchmal vielleicht sogar sehr weit weg von zuhause. Manche Rassen brauchen heutzutage ihren Geruchssinn fürs Überleben gar nicht mehr anzuwenden, darum sind sie es nicht gewohnt, ihn einzusetzen, und wenn sie dann wieder heimwollen, haben sie sich verirrt. Es hängt ganz davon ab, was für eine Persönlichkeit der Hund ist, und wie er trainiert worden ist, ob er seine Instinkte anwenden kann, um wieder heimzufinden. Wenn der Hund es schlecht hatte zuhause, geschlagen und bestraft wurde, liegt es ja auf der Hand, warum er wegläuft. Trotzdem gibt es Hunde, die dennoch dorthin zurückkehren, einfach weil sie wissen, dass es da ein bisschen Geborgenheit gibt, und weil es halt trotzdem „daheim" ist.

Meistens laufen Hunde nicht so sehr weit, sondern suchen das auf, was sie angezogen hat, und danach, wenn es keinen Spaß mehr macht, versuchen sie, rechtzeitig zum Abendessen wieder zuhause zu sein.

Ich bitte den Hund, mir zu beschreiben, in welchem Zustand er sich jetzt im Augenblick befindet. Darum kann ich sehen und wissen, ob er noch am Leben ist, verletzt, froh, ängstlich etc. Das sehe ich in Bildern und spüre es als Gefühle, genau wie bei der Telepathie in allen übrigen Fällen auch. Wenn ein Hund gestohlen wird, ist er oft unsicher und ängstlich, dann ist es schwerer, mit ihm Kontakt zu bekommen, er verschließt sich sozusagen ein wenig."

Soweit Carola. Und dann liegt da noch ein zweiter sprichwörtlicher Hase im Pfeffer. Gerade größere Tiere verschwinden ja nicht einfach so.

Es gibt spektakuläre Berichte darüber, wie verunglückte, in Not geratene Tiere ihre Besitzer selbst auf telepathischem Weg um Hilfe gerufen haben. Es zog den Reiter förmlich zum Schlammloch auf der Weide – wo er feststellte, dass sein Fohlen dort ums Überleben kämpfte. In dringenden Notsituationen wird sich ein Tier an denjenigen wenden, der ihm direkt und schnell helfen kann. Umgekehrt wird auch niemand auf die Idee kommen, in einer Notfallsituation den Umweg über einen Tierdolmetscher zu gehen – geschult oder nicht. Wenn die Beziehung stimmt, wird der Halter sich auf die Socken machen, Erste Hilfe leisten und retten können. So tragisch es ist, wenn der Hilferuf bei Herrchen oder Frauchen nicht ankommt – aus welchen Gründen auch immer – ist es für das Tier meist zu spät, bis der Tierdolmetscher angerufen wird.

Beispiele für in Not geratene Tiere und erfolgreiches Wiederfinden durch die Halter selbst finden sich viele in Literatur und Presse, nicht nur bei Sheldrake. Beinahe jeder hat irgendwo schon mal das Abenteuer eines Hundes oder einer Katze gelesen, die eine wahre Odyssee hinter sich brachten, um nach einem Umzug wieder in ihr Zuhause zurückzukehren – oder ihre Familie wiederzufinden.

Aber: Werden wir als Tierdolmetscher eingeschaltet, liegt der Fall auch oft so, dass das Tier aus bestimmten Gründen nicht um Hilfe ruft. Weil es sich a) nicht in einer (aus seiner Perspektive!) Notsituation befindet oder b) bereits tot ist.

Haben wir es mit ängstlich verzweifeltem Abhauen, abenteuerlich geprägtem Weglaufen, Entführung, Unfall zu tun? Am häufigsten begegnen solche Fragestellungen vielleicht bei Katze oder Hund. Stimmte etwas in der Beziehung zwischen Tier und Halter nicht mehr oder lockte das Abenteuer? (Warum laufen Kinder von zuhause weg?) Die rollige Katze, der streunende Kater, ein Rüde auf der Fährte von Wild oder einer läufigen Hündin – die haben kein Interesse daran, „schon" gefunden zu werden. Wir wissen umgekehrt, dass Tiere ein fantastisches Gespür haben, über hunderte von Kilometern zu uns zurückzufinden, wenn sie es wollen. Tun sie es nicht, dann steht es außerhalb ihrer Möglichkeiten oder Wünsche. Doch nur dann, wenn das Tier möchte und sich frei bewegen kann, haben wir als Tierdolmetscher eine reelle Chance, unseren Teil zur glücklichen Heimkehr beitragen zu können. Das ist schrecklich desillusionierend, für viele Tierhalter nicht direkt einsehbar, wenn sie persönlich betroffen sind und daher schmerzlich für alle Beteiligten. Erklären Sie mal einer besorgten Schoßhundbesitzerin, dass ihr kleiner Liebling ab durch die Mitte ist und in einer kinderreichen Familie voller Leben und Raufereien sein ganz anderes Glück gefunden hat, das ihn vor drohender pralinenbedingter Herzverfettung rettet ... – von denkbar grausameren Schicksalen ganz zu schweigen, die unsere vierbeinigen Lieblinge „da draußen" auch ereilen könnten.

Davon abgesehen ist es tatsächlich so, dass Tiere sich mit allen möglichen und unmöglichen Umständen erstaunlich arrangieren. Es ist eine Überlebensstrategie. Sie passen sich an Unabänderliches an, als ob sie dieses Gebet selbst geschrieben hätten: „Gott gebe mir die Gelassenheit, Dinge hinzunehmen, die ich nicht ändern kann, den Mut, Dinge zu ändern, die ich ändern kann, und die Weisheit, das eine vom anderen zu unterscheiden." Wieder einmal könnten wir die Schöpfungskrone ehrfürchtig ziehen und uns eine Scheibe Gelassenheit und Demut abschneiden. Es gibt so viel zu lernen ...

Ich habe auch schon im Nebel herumgestochert auf der Suche nach dem verwirrten kleinen Katerchen einer lieben Freundin, das sich erschreckt tatsächlich verlaufen zu haben schien. Wir haben zu mehreren Wochen lang gesucht, bekamen übereinstimmende, sich wiederholende Bilder von einer gemütlichen Wohnung mit netten, sich kümmernden älteren Leuten ebenso wie die eines halb verfallenen, beklemmenden Geräteschuppens oder gar Heizungskellers. Gefühle von Angst, Kälte, Hunger, Schmerz und Durst wechselten mit denen von Freude und Geborgenheit. Es wurde an Haustüren geklingelt, deren exakte Beschreibung wir sogar übermittelt bekommen hatten. Freundliches Verneinen. Vielleicht hatte man Katerchen dort doch gefunden und mochte sich nicht von ihm trennen? Vielleicht hatte er nur kurz an dieser Tür geschnuppert und war weitergezogen? Wer vermag jetzt aber die zeitliche Reihenfolge zu rekonstruieren? Meine Freundin entschied sich nach einem nervenaufreibenden Kampf fürs Loslassen. Ich konnte sie gut verstehen.

Darum sage ich nur in seltenen Ausnahmefällen zu, bei der Suche nach einem „verschwundenen Tier" zu helfen. Richtiger gesagt: Ich helfe nicht wirklich „suchen", ich unterstütze anders: Meine Hilfe besteht nicht in erster Linie im Eingrenzen eines möglichen Fundortes. Ich befrage das Tier danach, wie es ihm geht, versuche Verwirrung zu lindern und Missverständnisse aufzuklären. Mancher Kater hat sich nach einem beherzten Sprung aus dem Korb vor der Tierarztpraxis schon nicht mehr nach Hause getraut, obwohl er den Weg wohl hätte finden können. Vor der Praxis roch es vielleicht nach Todesangst und Schmerz: Warum sollte er also zu Herrchen oder

Frauchen zurück, die ihm aus seiner Wahrnehmung heraus „ähnlich Schlimmes" antun wollen?

In solchen Fällen kann ich Missverständnisse ausräumen, Mut machen, vermitteln, motivieren.

Was ich nicht verhindern kann, sind die Gefahren auf dem Rückweg – vom gezielten Abschuss im Wald bis zur viel befahrenen Bundesstraße.

Pferde hingegen büchsen selten aus und verschwinden als Folge dessen spurlos. Dahinter steckt leider meist Diebstahl. Nur, wie sollen die Beschreibungen eines Pferdes weiterhelfen können? „Wir sind mit einem großen Hänger gefahren. Auf einer Straße. Es war weit und dunkel. Jetzt bin ich an einem anderen Ort, wo auch viele Pferde sind. Ich mag den Stall nicht. Es stinkt nach Schweinen."

Auf solche Beschreibungen passen zu viele Orte und man vertrödelt unnötige Zeit. Da gilt: Rufen Sie die Polizei, annoncieren Sie in Pferdezeitschriften, hängen Sie Flugblätter aus, sprechen Sie mit (Amts-)Tierärzten und Zollbeamten (Landesgrenzen!), bitten Sie um allen Rat und Hilfe, die Sie bekommen können – und wenn Ihre Katze entwischt ist oder herumstreunt: Reden Sie mit Jägern und Forstbeamten und sorgen Sie im Vorfeld dafür, dass sie ein reflektierendes, breites Halsband trägt und nicht „aus Versehen" erschossen wird. Jeder Jagdaufseher oder Pächter hat das Recht eine Katze zu schießen, die sich weiter als dreihundert Meter von menschlichen Behausungen befindet! Schützen Sie Ihr Tier und lassen Sie Kater und Katze kastrieren.

Mentale Suchanleitung von Carola Lind für die Praxis: *„Wenn man ein weggelaufenes Tier kontaktiert, wendet man Distanzkommunikation an. Die benötigten Informationen variieren sehr von Tierdolmetscher zu Tierdolmetscher. Ich selbst will so wenig wie möglich wissen, um keine Bilder zu erzeugen, die nicht dazugehören. Es gibt ebenso viele unterschiedliche Beweggründe, warum* *ein Tier verschwindet, wie es Tiere gibt, die verschwinden. Manche werden schlicht und ergreifend gestohlen. Zu einem gewissen Teil kann man dem Tier folgen, und am einfachsten ist es, das Tier innerhalb eines ziemlich kurzen Zeitraums zu finden. Was ansonsten passiert ist, dass man zwischen verschiedenen Umgebungen, Eindrücken und Erlebnissen hin- und hergewirbelt wird, von ihnen erfüllt wird, und sie können die weitere Kommunikation auf ihre Weise einfärben. Mit Tieren, die bereits mehrere Monate weg sind, Kontakt zu bekommen und sie wiederzufinden, ist für mich auf alle Fälle sehr schwer.*

Sehr effektiv ist es, eine Art Energieblase um das Tier zu legen, und diese sukzessive in Richtung auf den Platz zu verkleinern, von dem das Tier ursprünglich verschwand. Man sollte sich das Tier in seiner gewohnten Umgebung vorstellen, den Hund vor dem Kamin liegen sehen, im Stall mit der Katze spielen, dem Tier von seinem Lieblingsfutter/Leckerlies geben und ihm Bilder schicken, die es in absoluten Lieblingssituationen zeigen.

Negativ zu denken, etwas wie: „Er kommt nie wieder nach Hause", „Sie findet es nicht", „Es ist etwas passiert" – solche Gedanken treiben das Tier nur weiter weg.

(Fast) Unglaubliche Erlebnisse mit der Telepathie

Leo, Piko und Carlotta

Ich begegne vielen außergewöhnlichen Tieren und Menschen. Das ist eines der Geschenke dieser auch oft aufwühlenden „Arbeit" an mich. Mitunter höre ich bei solchen Begegnungen nahezu fantastisch anmutende Geschichten. Am ergreifendsten sind solche Erlebnisse natürlich, wenn einen das Schicksal selbst ungefragt zum Darsteller bestimmt. Der folgende Buchbeitrag steht hier als Erinnerung an zwei wunderbare Therapiepferde, Leo und Piko, denen ich in tiefem Dank verpflichtet bin, und stellvertretend für so viele andere vierbeinige Helfer, die tagtäglich ihre beeindruckenden Dienste anbieten, die helfen und heilen aus freiem Willen und einem geheimnisvollen Wissen heraus, und das, obwohl zahlreiche von ihnen misshandelt und geschunden wurden, bevor sie ihre Aufgabe als Therapiepferde begannen – wo sie den Artgenossen ihrer früheren Peiniger Segen bringen, *„Ich bin ihre Farbe"*, wie Leo sagte. Wir schulden ihnen Respekt, Würde und Ehrfurcht.

Diese Geschichte handelt auch von meiner kleinen großen Tochter Carlotta. Sie wird erzählt von Sibylle Wiemer.

„Ich bin Reitlehrerin mit mehreren Fortbildungen im Therapeutischen Reiten. Leo ist eines der außergewöhnlichsten Pferde, das ich kenne. Ein Kaltblut-Mix, wohl 1980 geboren, mit einem Vorleben als Heidekutschpferd und Holzrücker. Er kam im Frühjahr 1990 zu uns. Das Reitzentrum Wümmetal ist ein Verein für therapeutisches und sportliches Reiten, Fahren und Voltigieren. Leo ist der Stein, der alles ins Rollen brachte. Ohne diesen unermüdlichen, fleißigen Wallach ist der Alltag mit all den behinderten Kindern nicht denkbar. Er ist einfühlsam und wachsam, schlägt im Sommer nicht mal die Fliegen weg, wenn es seinen Reiter verunsichern würde.

Karin Müller ist eine der außergewöhnlichsten Frauen, die ich kenne. Wir lernten uns im Frühjahr 2002 kennen, als wir Ausbilderinnen befürchteten, Leo zu verlieren. Stumpf im Fell, sichtlich dünn und wenig bemuskelt, schienen sein Alter und die hohe Belastung in seinen jungen Jahren ihn einzuholen. Wir entschieden, ihn einschläfern zu lassen, weinten ohne Ende und engagierten Karin, mit ihm Kontakt aufzunehmen. Leo sah uns an, trabte zu einem jungen Ponywallach und tobte gut zehn Minuten ohne Pause. Mit Steigen, Halfterklau und Wettrennen. Unser Erstaunen nahm kein Ende – Leo stoppte am Zaun und starrte uns an.

Das war der Moment, indem Folgendes ganz deutlich wurde, a) wir brauchen eigentlich keine Telepathie, weil er selbst für Ungläubige

Warum sollen es immer nur riesengroße Pferde sein? Ponys und Kleinpferde haben ihre ganz eigenen Reize und Vorzüge. Wichtig ist einzig, dass Mensch und Tier gut zueinander passen und der Kauf mit allen Sinnen wohl überlegt ist.

Diesem Pferd haben wir viel zu verdanken. Geheiltes Wiedersehen: Leo und Carlotta im Reitzentrum Wümmetal bei Sibylle Wiemer.

Pferd und Reiterin sind nervös. Wer steckt wen mehr an?

Minuten später: In der Führsituation veratmen sich Ängste.

sehr eindeutig gezeigt hat, was er von unserer Entscheidung hält, b)
und es wird Zeit für neue Wege.
Karin schickte uns wenige Tage später das Protokoll. Wir weinten
beim Lesen so sehr, aus tiefer Dankbarkeit und Faszination für die-
ses traumhafte Pferd. Da stand: „Ich möchte gern noch ein bisschen
bleiben und zusehen. Meine Probleme mit der Hüfte sind groß.
Habe ständig Schmerzen. Dumpf und pochend. Mal mehr und mal
weniger. Kann man nicht viel machen. Aber ein bisschen lindern.
Gönnt mir noch ein paar ruhige Tage zum Zusehen und in der
Wärme dösen. Brauche auch Zeit, mich zu verabschieden, dann
möchte ich gehen dürfen. Nicht mehr arbeiten. Aber ich möchte den
anderen noch vieles vermitteln. Auch meinem Nachfolger. Möchte
ihn kennen lernen. Ich habe so viel Freude und Leben geschenkt.
Dafür bin ich dankbar, dass ich helfen durfte und Sinnvolles erlebt
habe. Die Arbeit hier ist oft anstrengend. Aber es tut selber gut, Gutes
zu tun. Ich lebe dafür. Ich habe dafür gelebt. Und für das Lob natür-
lich. Ich weiß, welche Verantwortung ich da trage, auf meinem
Rücken und im übertragenen Sinn. All die Hände, die mich strei-
cheln durften, lachende Kinderaugen und glückliche Erwachsene.
Ein bisschen Freude und Stolz in einem tristen Alltag. Grau. Ich
war deren Farbe. Auch Hilfe – rein körperlich. Sie haben Vertrau-
en gefunden, in mich und die anderen und dadurch in sich selbst.
Ich bin stolz darauf. Nun möchte ich Rente haben."

Leo (Kaltblutmix, ca. 23 Jahre)

Und Leo lud Karin ein ... „Komm und sieh, wie wir helfen. Wie
schön es hier ist." Das war Karin unangenehm, sie wäre noch nie
von einem Pferd eingeladen worden, hätte die Formulierung beina-
he aus dem Protokoll gestrichen. Ich wiederholte die Einladung. Sie
könne nicht 150 km fahren, sie habe ein Baby. Das kann sie mit-
bringen, erwiderte ich. Aber das Kind habe Probleme. Ja und? – Der
Stall ist voll mit Kindern mit Problemen. Aber das Baby sei ent-
wicklungsverzögert und habe eine Symmetriestörung – landläufig

gern als Kiss-Syndrom bekannt – und wäre sehr unruhig. Ich kenne das Krankheitsbild, das in Folge von schwierigen Geburten auftritt. Stauchungen im Okzipitalgelenk, Krümmung und Blockaden in der Hals- und Brustwirbelsäule, etc. Die Kinder schreien viel, bäumen sich auf, krampfen, krümmen sich wie ein C, können nicht auf dem Bauch liegen, der Muskeltonus wechselt ständig zwischen zu hoch und zu niedrig. Welch Belastung.

Und dann die Überraschung für Karin: Leo, ausgerechnet Leo, hat sowohl schon mit Säuglingen gearbeitet als auch mit Kindern mit Kiss-Syndrom, warum nicht mit einem Säugling mit Kiss?, überlegte ich. Nun weinte Karin. Wie hätte sie das ahnen können? Darum also die Einladung von Leo!

Die beiden kamen wenige Tage später, Leo wurde wegen des Fellwechsels in Bettlaken gehüllt, stellte sich in seiner vollen Breite auf. Wir legten die elf Wochen alte Carlotta in Leos Spaltkruppe und er trug das schreiende Kind. Er produzierte dabei so viel Wärme, dass die anwesenden Therapeutinnen ihre Jacken und Westen auszogen. Carlotta schrie weiter. Nach einigen Minuten wollte Leo unbedingt gehen, wir hinderten ihn. Sie war doch gerade knapp drei Monate alt. Nein, Leo wollte unbedingt gehen. „Beschlagt mich nicht mehr. Meine Arbeit kann sein, die anderen zu lehren. Kleine Unterrichtseinheiten, leichte Dinge kann ich noch ausführen. Möchte dabei sein. Nicht nur dumm verfaulen, herumstehen. Aber nicht mehr viel Gewicht tragen. Sie dürfen mich berühren, die Blinden oder Kinder. Mit denen, die nicht so können wie sie sollen, arbeite ich am liebsten", hatte er Karin im Protokoll übermittelt. Ich sagte ihm, er müsse die Mutter mit tragen, er blieb dabei, er müsse Schritt gehen. Zum Glück ist Karin sehr leicht. Sie setzte sich auf den warmen, breiten Pferderücken, nahm Carlotta vor die Brust und Leo setzte sich in Bewegung. Er ging so flotten Schritt, wie seine alten, kurzen Beine nur hergaben. Wir waren erstaunt, aber Leo würde seine Gründe haben. Er ging fleißig Runde um Runde. Das Baby verstummte, Verkrampfungen lösten sich und lächelnd ließ sie sich an ihre Mutter geschmiegt schaukeln. Leo: „Ich bin sehr müde. Ich möchte noch viel geben. Zuhören. Oh, ich weiß, dass ich sehr geliebt werde. Das ist die höchste Motivation für die Arbeit hier. Es ist erschöpfend, auspowernd, immer nur zu geben manchmal. Aber ich bekam auch immer viel zurück. Habe/hatte es sehr gut hier. Manche von uns benötigen lange Atempausen zwischendurch." Karin sagte, ihr sei es ein Rätsel, was ich eigentlich für Telepathie halten würde, da ich doch permanent in meiner Arbeit mit den Pferden kommunizieren würde.

Wir wussten jetzt jedenfalls, dass Leo noch nicht sterben wollte. „Nun möchte ich Rente haben. Auch wenn die Zeit dafür nicht lange sein wird – vielleicht. Mir tut die Wärme gut, das Wetter, das jetzt kommt. Das möchte ich genießen, so lange es geht. Ich werde euch Zeichen geben, wenn ich gehen will und bereit dazu bin. Hetzt mich nicht, aber lasst mich auch nicht unverstanden. Ich bin dankbar für die Zeit, die ich hier war. Davor hatte alles keinen Sinn. Ich weiß, dass meine Menschen hier ebenfalls dankbar sind. Ich habe manchmal Probleme mit dem Atem. Viele Kräuter und frische Luft tun mir gut. Ich glaube, im Sommer, wenn es unerträglich heiß wird, ist es Zeit zu gehen. Warten wir es ab. Vielleicht früher, vielleicht später. Wer weiß, wann die Blätter fallen, wenn der Wind hineinfährt? Vielleicht sogar noch einen Sommer! Wir werden es sehen ... Meine Hufe sind alt. Alles an mir fühlt sich schwer und müde an. Aber mein Geist ist rege. Ich möchte unbedingt mein Wissen weitergeben. Etwas davon", hatte Leo weiter berichtet. Wochenlang danach brauchte ich den Hof nur zu betreten und Leo zu rufen, und er kam, egal wo er war, über die riesige Weide an den Zaun gelaufen und holte seine Medizin samt der zerkleinerten Mohrrüben ab, die er sich ausdrücklich erbeten hatte. Manchmal kam er wiehernd, während ich noch die Rüben klein schnitt. Jeder dieser Tage war ein Geschenk für uns, wir hatten ihm danken können und ihm deutlich gemacht, wie groß sein Gehen für uns sein wird. „Contra (unsere alte Leitstute (1971–1998)) war wichtig für uns alle, ein großer Verlust. Ich werde auch einer sein. Jeder von uns, wenn er geht. Das ist so. Wir

*leben damit. Wir sterben damit. Und es geht weiter. Menschen
hadern. Das ist ihr Problem. Mit dem Unausweichlichen. Wir wissen
viel mehr um die Kräfte der Erde und sehen selbstverständlich,
dass es weitergeht. Wir haben stetigen Kontakt. Mit wem, wer will
und kann. Ich möchte in Frieden älter werden. Noch ein bisschen.
Das ist gut. Tötet mich nicht vor der Zeit. Ihr werdet es spüren. Loslassen
aber ist gut. Auf beiden Seiten. Aber ich kann es auf jeden
Fall. Wir alle können es, wenn die Zeit stimmt. Menschenproblem.
Bitte die Möhren nicht vergessen. Und das Wasser nicht eiskalt.
Doch, ein bisschen weiterarbeiten im Menschensinn, das möchte ich
schon."*

*Ich traf Karin eine Woche später auf einem Lehrgang. Ich hatte Piko
dabei, einen neunzehnjährigen Oldenburger Wallach, den ich als
unreitbar, unheilbar krank und unberechenbar 1991 gekauft hatte.
Er ist eines der geschändetsten Tiere, die ich kenne. Er ist sensibel,
feinfühlig und hilft mir bei Therapien, die mich sehr belasten, Therapien
mit Unfallopfern und sterbenden oder chronisch kranken
Menschen.*

*In der Pause des Lehrgangs hüllten wir ihn auf seinem Paddock in
Bettlaken, um noch einmal mit Carlotta zu arbeiten. Andere Pferde
auf den umliegenden Weiden begannen zu toben (Sein Kommentar,
von Karin übersetzt:„Sie sind albern, sie verstehen nicht,
was ich hier tue."). Wir legten die kleine Carlotta auf seine Kruppe.
Nun hat Piko nicht wie Leo eine Spaltkruppe, doch er stellte seine
Hinterbeine breit und improvisierte eine solche – von sich aus natürlich.
Er entwickelte die gleiche Hitze wie Leo. Während der Therapien
arbeitet Leo anders als Piko. Leo weiß, was er tut, er trägt die
volle Verantwortung, er macht deutlich, ob er fleißigen oder langsamen
Schritt gehen muss. Er atmet tief und gleichmäßig. Ganz
anders Piko, an seinem Atmen hört man deutlich die hohe Belastung,
er seufzt oft. Er gibt die intensiven Gefühle, die er empfängt,
weiter, er braucht die Nähe der Therapeutin, die bewusst mit ihm
atmet. Momente tiefster Verbindung und Vertrautheit.*

Und dann ging Piko los, ebenso zügig wie vor ihm Leo, „Mutter Karin" wurde etwas bange, aber Piko zog unbeirrt seine Runden. Sein Schritt ist von hervorragender Qualität, ein Optimum an Input für den reitenden Menschen. Mit raumgreifenden Riesenschritten ließ er den Säugling strahlen. Befreiung von Anspannung, Erfahrung von freien Bewegungen. Carlotta schlief danach tief und fest. Ein kleines Wunder.

Zwiegespräch danach: „Ich kann in die kleinen Wesen sehen"... Wir fragten ihn, woher weiß er, was zu tun ist – „das weiß ich eben" und ließ uns stehen. Er schickte Karin Bilder von Einblicken in menschliche Körper, er weiß stets, was zu tun ist, genau wie Leo. Aber um diese Sensibilität ausleben zu können, ist er schreckliche Wege gegangen. „Ich hatte immer Angst, dass sie mir den Kiefer brechen würden. Ich war im Krieg, bis ich zu Sibylle kam. Wenn sie um mich weint, an meinen Erinnerungen leidet, ist sie meine Tankstelle. Sie gibt mir Kraft. Und ich ihr." Seine tiefe Liebe, weniger Dankbarkeit, war überwältigend. „Ich bin stolz auf meine Arbeit, ich bin zur rechten Zeit an rechten Ort, das ist mein Leben. Pferde leben im Hier und Jetzt, nur Menschen grübeln so viel. Sie begreifen nicht."

Piko (Oldenburger, 20 Jahre)

Er rettete sich aus seiner Vergangenheit, indem er Lahmheiten vortäuschte. Die Menschen, die ihn vor mir besaßen, ritten oder ausbildeten, wählten immer härtere Methoden, schärfere Gebisse. Er sei ein sturer Hund, sagt ein renommierter internationaler Springreiter über ihn. Selbst mit dem Schlaufzügel durch den Hebel der Kandare wollte er nicht am Zügel gehen, man hinderte ihn so am Steigen, aber nicht am Durchgehen. Er überschlug sich mit seiner Besitzerin, bis ihn dann „so ne verrückte Frau in der Heide" gekauft hat. Das war ich. Als er zu uns kam, konnte er wahlweise auf jedem Bein lahmen, er reagierte auf Beugeproben „automatisch" mit Humpeln, nur so konnte er sich den Torturen beim Reiten entzie-

hen. „*Krankheiten sind Hilfeschreie der Seele*", erklärte er. *Piko hat seinen Lebensweg akzeptiert. Er hat ihn so stark und sensibel werden lassen. Er macht mir oft deutlich, dass er mich versteht, auch wenn ich eigentlich immer noch nicht an meine Telepathiefähigkeit glaube. Mein Kopf sei zu voll, daher könne ich ihn nicht hören – sagt Piko.*

Karin kam noch einige Male mit Carlotta zum Reiten. Eines Tages änderte sich alles. Keine Wärme für den fröhlich dreinschauenden Säugling, keine Spaltkruppe, Piko im gemächlichen, fast gelangweilten Schritt. Da war kein Bedarf für Therapie, Carlottas Selbstheilungskräfte waren (durch verschiedene Therapien) mobilisiert, das Kind war gesundet. Leo trifft Karin kurze Zeit später an der Weide, sagt schlicht „Du brauchst mich nicht mehr" – gelassen, ohne Bitternis oder Eifersucht, wandert er zu seinen Kameraden.

„Wir möchten auf der Weide wirklich Ruhe haben. Der Austausch ist sehr wichtig für uns. Ausgleich: Keine spielenden Kinder, kein Autolärm oder sonstiges Lautes. Erholung. Da wollen wir nicht auf „Gefahrenquellen" achten müssen (Strom, Kaninchenlöcher)."

Wochen später: Ich reite so konzentriert ich kann mit Piko auf unserem riesigen Grasplatz, Lerchen singen in der Morgensonne. Ich grübel um den richtigen Abstellwinkel im Travers, Piko grunzt, es ist so anstrengend. „Ach, ist der Klee lecker", schießt es mir durch den Kopf. Na toll, das war definitiv nicht mein Gedanke – wohin nun mit meinen Zweifeln an der Telepathie? Ich schau mich um, Piko bremst und senkt den Kopf, ein Meer von Klee mitten in den Butterblumen. Momente der Perfektion."

Sibylle Wiemer, Fintel

Erfahrungsberichte

Tiere kommunizieren täglich mit uns. Wenn wir unsere „inneren" Ohren spitzen, erleben wir die unglaublichsten Dinge. Pferde und alle anderen Lebewesen können poetisch sein, spirituell, von eigenen Wehwehchen berichten oder uns auf die

Probleme anderer Tiere aufmerksam machen. Mal sind die Begegnungen mit der Telepathie spektakulär, mal sind sie in ihrer Schlichtheit umso rührender. Eines aber sind sie immer: Bemerkenswert. So wie die folgenden Erlebnisse.

Bärbel Mirke: *„Zwei Tier-Kontakte, die mich schier umgehauen haben. Sozusagen Sternstunden im Leben eines Tierkommunikator-Azubis! André und ich haben einen kleinen Wanderritt vorbereitet und sind dabei auch in unserer Wanderreitstation vorbeigefahren, um alles zu besprechen. Bemerkt habe ich an diesem Abend zwei große Hunde, als Hüter des Hauses einen älteren Schäferhund, und einen weiß-braunen langhaarigen Hund, der sehr nett alle Gäste begrüßte, dann aber wieder seiner Wege ging. Auf der Rückfahrt im Auto war es mir, als wenn der weiß-braune Hund zu mir sagte: „Hallo, ich heiße Daisy!" Das ging mir nicht mehr aus dem Kopf, und so fragte ich nach unserer Ankunft mit den Pferden ein paar Tage später am Abend bei Tisch, wie denn der Hund heißen würde. Kannst Du Dir vorstellen, wie ich mich gefühlt habe, als man mir sagte, das wäre „Daisy"? Vorher gehört hatte ich den Namen garantiert nicht, noch dazu einen in Frankreich unüblichen englischen!*

Arbeit im Round-Pen mit Etoile. Ich versuche mich ein wenig an den PNH-Spielen, und beim „enge Passage-Spiel" bleibt sie einfach an den beiden rot-weiß gestreiften Baustellen-Kegeln stehen. Sie schaut mich an, schnuppert ganz vorsichtig mit einem Nasenloch an dem oberen Loch des Kegels, schaut mich wieder an, schnuppert mit dem anderen Nasenloch in einer Art und Weise, wie ich es noch nie gesehen habe. Ich gehe zu ihr und gucke von oben in den Kegel: unten auf dem Boden ist ein Vogelnest mit neun Meiseneiern. Natürlich gehen wir gleich vorsichtig aus dem Round-Pen, und ich kann noch beobachten, wie die Meiseneltern wieder zurück in ihr Nest kommen. Fazit: Etoile hat mir das Vogelnest im Kegel gezeigt und mir wohl auch sagen wollen, dass wir dort nicht stören sollten!"

Rosa Struve: „*Vor kurzem rief mich meine Freundin aufgeregt an und sagte: „Der Hund von meinem Freund ist weggelaufen. Kannst du uns helfen?" „Also, ich bin hier am Streichen, findest du nicht jemanden anderen mit Auto?" Sie wollte natürlich nicht, dass ich mit auf Suche gehe, sondern den Hund frage, wo er ist. Ich sagte ihr, ich bräuchte schon gerne ein Foto, machte also meine Arbeit weiter und sah sie in meiner Vorstellung suchend in der Landschaft mit ihrem roten Wagen fahren. „Mach die Tür auf!", kam da aus dem Nichts. Ein Gefühl von bis auf die Knochen durchgeweicht zu sein und ein Bild von Schilf um mich herum. Undeutlich ein weißes Gebäude und mehrere Windkraftanlagen. Es war eine weibliche Stimme. Ich versuchte mir den Hund vorzustellen und landete bei hell- bis dunkelbraun. „Molly" hieß er, das wusste ich zumindest. Carmen kam und kam nicht mit dem Foto. „Fahr langsam, ich warte." „Ja, bleib wo du bist und warte. Carmen wird dich da finden." Schwanzwedeln, trotz Orientierungslosigkeit. Hätte ich Carmen bloß angerufen, denn als sie sich meldete, weil sie Molly gefunden hatten, brav am Grabenrand sitzend, bestätigte sie mir alles, was ich bekommen hatte. Und – „DER Hund" war wirklich weiblich, nicht wie aus den Erzählungen zu vermuten männlich. Eine braune Kampfhündin mit langer Rute! Und dann hatte ich noch eine sehr schöne Begegnung mit einer Schwalbe. Mein Zimmer hat eine Balkontür, die im Sommer immer auf ist. Ein Schwalbenpaar hatte angefangen, an meiner Zimmerdecke ein Nest zu bauen. Darum hatte ich die Tür hin und wieder mal geschlossen, auf dass sie nun einen anderen Platz suchen würden. Sie waren aber hartnäckig. Eine Schwalbe kam in mein Zimmer und setzte sich auf die Deckenlampe, dann auf das Kaminrohr (noch weiter im Zimmerinneren). Ich lag im Bett und sie beobachtete mich. Dann fing sie an, sich zu putzen. Ich sagte laut: „Hier kannst du dein Nest nicht bauen." Und schickte ihr ein Bild von der Sonne draußen, dass es dort besser ist zu nisten. Sie flog zu meinem Kopfende und setzte sich auf die Druckerablage. Nicht mal einen Meter von meinem Kopfent-*

*fernt! Sie schaute mich von oben an, als wolle sie mir etwas sagen.
(„So nahe" dachte ich fasziniert.) Sie verweilte und wir beobachteten uns. Ich schickte ihr ein Bild, wie sie durch die Balkontür hinaus in die Sonne, in die Freiheit flog. Sofort flog sie hinaus. Ab da baute das Schwalbenpaar auf der Deckenlampe des Balkongiebels."*

Daniela Marx: *„Meine Mutter hat mir anfangs nicht geglaubt. Aber ich konnte ihr bei ihrem neuen Hund helfen. Sie hat einen Spitz aus dem Tierheim, der sehr aggressiv gegenüber Besuchern ist. Er bellt und hat meinen Bruder sogar in die Schuhe gebissen. Ich fragte ihn, warum er das tut, und er sagte, er müsse meine Mutter beschützen! Ich habe ihm erklärt, inwieweit sein Schutz angemessen ist, und seitdem ist er einigermaßen nett zu den Personen, die meine Mutter ihm als ok „vorstellt". Das hat meine Familie schon ein bisschen überzeugt! Auch dem Pferd einer Stallfreundin konnte ich helfen. Ihr Wallach hat immer mit den Vorderbeinen gegen die Tür vom Offenstall geschlagen, so dass er eine Gelenkentzündung bekam und dadurch lahmte. Ich fragte ihn, warum er das tut, und bekam ein Bild von dem anderen Pferd der Freundin zu sehen. Ich dachte erst, dass das nichts Brauchbares wäre, aber meine Freundin kam dadurch darauf, dass er das immer dann tut, wenn sie etwas mit ihrem anderen Pferd macht. Also habe ich ihm erklärt, dass seine Besitzerin sich um ihn genauso gut kümmert und dass seine An-die-Tür-Schlägerei keinen Einfluss auf sie hat. Seitdem lässt er es."*

Bärbel Jürgens: *„Ostersonntag bin ich mit dem Fahrrad und Ari (unser Hund) an der Leine durch die Feldmark zu Bekannten gefahren. Mir begegneten zwei Mädchen, etwa zehn Jahre alt, mit ihren Hunden. Einer davon war Aris Freund Zorro, den anderen kannte ich nicht. Normal wäre gewesen, dass Ari, weil sie zur Zeit krankheitsbedingt nicht von der Leine darf, wütend kläffend an der Leine gezerrt hätte. Zorros Reaktion wäre nicht minder heftig ausgefallen. Die beiden Mädchen wollten mir Platz machen, der dritte*

Hund legte sich jedoch mitten auf den Weg. Seine junge Besitzerin fing daraufhin an, den Hund aufs Unflätigste zu beschimpfen; Sch ...köter gehörte noch zu den harmloseren Wörtern.

Ich rief ihr dann zu, sie solle gefälligst ihren Hund nicht so beleidigen, der wäre da nämlich sehr traurig drüber und sie würde ja auch nicht wollen, dass man so mit ihr redet. Und außerdem, sagte ich ihr, werden sich die Hunde sowieso benehmen. Und jetzt kommts: Der andere Hund stand auf und ging zur Seite. Alle drei benahmen sich wie die Engel, kein Gekläffe, kein Gezerre, nichts ... Ari ging artig mit mir weiter, die beiden anderen warteten geduldig, bis wir vorbei waren. Die beiden Mädchen waren baff und ich denke, sie haben genug Stoff zum Nachdenken bekommen. Die drei Hunde wussten jedenfalls, davon bin ich überzeugt, dass diese Erziehungsmaßnahme wichtig war und haben mir dabei geholfen."

Christel-Maria Burzeya: „Schon seit einiger Zeit (bestimmt anderthalb Jahren) spiele ich mit meinen Pferden „Nichts tun", wenn sie sowieso Siesta machen, einfach mit in den Stall stellen und entspannen, nicht begnabbeln lassen, nur da sein. Seit ich Nadine habe (seit Mai 2001) habe ich auch ein „Kuschelpferd", wir stehen zusammen und ich kraule sie und sie genießt es entspannt. Jerry allerdings ist ein Pferd, welches sich sehr ungern anfassen lässt und mich auch nur mit angelegten Ohren und nur widerwillig im Stall geduldet hat. Es ist ein Offenstall und er könnte jederzeit gehen. Seit ich mich mehr mit der Telepathie beschäftige und deinen Kurs besucht habe, habe ich mal versucht, bewusster mit ihnen zu kommunizieren, während wir herumstehen. Nadine weiß, dass ich sie gerne habe und ich es genieße, sie kraulen zu können. Ich wäre auch Jerry gerne so nah. Heute habe ich wieder mit ihnen im Stall gestanden und Jerry stand halbwegs entspannt neben mir und Nadine. Ich habe mich erst nur mit Nadine beschäftigt, weil sie auch eifersüchtig wird. Also habe ich im Stillen mit beiden gesprochen, dass ich gerne auch Jerry so nah wäre und dass Nadine ihn nicht wegbeißen *soll, wenn er sich nähert. Daraufhin schaute er mich an, dann kam er ganz vorsichtig näher und schnupperte in meinem Gesicht, seine Ohren spielten, er zog an meinem Pullikragen, das durfte er natürlich nicht und ich trieb ihn weg. Ich versuchte nochmal, dass er sich mir näherte, dann sah ich schon, wie er mit den Augen rollte und anfing zu gähnen. Er kam wieder ein Stück näher. Ganz vorsichtig beschnupperte er mich wieder im Gesicht, und blieb dicht bei mir stehen. Ich wollte ihn nicht überfordern und war tierisch glücklich über diese Nähe. Auch Nadine verhielt sich superlieb und wir standen eine Weile zusammen und sie kauten und gähnten abwechselnd. Für mich war dies ein wirklich schönes Erlebnis, obwohl auch ich noch auf den „Kleinen Mann im Ohr" warte."*

Und dann? Dem Tier praktisch helfen! Zeit des Handelns

Mentales Training für Reiter

Wie siehst du aus, oh Mensch?

Dem Tier mithilfe des sechsten Sinnes praktisch helfen – und das Kapitel fängt mit dem Menschen an? Ja, sicher! Wie immer müssen Sie zuerst vor der eigenen Haustür kehren. Sie erfahren durch Telepathie beispielsweise, dass Ihr Pferd das eine oder andere körperliche Problem mit seinem Bewegungsapparat hat. Sie holen einen Chiropraktiker oder Physiotherapeuten – doch das Problem kehrt wieder. Warum?

Ein Pferd ist immer ein Spiegel seines Besitzers – mitunter auch physisch. Hundeleuten sagt man nach, dass sie ihren Vierbeinern im Lauf der Jahre ähnlicher werden. Die Frage nach dem Huhn und dem Ei und wer zuerst da war. Und genauso ist es leider auch oft mit den Zipperlein unserer Pferde. Das ist also der Grund, warum Carola sich für eine schiefe Hüfte, Skoliose, Bewegungsmuster und sogar die Schreibhand ihrer Patientenbesitzer interessiert:

„Wir haben alle unsere Wehwehchen, unsere Schiefheiten, Veranlassungen, uns auf die eine oder andere Art zu bewegen.

Genau wie alle anderen Lebewesen haben auch wir Menschen ein Bewegungsmuster. Es kann durch verschiedene Ursachen gestört werden, wie Traumata, verschiedene Ereignisse, Knochenbrüche, Stauchungen, Dehnungen, etc. Unsere Art, wie wir sind und uns bewegen, führt sich im Körper des Pferdes fort, das wir reiten oder fahren. Stell dich vor einem Spiegel auf, mit zehn Zentimeter Spielraum zwischen den Füßen, ganz gerade.

Lass den ganzen Körper locker, aber steh trotzdem aufrecht. Der Körper ist von Anfang an dazu geschaffen, gerade zu sein, auf alle Fälle danach zu streben, gerade zu sein. Wenn du jetzt auf deine Schultern schaust, kannst du sehen, dass die rechte Schulter (falls du Rechtshänder bist), ein bisschen gesenkt ist, und wenn du deine Arme ausstreckst und die Länge vergleichst, kannst du feststellen, dass der rechte ein klein wenig länger ist. Wenn du Linkshänder bist, kann es sein, dass du linksseitig ein wenig niedriger bist, aber nicht immer. Manchmal ist es auch bei dir die rechte Schulter. Warum ist das denn dann so?

Jetzt gehen wir ja von der Tatsache aus, dass du ein Reiter bist, es geht also um deinen Reiterkörper.

Als Rechtshänder wendest du die gesamte rechte Seite deines Körpers mehr an und belastest auch die entsprechenden Muskeln mehr. Das führt zu einer Ausdehnung und erhöhtem Volumen der Muskelmasse auf der rechten Seite. Sie wird also größer und länger.

Wenn du Linkshänder bist und ein Pferd reitest, das lange von einem Rechtshänder geritten wurde, wird dein Körper nach den Schiefheiten des Pferdes geformt.

Das Pferd ist durch den Reiter rechts überbelastet. Und wenn du als linkshändiger Mensch das Pferd reitest, entstehen Probleme, meist für dich.

Das hat zur Folge, dass du beim Pferdekauf die Probleme des vorigen Reiters mitkaufst. Denn das Pferd hat sich an die Bewegungsmuster des alten Reiters angepasst und nachdem sich Muskeln am liebsten so bewegen, wie sie es gewohnt sind, fahren sie noch eine ganze Weile damit fort, so zu arbeiten „wie gewöhnlich". Obwohl du als Linkshänder dich sowohl anders bewegst als auch anders denkst und das Pferd auch anders belastest.

Diese Theorie ist im Augenblick noch nicht wissenschaftlich bewiesen, aber diverse Professoren, die sie für plausibel halten, wollen sie genauer untersuchen.

Beispiel 1: Ein anfangs gleichmäßig ausgebildetes, gerades Pferd mit gleichseitigen Belastungen und ohne Probleme oder bekannter Krankheitsgeschichte bekommt Reiter Nummer eins – eine normale Frau ohne nennenswerte Traumata oder Wehwehchen im oder am Körper in den Sattel.

Diese Frau reitet das Pferd ein halbes Jahr lang ohne Probleme oder Beschwerden. Ihr Sattel ist ans Pferd angepasst und war von Anfang an ebenmäßig. Plötzlich fängt das Pferd an, sich komisch zu benehmen. Es ist unwillig, übellaunig, sauer, schlägt mit dem Kopf, kann keine gerade Spur halten, setzt die Reiterin mehr auf die linke Seite hinüber und die Reiterin muss ständig mit dem rechten Bein ausgleichen und sich zurechtrutschen.

In manchen Fällen geht es sogar so weit, dass man irgendwann akzeptiert, rechts ein Loch länger zu schnallen.

Plötzlich lahmt das Pferd mit einem Vorderbein, sehr oft ist es das linke. Das Pferd wird in die Klinik gefahren, und wenn man das nicht im ersten Stadium macht, wird das Pferd auch auf der anderen Seite lahm. In der Klinik wird die Beugeprobe gemacht und es werden Entzündungen festgestellt, vermutlich in mehr als nur einem Gelenk. Das Pferd wird behandelt, Medikamente in die betroffenen Gelenke gespritzt. Das Pferd wird mit der Anweisung, es zu schonen und eventuell wieder vorzustellen nach Hause geschickt. Bleibt unsere Frage, wie das damit zusammen hängt, dass die Frau Rechtshänderin ist.

Das Pferd wird geschont und dann noch einmal in der Klinik vorgestellt. Dies Mal lahmt es nicht. Die Reiterin nimmt es mit nach Hause und fängt mit langsamem Schrittreiten wieder an. Eine Zeit lang geht es gut, vielleicht einen ganzen Monat lang, dann fängt das Pferd wieder an, sich unruhig zu bewegen, als ob es sich nicht wohl fühlt in seinem eigenen Körper. Die Frau bringt das Pferd wieder in die Klinik. Untersuchungen und Behandlungen gehen von vorn los, diesmal wird eventuell auch geröntgt, um Ablagerungen oder andere Verletzungen auszuschließen, die man nicht mit bloßem Auge erkennen kann. Aber zum Glück findet man nichts. Die Frau nimmt ihr Pferd wieder mit nach Hause und jetzt sind sie in einem Teufelskreis.

Was ist da geschehen?

Die rechtshändige Frau hat, wenn sie die Zügel fasst, ein Problem. Sie versucht, die Zügel gleich zu halten, aber das ist schwer, weil der rechte Arm länger ist. Wenn auch nur für einen Zentimeter, so stellt sie das Pferd doch automatisch im Hals nach rechts ab, wenn sie die Arme nachkorrigiert und die Zügel ausgleicht, indem sie den rechten Arm ein bisschen zurücknimmt.

Was da passiert, ist, dass sie gleichzeitig auf dem Pferd rechts schwerer einsitzt, und das Pferd schiebt sie darum nach links. Also setzt sich die Frau wieder zurecht und wird dabei gleichzeitig erneut rechtslastig. Da tritt das Pferd automatisch mit dem rechten Hinterbein vor um den Rücken zu stützen, und in all den unendlichen Versuchen, dem Reiter aufzuhelfen, überarbeitet das Pferd die rechte Seite und das rechte Hinterbein, oft mit einer kleinen Drehung, um das linke Vorderbein zu kompensieren, das auch ganz plötzlich etwas überarbeitet wird.

Dies alles schiebt den oberen Teil des Beckens (die Hüfte) nach vorn, Stück für Stück, und schafft eine Schiefe im Iliosacralgelenk auf der rechten Seite. Der Schmerz, der dabei entsteht, lässt das Pferd dann meist mit Unwillen und „Bockigkeit" reagieren.

Was da geschieht, nachdem das Pferd angefangen hat, das linke Vorderbein zu belasten, ist, dass es das Bein mit der rechten Seite des Halses ausbalanciert, um sich tragen zu können. Also fängt es die Stöße mit dem Hals auf, schießt sich dabei oft den dritten und vierten Halswirbel nach rechts raus und bekommt eine Blockade zwischen Atlas und Occiput auf der linken Seite, die zu einer Blockade im Kiefer auf der rechten Seite führt.

Was da passiert, ist, dass eine Spannung wie ein Pingpongball von der rechten Hinterhand durch die Lenden, hinunter ins linke Vorderbein hinauf in die rechte Halsseite, den Nacken hoch und den

Kiefer hinunterschießt. Pingpongeffekt ist ein guter Name für dieses Phänomen.

Ich habe im Lauf der Jahre alle Pferde, die ich behandelt habe, genau beobachtet und miteinander verglichen. Es zeigt sich prozentual eine hohe Zahl Pferde mit sehr ähnlichen Belastungen. Ich kann derzeit die Problematik im Pferd und mit dem Reiter fast voraussetzen, bevor ich im Stall ankomme, um das Pferd zu behandeln. Gewiss kann mich das als Therapeuten ein bisschen ignorant machen, aber die Wahrheit ist weit davon entfernt. Ich bin vollkommen leidenschaftlich und hingebungsvoll in meinem Beruf. Ich nehme es mit größter Verantwortung und sehe mir jedes Pferd eindringlich an, versuche zu verstehen, versuche die wirkliche Ursache der Symptome zu finden.

Ich weigere mich, mich damit zufrieden zu geben, dass das Pferd dumm sein soll oder gemein, es gibt immer eine Antwort, und wenn ich sie nicht finden kann, habe ich keine Angst, andere Spezialisten mit hinzuzuziehen. Zum Beispiel arbeite ich hervorragend mit meiner guten Freundin Ingela Mauritsson zusammen, die als Osteopathin im Humanbereich arbeitet. Eine solche Zusammenarbeit ist unschätzbar für uns Pferdetherapeuten, weil wir uns nie damit zufrieden geben können, nur das Pferd zu behandeln. Wenn man das glaubt, sollte man umdenken. Es gibt immer eine Antwort, die man im Körper des Reiters findet – Gleichheiten, die man vergleichen kann, manchmal wie ein klares Spiegelbild.

Wir Menschen pflanzen unseren Tieren mehr Wehwehchen ein, als wir zu glauben wagen. Manchmal, wenn der Besitzer die Krankengeschichte liest, ruft er erstaunt auf: „Huch, aber das ist ja das gleiche Problem, das ich auch habe!"

Bevor wir von unserem Pferd irgendeine Leistung einfordern, sollten wir unsere eigenen Probleme ausschließen, nicht nur die physischen, sondern auch das, was wir mit uns tragen in unseren Gedanken und unseren Erinnerungen.

Ein guter Führer gibt Sicherheit für beide.

Hier ist klar, wer der Stärkere ist. Diesen beiden fehlt Sicherheit.

Eine richtige Herde: Schön zu erkennen, dass alle Pferde verwandt sind.

Ein ängstliches Pferd braucht es, wie ein Fohlen neben dem Menschen laufen zu dürfen, um sich sicher zu fühlen.

Ruhe im eigenen Inneren finden

Wie findet man Ruhe im Innern seiner selbst? Wie kann man im Alltag, wenn sich alles um einen herum nur noch dreht und kreiselt, damit rechnen, überhaupt irgendwo Ruhe zu finden?

Man sollte damit rechnen, und nicht nur das, man soll es fordern, nicht zuletzt von sich selbst. Einen eigenen kleinen Ort zu haben, wohin man gehen kann, ist wertvoll, aber nicht alle haben diese Möglichkeit, irgendwo hinzugehen. Also warum nicht eine schöne, kleine Oase in uns selbst schaffen?

Sich täglich fünf Minuten Zeit zu nehmen, um in sein Inneres zu schlüpfen, nur zu sein, einen inneren Raum zu schaffen, wo man genau das macht, was einem behagt, ohne dass es jemand anders sehen kann, natürlich klingt das gut!

Setz' dich hin und entspann dich. Nimm drei tiefe Atemzüge, setz dich wirklich bequem hin und achte darauf, dass du weder Arme noch Beine oder Finger überkreuzt. Sich hinlegen ist natürlich genauso okay, obwohl das Risiko, dass du dann einschläfst, ein bisschen größer ist ...

Fühle, dass du in deiner Mitte bist. Versuche deinen Mittelpunkt zu finden, indem du eine Lichtkugel in deinem Kopf rundherum bewegst, bis du fühlst, dass du den Punkt jetzt genau richtig gefunden hast, an dem die kleine Lichtkugel still liegen bleibt.

Fühle, wie du dein ganzes Äußeres mit hineinnehmen kannst und durch jede einzelne Pore deines Körpers in deinen Mittelpunkt schlüpfst und in die Kugel. Die Kugel kann so groß werden, wie du willst.

Jetzt hast du die vollkommene Freiheit, hier im Inneren genau das zu erschaffen, was du nur willst. Eine gute Idee ist es, sich Stille zu erschaffen. Als Nummer zwei kann man gute Energie entstehen lassen, so dass du automatisch mit Energie aufgeladen wirst, sobald du in deine Mitte schlüpfst. Als Fortsetzung kannst du die kleine Höhle in der Mitte ganz nach deinem Geschmack einrichten. Ich habe sogar Gardinen bei mir, und Ästhet wie ich bin, sind sie Ton in Ton mit den Wänden, die sind aus Gold.

Ich reise sehr viel und gerade bei langen Zugreisen, wenn ich wirklich ganz in Frieden bin, wende ich diese Technik an. Teils, damit die Zeit schneller umgeht, teils, um die Batterien aufzuladen, Kurse zu planen, von meinem fantastischen Leben zu träumen, etc.

Eine andere Variante ist es, in die Natur hinauszugehen, da wirst du auch automatisch mit Energie angefüllt, gleichzeitig kann man die Chance wahrnehmen, mit Tieren zu kommunizieren, mit Pflanzen, Bäumen, Wolken. Ich habe ein Lieblingsgespräch, schon seit ich klein war, und zwar mit den Wolken. Ich stellte mir vor, wie ich die Wolken umformen konnte, sie dazu bringen konnte, sich zu bewegen und über den Himmel zu spielen. Heute bin ich sicher zu erwachsen und grau, um das zu schaffen, und die Wahrheit ist wohl, dass ich nicht mehr die reine und starke Energie habe, die Kinder auszeichnet.

Bäume sind in meinen Augen die stärksten Energieauflader. Wenn du noch nie einen Baum umarmt hast, dann ist es höchste Zeit. Lass alle Hemmungen beiseite, umarme lange und intensiv, verschmelze mit dem Baum und lass dich aufladen, auffüllen – ein fantastisches, unbeschreibliches Gefühl.

Bildmalmeditation

Ein Ziel zu haben und erreichen zu wollen, einen Wunschtraum, ein Streben, zu fühlen, dass man etwas erreichen kann, was man sich vorgenommen hat – welch wunderbares Gefühl!

Was wir dabei oft falsch machen, ist, dass wir zu hohe Ansprüche stellen, sowohl an uns selbst als auch an unser Pferd. Wir tragen ein perfektes Bild in uns, wie wir uns vorstellen, dass die Dinge sein sollen, und auf dem Weg dahin brennen wir uns entweder aus *oder schlagen kapital fehl aufgrund unserer zu hohen Erwartungen.*

Sich kleine Teilziele abzustecken, leicht zu erreichen, aber genauso stark im Bild, gleichstarkes Streben mit ebenso großer Sehnsucht, ermöglicht uns ein häufigeres Gelingen und spornt uns zum Weitermachen an, noch emsiger als vorher.

Es ist herrlich, wenn einem etwas gelingt, das finden alle! Wer hat gesagt, dass man die Spitze direkt erreicht?

Wenn man seine Teilziele Stück für Stück einsinken und sich stabilisieren lässt, wenn man selbst dazwischen Luft holt, sich einholen lässt und dann wieder loslegt, wird das Ziel danach noch leichter zu erreichen sein. Halte dir deine Etappenziele vor Augen, mal sie dir auf ein Stück Papier und träume ein wenig, aber behalte das realistische Denken bei und die Füße auf dem Boden der Tatsachen. Setze dir dein großes Ziel, und mach Kästchen mit den einfachen Etappenzielen auf dem Weg dorthin. Du ahnst gar nicht, wie stolz man auf sich selbst sein kann, wenn man die Kästchen rot auskreuzen kann und so richtig sehen, erleben kann, wie man sich mit Sturmschritten dem großen Ziel annähert.

Hier kommt eine ganz einfache und leichte Meditation, die Sie ebenso gut in der Badewanne wie draußen im Wald oder vor dem Fernseher machen können:

Atme. Sitz bequem oder leg dich hin, je nachdem, was bei dir besser funktioniert. Überkreuze keine Körperteile, entspann dich. Atme wieder. Denk dir, dass du Lichtenergie einatmest, reine Energie, und fokussiere darauf, alle übrig gebliebene, verbrauchte, alte und negative Energie auszuamten. Rein mit dem Licht, raus mit dem alten und dunklen. Lange, ruhige Atemzüge. Nimm dir ein paar Minuten, nur deine Atmung zu fühlen. Fokussiere auf dein nächstes Ziel. Fühle, dass du bereits da bist, dass es dir bereits geglückt ist. Fühl dich ein! Du hast es geschafft! Du kannst es!

Fokussiere mit Licht auf alle Details, die dir Energie schenken, noch einen Schritt höher zu gelangen, noch eine Etappe näher ans Ziel. Fühle da hin und schenke positive Energie dazu, schenke Licht, sieh die ganze Situation in fließendem Licht, atme Licht ein und bade in Licht. Glaube daran! Wisse, dass du fähig bist dazu, fühle, wie es sich anfühlt, wenn es dir geglückt ist. Fühle die Süße des Sieges. Gewiss liebst du das Gefühl des Fortschritts!

Nimm ein paar tiefe Atemzüge, atme mit Licht aufgeladene, neue Energie und puste alle verbrauchte und negative Energie heraus.

Fühle dich ein rund um dein Etappenziel herum, versichere dich, dass alle Hindernisse beseitigt sind, gieße Licht auf alle Hindernisse und Gegensätze, lade alle negativen Aspekte auf eine Reise ins Licht ein. Lass alles Negative da sein, lass es im Weg sein, aber nicht in deinem! Nicht hier! Nicht jetzt! Du kommst wunderbar an allen Hindernissen vorbei.

Glaub an alles, was du dir erschaffst, Glaube ist eine schaffende Kraft. Wisse, dass dir das gelingt, was du schaffen willst, glaub an dich selbst. Nimm noch ein paar tiefe Atemzüge, zähle langsam bis zehn, nimm dir ein Lächeln und ein bisschen Licht mit nach draußen, schenk es jemandem, der es braucht, warum nicht deinem Spiegelbild ...

Je detaillierter du deine mentale Arbeit gestaltest, desto effektiver wirst du in deiner Arbeit, deine Ziele zu erreichen. Je mehr du planst, desto vorbereiteter bist du. Überlasse nichts dem Zufall, werde nicht zu einem „Oh je, das hab ich vergessen"-Opfer.

Sei sorgsam und lass deine inneren Arbeiten, deine Meditationen und Affirmationen gut durchdacht sein, um dich vor unbehaglichen Überraschungen zu bewahren. Deine Affirmationen, das heißt deine positiven Gedanken mit viel Kraft, kannst du zusammen mit deinem aufgezeichneten Plan aufbewahren und gönne dir für jede Etappe ein paar Sätze wie zum Beispiel: Wir schaffen die Reitbahn! Yes! Es gelingt mir! Ich habe den Sieg bereits! Ich schaffe die ganze Strecke. Wir sind so gesund!

Wenn du mit einem Partner zusammenarbeitest, in deinem Fall vielleicht mit einem Pferd, hast du noch eine Verantwortung mehr, nämlich, dass ihr auf demselben Niveau seid. Oft, leider zu oft, sieht man, dass Pferd und Reiter nicht im Einklang sind, manchmal ist das Pferd weiter als der Reiter, manchmal umgekehrt. Arbeitet im Team, nicht jeder für sich, hab dieselben hohen Ansprüche an dich selbst, die du an dein Pferd hast!!! Hast du eine gute Kondition? Nein, aber du forderst, dass dein Pferd sie haben soll. Bist du mental auf alles eingestellt, wenn ihr ausreitet? Nein, aber du forderst, dass dein Pferd es sein soll! Bist du durchtrainiert, sowohl körperlich als auch psychisch vor der nächsten Turniersaison? Nein, aber du forderst, dass dein Pferd ... usw.

Schließe euch beide in dein Etappenziel mit ein, gestalte euer Training mit Freude, stell angemessene Ansprüche an euch, und warum nicht mit deinem Pferd zusammen meditieren! Ein wunderbares Gefühl, herrlich, wenn du es noch nie erlebt hast, ist es Zeit!

Ängste und Blockaden auflösen

Gestatte dir selbst das Wagnis allein zu sein.

Lass den Klammergriff an die Wirklichkeit da draußen locker, wage es, einen Schritt nach innen zu tun, lerne dich selbst kennen.

Wer bist du? WARUM HAST DU DIESE BLOCKADEN?

Welche Erinnerungen bewirken, dass du dich verschließt?

Erinnerungen sitzen tief im Körper verankert und formen dich sowohl als Mensch als auch als Reiter. Gehe in dich und wage, dich zu ERINNERN.

Indem du dich erinnerst, lässt du die Blockaden an die Oberfläche dringen, mit denen du arbeiten musst, um sie gehen zu lassen, um sie loszuwerden. Bearbeite sie, werde Freund mit ihnen, erinnere dich, wage zu fühlen, erkenne, dass du DIE MÖGLICHKEIT HAST, sie loszuwerden.

Um etwas loslassen zu können, muss die Trennung so schmerzfrei wie möglich sein.

Beispiel: Verschiedene Traumata, die du verabschieden solltest, um ein guter Reiter zu werden. Dazu zählen:

- *Alle Arten von Brüchen oder alle anderen äußeren Beeinflussungen, die bewirkten, dass du ein Krankheitsbild hattest oder hast.*
- *Stürze aller Art, die zur Folge hatten, dass du dir auch nur das kleinste bisschen physisch weh getan hast.*
- *Konfrontationen im Umgang mit dem Pferd.*
- *Unfälle im Zusammenhang mit dem Pferd.*

Die Voraussetzung, dass du frei wirst von solchen Erinnerungen, ist, dass du davon frei sein WILLST.

Wenn man das Trauma als Entschuldigung nimmt, um etwas zu vermeiden, ist es noch schwieriger, es loszulassen. Oft möchte man auch gar nicht loslassen.

Ein Beispiel dafür kann sein, dass man sich vielleicht nicht traut zu galoppieren. Eine Grenze, die viele ängstliche Reiter haben, obwohl es eigentlich leichter ist, auf einem galoppierenden Pferd sitzen zu bleiben als auf einem trabenden.

Ein anderes Beispiel kann sein, dass man sich nicht aufzusteigen traut, wenn niemand das Pferd festhält.

In beiden Fällen erwartet der Reiter, dass etwas Gefährliches passiert, und wenn das, was geschehen kann, bereits geschehen ist, gibt es ja ein glasklares Bild von der Situation.

Dieses negative Bild einprogrammiert zu haben, das Gefühl von dem, was geschehen ist und wie es passierte, zu haben ... wie es sich anfühlte, wie weh es tat und wie viel Angst du hattest, ist vernichtend.

Die Frage ist, wie du es je wieder wagen sollst.

Als erste Voraussetzung sollst du WOLLEN.

Dann musst du es wagen. Und damit meine ich nicht, aufzusitzen oder zu galoppieren, sondern wagen, die Begrenzungen loszulassen, die dafür sorgen, dass du diese Erinnerung behältst.

Noch mal von vorn anzufangen und einen Mentor zu finden.

Bitte eine Person, der du vollständig vertraust, dein Mentor zu werden.

Lass dich von dieser Person zu Anfang einen Tag lang begleiten bei deinen täglichen Verrichtungen beim Pferd. Auch beim Striegeln, Füttern, etc. Es ist wichtig, dass du hundertprozentiges Vertrauen hast und nichts davon infrage stellt, was diese Person macht oder sagt. Dies ist ein Beispiel, wie ihr zusammenarbeiten könnt und wie ein Trainingsplan gegen deine Angst aussehen könnte:

Setzt euch zusammen und redet. Schreibe eine Liste über das Positive und das Negative daran, ein Pferd zu haben. Alle Sachen, die du nicht willst oder kannst oder dich nicht traust. Diskutiere die Liste und sei ehrlich mit dir selbst, ob du dir von ganzem Herzen vorstellen kannst, an diesem Problem zu arbeiten oder ob du ganz einfach aufgeben möchtest. Schreibe detailliert auf, was es ist, dass du dich verspannst und Angst bekommst. Etwa, ob du heruntergefallen bist und dir die Hüfte angeschlagen hast. Dann bist du ja nicht einfach „nur" gestürzt, sondern hast dich verletzt. Bist du behandelt worden? Warst du deswegen bei deinem Osteopathen oder Masseur, um die dabei entstandenen Verspannungen zu lösen? Falls nicht, dann ist es Zeit. Ein Osteopath kann sehen, welche physischen Erinnerungen du mit dir herumschleppst, und ist eine unschätzbare Hilfe auf der Suche nach einem gesunden Körper.
Folge deinem Mentor und sei anspruchslos bei allem, was du tust im Umgang mit deinem Pferd, schau, nimm in Augenschein, sieh, fühle, sei einfach! Wenn dir danach ist, dein Pferd zu streicheln, dann tu es, wenn nicht, dann lass es sein.
Nur dadurch, dass du eine Pferdeherde studierst, kannst du dich in die ruhige Harmonie mit hineinversetzen lassen, die oft in einer ausgeglichenen Herde herrscht. Setz dich einfach hin und beobachte, folge jeder kleinen Bewegung in der Herde, so bekommst du ein tief gehendes Verständnis dafür, warum Pferde das tun, was sie tun.
Pferde sind keine bösen Tiere, sie haben immer einen Grund für ihr Verhalten. Indem du das Verhalten des Pferdes kennen lernst, verlierst du auch die Angst. Verständnis, Kenntnis geben Einsicht und

geben dir Erklärungen, die notwendig sind, um die Angst zu verlieren.

Ich liebe es, einfach dazusitzen und eine große Herde eine längere
Zeit zu beobachten, am liebsten ein paar Stunden lang ... einfach
sehen dürfen ... wie die Leitstute Befehle austeilt, wie die Rangnied-
rigen vor den anderen weichen, wie die Arbeit erledigt wird und wie
die Aufteilung der Arbeitsaufgaben erfolgt.

Es ist wichtig zu verstehen, dass das Pferd uns eigentlich nichts Böses
will, aber wenn wir missverständliche Signale geben, nutzt das Pferd
das aus, um im Rang zu klettern. Wenn wir die Aufmerksamkeit
eines Pferdes wecken, wenn wir zum Beispiel etwas von einem Pferd
möchten, sollten wir uns dessen bewusst sein, dass wir in derselben
Sekunde seine Pferdewelt betreten und uns dementsprechend verhalten müssen.

Wenn wir möchten, dass das Pferd uns gehorcht, sollten wir uns wie
ein Leittier verhalten. Stell dir vor, wir stoßen auf eine Leitstute, eine
Stute, die aus Gewohnheit Befehle gibt, und dann kommst du und
gibst plötzlich IHR einen Befehl. Das kann so oder so enden. Mit
Pferden zusammenzusein und sich in ihr feines System einzuklin-
ken, ist eigentlich eine Voraussetzung dafür, auf vernünftige und für
beide Partner gerechte Art und Weise mit ihnen umgehen zu können.

Wenn du Hilfe wegen deiner Angst suchst, sei damit zufrieden, dass
dir der Mensch, der dir helfen soll, all das Grundlegende erklären
kann, wie du die verschiedenen Positionen in der Herde wieder
erkennst, wie unterschiedlich du damit umgehen sollst, mit wem du
mehr Geduld haben musst und bei wem du gleich zur Sache kommen kannst.

Mit Hilfe der Telepathie

Es ist eine große Hilfe, wenn man weiß, dass man sich gedanklich
eines wichtigen Hilfsmittels bedienen kann. Du sollst daran denken,
was du denkst! Wenn du von Situationen ausgehst, die erschreckend

sind, werden erschreckende Sachen passieren. Wenn du dir in Gedanken ausmalst, wie ruhig und freundlich deine Begegnung mit dem Pferd wird, dann wird sie genauso. Eigentlich nicht so schwierig, wenn wir Menschen nur nicht so daran gewöhnt wären, negativ zu denken.

Wir gehen immer davon aus, was passieren kann, vom negativen Blickwinkel.

Wir sollten uns für unsere komplette Art zu denken angewöhnen, es genau umgekehrt zu halten. Geh davon aus, dass das, was passiert, positiv ist, denk positiv, fokussiere positiv!

Erschaffe dir Bilder, die zeigen, was du erreichen willst, wie du willst, dass die Sachen sein sollen, denke die ganze Zeit auf diese Weise – unter der Voraussetzung, dass du davon überzeugt bist, dass es so wird.

Wenn du zum Beispiel denkst: „Ich frage mich, ob ich mich trauen soll, hier rein zu gehen, was, wenn sie nach mir schlägt und mich trifft?" Da schaffst du ein Bild in deinem Kopf, dass das betreffende Pferd dich schlägt. Dieses Bild fängt das Pferd auf, es spürt deine Verteidigungsstellung im Körper, die vorbeugende Verteidigung signalisiert und obendrauf riecht es, dass dich die Situation stresst. Das schafft eine negative Situation.

Fokussiere IMMER darauf, was nach DEINEM WILLEN passieren SOLL. Wenn du denkst: „Ich Will NICHT, dass das Pferd mich schlägt", passiert das Folgende: Das Pferd an sich kann genauso wenig wie jedes andere Individuum das Wort NICHT absorbieren. Du schaffst aber trotzdem ein Bild im Kopf von einem Pferd, das dich schlägt. Und schon ist die negative Gedankenbahn wieder in Gange.

Wenn ich meiner fünfjährigen Tochter sage: „Hüpf nicht auf dem Sofa!", sagt sie „Nein" und hüpft weiter. Das Wort „nicht" verschwindet und Moa hüpft weiter auf dem Sofa herum, weil ich ja das Bild davon im Kopf habe, wie sie, genau, auf dem Sofa herumhopst.

„Trampel nicht *auf mir herum!" „Sei* nicht *so zu mir!" „Geh* nicht
da hinein!" „Das ist nicht *gefährlich!"*

*Kommt dir das bekannt vor? Zu lernen, positiv zu formulieren, ist
schwer, aber es ist absolut den Versuch wert. Karin hat das weiter
vorn schon ausführlich behandelt und es ist direkt umsetzbar in
Bezug auf die Pferde. Du bekommst die direkte Belohnung in Form
eines aufmerksamen Pferdes, das dich ohne Verwirrung versteht,
und es ist sicher viel besser, einen positiv denkenden Besitzer zu
haben als einen negativ denkenden, der darüber hinaus noch das
Gegenteil meint.*

*Durch Telepathie kannst du Situationen im Vorfeld vorbereiten,
fokussiere darauf, was geschehen soll, zum Beispiel am Abend im
Stall, beim Ausritt, morgens bei einer Konferenz, am Wochenende
bei einer Reise, am Abend beim Essen. Nur du kannst dein Denken
steuern, und warum da nicht voraussetzen, dass alles gut und positiv ist, harmonisch!*

*Mit der Telepathie kannst du also dein Pferd im Vorfeld beeinflus-
sen. Lade die Situation mit positiver Energie auf und schicke Bilder
davon, wie sich die Situation dann gestalten soll!!!*

*Wenn man Angst hat oder es einem schlecht geht, sind die negati-
ven Gedanken ein Faktum, ein Teufelskreis, den zu durchbrechen
schwer ist.*

Wie kann man einen ängstlichen Menschen positiv beeinflussen?

*Ich finde es interessant zu wissen, wie Tiere Menschen beeinflussen,
denen es aus irgendeinem Grund schlecht geht. Diese Neugier führte dazu, dass ich einer guten Freundin, die Sozialwissenschaftlerin
ist und sich sehr für Psychologie interessiert, ein paar Fragen stellte.
Anna-Lena antwortete und teilte mir ihren Standpunkt mit, den ich
für sehr nachdenkenswert halte.*

Carola: Warum tun einem Tiere so gut?

Anna-Lena: Weil sie so einen beruhigenden Einfluss haben.

C: *Nenne mir eine Situation, in der diese beruhigende Wirkung eines Tieres eingesetzt werden kann.*

AL: Ein überaktives Kind kann ruhiger werden, dadurch dass es z.B. mit Pferden umgeht und eventuell reiten lernt. Die Hirnaktivität beim Kind sinkt, es wird ruhiger.

C: *Tut der Umgang mit Tieren allen Kindern gut?*

AL: Nein. Nicht alle Menschen mögen Tiere, das kann erlerntes Verhalten sein oder ein Erbe von den Eltern.

C: *Könnten diese Menschen lernen, Tiere zu mögen?*

AL: Das hängt davon ab, ob sie Angst vor Tieren haben oder diese nur nicht leiden können.

C: *Also befürwortest du, dass alle Kinder mit Tieren umgehen sollten?*

AL: Ja, alle Kinder sollten lernen, dass Tiere auch wertvolle Individuen sind.

C: *Spielt es dabei eine Rolle, um welche Tiere es sich handelt?*

AL: Eigentlich nicht, denn die Verantwortung ist dieselbe, aber besonders die Nähe und mit einem Tier schmusen zu können bedeutet viel. Am meisten für Menschen, die es schwer haben, ihre Gefühle zu zeigen. Manchmal ist es leichter, einem Tier positive Gefühle zu geben als einem anderen Menschen.

C: *Glaubst du, dass man die Genesung von beispielsweise Depressionen vorantreiben kann, wenn man mit Tieren umgeht?*

AL: Ja, wenn die Depression von leichterer Art ist.

C: *Warum glaubst du das?*

AL: Die Tiere können verhindern, dass du von einer leichteren depressiven Verstimmung in eine tiefe Depression abrutschst, weil du für dein Tier Verantwortung übernehmen musst. Das Tier an sich bedeutet dir sehr viel und ist die ganze Zeit für dich da, egal, wie es dir auch geht, weil das Tier nicht so viel von dir fordert, wie es ein Mensch tun kann.

C: *Kann es für ein Tier auch nicht so gut sein, bei einem depressiven Menschen zu sein?*

AL: Ja, denn die Grenze zwischen einem tief depressiven und einem leicht depressiv verstimmten Menschen ist haarfein und kann von einem Tag auf den anderen kippen. Da ein tief depressiver Mensch nicht einmal Verantwortung für sich selbst tragen kann, sollte es eine andere Person geben, die zur Hand ist und mithilft und die Tiere in einer solchen Lage unterstützt.

C: Was würdest du jemandem raten, der Angst vor Tieren hat, dem der Umgang mit beispielsweise Pferden aber sehr gut tun würde?

AL: Es gibt heute ja schon Therapien, die Tiere einschließen, wo die Therapeuten sukzessive den Menschen dazu bringen, seine Angst vor dem betreffenden Tier abzubauen. Aber wenn es sich nur um eine Unsicherheit handelt, kann man Hilfe von jemandem bekommen, dem man vertraut und der erfahren ist, der einen etwa mit viel Geduld Schritt für Schritt ans Pferd heranführt.

C: Kann man eine Depression verstärken oder vertiefen, wenn man jemanden zwingt, sich zu schnell einem Tier anzunähern, vor dem er oder sie Angst hat?

AL: Ja! Das ist gefährlich! Da befindet man sich in tiefen Gewässern. Und man sollte sich klar machen, dass die betreffende Person einen bleibenden Schaden erleiden kann.

C: Also ist es schlussendlich wichtig, Kenntnis davon zu haben, wie ein ängstlicher und/oder depressiver Mensch ist und funktioniert, um kompetent helfen zu können?

AL: Absolut. Es gibt viel zu viele Kurse, Vorträge, Versammlungen, Vorführungen, die heutzutage suchende Menschen anlocken. Einigen von ihnen geht es schlecht und sie werden von alternativen Wegen angezogen. Wenn so ein Mensch bei jemandem landet, der die Verantwortung für die Folgen nicht tragen kann, die entstehen können, wenn er die betreffende Person einem gewissen psychischen und mentalen Druck aussetzt – das kann katastrophale Folgen haben. Es ist wichtig, sich an Leute zu wenden, die ihren Beruf kompetent ausüben, die

Lebenserfahrung haben und eine ordentliche Portion Wissen, was die Natur und Struktur des Menschen betrifft.

C: Danke, dass du dir Zeit genommen hast.

AL: Keine Ursache, es ist wichtig, solche Informationen zu verbreiten.

Jennys Geschichte

Carola wollte einen Schritt weitergehen, darum bat sie eine andere Freundin zu erzählen, wie sie es schaffte, sich von ihrer Depression zu befreien – mit Hilfe eines Pferdes.

Ich möchte dich, Jenny, fest umarmen und mich herzlich bei dir bedanken, dass du dich uns mitteilst:

„Alle, die jemals mit einem Tier Kontakt hatten, wissen, dass Tiere harmonisch sind und eine angenehme Ruhe um sich verbreiten. Ich habe mein Leben Pferden verschrieben. Ich sehe das Pferd als eines der hübschesten Geschöpfe an, das es gibt, und das nicht nur äußerlich, sondern auch innerlich betrachtet. Vor einigen Jahren wurde ich von einer sehr schweren Depression geplagt. Meine Welt brach ganz ohne Anlass auseinander, warum, weiß ich bis heute nicht. Während dieser Jahre der Krankheit um mich herum hatte ich als Rückhalt mein treues Pferd. Eine Stute, die in allen Situationen für mich da war, Tag und Nacht. Wir verbrachten die Tage zusammen, sie folgte mir wie ein treuer alter Freund. An den Tagen, an denen es mir am schlechtesten ging, fühlte ich keine Motivation zum Stall zu gehen, aber da war meine Seelenfreundin – die faktisch von mir und meinen Fähigkeiten abhängig war. Ich hatte keine Wahl und musste dorthin, egal, wie es mir ging. Feinfühlig wie Fabina war, spürte sie sofort, wenn es mir nicht gut ging. Dann kam sie mit ihrem Kopf und legte ihre Stirn gegen meine. Wenn es richtig heftig war, fing sie mich mit ihrem Kopf regelrecht ein, da sollte ich sie umarmen.

Auf diese kleinen Augenblicke kann ich heute mit Freude und Tränen in den Augen zurückblicken. Denn ich glaube nicht, dass ich bis heute wirklich verstanden habe, wie viel sie für mich wirklich bedeuteten. Sie brachten mich dazu, wieder einen Tag zu bewältigen, einen weiteren Tag in meinem damals so sinnlosen Leben.

Tag und Nacht konnte ich zu meiner besten Freundin gehen, ich wurde stets mit Freude begrüßt. Ich wurde dafür geliebt, wie ich war, nicht wie andere dachten, dass ich sein sollte. Wenn ich gestresst war oder wenn die Furcht auflloderte, dann holte Fabina mich ziemlich schnell wieder auf den Boden zurück. Sie ließ mich ganz einfach nicht traurig sein, wenn ich bei ihr war, denn wenn ich dort war, sollte es wirklich schön sein. Sie brachte mich dazu, von neuem mit dem Denken anzufangen, denn in ihrer Nähe sollte Konzentration sein und nichts anderes. Wenn es nicht wurde, wie sie wollte, rutschte ich runter. Neue Anläufe, weitere Versuche – und das nächste Mal klappte es besser. Sie forderte all meine Aufmerksamkeit. Das war wohl die einzige Art, wie ich auf andere Gedanken kam und überhaupt anfing nachzudenken. Wenn man depressiv ist, wird man leicht unglaublich von sich selbst eingenommen. Aber das passte der betreffenden Dame überhaupt nicht.

Ich kann all die Liebe, die ich von ihr bekommen habe, nicht in Worte fassen. Nicht nur das Physische war von Bedeutung, sondern auch die Atmosphäre. Sie riechen zu können, in ihre klugen Augen zu sehen, einfach in ihrer Nähe sein zu dürfen – das machte mich froh. Auf ihrem Rücken zu sitzen und zu trainieren, war gut für uns beide, aber das war es nicht, was ich brauchte. Es war diese Nähe, die man nicht erklären kann, die Gefühle, die sie aus mir herausholte ... das war es, was ich brauchte. Viele Gedanken kamen in mir hoch im Zusammenhang mit den Besuchen bei ihr. Aus irgendeinem seltsamen Grund wurden sie bei ihr jedes Mal besser. Alles mit jemandem zu bearbeiten, den ich mochte, half viel mehr als alle Krankenhausaufenthalte zusammen. Fabina wiederum wusste, was sie machen musste und war mir immer treu, in allen Situationen. Der Stall war und ist meine Rettung hier im Leben. Ohne diesen Ort würde ich nicht an diesem Punkt im Leben stehen, wo ich

mich jetzt befinde. Noch heute habe ich ein Foto von meinem gelieb-
ten Pferd immer und überall dabei. Denn auch wenn sie nicht mehr
am Leben ist, so gibt es sie doch noch in meinen Gedanken, und noch
heute fühle ich dieselbe Ruhe, wenn ich sie anschaue, wie als ich mit-
ten in der Krankheit steckte. Eine kurze Zusammenfassung dessen,
was ich hier geschrieben habe könnte lauten: Ich habe es einzig und
allein Fabina zu verdanken, dass ich noch am Leben bin."

Jenny Hammargren

Nina und ihre Viererbande

Nina und ihre Mutter baten mich, gleich mit all ihren Tieren
Kontakt aufzunehmen. Sie schickten mir Fotos von ihren drei
Pferden Kenny, Lano und Isonia sowie von ihrem Hund Lenny.
Hier ist ihr Kommentar zu den Texten.

„Bei Lano war extrem überzeugend, dass du uns von der Lombar-
dei als seinem Geburtsland geschrieben hast. Tatsächlich ist er in
Italien geboren, wo er ca. sieben Jahre mit seiner Maremmanoher-
de in freier Wildbahn lebte. Auch die sieben heißen Sommer hast du
erwähnt. Und dies sind nun wirklich Hintergrundinfos, von denen
du nichts hast wissen können. Eine Woche, bevor wir deine Post
empfingen, machten wir uns Sorgen, weil er seine Möhren, die er
sonst sehr mochte, übrig ließ bzw. unzufrieden daran herum-
schnupperte. Wir dachten schon, er hätte wieder ein Zahnproblem.
Da wir dank dir erfuhren, dass er sich über den angefrorenen
Zustand beschwerte, gab ich sie ihm einfach vor der Fütterung ins
kochende Teewasser. Siehe da, Lano war überaus glücklich, dass wir
seinem Wunsch nachgekommen waren, und schlemmte von nun an
seine Karotten wieder genüsslich. Was mich sehr berührte, war, dass
sein sozialer Charakter auch im Protokoll zum Vorschein kommt.
Dass er ein sozial denkendes Pferd ist, wusste ich rein gefühlsmäßig
schon, aber seine Sorge um die Schwachen, denen es in einer noch
kommenden (mittlerweile natürlich tatsächlich gewesenen) Winter-
periode zu kalt werden könnte, war extrem rührend. Seither bin ich

noch aufmerksamer und beobachte sein Verhalten innerhalb der Herde sehr oft und lange. Er verjagt nie Schwächere vom Futter, er bietet ihnen sogar Schutz vor anderen ranghöheren Herdenmitgliedern und er weist prinzipiell nur die Frechen, etwas zu Respektlosen zurecht.

Bei Kenny war es toll, wie genau er beschrieb, von wo und wie der Wind im Offenstall weht. Er kommt wirklich immer von vorne, seitlich. Extrem gut find ich auch, dass er seine Wünsche so klar zum Ausdruck brachte. Meine Mutti bemüht sich wirklich diese zu erfüllen. Sie beschäftigt sich erst seit zwei Jahren intensiv mit Pferden. Oft hatten wir kleinere und größere Dispute, weil sie weniger Wissen und Erfahrung hatte und sie aber trotzdem keine „neunmalklugen" Ratschläge von der Tochter (also von mir) annehmen konnte, mochte etc. Nun hat sie einiges direkt von ihrem Pferd erfahren und dies kann sie auch bedeutend besser annehmen und daran arbeiten. Vor einem Monat machte sie beispielsweise nun doch einen Sitzkurs und es machte ihr und ihrem Pferd sichtlich Spaß und tat den beiden verspannten Rücken sichtlich gut.

Das Protokoll von Isabelle war extrem interessant. Besonders Mutti und ich haben seither einen ganz anderen Zugang zu ihr gefunden. Oft deuteten wir ihre Art als bockig, zickig und wussten nicht recht, was sie bezweckt. Nun wissen wir, dass sie eine sehr feine, sensible Stute ist. Seitdem ich ihr auch ehrlich und vertrauensvoll entgegenkomme, können wir uns gegenseitig verständigen und das gemeinsame Arbeiten hat nun einen wunderbar harmonischen und erdigen „Beigeschmack". Dass sie ein hübsches Gesicht hat, bekommt sie wirklich oft zu hören ... von uns sowieso und auch von vielen anderen. Nun darf sie wieder bei ihrer Herde sein und sie bekommt von uns sehr viel Zuwendung und lange Putzeinheiten, die sie wahnsinnig genießt. Interessant war dann noch, dass sie ihre heimatlichen Koppeln genau beschrieb, leicht abschüssig etc., im Gegenteil zu Güssing, wo es nur flache Koppeln gab und wo das Foto von ihr entstand.

Durch die Protokolle ist es uns möglich, noch besser auf unsere Tiere einzugehen, auf ihre Wünsche so gut als uns nur möglich Rücksicht zu nehmen und ihnen generell ein angenehmeres Leben zu ermöglichen. Wir sind auch durch deinen Vorschlag wieder auf die Bach-Blüten gekommen. Mutti hat sich sogar einen ganzen Satz gekauft und es ist einfach herrlich. Auch für uns! Generell haben sich die Beziehungen zu unseren Tieren noch mehr intensiviert und wir sind viel sensibler geworden, was sie uns mitteilen wollen. Auf alle Fälle haben wir nun die Gewissheit, uns in Sachen Tierkommunikation weiterbilden zu wollen. Insgesamt hat sich unsere gesamte Lebenseinstellung und Haltung verändert. Danke für deine Hilfe!"

Nina Lux, Steyr, Österreich

Carolas Schule im Umgang mit Pferden

In „Der sechste Sinn" befassten wir uns mit dem Thema dominante Pferde. Hier möchte Carola das Problem des ängstlichen, vorsichtigen Pferdes beleuchten, und wie leicht wir Angst mit Aufmerksamkeit verwechseln können. Wir alle wollen ein im Umgang einfaches Pferd haben, aufmerksam, willig und lieb. Aber – Carola bringt es mit einer Frage auf den Punkt:
„Die Frage lautet: Bist du das denn? Bist du selbst das, was du von deinem Pferd verlangst? Ein unsicheres Pferd kann gefährlicher sein als ein zorniges, denn bei einem Wütenden wissen wir ungefähr, was wir zu erwarten haben. Bei einem Unsicheren hat man nicht die leiseste Ahnung, was es als nächstes tun wird. Es folgt seinen Instinkten und dem Motto „Rette sich wer kann!"

Den Unterschied zwischen einem ängstlichen und aufmerksamen Pferd erkennen

Der Unterschied ist markant, eigentlich kann man ihn gar nicht übersehen, wenn man wie ich den Vorteil hat, mit Tieren zu leben.

Das erleichtert es einem, die feinen Signale zu lesen, die genau die-sen Unterschied ausmachen.

Ich wollte dieses Thema erst nur als Einschub behandeln, aber nach-dem ich ein bisschen herumgefragt habe und Leute unterschiedli-chen Alters die Frage beantworten ließ, was ein ängstliches von einem aufmerksamen Pferd unterscheidet, messe ich dem Thema eine wesentlich größere Bedeutung bei. Ich war über eine lebens-wichtige Frage gestolpert!

Fangen wir mit meiner Antwort an: Auf den ersten Blick sieht es ähnlich aus, aber die Riesenunterschiede werden schon eine Sekun-de später deutlich. Das aufmerksame Pferd atmet immer noch ruhig und ist geistesgegenwärtig, während es eventuell den Gegenstand sei-nes Interesses betrachtet. Es traut sich, stehen zu bleiben, tut das auch und vertraut mir als Führer.

Ein ängstliches Pferd bläht in der selben Situation die Nüstern, tän-zelt herum und „lädt" Energie in seine Muskeln, um fluchtbereit zu sein. Es sperrt die Augen auf, damit ihm nichts in seinem Gesichts-feld entgeht. Vielleicht fängt es an zu schwitzen, weil Adrenalin frei-gesetzt wird. Seine volle Aufmerksamkeit gilt dem Gegenstand sei-ner Furcht, es entsteht eine „Rette-sich-wer-kann-Situation" und das Pferd möchte am liebsten auf und davon laufen.

Wenn der Besitzer hier auch Angst bekommt oder in der Wahrneh-mung des Pferdes negativ denkt – und das Pferd dadurch keine Führung erkennen kann, kann es erst einmal erstarren, regelrecht einfrieren. Wenn das geschieht, hat das Pferd alle logischen Gedan-kengänge blockiert und sich ganz einfach zugemacht. Dies zu durchbrechen und wieder Kontakt zum Pferd zu bekommen fordert Geduld und sehr viel Aufmerksamkeit von dir.

Hier folgen weitere Antworten, die ich von verschiedenen Menschen auf die Frage nach dem Unterschied bekommen habe.

Karin hat geantwortet: „Ein aufmerksames Pferd ist konzentriert, es hört auf deine Signale, man merkt das zum Beispiel am Spiel der Ohren und fühlt es ebenso gut. Auch wenn etwas Spannendes pas-

siert oder etwas das Pferd von dir ablenkt, könnt ihr die ganze Zeit
über immer noch kommunizieren. Das Pferd reagiert immer noch
auf dich und deine Signale. Wenn es Angst bekommt und euer Vertrauen ineinander nicht stimmt, verlierst du diesen Draht. Das
Pferd steht wie eingefroren oder flieht – mit dir oder ohne dich. Es
hört nicht länger auf dich und deine Signale."

Ida, sieben Jahre alt: „Man sieht es natürlich an den Augen. Solange die froh aussehen hat es keine Angst."

Akar Angelbro: „Bei einem aufmerksamen Pferd ist Raum für Überlegung und Entscheidung. Bei einem ängstlichen Pferd regiert allein
der Fluchtinstinkt. Pferde können aber auch so tun als ob, um
Unangenehmem zu entgehen. Jeder, der mit Pferden zu tun hat,
sollte trainieren, das unterscheiden zu können."

Die Geschwister Lisa und Ida Lestander: „Ein ängstliches Pferd ist
gestresst und verspannt und will nicht beim Menschen sein. Ein aufmerksames Pferd dagegen ist entspannt, obwohl es beobachtet, und
will beim Menschen sein."

Julia Trulsson-Lind, zwölf Jahre: „Ein ängstliches Pferd will sich
retten, ein aufmerksames kann sich vorstellen, dich auch zu retten."

Unser Thema führt uns schnell zur breiten Diskussion um einen
natürlichen Umgang mit Pferden. Was ist das eigentlich? Ein Pferd
auf eine – aufs Pferd bezogen – natürliche Weise handhaben ...?
Okay, es klingt hübsch. Aber ist es natürlich, beispielsweise ein Seil
über dem Kopf zu schwingen? Antwort: Nein.

Ich habe viel gesehen in den letzten Jahren, mit Schülern und Trai-
nern gearbeitet, habe Schüler lernen und arbeiten sehen, habe anonym an Seminaren teilgenommen und zugesehen, angenommen,
mich gewundert, mich gefreut, bin erschrocken usw. Die Hauptfra-
ge ist: Kann man einen „natürlichen Umgang mit Pferden TRAI-
NIEREN? Antwort: Ja. Aber, eins muss man sich da absolut klar
machen, nur ab und zu auf diese Art zu trainieren heißt keineswegs,

dass man ein braves, respektvolles und folgsames Pferd bekommt.
Diesen „natürlichen Umgang" in die tägliche Arbeit und den Um-
gang ZU INTEGRIEREN, das, was man in den Kursen lernt in die
tägliche Routine zu übernehmen, DAS bedeutet, eine höherer Ein-
sicht zu bekommen und Freude an einem wirklichen Zusammen-
sein zu haben.

Ich habe von vielen, von unglaublich vielen gehört, dass sie diese Art,
mit Pferden umzugehen, einmal pro Woche trainieren und dann
glauben, dass sich alles von selber auflöst, aber so leicht ist das wohl
nicht? Antwort: Nein.
Richtiger Umgang mit dem Pferd ist Demut, die verdient sein will.
Wenn du weich mit deinem Pferd arbeitest, bekommst du Weichheit
zurück.
Weichheit bedeutet nicht, mit einem Seil zu wirbeln. Gerade dieses
Seilschleudern ist ein großes Missverständnis und viele sträuben sich
gerade deswegen gegen diese Art zu trainieren.
Ob ich ein Seil anwende?
Natürlich tue ich das, aber wie? Ich verwende das Seil als Verlän-
gerung meines Armes. Zum Beispiel um Vorhand und Hinterhand
zu bewegen.
Ich verwende das Seil NICHT zum Rückwärtsrichten, dafür gibt es
viel einfachere Methoden, etwa mit dem Daumen an der Brust zu
ziepen.
Sich hinzustellen und mit dem Seil herumzuwirbeln und wenn das
Pferd immer noch nicht versteht, was man will, damit weiterzuma-
chen und zuzulassen, dass man damit seinen Kopf trifft, – da wird
augenscheinlich dass man den Nutzen eines ausgezeichneten Werk-
zeugs total missverstanden hat.
Es gibt Leute, die so arbeiten. Was passiert da eigentlich?
Das Seil trifft das Pferd im Gesicht, immer wieder. Ein richtig gereiz-
ter Trainer sieht zu, dass er das Seil am Anfang sogar ausschließlich
auf dem Kopf landen lässt. Allmählich legt er mehr Gewicht hinein,
bis es richtige Hiebe werden. Auf den Kopf! Wenn das Pferd dann

immer noch nicht versteht, oder aus Angst erstarrt und festfriert, steigert der Trainer das ganze noch einmal und lässt es richtig klatschen.

Das Pferd nimmt in dieser Lage den Hals hoch, spannt alle seine Muskeln an, beißt die Zähne zusammen und versteht rein überhaupt nicht, was da mit ihm passiert und was das alles soll. Da nimmt der Trainer die Peitsche zu Hilfe und die Misshandlung ist perfekt.

Es gibt einige, die so etwas gesehen haben, und glaubt mir, das ist kein seltener Anblick. Für meine Begriffe ist der so genannte „natürliche Umgang mit Pferden" da komplett missverstanden worden.

Die Arbeit mit dem Seil vom Boden aus ist richtig, richtig klasse, wenn man es richtig macht. Richtig heißt: im Vertrauen, um noch mehr Vertrauen zu schaffen.

Ich möchte ein aufmerksames Pferd haben, das mir vertraut. Ein ängstliches Pferd ist ein gefährliches Pferd. Aber mit den richtigen Methoden kann ein ängstliches Pferd zu einem aufmerksamen, vertrauensvollen werden.

Das Pferd als Spiegel

Das Pferd ist unser Spiegel. So wenig wir den Gedanken in seiner Konsequenz vielleicht auch leiden mögen, so sehr hat er doch Geltung. Wenn wir noch so wenig an diese Theorie glauben, so funktioniert sie doch. Das ist das Ergebnis meiner ausgedehnten Studien. Habe ich Angst, hat das Pferd Angst. Kann ich meine Angst abstellen? Was passiert dann? Im ersten Moment wird das Pferd genauso Angst bekommen, aber dann übernimmt die Aufmerksamkeit.

Und wenn ich richtig Angst habe? Dann haben wir ein ebenso ängstliches Pferd. Wenn ich wütend bin, wird das Pferd wütend – wenn das Pferd Angst hat, kriegst du dann auch Angst? Wenn die Antwort ja lautet, bist du kein guter Führer. Alles kann man trainieren, aber die Voraussetzung für eine gute Führungspersönlichkeit ist es, ein reifer Mensch mit ziemlich viel Lebenserfahrung zu sein. Können daher nur Erwachsene gute Führer sein? Nein, es gibt *natürlich immer Ausnahmen. Ein Kind, das in einer Umgebung mit Tieren aufwächst, wo die Eltern ein gutes Händchen für Tiere haben, hat natürlich einen Vorsprung.*

Gibt es dumme Tiere? Ich zweifle daran. Es gibt angeborene Hirnschäden, genau wie bei allen anderen Lebewesen, mehr und weniger Intelligenz, aber dass ein Pferd niederträchtig oder gemein ist, weil es so geboren wurde, dass es doof ist oder ein „Psycho", was ich auch schon mal gehört habe, das glaube ich nicht. Ich glaube ganz im Gegenteil, dass ein Pferd unser Spiegel ist. Von dem, wie wir sind, was wir machen, wofür wir stehen. Wir fordern ja, dass ein Pferd so wie wir denkt, sich verhält, so ist — dann muss uns klar sein, dass wir ein Pferd schaffen, als ob es aus Modelliermasse wäre. Und jedes Mal wenn du den Mund aufmachst und es anschreist, brüllst du dein eigenes Kunstwerk an, das ein Abbild deiner selbst ist, denn du forderst ja, dass dein Pferd dich als Führer ansieht!!!

Wenn du willst, dass dich dein Pferd als Führer betrachtet und wenn du ein reibungsloses Verhältnis mit und zu ihm haben willst, dann sieh zu, dass du zuerst mit und an dir arbeitest, dass du es wert wirst, Führer zu sein.

Sultan, Boogie und Petra

Petra Schrenker aus Hollfeld erzählt: *„Ich habe Karin gebeten, Kontakt mit meinem „Dicken" über ein Foto aufzunehmen. Er lebt schon seit Jahren mit seiner kleinen Herde in einem Offenstall und hat leider trotzdem Lungenprobleme. Karin kannte ihn überhaupt nicht und mich nur von einem Kursbesuch. Das Ergebnis las ich unter Tränen und war einfach mehr als nur fasziniert. Mein Pferd sprach mir aus meiner Seele."*

Protokoll von Sultan:

„Ich bin mehr der Chef, aber im Sinne von Chefin. Sie täuscht sich da. Der andere wird mir den Rang ablaufen. Aber das ist gut so, macht nichts. Ich bin die Weisheit in Form der Leitstute, die wir

nicht haben. Methusalem. Mich fragen alle um Rat. Unsere Liebe
ist am tiefsten. Ich gebe ihr Ruhe und Kraft, mehr als sie ahnt und
zu nehmen sich traut. Bei mir darf sie tanken kommen. Besonders,
wenn sie mich ausgiebig putzt, wenn wir schmusen, oder sie in mein
Fell vergraben ist, dann geht ein großer Energieaustausch vonstatten. In mir kann man gut atmen. Erden, ankommen, zur Ruhe finden. Ich gebe ihr die Kraft, die sie braucht im Alltag. Es war überhaupt nicht so verwirrend für uns wie sie glaubt, die ganze
Umzieherei. Es war nur anstrengend, weil sie so erschüttert und
nicht geerdet war. Sie war völlig aus dem Gleichgewicht und aus dem
Ruder. So aufgescheucht und geschmerzt. Das hat uns Energie geko-
stet, sie wieder ruhig werden zu lassen, das war eine große Kraftanstrengung für uns alle. Ihre Nerven lagen blank. Es war kein Wunder. Aber sie hätte sich Kraft und Energie gespart, wenn sie da schon
hätte besser atmen können. Die Sorgen hinaus, die Energie hinein.
Sie ist auf dem guten Weg. Es wird weitergehen und ihr werdet euch
wiedersehen. Sie kann viel lernen, enorme Kapazitäten. Das wird
auch dem Kind gut tun. Ich möchte gern viel mehr von ihr geritten
werden. Zeit mit ihr verbringen. Spaziergänge/Ritte, nur wir beide.
Ich mag gern mit ihr Gymnastik machen. Biege mich gern und
werde gern gefordert, auch was Anstrengung für meinen Kopf bedeutet. Sie hat Recht, wenn sie glaubt, dass ich mehr tun möchte. Sie
überfordert mich so schnell nicht. Sie hat so ein feines Gespür. Sie
braucht einzig mehr Selbstvertrauen, nicht alles in Fragen zu klei-
den oder Annahmen. Sie soll tun, was sie im Bauch fühlt. Das ist
doch nicht alles ihrs, das kommt doch von uns. Richtige Einschätzung. Mit ein bisschen mehr Mut kann vieles mehr gelingen. Dann
wird sie wieder die attraktive selbstbewusste Frau von früher. Wird
wieder von innen leuchten. Es glimmt ja schon. Weiter so! Warum
sollen wir von Liebe reden? Auch das weiß sie alles. Wir sind eine
verschworene Gemeinschaft. Uns kann alles gelingen, wenn wir bei-
einander sind und stark. Wenn ich gehen muss, wird das leicht sein.
Es wird ein schwerer letzter Atemzug. Den kann sie mir mit ihrem

*Trost und Beistand versüßen. Sie soll sich keine Sorgen machen vor
der Zeit und ans Leben denken jetzt. Bis zum Schluss. Es wird nicht
überraschend sein. So ist es halt. Ich brauche nicht mehr wieder-
kommen, wenn ich will. Habe viel geleistet. Aber ich bin immer für
sie da. Auch wenn der Wind mein Fell verweht hat. Ich mag alles
Kräuterige, das hilft auch meinen Lungen. Wiesenkräuter habe ich
gern um mich und ich mag ihren Duft. Ich liebe Futter, das warm
ist und weich und duftet. (Mash?) Mag gern Kräutertee im Futter.
Feuchtes Futter, warm, aber nichts Kaltes an meinen Beinen.
Wärme tut meinen Beinen gut. Und ich muss trocken und warm
stehen. Bin sehr gern draußen an der Luft. Aber ich brauche auch
Wärme in der Nacht. In den Frostnächten brauche ich eine zugfreie,
geschützte, warme Stelle. Trocken und sauber. Selbst die Feuchtig-
keit des Mistes ist Gift für meine Beine. Mag mein Heu, wenn es
feucht ist. Nicht nass. Nur staubfrei. Aber Stroh lieber als Späne. Es
muss nur frische Luft sein, die zirkuliert. Brauche eigentlich keine
Chemie, wenn nicht ein akuter Hustenschub da ist. Lieber Kräu-
terfeuchtigkeit und viel Luft und Bewegung. Dass ich schön
abhusten kann, im Trab am langen Zügel. Vorwärts abwärts. Dehnungen, Strecken, Schlangenlinien, kleine Aufgaben. Herausforderungen für meinen Verstand und meinen Körper. Sie wird es doch
merken, wenn es mir zuviel wird. Ich bin ein sanftes Wesen, scheue-
re mich gern. Mag es, wenn sie mir die Stirn krault, habe gern
Wärme an meinen Beinen. Brauche keine Eisen.* (Wenn du Beschlag brauchst, dann versuche es lieber mal mit Gummi oder
Plastik, etwas, das sanfter federt und nicht so in die Gelenke
knallt.) *Mir würde auch eine schöne Massage gut tun, genau wie
den anderen beiden. Ich mag mein Gemüse und Obst allmählich
kleiner geschnitten. Meine Zähne wollen nicht mehr ganz so. Es
wäre gut, wenn sie die regelmäßig überprüfen ließe. Da muss geraspelt werden. Es soll ein Fachmann machen, nicht der normale Tierarzt. Wenn es richtig kalt ist, möchte ich nachts gern rein und
Wärme haben. Petra soll unbedingt mehr auf ihr Gefühl hören bei*

uns! Sie hört mehr mit dem Herzen, als sie wahrzunehmen sich ein-
gesteht. Wir lieben sie alle. Das soll sie auch wissen. Mehr Mut zum
Leben. Sie hat das Recht, geliebt zu werden und findet ihr Glück
bald. Ihr innerer Seelenfrieden ist gestört worden, aber sie findet Hei-
lung. Es geht ganz schnell jetzt vonstatten. Hab Vertrauen und
nimm unseren Schutz! Wir sind deine Zuflucht und Wächter."

Sultan (Araber-Mix, ca. 23 Jahre)

„*Mir wurde alles bestätigt, was ich in Worten schlecht ausdrücken*
kann. Unsere gegenseitige Liebe, Vertrauen und unsere unzertrenn-
liche zwanzigjährige Beziehung, die von niemanden durchtrennt
werden kann. Ich war vierzehn, als ich „Sully" mit anderthalb Jah-
ren bekam. Ich, meine Tochter und unsere vier Pferde hatten keine
leichte Zeit hinter uns (Trennung von meinen Mann). Gerade mein
Schimmel hat mich immer wieder aufgetankt mit der nötigen Ener-
gie. In seiner Nähe fühlte ich mich geborgen. Er gibt mir soviel, was
mir noch fast kein Mensch geben konnte. Wir brauchen weder Tren-
se noch Halfter, um zu reiten oder spazieren zu gehen. Die kleinste
Bewegung, Geste oder Stimme reicht. Wir sind eingespielt und jeder
kann in den Augen des anderen lesen.
Es war mir anfangs unerklärlich, das Tiere über solche Gefühle
„reden" können. Dass sie das so verspüren, wie wir Menschen. Uns
so exakt durchschauen können. Alles traf zu. Sultan erzählte Karin,
wie es in meiner Seele und meinem Herzen aussah. Er spiegelte
meine Gefühle, die wirklich solche waren. Einfach unvorstellbar. Ja,
es stimmt, dass er sich sehr gerne scheuert. Und er liebt es, wenn ich
ihm täglich die Stirn kraule (und das möglichst stundenlang). Gera-
de da geht ein ständiger Energieaustausch zwischen uns vonstatten.
Der Hinweis seiner Zähne hat mir sehr zu denken gegeben! Ich
hatte im letzten Sommer den Tierarzt hier, weil mir aufgefallen war,
das er Probleme mit dem Fressen hatte. Seine Zähne wurden zum
ersten Mal geraspelt. Für mich war damit vorerst die Welt wieder in
Ordnung (hätte auch gar nicht gewusst, was ich noch hätte machen

können). Als ich allerdings dann las, dass die Zähne ein Fachmann machen sollte, wurde ich stutzig und wollte es genau wissen. Daraufhin bestellte ich einen Pferdezahnarzt (Dentist). Dieser hatte festgestellt, dass er eine größere Fehlstellung der Zähne/Gebiss hatte und richtete alles, so gut es ging. Und es ging einiges. Er hatte auch gesehen, dass kürzlich die Zähne geraspelt wurden, weiter aber auch nichts. Für Sultan sei es sehr wichtig, die Zähne regelmäßig alle neun bis zwölf Monate zu korrigieren. Mit „nur" Zähne raspeln hätte er in spätestens zwei Jahren erhebliche Probleme bekommen. Ich habe daraus geschlossen, dass mein Pferd schlauer ist als ich, der Tierarzt und vielleicht viele andere. Seinen letzten Atemzug werde ich ihm durch meinen Trost und Beistand versüßen, soweit ich nur kann. Er wird immer in meinem Herzen sein, auch wenn eines Tages sein Fell im Winde verweht sein wird.

Karin sprach mit allen meinen Pferden. Kurz erwähnen möchte ich zumindest noch Boogie, der bei mir geboren wurde. Er hat es mir nicht sehr leicht als Fohlen gemacht (Kampf, Sturheit usw.). Ich wollte ihn eigentlich nicht und ständig sprach ich vom Verkauf. Nur, als es dann soweit sein sollte, ging es nicht mehr. Keine konnte mich verstehen und ich konnte es auch niemandem erklären. Seit dem Protokoll war´s mir klar. Er meinte, er war damals mein Kinderfreund und wollte wieder zu mir, um mich helfend weiterzuführen. Irgendeine innere Stimme sagte mir damals, dass ich mich niemals von diesen Pferd trennen sollte. Er hat mir zu fühlen und zu spüren gegeben, dass es einen anderen Weg gibt, mit Pferden zu arbeiten. Bei ihm ging nichts mit Gewalt. Und da wollte er mir helfen. Mich auf einen anderen Weg zu führen. Dafür bin ich meinem Boogie sehr, sehr dankbar. Wäre er nicht gewesen, würde ich jetzt vielleicht noch weiterhin auf Turnieren herumziehen und gar nicht wissen, wie schön die Welt mit Pferden eigentlich sein kann. "

Petra Schrenker, Hollfeld

Übungen für Pferd und Reiter

Ein unsicheres Pferd führe ich oft neben mir. Wie eine vertrauens-
würdige Stute lasse ich das Pferd bei mir Geborgenheit finden,
indem es auf dem Platz des Fohlens gehen darf.

Man kann das Selbstvertrauen eines Pferdes stärken, indem man es
sanft dazu bringt, sich über seine Angst und Unsicherheit hinweg-
zusetzen, aber in diesem Moment ist es genauso leicht, das Pferd
noch mehr zu verunsichern und zu ängstigen, wenn man die Kommunikation zerstört.

Darum, dies als Schlusssatz, wenn du nicht genug Erfahrung und
Ahnung davon hast, solltest du nicht an dem Pferd herumlaborie-
ren und tricksen. Was dann passiert ist höchstens, dass das Pferd
erschrickt und ihr beide womöglich zu Schaden kommt.

Genauso ist es mit dem Ausbilder. Ist der, den du zu Rate ziehst kompetent genug um das zu halten, was er verspricht? Leider gibt es eine
Grauzone von Ausbildern, die nicht die nötigen Kompetenzen für
ihre Tätigkeit haben, und die verschaffen allen anderen einen
schlechten Ruf. Bitte darum, Ergebnisse sehen zu können, sprich mit
anderen, die mit oder für diesen Ausbilder gearbeitet haben, schau
zu und nimm seine Arbeit in Augenschein bevor ihr euch von ihm
trainieren lasst, du und dein Pferd. Hast du vollstes Vertrauen in
ihn? Würdest du dich selbst auf die gleiche Weise ausbilden lassen?
Diese Fragen kannst du dir stellen.

Ich finde Übungen gut, bei denen das Pferd an Gegenstände und
Situationen gewöhnt wird und Vertrauen fasst. Wenn ein Pferd
bereits das meiste kennt und daran gewöhnt ist, beseitigt man mögliche Gefahren indem man beispielsweise ausreitet, zu Wettbewerben und zum Training wegfährt, usw.

Zuerst brauchen wir einen Gegenstand. Ich fange in der Regel mit
mir selbst an. So komisch das vielleicht klingt, aber es gibt einen
guten Grund dafür: Denn viele Pferde haben Angst vor Menschen.
Ich muss hier vor Übertreibungen warnen. Es ist sehr leicht, Dinge

zu übertreiben. Achtung: Wenn du den kleinsten Fortschritt bei eurem Training, eurer Übung bemerkst, hör auf!

Für das Pferd gilt immer die Regel: Druck = Strafe, Locker lassen = Belohnung. Das ist eigentlich das einzige System, das ich beim Pferd persönlich für gut und funktionabel halte. Leckerlis sind lästig und können leicht zur Falle werden.

Beispiel: Wenn ich möchte, dass ein Pferd rückwärts geht, genügt ein leichter Druck auf die Brust. In der gleichen Sekunde, in der das Pferd anfängt zu weichen, lasse ich locker. Das ist die prompte Belohnung dafür, dass es sofort zurück gegangen ist.

Soweit klar? Gut, dann zu uns als Schreckobjekt.

Hand aufs Herz: Kannst du von euch sagen, dass die gesamte gründliche Bodenarbeit ohne Problem funktioniert? Wenn die Antwort ja ist sage ich: Glückwunsch! Wenn sie nein lautet bist du in guter Gesellschaft. Wir sind viele, die vom Boden aus Probleme mit unseren Pferden haben, große wie kleine, aber ausreichend, um die tägliche Routine, die ja eigentlich Spaß machen soll, zu stören.

Was ist also das Problem?

Du.

In deinen Gedanken, der Art wie du denkst, dich bewegst, wie du bist, dich benimmst, gehst, stehst, denkst, aus allem spricht eine Sprache, die dem Pferd sagt ob es sich lohnt, sich bei dir in Sicherheit zu wiegen oder nicht. Wenn sich das Pferd problemlos bei dir sicher fühlt, sieht es dich als seinen Führer an, wenn nicht – habt ihr ein Problem.

Dann hab ich da viele sagen hören, dass sie die Verantwortung mit ihrem Pferd teilen, sie seien Kumpels. Nein!

Du kannst die Verantwortung NICHT teilen. So funktioniert das nicht!!!

Doch, ihr könnt euch die Verantwortung teilen und eine sehr gute Beziehung haben, ihr könnt das sein was du da Kumpel nennst, aber, großes ABER: Wenn etwas passiert, irgendein Unglück, wer soll da wen retten? Wer soll wem vertrauen? Wer übernimmt und regelt die Situation? Ihr beide zusammen? So wird das nichts.

Das Pferd wird versuchen seine Haut zu retten und du musst selber sehen, wie du da raus kommst. In dieser Situation wird dir das Pferd nicht vertrauen, dadurch kann es dazu kommen, dass es dich stattdessen verletzt, und da fängt es an gefährlich zu werden.

Wenn ihr ein Verhältnis habt, in dem stattdessen klar ist, dass du, der Mensch, die Führung inne hast, vertraut das Pferd darauf, dass du die Situation klären wirst, und so ein Pferd wird sehr selten in Panik verfallen, sondern folgt seinem Führer blind durch die Situation.

Es taucht ein anderer Punkt auf. Wenn du dich als Führer so verletzt, dass du die Situation nicht klären kannst!? Da setzen Instinkte ein. Das Pferd wird ruhig tun, was es vermag, um dir zu helfen. Denn du bist sein Leittier und wert, dass man dir hilft. WENN du es wert bist!

Also, es kann durchaus Wert haben, daran zu arbeiten ein Führer zu werden, der es wert ist, das zu sein.

Sich zu bedienen und ein Pferd zum folgen zu zwingen, die Führungsposition zu nehmen, ist keine gute Strategie, man muss dafür arbeiten, muss es wert sein.

Ein Leitpferd ist ruhig, gerecht, sachlich, in seinen Abläufen beständig, hat alles und jeden im Auge, teilt Strafe aus, wenn das erforderlich ist, macht in einer größeren Gruppe selten selber etwas, sondern lässt seine Untertanen die Schwerarbeit machen, und das machen sie gemäß genauer Anweisung ohne zuviel zu tun. So läuft es in einer funktionierenden Herde.

Das, was geschieht, wenn wir eine Gruppe Pferde, die wir „Herde" nennen auf eine zu kleine Weide sperren, ist nicht das, was in einer funktionierenden Herde passiert. Ich weiß nicht einmal, ob ich eine solche Konstellation als Herde bezeichnen will ... es ist nur ein zusammengewürfelter Haufen, der jetzt lernen muss, miteinander auszukommen.

Dann stehen wir da und versuchen natürliches Herdenverhalten zu beobachten und sehen die ganze Misere, die natürlich in dieser sogenannten Herde entsteht, und glauben, dass wir daraus etwas lernen. Dann, am schlimmsten von allem, wenden wir dieses Verhalten, das wir in einem solchen Zusammenschluss gesehen haben an, und münzen es um auf die Erziehung unserer eigenen Pferde. Es gibt Kurse, in denen man solches „Herden"-verhalten beobachten soll, um das unterschiedliche Rangverhalten zu studieren und das dann bei der Ausbildung und dem Training so anzuwenden, dass das Pferd dadurch lernt, einen als Führer zu sehen.

Wenn du eine Herde beobachten willst, dann such dir eine Herde, die wirklich eine Herde IST: Pferde, die auf weitläufigen Flächen leben, mit ihren Verwandten, Nachkommen, Großmüttern, Onkeln, wo die Kinder bei ihren Müttern bleiben dürfen, bis die sie selbst wegstoßen. Wo sie bei einander Geborgenheit finden können, wo ihnen die Gene sagen, dass sie zusammen gehören und sich voll vertrauen können. Wo die Leitstute mit dem Leithengst zusammen arbeitet, und wo man klar und deutlich sehen kann, was für minimale Signale sie einsetzen. Es sind nur selten gröbere Gesten, noch viel seltener gibt es richtigen Streit, sondern nur sehr feine Kommunikationsmomente, die wir kaum mit bloßem Auge erkennen, uns kaum vorstellen können. Das ist eine Herde, nichts anderes.

Die Gruppe, die viele von uns auf der Weide stehen haben, auch wenn sie gut gewichtet ist, auch wenn sie ganz gut funktioniert, ist ungefähr wie ein menschliches Büro. Dieser Vergleich ist so erschreckend passend, man kann die Konkurrenzkämpfe richtig sehen, den Wettbewerb um die Spitze, das schlecht ergehen, usw.

Die Gefahr liegt also darin, dass wir uns ein Benehmen heranziehen und nachzuahmen versuchen, welches eigentlich nicht natürlich sondern erzwungen und künstlich ist.

Darum: Wenn du anfangen willst in der Sprache der Pferde zu sprechen, wenn du deinem Pferd Geborgenheit verschaffen willst in all *den Belangen, die euren Alltag betreffen, den täglichen Umgang, alles was passieren kann – sei dir sicher, dass du mit ihm wie ein gelassener Führer sprichst.*

Ein paar Tipps:

Ein gelassener, guter Führer ist ruhig und sachlich, atmet ruhig und tief, kann alles, weiß alles, er kann dir etwas übers Leben erzählen, behütet dich, legt sein Augenmerk auf die richtigen Dinge, er kann gerecht und im richtigen Maß zur richtigen Zeit bestrafen, ist immer für dich da und – ganz wichtig: Er gibt dir die Geborgenheit, die du brauchst.

Ein schlechter Führer ist unkonzentriert, vergisst Regeln, ist zu hart und häufig inkonsequent, kann an einem Tag eine Sache erlauben und am nächsten eine andere.

Er wird unnötig ausfällig, hat eine schlechte Körpersprache, kann keine exakten Anweisungen geben, bemerkt keine richtigen Gefahren, und gibt ständig falschen Alarm, denkt negativ, hat „Was-passiert-wenn" – Gedanken, ist flatterig und unkonzentriert.

Wer von den beiden bist du?

Jeannie und Steffi

„Frauchen strahlt nicht genug Ruhe aus. Dann würde ich auch ruhiger stehen. Ich bin sehr empfindlich an der Haut. Ich mag ihre Bürsten nicht so und die kurzen Striche. Ich liebe langsame, vorsichtige Bewegungen. Ganz fein. Vor allem am Bauch und an den Rippen und im Gesicht bin ich sehr empfindlich. Und über den Nieren natürlich. Es hat mit meinem Stoffwechsel zu tun. Meine Nieren brauchen etwas. Wenn sie eine Heilpraktikerin fragt, wird die Rat wissen, was man tun kann, damit ich nicht mehr so berührungsempfindlich bin. Es ist mir wirklich unangenehm, vor allem, weil es mittlerweile so mit Zwang verbunden ist. Können wir es nicht wie früher, ganz locker angehen? Je fester sie mich bindet, desto mehr wehre ich mich. Denn je fester sie mich bindet, umso fester werden

unweigerlich auch ihre Striche. Sie merkt das nicht, aber ich spüre ihre innere Härte. Ich bin unglücklich, fühle mich nicht wohl in dieser Haut. Ruhe nicht in mir selbst. Ebenso wenig wie Frauchen. Es macht mich ungeduldig. Ich weiß, sie ist auf dem Weg und es wird etwas passieren. Das ist gut so, aber es wurde auch Zeit. Das mit dem Umzug macht mir gar nicht so viel aus. Ich weiß es seit längerem, dass es da Gespräche gibt und sein muss. Für meine Freundin vor allem. Ich komme gern mit. Es sind schwierige Prozesse da in Wallung. Mir hat der Stall hier eh nie so besonders gefallen, ehrlich gesagt. Zu dunkel mitunter. Die Wände riechen komisch und das Wasser schmeckt schal und blechern. Freue mich auf den neuen Ort mit hoffentlich gutem Wasser und nicht so feucht in den Wänden. Trockene Haut, die juckt. Einlagerungen (Schwermetalle?). Ich hab auch nie so richtig gelernt, still zu stehen. Wieso soll ich das denn? Weiche aus, wenn es schmerzt oder nervt. Andere Gründe habe ich ja nicht. Möchte keinen Zwang. Möchte Verständnis. Frauchen weiß das alles genau, fällt ihr manchmal schwer, dem nachzugeben und entsprechend zu handeln. Dabei kann sie. Auf mich hören. Ich zeige ihr doch genau, wo und wie. Warum sieht sie das denn nicht? Sieht nicht genauer hin? Habt mich doch lieb. Wie ich bin. Geduld und Verständnis. Ich weiß, manchmal strapaziere ich Frauchens Nerven, aber das strahlt nur zurück. Wir hatten schon viel ruhigere Phasen, da klappte auch alles besser. Brauche Magnesium und Zink und etwas für die Haut, dass es nicht so juckt. Es juckt ungemein manchmal. Möchte mich scheuern, wenn es kribbelt und kann es aber nicht, weil es empfindlich ist. Angebunden sein empfinde ich als störend. Kann sie mir nicht beibringen, stehen zu bleiben, ohne dass ich angebunden bin? Wir hätten viel Spaß dabei. Ich lerne so gern Neues. Neue Dinge, Kunststückchen und so. Wenn es mir niemand beibringt, bringe ich mir selbst interessante Sachen bei. Meist wird es nicht gesehen. Manchmal errege ich damit aber auch Aufmerksamkeit. Zitronengelbes steht mir. Will ich haben. Und mehr Mohrrüben, auch mit dem Grünen dran. Ich mag einen von diesen

Hier sieht man deutlich, wie
Aufmerksamkeit ...

... in Zweifel übergeht. Siegt
Neugier oder Angst?

Kein ungewöhnlicher Anblick. Im Auge des ängstlichen Pferdes
sieht man das Weiße. Es würde am liebsten fliehen.

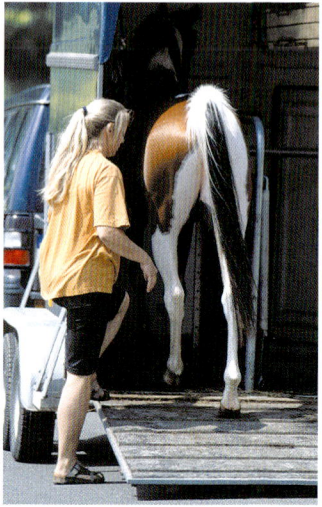

Das Pferd einfach in den Hänger schicken. So einfach möchte es doch jeder haben! Positive Gedanken sind die halbe Strecke.

Carola zeigt ein richtig eingesetztes Seil mit Fokus auf den Hinterbeinen.

Pferdebällen. Habe ich schon gesehen. Ich bin auch verspannt, vor allem mein Rücken tut mir manchmal weh. Gefühl wie Muskelkater. Sättel drücken auf mir. Haut zerrt und trocken. Auch meine Hufe sind trocken. Hätte sie gern eingeweicht (ich glaube, sie meint Öl?) ja, genau, aber eins, das gut riecht. Mag auch Öl im Futter, es gibt da so ein spezielles, Frauchen weiß schon, sie nimmt es zuhause auch. Möchte gern Bananen probieren, aber Äpfel sind mir lieber, mehr zum Beißen. Ich kaue gern. Habe gern immer Beschäftigung. Unsteter Geist. Auf der Weide dagegen finde ich Ruhe. Balge gern und tobe, aber stehe da auch oft und beschäftige nur meinen Schweif mit Fliegenwegscheuchen.

Ich habe große Rückenschmerzen manchmal, Hüfte, linke Schulter und auch unterm Bauch, in der Gurtlage bin ich empfindlich. Mag es nicht gern, wenn man mich mit Bürsten berührt, Streicheln ist etwas anderes. Aber die Menschen sollen aufhören uns zu klopfen. Ist das dann Strafe oder Lob? Meine Haut ist so sensibel. Ich spüre, wenn eine Fliege sich auf mir niederlässt, da muss man mich doch nicht klopfen wie einen Teppich, streichen und liebkosen ist viel schöner, ich mag es sogar vorsichtig im Gesicht, an den Nüstern, die kann man auch schön massieren, mit vorsichtigen Händen. Das liebe ich. Ich mag Frauchen sehr gern übrigens. Wir verbringen viel Zeit zusammen und ich darf auch mal Blödsinn im Kopf haben. Das gefällt mir. Bin manchmal ungeduldig und möchte mein Futter sofort. Nicht warten müssen. Liebe ist wichtig. Meine Nieren brauchen Unterstützung. Im Genick ziept es auch manchmal.

Unser Umzug hat mit privaten Problemen der anderen Frau zu tun. Auch. Nicht nur. Es geht auch um Geld. Und unsere Gesundheit. Die Mädchen haben hier allein gewirtschaftet. Das war nicht immer gut, aber es hat uns allen viel Spaß gemacht. Trotz alledem. Sie haben Angst, ein wenig Freiheit verloren zu haben. Aber wir sind dort besser aufgehoben, für Notfälle zum Beispiel. Wir wissen das. Medizinische Versorgung ist dort besser gewährleistet. Wäre nur schön, wenn wir länger raus könnten. Bei schönem Wetter, aber auch im Winter.

Wenn es sowieso kalt und dunkel ist, bewege ich mich lieber draußen. Und komme dann abends gern in einen warmen Stall, der angenehm nach Heu/Silage riecht. Brauche kein Stroh außer zum Fressen, stehe auch gern auf Staubfreiem. Aber Stroh ist schon auch lecker. Nicht das, wo die Grannen pieken. Ich möchte helle freundliche Farben um mich herum. Mehr Leichtigkeit. Nicht alles so verbissen. Mit meinem Namen stimmt etwas nicht und ich mache mir Sorgen um meine Freundin, meinen Stallgefährten."

Molly/Jeannie (Warmblutstute, 10 Jahre)

„Was Molly gesagt hat, ist wirklich verblüffend, und ich brauchte erst einmal ein paar Tage, um mich wieder zu sammeln. Sie hat vollkommen Recht, wenn sie sagt, dass ich nicht in mir selbst ruhe und Unruhe ausstrahle. Und dass sie es spürt, wenn ich auf dem Weg zum Stall bin, kann ich mir auch sehr gut vorstellen. Es überfällt mich dann nämlich jedes Mal so eine komische Unruhe. Dass sie es hasst, angebunden zu sein, wird wohl mit ihrer Vergangenheit zusammenhängen. Molly (jetzt Jeannie) kommt nämlich aus Polen von einem Schlachtpferdetransport. Dort wurde sie stundenlang in kleinen Ständern fest angebunden. Ich denke, es handelt sich um eine Art Trauma. Auch ihre Bitte um mehr Geduld und Verständnis und die Aussage: „Habt mich doch lieb, wie ich bin!", wird daraus resultieren. Durch die Misshandlungen und Quälereien ist sie natürlich im Umgang schwieriger. Aber – sie kann ja nichts dafür! Erstaunlich ist auch ihre Aussage über den Umzug. Der kam nämlich dadurch zustande, dass sich meine Freundin von ihrem Mann getrennt hat und wir dort weg mussten. Außerdem haben sich die beiden um Geld gestritten. Es ist wirklich erstaunlich, wieviel Pferde von ihrer Umwelt mitbekommen. In der Wir-Form spricht sie übrigens, weil außer ihr selbst noch zwei andere Pferde beteiligt sind. Das sind ihre Tochter Chrissy (die sie wahrscheinlich mit der Freundin meint) und der Andalusier Pabiero (Stallgefährte). Die Aussage „Die Mädchen haben hier allein gewirtschaftet" stimmt auch.

*Dort gab es ja nur meine Freundin und mich, keine Stallgemein-
schaft. Auch die Sache mit dem Pferdeball ist absolut richtig. Ich
hatte den Pferden vor geraumer Zeit einen solchen Ball gekauft. Er
ist aber leider beim Umzug verloren gegangen.*

*Wir haben mittlerweile eine Tierheilpraktikerin konsultiert (diese
gehört zu unserer Familie, weswegen es mich umso mehr verblüfft
hat, dass Jeannie ausdrücklich nach einer Heilpraktikerin verlangt
hat), die all ihre Aussagen bestätigte. Eine Urinprobe zeigte, dass
Nieren und Stoffwechsel nicht in Ordnung sind (woher auch die
Rückenschmerzen resultieren können). Außerdem ist ihre Haut
wirklich trocken und teilweise schuppig. Es wird jetzt alles behandelt. Zusätzlich bekommt sie noch Bach-Blüten für die Seele. Die
Sache mit ihrem Namen kommt wohl daher, dass sie richtig GEOR-
GYNA heißt. Nach dem Lesen habe ich sie umgetauft. Sie heißt jetzt
Jeannie, was ihr sichtlich gut gefällt. Außerdem hat ihr eine andere
Pferdebesitzerin ein zitronengelbes Halfter geschenkt, mit dem sie
jetzt stolz über die Wiese rennt. Ich kann wirklich nur jedem empfehlen, Karin mit seinem Pferd reden zu lassen. Man erfährt so viel,
kann viel besser auf das Pferd eingehen und bei gesundheitlichen
Problemen helfen, von denen man sonst vielleicht nie erfahren hätte,
obwohl das Tier darunter leidet. Ich selbst versuche jetzt, vielmehr
auf Jeannies Signale zu hören, ihr viel Liebe entgegenzubringen
und bürste sie ganz langsam und vorsichtig mit langen Strichen. In
einem halben Jahr werde ich Karin auf jeden Fall noch einmal mit
ihr reden lassen, um zu erfahren, ob meine Bemühungen erfolgreich
waren und sie sich wohler fühlt.*

*Nochmals vielen lieben Dank an Karin und liebe Grüße an alle
Pferdebesitzer und -freunde".*

Steffi Berg, Bochum

HEALING für den Hausgebrauch

Einfache Energiebehandlungen kann jeder zuhause ganz leicht ausüben – ohne Vorkenntnisse und so genannte „Einweihung". Energiebehandlungen können jede Form körperlicher oder seelischer Heilung unterstützen, zum Beispiel durch Handauflegen. Carola erklärt ihre Methode:

„Um überhaupt bewusst Healing-Energie geben zu können, muss man ein klares und grundlegendes Bild davon haben, was Healing eigentlich ist. Heutzutage existieren viele verschiedene Bezeichnungen für verschiedene Healingformen. Alle, die eine Form davon entdeckt haben, wollen natürlich genau ihre Warenmarke oder ihren Namen draufgestempelt haben. Ansonsten kommen alle Formen von Healing – also alle energetischen Heilbehandlungen von der gleichen Stelle, nämlich dem Licht, reinem klaren Licht. Das Licht ist die stärkste Energiequelle, die existiert. Von hier kannst du jede Energieform schöpfen, die du dir nur vorstellen kannst. So lange du mit dem Licht im Reinen bleibst und auf positive Weise helfen willst, solange funktioniert es.

Um ein Kanal zu sein oder zu werden, ist es erforderlich, dass du begriffen hast, worum es dabei geht. Healing ist eine Therapieform, und alle Therapieformen sind Healing. Ganz einfach. Bei jeder Therapieform, egal, welche du dir ausgesucht hast, wird Healing gegeben. Mehr oder minder bewusst, in größeren oder kleineren Dosen. Auch wenn der Therapeut/behandelnde Arzt sich nicht bewusst ist, Healing zu geben, geschieht es doch immerzu, so lange die Sitzung positiv ist.

Healing ist eine Sammelbezeichnung für positive Energien, die man aus dem Licht bezieht.

Wie wird man Kanal?

Um Zugang zum Licht zu haben und zu bekommen, sind gute Absichten eine Grundvoraussetzung für die Therapie. Es ist genau wie beim Umarmen eines Kindes in tröstender Absicht. Da fließt der Trost automatisch ein und du wirst zu einem Kanal für tröstende Energie.

Wenn du die Hand eines Sterbenden oder einer schwer kranken Person hältst, überträgst du Healing, ganz automatisch.

Wo im Körper verläuft der Kanal?

Um zu lernen, wie du positive Energie aus dem Licht holen kannst und damit du dabei nicht deine eigene, im Körper eingelagerte Energie anzapfst, müssen wir uns ein Bild davon machen.

Das Kronenchakra ist die Öffnung nach oben. Es ist das Chakra, das mitten auf deinem Scheitel sitzt. Ein Stückchen darüber befindet sich ein weiteres Chakra, von dem wir vorher noch nicht gesprochen haben. Es ist der ID-Punkt. Er befindet sich in deinem geistigen Körper, als Öffnung in höhere Dimensionen wie etwa das Licht. An diesem ID-Punkt wirst du „von oben" auch erkannt. Den ID-Punkt kann man mit bloßer Hand erfühlen, man braucht nur ein wenig Übung und Geduld. Die Öffnung befindet sich zwischen zehn und bis zu hundert Zentimetern über deinem Kopf. Diesem Chakra ist die Farbe weiß zugeordnet.

Stell dir eine Röhre vor, die vom ID-Punkt ausgehend gerade hinunter führt, durch alle anderen Chakren hindurch, wobei sie sich vom Herzchakra aus verzweigt und durch die Arme reicht, bis sie in die Handflächen mündet (siehe Abb. S. 207).

Eine Variante ist die Vorstellung, dass sich die Mündung in den Fußsohlen befindet, oder in anderen Körperteilen, einfach davon abhängig, mit welchem Teil deines Körpers du zu arbeiten vorziehst, aufgrund von körperlichen Behinderungen o.ä. Selbst wenn man weder Hände noch Füße, weder Arme noch Beine hat, so hat man trotz allem alle Hauptchakren im Körper und kann ein ebenso guter Kanal für seinen Klienten sein. Denn natürlich kann man die gute Energie auch durch seine Chakren ausströmen und wirken lassen. Es gibt keine Einschränkungen. Alle können Healing geben.

Gehen wir weiter zum Kreislauf des Lebens, das heißt, wenn jemand auf dem Sterbebett liegt.

Wenn das Leben bestimmt hat, dass diese Seele weiterziehen soll, kannst du mit Healing nichts ausrichten. Das Einzige, was passieren kann, ist, dass du den Prozess beschleunigst. (Was ich weder machen noch empfehlen würde.)

Healing arbeitet so, dass es den Heilungsprozess maximal komprimiert, also zeitlich beschleunigt. Also riskierst du, über Leben oder Tod zu entscheiden, wenn du versuchst, in einer derartigen Situation zu helfen, wovon ich abraten würde.

Wir können eine Schnittblume als Beispiel nehmen. Gib ihr Healing, und in ein paar Stunden wird sie verwelkt sein.

Zurück zum Kanal-sein. Nehmen wir das Beispiel, ein Kanal mit der Mündung an den Handflächen zu werden. Deine Visualisierungstechnik sollte rein und ohne Störungen sein. Dein Fokus sollte selbstverständlich und direkt sein.

Ein Beispiel:

Wir fanden eine unserer Stuten, eine Vierjährige, auf der Weide, der obere Teil eines Vorderbeins aufgeschnitten. Natürlich hätte das genäht werden müssen, aber die Wunde war ein paar Tage alt und dafür war es ganz einfach zu spät. Der Schnitt war etwa zehn Zentimeter lang und fünf Zentimeter tief. Die Stute war stark in Mitleidenschaft gezogen und wir brachten sie sofort nach Hause. Ich spülte mit Kochsalzlösung, sprühte Blauspray auf und zog natürlich den Tierarzt zu Rate. Die Empfehlung war, schlicht Ausschau nach einer Infektion zu halten, weil der Unfall im August geschah – die Hundstage, in denen nichts heilt.

Es gab also nicht viel mehr zu tun als weiterzumachen, mit Kochsalz zu spülen, Penicillinsalbe draufzuschmieren und Healing zu geben.

Die Energieform, um die ich bat, war eine heilende, schmerzstillende und narbenfreie Wundheilung. Dreimal täglich hielt ich meine

Hände auf die Wunde, die sich ziemlich bald schloss, genau richtig, gleichmäßig von innen und außen.

Nach drei Wochen war die Wunde verheilt, keinerlei Narbenbildung war eingetreten und das Fell war dabei, ohne eine einzige weiße Strähne nachzuwachsen, die ja sonst eine tiefe Wunde kennzeichnen.

Die Stute wurde vollständig wiederhergestellt und ich war einmal mehr aufs Höchste überzeugt von der unglaublichen Kraft der Healingenergie.

Um welche Energieformen kann man bitten?

So lange du in guter Absicht handelst, kannst du um die Energie bitten, die du brauchst, um zu helfen: heilend, tröstend, wassertreibend, lindernd, beruhigend, erfreuend, schmerzstillend, aufmunternd, ausdehnend ... was auch immer!

Wenn du eine gute Visualisierungstechnik hast, kannst du dir Geschehnisse vorstellen und ausmalen, um die Situation noch weiter zu verstärken und wirklich werden zu lassen. Behalte das im Fokus, was geschehen soll, und lass deinen Körper, deine Arme und deine Hände für die gute Energie Kanal sein, die du ausgesucht hast, die sich kanalisieren und durch dich fließen soll. Es spielt dabei keine Rolle, wohin du deine Hände hältst.

Die Healingenergie wählt für sich selbst den Ort und zieht dorthin, wo sie am meisten benötigt wird. Wenn ich ein direktes Auffüllen der Energie an einer ausgewählten Stelle haben möchte, zum Beispiel an einer Wunde, um eine Blutung zu stillen, halte ich direkt darauf. Oder direkt darüber. Es macht keinen Unterschied, ob man ein bisschen über den Körper hält, die Energie fließt trotzdem hinein. Dein Fokus ist das Wichtigste, was die Frage angeht, wohin die Energie fließen soll.

Ritual

Nein, man muss kein Hokuspokus Ritual ausführen. Die Energie macht ihren Job trotzdem genauso gut.

So mache ich es: Zuallererst bitte ich mit gefalteten Händen um Energie aus dem Licht.
Ich bestimme, wo ich die Energie einsetzen werde.
Ich bestimme, um welche Art Energie ich bitte.
Ich halte meine Hände auf die betroffene Stelle oder direkt darüber.
Ich wiederhole meine Bitte um Energie ab und zu während der Behandlung.
Meine Hände verlassen den Klienten nicht, solange das Auffüllen mit Energie vonstatten geht. Also dafür sorgen, dass kein störendes Moment wie Telefon, Türklingel, Stereoanlage oder Ähnliches dazwischenfunkt.
Nach mindestens fünf, höchstens sechzig Minuten schließe ich ab, indem ich visualisiere, wie ich die Energie ausmache, dem Licht für die Hilfe danke, und meine Hände ein Stück weg vom Klienten ausschüttele.

Den Energiefluss abstellen

Durch eine gute Visualisierungstechnik schaffst du selbst eine Art und Weise, die Energie an- und auszuschalten. Ich handhabe es so, dass ich Deckel sowohl auf den ID-Punkt als auch auf das Kronenchakra lege, und ebenso auf die Handflächen. Und diese Deckel nehme ich – rein visuell – ab, wenn ich die Energie in Gang setzen will.

Sich selbst und seinen Klienten schützen

Dabei geht es darum, seinem Klienten nicht von seiner eigenen Energie abzugeben, egal, ob sie gut oder schlecht sein mag.
Du sollst ein KANAL sein für die Energie aus dem Licht. Nicht DU

bist die Energiequelle. Beziehe das in deine Vorstellung unbedingt mit ein. Und ebenso sollst du dir auch nichts vom Klienten heranziehen – auch egal, ob gut oder schlecht.

Du stellst dir einen „Lichtfilter" vor, der keine Energien durchlässt, weder vom Klienten zu dir noch umgekehrt.

Ein Beispiel:
Ich wachte mitten in der Nacht davon auf, dass die Pferde gegen die Boxenwände traten. Natürlich raste ich sofort nach draußen und fand meinen kleinen Jährlingshengst in Kolikkrämpfen liegen. Ich brachte ihn auf die Füße und begriff, dass es sehr schlecht stand, er konnte keinen Huf vor den anderen setzen. Ich rannte hinein und rief den Notdienst. Die Nachtschicht war bereits bei einem anderen Notfall, aber sie kam trotzdem recht schnell. Trotzdem – das Warten dauert lang, wenn man auf den Tierarzt wartet. Währenddessen sollte ich mit ihm gehen. Nur konnte ich ihn nicht dazu bringen auch nur einen einzigen Schritt zu machen. Er stöhnte nur und fiel in sich zusammen. Ich bat um Healing, um Energie, die die Darmbewegungen in Gang setzen sollte, die Därme einölen, und ihn dazu bringen – auf deutsch gesagt –, einen ordentlichen Haufen zu scheißen. Mit ein bisschen Panik ist man mit der Sprache nicht immer so genau.

Der kleine Hengst bekam meine Hände auf den Bauch und stöhnte auf. Der Schmerz wurde unvermeidlich schlimmer und ich glaubte ehrlich gesagt, dass er seinen letzten Seufzer machen würde. Nach vier bis fünf Minuten aber begann er, seinen Kopf zu heben und dann seinen Hals und ich schöpfte Hoffnung, dass er aufstehen würde.

Das tat er nach zehn Minuten auch, aber er fiel gleich wieder hin. Gott! Wie lang Minuten sein können! Meine Tränen flossen und der kleine Hengst sah mich an, direkt in meine Augen. Aber Frauchen, sagte er, ich verschwinde doch nicht, ich habe nur gerade eine sehr harte Zeit!

Plötzlich warf er sich auf, rappelte sich hoch ...! Und der Magen brüllte förmlich und polterte wie ein Himmeldonnerwetter. Ich packte ihn am Halfter und versuchte, ihn hinauszuführen. Jetzt machte er ein paar Schritte, und als wir zwanzig Meter gegangen waren, hielt er an und seufzte. Er spannte den ganzen Bauch an und meine Gebete um ein paar ordentliche Pferdeäpfel wurden erhört. Bald lag ein richtiger Haufen mit stinkendem Mist auf dem Hof, gerade als der Tierarzt in die Einfahrt bog. Der Hengst wurde mit etwas Muskelentspannendem behandelt und das reichte aus, ihn wiederherzustellen. Ich wachte die restliche Nacht bei ihm, aber es geschah ihm nichts weiter. Wieder einmal fühlte es sich gut an, von der Healingenergie Hilfe zu bekommen.

Komprimieren

Indem man Healing anwendet, beschleunigt man den Heilungsprozess, und damit du begreifst, was dabei alles geschehen kann, will ich ein weiteres Beispiel geben.

Dieses Mal handelt es sich um einen Mann mit schweren Kopfschmerzen. Er war ganz verzweifelt, als er anrief, die Kopfschmerzen waren drei Tage lang anhaltend und schmerzhaft gewesen und der Rat des Arztes – hinlegen und Kopfschmerztabletten nehmen – hatte nichts bewirkt. Jetzt fragte er sich, ob ich ihm wohl helfen könnte? Seine Frau half ihm ins Auto und fuhr ihn zu mir nach Hause. Ich setzte ihn auf einen Stuhl und bat ihn ruhig zu atmen. Ich fing mit Healing an, mit ein paar stärkeren Effekten, als ich sie hier beschreiben möchte. Ich hielt meine Hände direkt auf seinen Kopf, wo sich die Schmerzpunkte zeigten. Als Vorwarnung erzählte ich ihm, dass er dem Schmerz nicht entgehen könne. Wenn er noch weitere fünf Tage Kopfschmerzen gehabt hätte, würde es der Kopfschmerz von weiteren fünf Tagen sein, den es hier und jetzt zu bearbeiten galt. Der Heilungsprozess mit Healing funktioniert so, dass er durchgearbeitet werden muss. Der Schmerz wurde für den Mann fast unerträglich, er stöhnte und wurde kalkweiß, aber ich hielt so lang er es *für ok. befand. Nach vierzig Minuten nahm der Schmerz langsam ab, nach fünfzig Minuten bat ich ihn, dreimal hintereinander den Mund wie ein Löwe aufzureißen, um die letzten Verspannungen aus dem Kiefer und der Kiefermuskulatur zu lösen. Nach sechzig Minuten war er total schmerzfrei – völlig am Ende, ein bisschen schwindelig und sehr durstig. Die Schmerzen von fünf Tagen in sechzig Minuten durchzumachen, das fühlt man, mit allem Recht. Die Energie, um die ich gebeten hatte, war heilende, schmerzstillende, und niemals wiederkommender Schmerz. Darüber hinaus visualisierte ich eine Schale, in die ich all die negative Energie hineinlegte, die den Schmerz geschaffen hatte, und als Abschluss schoss ich diese Schale ins All hinaus.*

Man kann um jede Energie bitten, aber man muss Realist sein, dieser Mann hatte Sehprobleme, wie sich herausstellte. So dass meine Bitte um niemals wiederkehrende Schmerzen dazu führte, dass er sich eine Brille zulegen musste. Das kann weit hergeholt klingen, aber die Energien arbeiten auf unterschiedliche Weise. Man sollte niemals glauben, dass man eine Art Gott wäre, oder herausposaunen, dass man allen helfen könnte. Man kann ein Werkzeug sein, oder eine helfende Hand, man kann seinen Lieben, die einem nah und wichtig sind, ein bisschen extra Fürsorge zuteil werden lassen, aber wenn man professionell mit Healing arbeiten will, sollte man einen Kurs besuchen und initiiert werden.

Das Healing, über das ich hier schreibe, ist nur ein Kratzen an der Oberfläche und nur eine klitzekleine Lehre dessen, was es für euch anzuwenden gibt.

Fälle, in denen Healing nicht sinnvoll ist

Ich gebe Healing niemals bei:
- *Fiebrigen Krankheiten*
- *Krebs im Schlussstadium*
- *Sterbenden Individuen*
- *Schwangeren/Tragenden*

Was kann nach einer Behandlung geschehen?

Man kann übertrieben wach oder müde werden, häufiger auf die Toilette müssen als Folge der Ausreinigung des Körpers von Schlackenprodukten. Das natürliche Reinigungssystem wird in Gang gebracht. Man wird durstig oder hungrig, schwindelig, wirr, hat mehr Schmerzen für eine kleine Weile.
Übertreib nie die Anwendung von Healing. Genau wie bei allem anderen soll man im Jetzt leben und Realist sein. Natürlich konsultiert man zuallererst den Tierarzt, wenn man Fragen betreffend der Gesundheit seines Tieres hat. Wende Healing als Ergänzung oder zur Vorbeugung an. Natürlich kann man es auch prima in Akutsituationen gebrauchen, während man auf den Tierarzt wartet."

Sterbebegleitung

Es liegt bereits viele Jahre zurück. Ich war mit Freunden auf der Rückfahrt von einem Restaurantbesuch in Capdepera auf Mallorca. Es war stockdunkel. Vor uns staute sich plötzlich der Verkehr. Ich hatte das dringende Bedürfnis auszusteigen und nachzusehen, was komplett gegen meine Art ist. Und dann wusste ich auch gleich, warum. Knapp zwanzig Meter vor mir stand ein blutüberströmtes Pferd vor einem zerbeulten Unfallwagen. Die Polizei war bereits dabei, den Verkehr abzuriegeln, Männer schrien wild durcheinander, an das verletzte Pferd traute sich niemand so recht heran. Ich rannte. Mein Begleiter versuchte mich aufzuhalten, aber der Drang war stärker. Ich lief, so schnell ich konnte, doch als ich das Pferd fast erreicht hatte, sank es in die Knie und fiel aufstöhnend um. Diese Blutungen waren nicht zu stoppen. Mit Erster Hilfe war hier nichts zu machen. Nackte Panik stand in den weißen Augen des Pferdchens, ein Traber wohl, der nach dem samstäglichen Rennen irgendwie auf die Straße geraten war. Angsterfüllt sah er mich an. Ich setzte mich hin, nahm den Kopf des Pferdes in meinen Schoß und streichelte es. Niemand hielt mich auf, was mich bis heute ein wenig erstaunt. Ich weiß nicht mehr, was ich dem kleinen Braunen erzählt habe, ich habe ihn gewiegt, mit ihm gesprochen und gesungen, während mich spanische Polizisten abschirmten und um uns herum den wieder anfahrenden Verkehr regelten. Ich bekam nichts davon mit, wir waren in einer eigenen Welt, die alles andere ausschloss. Das Pferdchen sah mich an und wurde ruhiger. Es verstand nicht, was geschehen war, es war noch jung, alles war viel zu früh. Wir hielten stumme Zwiesprache und ich wiegte, summte und streichelte weiter. Das Weiße verschwand aus seinen Augen und dann, irgendwann, verließ es mit einem ruhigen, versöhnten Seufzen diese Welt. Wir saßen noch ein Weile so, bis ich spürte, dass die Seele den Körper verlassen hatte. Wärme durchflutete mich und ganz allmählich drangen die Geräusche um mich herum wieder an mein Ohr. Ich stand auf, meine Knie zitterten ein wenig und ich sah wohl reichlich blass aus, als ich dem spanischen Polizisten sagte, was man ohnehin sah. „Es muerto." Der Mann nickte mir ernsthaft zu und sagte so schlicht wie aufrichtig „Muchas gracias".

Manchmal ist die einzig mögliche Therapie, die einzige Hilfe, die wir einem Tier leisten können, loszulassen. Ein letzter, wesentlicher Freundschaftsdienst. Uns allen fällt es schwer, mit dem Thema Tod umzugehen. In unserer menschlichen Gesellschaft ist er immer noch weitgehend ausgegrenzt, weggeschoben, tabuisiert, wenn überhaupt wird höchstens im Rahmen des religiösen Lebens darüber geredet. Doch der Tod ist ein Bestandteil des Lebens, genau wie die Geburt, und „nur" ein Übergang: Die Angst der Seele vor dem Geborenwerden ist genauso groß wie die vorm Sterben.

Beides ist nicht das Ende, sondern der Anfang von etwas Neuem. Woher ich das wissen will? Nicht zuletzt von den Tieren. Und noch eines habe ich durch sie gelernt: Unsere Sorgen, unsere Nöte und Ängste, wenn es an „das Unausweichliche" geht, belasten und erschweren ihnen den Übergang. Viele bleiben, zögern ihr Leiden hinaus, um ihrem Herrchen oder Frauchen einen Gefallen zu tun, ihnen den Abschied noch ein wenig leichter werden zu lassen. Doch es muss ja kein Abschied für immer sein.

Wohl kaum jemand stirbt gern allein. Manche von uns haben einen regelrechten Horror vor der Vorstellung, ihrem sterbenden Tier den Huf bzw. die Pfote zu halten. Manche wünschen sich ein wenig zusätzlichen Beistand, ihr Tier mental zu unterstützen, es hinüberzugeleiten. Ich nenne das Sterbebegleitung und habe diese Momente stets als etwas sehr Friedvolles, Schwereloses erlebt.

Als ich ein Kind war, meinten meine Eltern, mir einen Gefallen zu tun und etwas zu ersparen, und ließen meinen Hund in meiner Abwesenheit einschläfern. Das Gegenteil war der Fall. Ich war um den Moment des Abschiednehmen-Könnens beraubt und litt Jahre darunter.

Sterben, Loslassen, ein guter Tod braucht seine Zeit, für beide Seiten. Für den, der geht, und für den, der zurückbleibt. Nicht jedes Pferd tut einem den Gefallen, eines Morgens tot in der Box zu liegen. Wer wünscht ihn sich nicht selbst, den friedlichen Tod im Schlaf, das sanfte Übergleiten? Manchmal reißt ein Unfall, eine plötzliche Krankheit ein gesundes Tier mitten aus dem Leben. Manchmal sind wir gefordert, diesen Tod über eine Entscheidung herbeizuführen. Und dann ist da unsere Angst: Zu früh einschläfern ist ebenso schlimm wie zu spät. Was tun? Wie tun und wann? Wir wollen Leiden ersparen, ein Sich-Quälen verhindern – martern uns selbst, doch darüber indirekt auch unser Tier. Trauern Sie nicht vor der Zeit. Genießen Sie jeden Augenblick. Sie wissen nicht, wie lange er anhält.

Und seien Sie gewiss: Sie spüren den richtigen Zeitpunkt, wenn Sie den Mut haben, auf die Signale Ihres Tieres zu hören. Dann gibt es kein Vertun, und auch den Tod kann man würdig begehen – feiern –, auch wenn diese Formulierung für Sie im ersten Moment sonderbar klingt. Er ist doch nichts als das Hinter-sich-Lassen einer verbrauchten, schmerzenden und zu klein gewordenen Hülle.

Wer hat nicht schon einmal in einer Prüfungssituation eine kleine Telefonkette gestartet und gebeten: „Denk morgen um zwölf Uhr an mich?" Weil es hilft! Und auch ein Sterbenlassen ist eine Prüfungssituation, oder nicht? Es ist absolut möglich, in guten Gedanken, mit Kraft und Energie so ein Loslassen, so einen Sterbeprozess mental zu begleiten. Ich muss dazu nicht körperlich anwesend sein. Vom Prinzip her ist es fast wie bei einer Distanzkommunikation. Wenn ich dabei nicht nur allein arbeite, sondern sich Freunde zu einer Art mentalen Energiekette zusammenschließen, kann dies eine umso größere Hilfe für Tier und Besitzer sein.

Im Folgenden finden Sie ein paar Fallbeispiele von tapferen, mutigen Frauen, denen ich ganz besonders für ihre Offenheit und Bereitschaft danken möchte, dass sie uns ihre sicher trotz alledem schmerzvollen Abschiede von geliebten Pferden geschildert haben.

Aber zuerst eine Antwort von Carola auf die Frage:

Was geschieht mit Tieren, nachdem sie gestorben sind?

„Das ist eine natürliche und sehr wichtige Frage, mit der wir uns alle früher oder später herumschlagen müssen. Die Theorie, die mir meine Mutter vermittelte, habe ich für mich angenommen und glau-

be noch heute daran. Ich habe mir meine Meinung gebildet, nachdem ich vielen Tieren auf meinem Lebensweg begegnet bin, viele von ihnen das Erdenleben verlassen sehen habe, um sich später in einem neuen Körper wieder zu manifestieren und in neuer Gestalt zu zeigen, meist als anderes Tier, aber trotzdem mit der offensichtlichen Absicht, mir zu zeigen, dass sie die Erinnerung ins neue Leben mitgenommen haben.

Dies kann sich als Tier mit gewissen Eigenheiten gezeigt haben, zum Beispiel der Art, wie es mit einem Ball spielt, durch Lieblingsschlafplätze, Lieblingsorte, Dinge, die trivial klingen mögen, die aber auf irgendeine Weise trotzdem von dem früheren Tier herrühren konnten. Ein Blick, ein Gebell zu einer bestimmten Gelegenheit, ein munterer Bocksprung des Pferdes an derselben Stelle wie immer ... Alle, die wie ich so etwas erlebt haben, werden mir zustimmen, dass selten große, sensationelle Dinge nötig sind, sondern meist kleine sehr deutlich sind.

Als älterer Teenager, suchend wie man da ist, machte ich viele Reisen nach innen. In diesen Reisen, gleich einer Flucht aus der Wirklichkeit, traf ich viele, Tiere, Menschen, Wesen ohne Namen. Man kann das Fantasie nennen, aber auf gewisse Weise, wenn die Bestätigungen in der Wirklichkeit manifestiert werden, in unserem Jetzt und Hier, kann man nicht wie ein verirrter Teenager von den nackten Tatsachen wegsehen. Viele von den Tieren, die ich auf meinen inneren Reisen getroffen hatte, standen ganz plötzlich leibhaftig vor mir, auf viele unterschiedliche Arten geschah es einfach, ein Pferd, ein Kalb, eine Katze, ein Vogel, all diese Tiere, die es regelrecht zu mir zog, hatte ich schon getroffen, irgendwo in meinem Inneren.

Dieses so genannte Innere war, wie ich schnell entdeckte, eigentlich sehr weit weg. In Zeit und Raum zu reisen ist eine Fähigkeit, die wir alle haben, manche entfalten sie mehr, andere überhaupt nicht.

Ich habe dieses Talent ziemlich effektiv als Flucht aus der kalten Welt hier draußen benutzt. Dort innen hatte ich ja auf alle Fälle alle, die Tiere, die mir das geben konnten, was ich so dringend

Der Healingkanal kommt aus dem Licht und geht durch den ID-Punkt, hinunter durch das Kronenchakra, fließt mitten durch alle Chakren und kann durch deine Arme über die Handflächen ausströmen – es sei denn, du hast dich entschieden, Healing mit einem anderen Körperteil zu geben, was genauso gut möglich ist.

384

Ein Freund geht – verschwindet aber niemals aus dem Gedächtnis.

Wir wünschen Euch alles Gute für Euren Weg mit allen Sinnen für
mehr Harmonie, Verständnis und Frieden mit den Pferden.

benötigte: Geborgenheit und Wärme. Sicher, ich hatte es zu dieser Zeit nicht schlecht, aber ich war einsam, ganz allein. Es gab eine Zeit, in der ich glaubte, dass es normal sei, so einsam zu sein, dass das tatsächlich alle Menschen waren. Und auf gewisse Weise hat mich das ziemlich stark gefärbt, ich habe die Einsamkeit fast zu sehr geschätzt. Wenn ich nur die Tiere hatte, dann war alles gut, glaubte ich. Ich hatte ja meine Reisen, bei denen ich das erleben konnte, was ich brauchte.

Nachdem ich aus diesen Vorstellungen erwacht war, eine Familie gegründet hatte und alles, was dazu gehört, ließ ich meine inneren Reisen eine Zeit fallen. Als Erwachsener zu rebellieren ist etwas, das mehr Leute machen sollten, sich zu befreien, alte Gespinste abzuschütteln, neue Sachen zu beginnen, zu erleben und vor allem den Schritt zu wagen! Probier neue Sachen aus!

Ich habe jede Menge Augenbrauen zum Heben gebracht mit meinen Einfällen und Ideen. Was für mich zählt ist, dass ich mich in die Richtung entwickelt habe, die für mich als Mensch, als Individuum am besten ist.

Zu behaupten, dass Tiere ein Leben nach dem Tod haben, heißt einen Schritt hinaustun ins Dunkel. Viele mögen es skeptisch sehen, ich respektiere es vollkommen, wenn jemand nicht daran glaubt. Aber umgekehrt hat jeder ein Recht auf seinen Glauben, und dies ist meiner.

Wenn ich dies jetzt aus meiner Sicht erzähle, gebe ich ein Großteil meines Innersten Preis. Mein Innerstes ist das privateste, was ich habe und eigentlich Einblicken verschlossen. Ich habe lange überlegt, bevor ich mich dazu entschlossen habe. Letztlich aus der Überzeugung heraus, dass es noch mehr Menschen gibt, die dasselbe glauben wie ich, und noch viel mehr, die sich diese Dinge fragen und Antworten möchten. Ich betone, dass dies mein Glaube ist, niemand sagt, dass es so sein muss. Dies ist, was ich erlebt habe, erlebe, fühle und sehe, nur meine Gedanken und meine Erlebnisse. Nimm es für dich an oder lass es dir einfach eine interessante Lektüre sein.

Wohin geht die Seele?

Zuerst sollten wir uns klarmachen, dass kein Tier an sich Angst vor dem Sterben hat. Wir Menschen und Besitzer dagegen stülpen dem Tier oft ganz leicht unsere Gefühle über, sie absorbieren sie und benehmen sich entsprechend. Wenn wir traurig sind, wird das Tier traurig, und es ist ja ganz natürlich, dass man trauert, wenn sein Tier stirbt.

Wenn wir Angst haben, und die meisten von uns haben Angst vor dem Tod, bekommt das Tier ebenfalls Angst, aber eigentlich hat es diese Gefühle im Zusammenhang mit Tod und Weggang nicht. Sterben ist ebenso natürlich wie Geborenwerden, und Geburt ist etwas Wunderbares. Sterben ist auch eine Art Geburt, also nichts, weswegen man traurig sein sollte.

Das Trauma drumherum dagegen, dass man traurige Wesen hinterlässt, dass man vermisst wird und dass es vielleicht unter tragischen Umständen geschieht, das ist eine andere Sache, aber der Tod selbst ist nichts, das schlimm wäre für ein Tier.

Wenn ein Tier stirbt, verlässt die Seele das Tier im gleichen Augenblick, wie der Körper aufhört zu arbeiten. Die Seele geht über in ein Zwischenstadium zwischen Leben und Tod, sie lässt sich Zeit, um nahe bei ihren Angehörigen zu sein. Als Tierbesitzer kann man in einem solchen Moment eine sehr große Nähe spüren. Wir führen das meist auf den Körper zurück, aber das ist nur das Physische, eine Schale, die zurückbleibt. Die Seele selbst lebt wie immer weiter.

Ganz davon abhängig, was für eine Kommunikation Tier und Besitzer haben und welche Beziehung sie hatten, kann sich das Tier seinen nächsten Körper, sein nächstes Leben wählen. Es gibt die Wahlmöglichkeit, zum selben Besitzer zurückzukommen.

Nach dem eigentlichen Todeszeitpunkt braucht es ein paar Tage, bis die Seele zur Ruhe gekommen ist. Man hört manchmal, dass nach diesen – in der Regel vier – Tagen, die ehemaligen Besitzer das

Gefühl haben, dass ihr Tier sie besucht hat. Manchmal kann es bis zu ein paar Wochen dauern, bis die Seele zur Ruhe gekommen ist.

Was man dann fühlen kann, reicht vom Gewicht, das man im Sessel auf dem Schoß zu spüren meint, wo die Katze immer lag, vom Hund, der unter die Decke kriecht, bis hin zum Bellen, wenn der Briefträger kommt.

Kleine Wahrnehmungen, die man kaum registriert, weil man eigentlich so an sie gewöhnt ist, aber trotzdem sind sie da.

Das Tier kann wählen, zurückzukommen, aber diese Möglichkeit gibt es nicht immer – aus Gründen, die ich nicht kenne, kommt es manchmal anders.

Kann man das Tier bitten, zurückzukommen? Ja, bitten kann man, aber wenn es nicht so sein soll, geschieht es nicht, wir Menschen können diese Entscheidung nicht beeinflussen.

Kann eine Rasse/Tierart sich aussuchen, in einer anderen Form zurückzukommen?

Ja, aber man muss sich klarmachen, dass jede Wahl gut überlegt ist und jede eine Bedeutung hat, ein Tier kommt nicht „nur so aus Spaß" zu dir zurück, es geht da um eine höhere Wahl und darum, was ihr füreinander tun könnt. Wenn man eine solche Chance bekommt, eine solche Gunst, sollte man sich das bewusst machen.

Können Tiere spuken?

Ja, sie können Angst haben und in diesem Zwischenstadium von eigentlichem Todeszeitpunkt und dem Moment, wo sie weiterziehen und sich einen neuen Körper aussuchen, stecken geblieben sein.

Leider muss ich auch erwähnen, dass es oft der ehemalige Besitzer selbst ist, der sein Tier auf irgendeine Weise festhält, indem er sich zu sehr grämt, zu stark trauert, fast in anklagendem Ton: „Wie konnte er mich verlassen?", „Wie konnte das passieren?", „Wie konnte sie einfach sterben, wo wir doch noch so viel vorhatten?" usw.

Das Tier landet in diesem Zwischenstadium und kann nicht weiterziehen, weil es sich schuldig fühlt, bei dir zu bleiben – und weil du der Besitzer bist, gehorcht man dir.

Kann man im Zwischenstadium mit diesen Tieren sprechen?

Ja, man kann mit toten Tieren in allen Ebenen sprechen, aber ich habe mich entschlossen, das nicht zu tun, weil Menschen das immer aus egoistischen Gründen anstreben. Ich bekomme oft Anfragen, aber ich habe mich entschieden, das sein zu lassen, und fahre gut damit.

Woher ich das alles weiß?

Wir Menschen haben alle einen Weg in uns, folgen wir ihm, kommen wir an die fantastischsten Orte. Leider wagen viele nicht, diesem Pfad zu folgen, und noch weniger glauben, dass es ihn gibt. Viele halten schon bei dem Stoppschild in ihrem Kopf an. Wenn man sich dafür entscheidet herauszufinden, was der Pfad anzubieten hat, öffnet sich da drin eine Welt, die fantastische Aussichten, Möglichkeiten und Entdeckungen bereithält.

In unserem Zentrum haben wir alle die Tür zu diesem Pfad, eine ganze Welt öffnet sich, in der du alles ohne Einschränkungen sehen und erleben kannst. Der Rückzug in dieses Innere kann sehr nützlich sein, aber selbstverständlich ist es wichtig, immer mit beiden Beinen auf dem Boden zu bleiben, etwas, das ich für unabdingbar halte.

Wenn man träumt und fantasiert, wie weiß man dann, dass das nicht dieser Pfad ist?

Als ich jünger war, habe ich das ganze Innenleben erforschen wollen, andere Dimensionen erreichen, alles sehen, was es zu sehen gab, alles mitbekommen, was sich da innen abspielt, ich war schlicht so wahnsinnig neugierig, dass es für mich wie eine Sucht war, weiterzumachen, mehr zu sehen, noch mehr zu erleben. Was dabei interessant war, wenn sich neue Dimensionen und Welten öffneten, alle Entdeckungen, die ich machte, alle Kenntnisse, die mir zuteil wurden, andere erlebten das auch.

Als ich so allmählich anfing, mit anderen, zu denen ich Vertrauen hatte, über diese Erlebnisse zu reden, stellte ich fest, dass ich damit absolut nicht allein stand, viele kannten diese Reisen nach innen und diese Entdeckungen. *Manchmal wurden die Reisen nach innen zu Szenen im Außen. Manchmal wachte ich Nachts auf und konnte mich ein bisschen außerhalb von mir wahrnehmen, typische außerkörperliche Erlebnisse. Das geschah in gewissen Abständen ziemlich häufig. Heute bin ich viel zu steif und langweilig, um mich das zu trauen, aber die Erinnerungen sind noch da und manchmal fühlt man eine gewisse Sehnsucht danach, sich wegzuträumen, sich in einer Welt mit allen Tieren zu verlieren, da innen, da oben, da draußen. All diese Tiere, eine unendliche Zahl aller möglichen Arten, die auf der Suche sind und auf neue Leben warten. Und manchmal, wenn ich mich langweile, gebe ich mich der Erinnerung hin, denke an all die Begegnungen und Ereignisse, es ist unbeschreibbar, man kann es sich nicht vorstellen, wenn man nicht da gewesen ist.*

Warum ich nicht mit toten Tieren rede

Weil Menschen immer den leichten Weg gehen wollen. Und ein totes Tier danach zu fragen, ob und wann und in welcher Gestalt es zurückkommen wird, heißt, es sich leicht machen. Man soll alle Beziehungen verdienen, und wenn ein Tier wählt, zurückzukommen, hast du die Begegnung verdient. Wenn dies geschieht, weißt du es, und fühlst sehr wohl, dass es so ist, ganz ohne Hilfe von mir als Kommunikator.

Die Leute wollen auch oft bestätigt bekommen, ob es richtig war, das Tier einzuschläfern. Wie willst du das Tier Ruhe finden lassen, wenn du in solchen Fragen herumwühlst? Solange Menschen nicht lernen, dass Kommunikation mit Verstorbenen etwas unerhört Großes ist und nicht etwas, das man aus Spaß macht, weigere ich mich, damit zu arbeiten.

Ich möchte die Verstorbenen in Frieden sein lassen, um in Ruhe weitergehen zu können, auf diese Weise zolle ich ihnen Respekt. Sie sollen sich nicht auch noch haufenweise dummen Fragen ausgesetzt sehen, es ist trotz allem traumatisch genug zu sterben."

Ramona und Samivi

Johanna erzählt: „Natürlich hängen wir sehr an unseren Tieren und wollen sie möglichst lange bei uns behalten; gleichzeitig sind wir uns aber auch der Verantwortung bewusst, ein Tier nicht unnötig leiden zu lassen. Nur wo liegt hier die Grenze? Das ist unter Umständen eine furchtbare Gratwanderung.

Ich hatte zwei wunderbare Pferde, ein sehr altes und ein sehr krankes, bei denen ich schon eine ganze Zeit lang auf dieser Gratwanderung war. Wie konnte ich sicher sein, was die beiden wollten? So stieß ich auf die Tierkommunikation und war sehr glücklich, noch ganz kurzfristig ein Plätzchen im Kurs bei Karin Müller zu bekommen. Nach diesem Seminar haben sich die Beziehungen zu all meinen Tieren sehr verändert.

Mit meiner etwa siebenundzwanzigjährigen Stute Ramona hatte ich gleich am Tag nach dem Seminar das erste Gespräch. Ich war verblüfft und etwas unsicher, da ich nicht wirklich damit gerechnet hatte, beim eigenen Tier offen genug zu sein. Da mir der Stall gekündigt worden war und klar war, dass ich für beide Pferde nicht wieder einen so in jeder Hinsicht günstigen Stall finden konnte, war ich extrem verunsichert. Ramona sagte mir nämlich unter anderem: „Das Leben hier ist schön, möchte nicht weg von hier, meine Tage gehen hier zu Ende." Ach du Schande! Hatte ich ihr das mit meiner Sorge um Stallsuche und finanzielle Probleme womöglich eingeredet, oder noch schlimmer, eventuell doch selbst gedacht?

Aber sie sagte mir im gleichen Gespräch auch: „Ich mag Gelb, schenk mir etwas Gelbes, die Sonne ist so schön." Daraufhin habe ich eine gelbe Kuscheldecke zur Pferdedecke „umgebaut" und ihr mitgebracht. Sie hat sich sofort dafür bedankt und man sah eindeutig, wie sie sich mit dieser Decke wohl fühlte und sie mit solch einer Begeisterung über Nacht anhatte, dass hierdurch alle Zweifel ausgeräumt wurden.

Etwas schwerer fiel es mir bei Samivi, meiner cirka siebzehnjährigen Stute, die ich zwei Jahre zuvor mit so genanntem Hufkrebs an allen vier Hufen übernommen hatte. Wir hatten so einiges an Behandlungen hinter uns und es war ein ewiges Auf und Ab. Ich sagte zu ihr: „Bitte liebe Samivi, Du musst nicht für mich auf dieser Welt bleiben, wenn Du lieber gehen möchtest. Sage es mir einfach ganz deutlich, wenn es für Dich besser ist zu gehen, und bleibe nicht für mich, wenn Du es nicht für Dich willst!" Danach ging ich mit ihr hinaus ins sonnige Paddock und wollte ihr wenigstens noch etwas Reiki auf die Hufe geben. Damit hatte ich zwei Wochen zuvor begonnen und sie hat es immer sichtlich genossen. Aber jetzt wollte sie es nicht, zog immer den Huf weg. Mir wurde plötzlich bewusst, dass mir die Absichtslosigkeit fehlte, die den Reiki-Gebenden ja eigentlich auszeichnen sollte. Ich änderte meine innere Einstellung dahingehend, nicht die Hufe heilen zu wollen, sondern einfach nur hier und jetzt Reiki fließen zu lassen. Ab diesem Moment war alles ganz anders. Eine tiefe Ruhe und ein ganz tiefes Verständnis für dieses Wesen erfüllten mich mit einem Mal und ich wusste ganz klar, sie wird bald gehen und ich habe es akzeptiert. Sie ließ sich Reiki geben und war völlig entspannt und ich konnte ihre Dankbarkeit ganz deutlich spüren. Von da an funktionierte auch unsere Kommunikation absolut problemlos.

In den Gesprächen der folgenden Tage ging es kaum noch um Alltägliches und es wurde schnell klar, dass uns nur noch sehr wenig Zeit zur Verfügung stand. Was die beiden mir mitteilten, war von einer spirituellen Tiefe, die mich außerordentlich beeindruckt hat. Sie haben mir wirklich ein kompaktes spirituelles Regelwerk mit Anweisungen für mein weiteres Leben hinterlassen, das von einer tiefen Weisheit gründet.

Die Gespräche machten auch klar, dass Samivi es wirklich sehr eilig hatte, diese physische Welt zu verlassen, und Ramona nicht ohne Samivi zurückbleiben wollte, da sie in ihrem altershalber geschwächten Zustand keine großen Veränderungen mehr ertragen konnte. Beide wollten gemeinsam ihre letzte Reise antreten. Meine anfänglichen Zweifel hatten mich veranlasst, weitere Tierkommunikatorinnen einer Internet-Gruppe, in die ich eingetreten war, um Hilfe zu bitten, und so entstand per Internet ein wunderbarer Austausch, der mir sehr hilfreich war auf diesem Weg. Beides, die eigenen intensiven Gespräche mit Ramona und Samivi und auch der Rückhalt durch die Informationen und den Austausch mit der Gruppe, gaben mir absolute Sicherheit für die Entscheidung, den Tierarzt anzurufen und einen Termin zum Einschläfern der Pferde zu vereinbaren. Zwei Tage vor diesem Termin erhielt ich jedoch die folgenden Mitteilungen von meinen Pferden, begleitet von einem so intensiv drängenden Gefühl, das mir keine andere Wahl ließ …

Samivi: „Warten macht Unmut. Wie sorglos gehen diese Tage dahin. Ist es an der Zeit, Unruhe zu säen? Nein und nochmals Nein. Und doch werde ich etwas unruhig in meiner Ruhe. Sorge Dich nicht. Kennst Du nicht das Lampenfieber vor einer großen langen Reise? Meine Zeit ist überreif und ich kann es kaum erwarten. Hör zu, es ist schön mit Dir zu sein und ich werde Dich nicht verlassen. Ich gehe ins Licht und ich bin da, wenn Du mich brauchst. Wir sind tief verbunden, Du und ich – in Liebe. Alles Wichtige ist gesagt. Schöne Zeiten stehen Dir bevor. Trauere nicht zu lange. Das Leben hat eine neue Aufgabe für Dich, wie Du weißt. Mir ist das Gras jetzt wichtig, das hast Du schon richtig erkannt. Mir bleibt nicht mehr viel Zeit. Ich danke Dir für Deine schönen Gedanken, aber lass die anderen weg. Mein Leben hat in Dir seinen Sinn erfüllt und mein Leid wird mit diesem Leben beendet. Die Freude ist groß und mein Herz schlägt schneller als gewohnt. Ruhe Dich aus und freue Dich mit mir. Gras schmeckt gut. Lass mich grasen und frage nicht länger nach der Sonne, Du weißt wo sie steht."

Samivi (Traberstute, 17 Jahre)

Ramona: „Alles ist schön, ich bin zufrieden. Mein Weg liegt vor mir. Keine Kälte wird mich mehr quälen, Licht und Wärme umhüllen mich und ich fühle mich frei. Ein Abschied eröffnet immer neue

Möglichkeiten, auch für den, der zurückbleibt. Die Liebe stirbt nie.
Das Leben stirbt nie. In ewiger Verbundenheit umfange ich Dich mit
meinem Schein am Ende meiner Zeit. Du bist gut und es ist schön
zu fliegen. Heute ist ein schöner Tag dafür. In aller Ruhe und im
Abendsonnenschein. Es ist gut, alles ist gut."

Ramona (vermutlich ein Polen-Pony, 27 Jahre)

Ich rief den Tierarzt an und er war bereit, für uns Termine umzule-
gen, um noch am gleichen Tag abends kommen zu können. Nach-
dem der Ablauf mit den Pferden besprochen und alle Vorbereitungen
getroffen waren, ließ der Tierarzt jedoch (wie es bei diesem Berufs-
stand wohl unvermeidlich ist) noch etwas auf sich warten. In dieser
Zeit erfuhr ich von einer Freundin, die mit ihrem Hund an der Kop-
pel vorbeikam, dass an diesem Tag Neumond war. Die Pferde hatten
also sehr bewusst das ideale energetische Potenzial dieses Tages für
den Prozess der Loslösung gewählt und mich deshalb so gedrängt; ich
war tief beeindruckt. Als der Tierarzt dann da war, klappte alles wie
geplant. Den Pferden war es wichtig, dass Samivi vorausgehen und
Ramona ihr ganz unmittelbar folgen sollte, sie also wirklich gemein-
sam ohne zeitliche Verzögerung gehen konnten. Ich holte die Pferde
auf den vorderen Teil der Koppel und der Tierarzt legte zunächst bei
beiden eine Kanüle. Das war der unangenehmste Abschnitt des Vor-
gangs. Dann strich ich beiden Pferden die Aura mit St. Germain
Quintessenz von Aura Soma ein, um sie auf die rein geistige Ebene
vorzubereiten, was von beiden sichtlich genossen wurde. Vor uns lag
ein Energiekreis, den ich bereits vorbereitet hatte, indem ich diesen
Kreis mit Seilen ausgelegt, den Platz abgeräuchert und meditativ
eine Energiekuppel geschaffen und für den Moment der Loslösung
eingestimmt hatte. Ich führte beide miteinander in den Kreis, alles
ging sehr ruhig und in einem tiefen gemeinsamen Bewusstsein vor
sich. Im Kreis wurden dann beide Pferde zuerst sediert und der Tier-
arzt ging zurück zum Wagen, um die Spritzen fertig zu machen.
Ramona und Samivi standen nebeneinander und ich sang ihnen das

Om Asatoma Mantra und streichelte beiden abwechselnd den Kopf und ließ dabei Reiki fließen. *Dann ging es sehr schnell. Zuerst bekam Samivi ihre Spritze; wenige Sekunden warten, einige schwere Atemzüge, die ich mit ihr atmete und dann fiel sie zur Seite. Ein kurzes Streicheln über ihren Kopf, ein Abschiedskuss und dann sofort das gleiche bei Ramona. Ich war sehr glücklich in diesem Moment, denn es war alles, wie sie es sich gewünscht hatten. Beide sind wirklich miteinander gegangen, innerhalb einer Minute und in ganz viel Frieden und aller Ruhe. Der Tierarzt packte wie vereinbart schweigend seine Sachen und fuhr weg.*

Etwa fünfzehn Minuten später kam ein starker Wind auf und ich hatte ganz deutlich das Gefühl, dass die Seelen, die bis dahin noch in diesem Energiekreis spürbar waren, mit dem Wind emporgetragen wurden; es war ein erhebender Moment, und ich erinnerte mich an die Worte von Ramona „Ich löse mich auf und ziehe mit dem Wind“ und von Samivi „Der Wind weht meine Schmerzen davon und meine Seele trägt er mit sich und zerstreut mich in alle Sphären“.

Ein Mitglied unserer Tierkommunikations-Internetgruppe, die uns telepathisch begleitet hatte, schrieb mir danach: „Es herrscht hier ein kleiner Sturm, und ich habe das Gefühl, dass all unsere Gedanken und Gefühle, die bei euch sind, durcheinanderwirbeln und diese Pferde tragen werden.“

Zwei Tage später schaute ich gerade aus dem Badezimmerfenster, als ich plötzlich ganz deutlich Samivis Energie spürte. Sie war sehr präsent und in meinem Bewusstsein machte sich gleichzeitig ein Bild von einem Schimmel breit, von dem ich intuitiv wusste: Dies wird mein nächstes Pferd sein. Typisch, ich wollte ja auch nie einen Schimmel.“

Johanna Jülich, Tübingen

Aristo

Melanie erzählt: „*Vor ungefähr zwölf Jahren lernte ich eine wunderschöne, herzensgute, tragende Fuchsstute kennen. „Flapsi“ war mein erstes Pferd, und zum Glück wusste ich damals noch nicht, auf was ich mich eingelassen hatte. Wir verbrachten ein paar ruhige Wochen zusammen, bis das Fohlen auf die Welt kam. Ruhige, entspannte Ausritte wurden nun durch „Aristo" aufregend, spannend und ständig wuselte einer irgendwo rum. Ein richtiger Frechdachs. Das große Glück zu dritt sollte aber nur von kurzer Dauer sein. Flapsi wurde ein halbes Jahr nach der Geburt sehr krank und musste geschlachtet werden. Für Aristo und mich ein herber Verlust. Ich damals gerade vierzehn Jahre alt, und dann noch mit einem Hengstfohlen. Wir erlebten sehr schöne, tiefe und auch heftige Zeiten miteinander. Und bekamen immer die richtigen Leute geschickt, die uns weiterhalfen. Das letzte Jahr, welches wir gemeinsam erlebten, war einfach nur wunderschön. Auf einem großen Pferd ohne Sattel zu sitzen und nur mit Halfter in das Grün der Wälder eintauchen – absolut harmonisch, einfach nur edel. Als hätte man elf Jahre gebraucht, um eine superleckere Praline auszupacken, und dann steckt man sie in den Mund und genießt einfach nur. Ich habe nie über das Ende nachgedacht, weil es mir einfach noch unendlich weit weg vorkam.*

Nach Weihnachten bekam ich bei der Arbeit einen Anruf von meinem Stallvermieter. Aristo und zwei andere Pferde hatten sich in den frühen Morgenstunden aus dem Stall befreit, und hatten sich an dem, auch in der gleichen Halle gelagerten, Getreide und Mineralfutter ordentlich vergangen. Als ich am Stall ankam, wurde Aristo schon am strammen Strick geführt, und hatte einen sehr gequälten Gesichtsausdruck. Ich legte meine Hand auf seinen Bauch und er krümmte sich vor Schmerzen. Eine halbe Stunde später war der Tierarzt da und behandelte ihn. Auf die Spritzen hin wurde sein Zustand etwas besser. Aber ich wollte ihn trotzdem die Nacht nicht alleine lassen.

Im Laufe des Abends verschlechterte sich sein Zustand wieder. Er lief unruhig im Kreis, setzte ab und zu Kot ab und bekam zusehends einen dicken Bauch. Er legte sich hin und ich versuchte, ihm durch Massagen und Jin Shin Jyutsu etwas zu helfen. Plötzlich trat er mich mit seinem Hinterbein zur Seite, und in dem Moment war einfach klar, dass Klinik angesagt war. Also Tierarzt aus dem Bett schmeißen, Hänger organisieren, meine Freundin Gundula noch anrufen und los. In der Klinik angekommen, kam Aristo an den Tropf. Ich lag die halbe Nacht wach und betend im Bett. Die Kolik war halbwegs überstanden, doch eine saftige Hufrehe auf beiden Vorderfüßen zwang ihn nun die nächsten drei Wochen hauptsächlich zum Liegen. Ich kam mir vor, als hätte mich jemand ins kalte Wasser geschmissen. Ganz oft auch wie im falschen Film. Ich telefonierte nächtelang und lernte endlich, auch mal durchs Netz zu surfen. Durch Gundula kam ich zu Karin, und durch das Buch von Karin und Carola zu der Internetadresse. Zuerst war ich etwas skeptisch, fand es aber auch unheimlich spannend. Und der Preis für eine Distanzkommunikation war auch mehr als o.k. – also einfach ausprobieren. Vielleicht könnte sie mir sagen, was ich Aristo Gutes tun könnte. Damit begann für mich ein sehr unterstützender, spannender und verständnisvoller Austausch.

Karin gab mir auch über das Protokoll hinaus noch jede Menge Tipps und gute Ratschläge. Und ich hatte das Gefühl, jemand an der Seite zu haben, der den Prozess an sich einfach so akzeptiert wie er ist. Ich fuhr jeden Tag in die Klinik und putzte, massierte, sprach einfach nur Mut zu, überredete mit Engelszungen, vielleicht doch etwas mehr zu fressen, und betete, dass uns der liebe Gott beistehen möge. Aristo war schweißnass, wenn er nach langem Liegen wieder aufstand, und versuchte, sich sofort mit dem Hinterteil an der Wand abzustützen. Nachdem mein Freund Mirko dann mit in der Klinik war, verstand er endlich meine „übertriebene Fürsorge" und meine Tränen. Ich lernte in dieser Zeit, wer mein Freund ist und wer nicht. Teilweise ein herber Schlag, teilweise auch eine schöne Überraschung. Als ich das lang ersehnte Protokoll von Aristo las, kam eine ganz tiefe Trauer in mir hoch und ich zitterte am ganzen Körper. Ich heulte Rotz und Wasser. Unsere Beziehung vertiefte sich noch mal. Es steckte so viel Wahrheit darin. Seit der Krankheit und dem

Tod von Aristo bin ich auf eine Reise geschickt worden, die eigentlich eine Reise zu mir selber ist.

Wir kämpften zusammen mit Homöopathika, Aufbaupaste, Kräutermischungen, Möhren und ganz viel gutem Zuspruch. Ich stand sogar fluchend und heulend in den Armen meiner Schwester bei Aristo in der Box. Auf den Vorderbeinen konnte er mittlerweile wieder ganz gut stehen, dafür trippelte er jetzt mit den Hinterbeinen. Die Röntgenbilder ergaben, dass sich das Hufbein vorne kaum gesenkt hatte, dafür hinten um fünf Grad. Alles noch nicht so schlimm. Hinten links ging ein Hufgeschwür auf, auch noch nicht so schlimm. Am 23. Januar wollte ich mich gerade auf den Weg machen, als der Tierarzt anrief. Aristo hatte sich an dem Tag schon ein paar mal festgelegt, kämpfte mit dem Aufstehen. Sein Kreislauf war einfach zu schwach, um das auch noch zu tragen. Er fiel in den Schock. Der Tierarzt bat mich um die Erlaubnis, ihn einschläfern zu dürfen. Ich fuhr sofort los, weil ich bei so einem wichtigen Schritt bei ihm sein wollte. Als ich ankam, hatte er schon die Spritze bekommen, weil sein Zustand sich rapide verschlechterte. Als ich die Box betrat, atmete er noch ein letztes Mal ganz tief durch. Ich war erstaunlicherweise sehr gefasst und sprach noch lange mit dem Tierarzt. Später kamen Gundula und Mirko und wir saßen noch eine ganze Zeitlang bei Aristo. Ich hatte seinen Kopf in meinen Schoß gelegt, die beiden saßen rechts und links, und wir lachten, weinten und sprachen noch eine ganze Weile. Als wir nacheinander unsere Hände auf sein Drittes Auge legten, stellten wir voller Erstaunen ein spiralförmiges Vibrieren fest — faszinierend. Es war ein sehr schöner Abschied.

Der große Zusammenbruch kam erst abends, als ich in Ruhe zu Hause saß. Kurz nach dem Tod von Aristo hatte ich einen ungeheuren Hass auf diese Ungerechtigkeit. Wir hatten beide so gekämpft und trotzdem trennten sich unsere Wege. Wochen später verstehe ich vieles besser und die letzten Gedanken von Aristo helfen mir oft. Wenn ich spazieren gehe, fühle ich ihn neben mir her laufen, oder ich spüre seinen warmen Atem in meinen Haaren. Und

dann erinnert er mich daran, dass ich ihm versprochen habe, etwas
Gutes daraus zu machen. Und ich weiß, ich bin auf dem besten
Wege. Was das heißt? Ich darf lernen, wieder mehr auf mein Gefühl
zu hören, was manchmal gar nicht so einfach ist. Ich bin in meinem Leben wichtig, und nicht hauptsächlich die Gedanken der
anderen. Und es darf weitergehen.

Ein kleiner einjähriger Oldenburgerhengst hat sich in mein Herz
geschlichen. „Heinzi" ließ mich einige Zweifel bearbeiten, ob man
nach so kurzer Zeit sich schon wieder verlieben darf. Die sind mittlerweile auch abgelegt, weil sie einfach vollkommener Schwachsinn
sind. Aber bei mir braucht mein Kopf oft länger als mein Herz. Und
so ertappe ich mich, in der Badewanne sitzend, mit einer Liste, auf
der siebenhundert Pferdenamen mit Anfangsbuchstaben „A" drauf-
stehen. „Heinzi" ist kein Name, mit dem man gescheit groß werden
kann, und laut Papieren soll es wieder ein A sein.

A wie Anfang."

Melanie Lingnau, Rauschenberg

Gedanken zur Ethik

- Geh verantwortlich mit der neu erworbenen Fähigkeit um.
- Begegne den Tieren und ihren Menschen mit Respekt und ehre sie. Kommuniziere nicht, um deine Neugier zu befriedigen oder wirtschaftlichen Nutzen für den Menschen zu ziehen, sondern um DEM TIER zu helfen.
- Kommuniziere für andere mit einem Tier nur, wenn du um Hilfe gebeten wirst.
- Halte deine Versprechen.
- Ärgere dich nicht, zum Beispiel, wenn andere ein anderes Lerntempo haben als du.
- Bedenke immer, dass es keine absolute Wahrheit gibt.
- Was du von den Tieren empfängst, kann immer eingefärbt und beeinflusst sein von den Dingen, die dich beschäftigen, von dem, wie es dir heute geht, von deinen Sorgen, Ängsten und Hoffnungen. Wie weit gelingt es dir, dies außen vor zu lassen und objektiv zu dolmetschen? Sei dir deiner selbst bewusst.
- Verdiene dein Geld ehrlich.

Service

Quellen

Liesl Baumgart/Marlies Hand: **Bachblüten für Tiere**, Oertel und Spörer, Reutlingen 2000

Steve Biddulph: **Das Geheimnis glücklicher Kinder**, Heyne, München 2003

Bild der Wissenschaft, Ausgabe Nr. 6/1994

Mathias Bröckers: **Das sogenannte Übernatürliche**, Eichborn, Frankfurt/Main 1998

Alice Burmeister/TOM Monte: **Heilende Berührung**, Knaur, München 2000

Irene Dalichow/Mike Booth: **Aura-Soma**, Th. Knaur, München 1998

Mircea Eliade: **Das Heilige und das Profane**, Insel Verlag, Frankfurt/Main 1998

Rolf Fröböse: **Die geheime Physik des Zufalls.** BoD GmbH, Norderstedt 2008

Christa Kössner: **Mein Haustier spiegelt mich**, Ennsthaler Verlag, Steyr (Österreich) 2002

Dr. Flora Peschek-Böhmer: **Heilung durch die Kraft der Steine**, Ludwig, München 1998

Shalila Sharamon/Bodo Baginski: **Das Chakra-Handbuch**, Windpferd, Aitrang 2001

Shalila Sharamon/Bodo Baginski: **Reiki**, Synthesis, Essen, 1994

Rupert Sheldrake: **Der siebte Sinn der Tiere**, Ullstein, München 2002

Rupert Sheldrake: **Erdstrahlen und Wasseradern**, Mosaik, München 1997

Upton Sinclair, **Mental Radio**, New York, 1930

Kate Solisti-Mattelon/Patrice Mattelon: **Spirituelle Partnerschaft mit Haustieren**, Integral Verlag, München 2000

Rosina Sonnenschmdit: **Farb- und Musiktherapie für Tiere** Sonntag Verlag, Stuttgart 2000

Rosina Sonnenschmidt: **Heilende Hände für Tiere**, Kosmos Verlag, Stuttgart 1999

Michael Sorsche: **Unseren Tieren zuhören**, Atlaris Bücher, Haundorf 2001

Hartwig Tegeler: **Über Tiertelepathie und die Irritation der Wissenschaft**, WDR 5 Radiosendung vom 18.5.2003

Eckhart Tolle: **Eine neue Erde**, Goldmann Arkana, München 2005

Neale Donald Walsch: **Gespräche mit Gott** (Band 1-3) Arkana/Goldmann, München, 1998-2003

Zum Weiterlesen

Aguilar, Alfonso/ Roth-Leckebusch, Petra: **Wie Pferde lernen wollen**; Bodenarbeit, Erziehung und Reiten, KOSMOS 2004
Der Mexikaner Alfonso Aguilar ist bekannt für seine einfühlsame Art, Pferde zu trainieren. Er zeigt anhand vieler praktischer Übungen, wie Pferde in ihrem Wesen begriffen und gefördert werden können.

Binder, Sybille L./ Behling, Silke: Der richtige Umgang mit Pferden. **Was denkt mein Pferd?**; Pferde verstehen und erziehen, KOSMOS 2006
Pferde senden viele Körpersignale aus, und wer sie richtig deutet, ist auf dem besten Weg zu einer verständnisvollen Partnerschaft! Zahlreiche Bilder helfen, typisches Pferdeverhalten richtig zu erkennen und zu verstehen.

Brannaman, Buck: **Pferde, mein Leben**; vom Lassokünstler zum Pferdeflüsterer, KOSMOS 2009
Buck Brannaman, einer der gefragtesten Pferdeflüsterer der USA, erzählt seine bewegende Lebensgeschichte. Erfahren Sie, wie er durch die Hilfe der Pferde lernte, seine durch Gewalt und Angst geprägte Kindheit zu verarbeiten und eine neue Sicht auf das Leben zu gewinnen.

Coates, Margrit: **Heilende Energie für Pferde**; Jeder kann heilen, KOSMOS 2009
„Healing for Horses" nennt sich die Behandlungsmethode durch Handauflegen der englischen Heilerin Margrit Coates. In diesem Ratgeber erklärt sie ihr System der Energieheilung und zeigt, wie man seine eigenen Heilkräfte zum Wohl seines Pferdes einsetzen kann.

GaWaNi Pony Boy: **Indianisches Pferdetraining**; step by step, KOSMOS 2002
Ein Pferd ist ein Pferd – und so sollten wir es auch behandeln. Zahlreiche Übungen zum Umgang, zur Bodenarbeit und zum Reiten zeigen dem Menschen, wie er Respekt und Vertrauen seines Pferdes gewinnt.

GaWaNi Pony Boy: **Horse, Follow Closely**; mit DVD, Kosmos 2010
Ein Buch, das den Traum vieler Reiter beschreibt: eins zu sein mit dem Pferd. Lesen und genießen Sie diesen Traum

Gohl, Christiane: **Pferde kennen und verstehen**; Verhalten, Umgang, Reiten, KOSMOS 2005
Das ideale Buch für Einsteiger. Fundierte, aber unterhaltsame Antworten auf alle Basisfragen rund ums Pferd. Mit vielen praktischen Extra-Tipps.

Kreinberg, Peter: **Peter Kreinbergs Bodenschule**; The Gentle Touch®-Übungen für mehr Gelassenheit, KOSMOS 2009
Die wichtigsten Bodenarbeitsübungen nach der The Gentle Touch®-Methode mit Schritt-für-Schritt-Rezepten. Eine Fundgrube für alle, die ihr Pferd einfach, effektiv und pferdefreundlich ausbilden wollen.

Lind, Carola / Müller, Karin: **Wie Pferde ihre Menschen spiegeln**; KOSMOS 2005
Wie Hund und Herrchen werden auch Pferde und ihre Besitzer sich im Laufe der Jahre immer ähnlicher. Wie Pferde die Verhaltensweisen, Gefühle und sogar Krankheiten ihrer Besitzer übernehmen, zeigt dieses Buch auf eindrucksvolle Weise.

Mahlstedt, Dieter: **Akupunkt- Massage nach Penzel am Pferd**; Fitness und Wohlbefinden durch chinesische Heilkunst, KOSMOS 1997, 2008
Jedem Reiter und Pferdebesitzer steht mit diesem Buch ein einzigartiges Mittel zur Verfügung, Wohlbefinden und Leistungsfähigkeit seines Pferdes auf sanfte, schmerzfreie Art zu verbessern.

Meyerdirks-Wüthrich, Ute: **Bach-Blüten für Pferde**; Ausgleich für Körper und Seele, Therapie für Pferd und Reiter, KOSMOS 2004, 2008
Mit vielen Fallbeispielen, Anwendung des Naturheilverfahrens als Unterstützung bei Erkrankungen, konkrete Beispiele aus der Praxis, Vorstellung aller verschiedenen klassischen Bach-Blüten.

Müller, Karin: **Wenn Pferde von uns gehen**; Abschied, Loslassen, Trost finden, KOSMOS 2009
Sterben, Tod und Trauer sind Themen, die in unserem Alltag gerne verdrängt werden. Dieses Buch macht Mut, den letzten Weg mit seinem Pferd würdevoll zu gestalten. Lernen Sie, sich innerlich auf den Abschied vorzubereiten, den richtigen Zeitpunkt zu finden und mit Ihrer Trauer umzugehen.

Ochsenbauer, Ute: **Schwierige Pferde verstehen und fördern**; Probleme als Chance sehen und lösen, KOSMOS 2008
Selbst erfahrene Pferdemenschen stehen sogenannten Problempferden oft ratlos gegenüber. Das muss nicht sein. Die Autorin geht den Ursachen der Probleme auf den Grund, erklärt, was unerwünschtes Verhalten zu bedeuten hat und zeigt anhand praktischer Übungen, wie schwierige Pferde zu freundlichen Gefährten werden.

Ochsenbauer, Ute: **TCM-Traditionelle Chinesische Medizin für Pferde**; KOSMOS 2009
TCM ist eine ganzheitliche Heilmethode mit langer Tradition. Die Autorinnen erläutern die Grundprinzipien der TCM und beschreiben im Praxisteil Therapievorschläge für die häufigsten Pferdekrankheiten und Pferdetypen.

Rashid, Mark: **Denn Pferde lügen nicht**; Neue Wege zu einer vertrauten Mensch-Pferd-Beziehung, KOSMOS 2002
Als einer der bekanntesten und erfahrensten Pferdeausbilder Nordamerikas, setzt Mark Rashid in seiner Arbeit mit Pferden auf Respekt und Vertrauen anstelle von absoluter Dominanz.

Rashid, Mark: **Der auf die Pferde hört**; Erfahrungen eines Horseman aus Colorado, KOSMOS 1999, 2006
Mark Rashid ist einer der besten und erfahrensten Pferdeausbilder Nordamerikas. Sensibel, humorvoll und mit überraschenden Einsichten schildert Mark Rashid in vielen Erlebnissen und Fallbeispielen seinen ganz persönlichen Weg mit seinen Lehrmeistern, den Pferden.

Resnick, Carolyn: **Tochter der Mustangs**; Mein Leben unter Wildpferden, KOSMOS 2007
Bewegende Erlebnisse einer Frau, die das Vertrauen einer Wildpferdeherde erlangt. Dieses Buch stillt die Sehnsucht nach tiefer Verbundenheit mit den Pferden und zeigt einen Weg, sich partnerschaftlich mit ihnen auszutauschen.

Tellington-Jones, Linda: **TTouch und TTeam für Pferde**; Der sanfte Weg zu Gesundheit, Leistung und Wohlbefinden, KOSMOS 2003
Linda Tellington-Jones' berühmte TTouches für Pferde und die

TTeam Bodenarbeit in detailgenauen Schritt-für-Schritt-Anleitungen. Für eine harmonische Mensch-Pferd-Beziehung.

Linda Tellington-Jones/Bobby Lieberman: **Tellington Training für Pferde**, Kosmos, 2007
Ein Lehr-und Praxisbuch, in dem die Autorin neue Ausbildungswege an schwierigen und verstörten Pferden darstellt. Hierbei bringt sie ihre jahrzehntelange Erfahrung ein, um eine harmonische Bindung zwischen Mensch und Pferd zu schaffen.

Thiel, Ulrike: **Die Psyche des Pferdes**; Sein Wesen, seine Sinne, sein Verhalten, KOSMOS 2007
Wer weiß wirklich, wie Pferde fühlen und wie sie das Gerittenwerden erleben? Ein Blick in die Psyche des Pferdes vermittelt überraschende Einsichten und beantwortet viele Fragen: Warum lassen sich Pferde nicht belügen? Warum sieht das Pferd den Reiter nicht immer als Partner, sondern auch als Raubtier? Warum ist Balance für Pferde lebensnotwendig? Lernen Sie, die Welt mit den Augen des Pferdes zu sehen!

Weitere Informationen zur Autorin und zu Kursterminen in Deutschland, Österreich und der Schweiz erhalten Sie unter folgenden Adressen:

Karin Müller:
www.karin-mueller.com
e-mail: tierkommunikation@karin-mueller.com

Nützliche Adressen

TTEAM Deutschland:
c/o Bibi Degn
Buschöhrchen 19
D- 53819 Neunkirchen-Seelscheid
Tel: +49 (0) 2247-9693910
e-mail: HYPERLINK "mailto:gilde@tteam.de"
gilde@tteam.de
HYPERLINK "http://www.tteam.de" www.tteam.de

TTEAM Schweiz:
c/o Maya Conoci
Bruster 5
CH-8585 Langrickenbach
Tel: +41(0)71 6400175
e-mail: +41(0)78 7480058
HYPERLINK "http://www.gilde@tteam.ch"
www.gilde@tteam.ch

TTEAM Österreich:
Martin Lasser
Spitalg 7
2540 Gainfarn
Tel: +43 2252 700809
e-mail: HYPERLINK "mailto:tteam.office@aon.at"
tteam.office@aon.at
HYPERLINK "http://www.tteamoffice.at" www.tteamoffice.at

Naturheilpraxis Rita Heese
www.praxis-heese.de
mail: praxis.heese@arcor.de

Register

Bildnachweis

32 Bildtafeln mit 94 Farbabbildungen von Anna Bremus, Wettmar (S. 314), Felix von Döring/ Kosmos (S. 109 o.), www.Ramona Duenisch.de, Pfaffenhofen (S. 209, 228, 263 u., 264, 313 o., 3310., 332, 365, 366, 384), Kerstin Hasse-Schwenkler, München (S. 33 o.li., 51, 52 u.li., 53 o., 72, 90 u.li., 107, 109 u., 110, 127 u., 128 o., 227, 383), Harald Koch (S. 53 u., 90 o., 90 u.re.), Karin Müller, Burgwedel (S. 33 o.re., 33 u., 34, 52 o., 52 u.re., 54, 71, 89, 108, 127 o., 128 u., 210, 245, 246, 263 o., 331 u.), Daniella Wogenius, Strömstad (S. 313 u.)

Impressum

Umschlaggestaltung von eStudio Calamar
unter Verwendung von 3 Farbfotos von Uwe Jannsen

Alle Angaben und Methoden in diesem Buch sind sorgfältig recherchiert, erwogen und geprüft. Sie entbinden den Pferdefreund nicht von der Eigenverantwortung für sein Tier und sich selbst. Die Anwendung der beschriebenen Methoden liegt in eigener Verantwortung. Der Verlag und die Autorin übernehmen keine Haftung für Personen-, Sach- oder Vermögensschäden, die aus der Anwendung der vorgestellten Materialien und Methoden entstehen. Die Namen der zitierten Privatpferdebesitzer im Buch sind teilweise geändert.

Unser gesamtes lieferbares Programm und viele
weitere Informationen zu unseren Büchern,
Spielen, Experimentierkästen, DVDs, Autoren und
Aktivitäten finden Sie unter www.kosmos.de

© 2010, Franckh-Kosmos Verlags-GmbH & Co. KG, Stuttgart
Alle Rechte vorbehalten
ISBN 978- 3-440-11370-7
Redaktion: Alexandra Haungs
Produktion: Claudia Kupferer
Printed in The Czech Republic /
Imprimé en République Tchèque

Gedankenreisen zur Tierkommunikation

Ein himmlischer Wasserfall, eine Quelle im Wald, ein Zaubermantel - acht einfühlsam vertonte Meditationen, gesprochen von der Autorin, begleiten und unterstützen beim Erlernen der Tierkommunikation.

Themen wie Ruhe im eigenen Inneren, Fokus und Sensitivität, Schutz und Erdung oder der mentale Kontakt zum eigenen Tier, schaffen erholsame Nischen im Alltag eines jeden Tierfreundes.

Bezug & Bestellung:
Karin Müller
Kösterweg 10
D-30938 Burgwedel
www.karin-mueller.com
tierkommunikation@karin-mueller.com

CD Gedankenreisen zur Tierkommunikation
Text: Karin Müller
Musik: Volker Wiedersheim
Lauflänge ca. 62 Minuten
12,00 € zzgl. Versand

Carola Lind • Karin Müller
Wie Pferde ihre Menschen spiegeln

208 Seiten, €/D 19,95
ISBN 978-3-440-10103-2

Mit berührenden Tierprotokollen und spannenden Expertenbeiträgen.

Dass Hund und Herrchen sich im Laufe der Jahre immer ähnlicher werden, kennt man. Aber wussten Sie, dass auch Pferde ihre Besitzer spiegeln? Sie übernehmen Verhaltensweisen von uns, zeigen die gleichen Gefühle und tragen im Ernstfall sogar unsere Krankheiten. Wie diese Spiegelungen im Detail aussehen, welche Heilungswege Sie einschlagen können und wie Sie und Ihr Pferd sich jeden Tag positiv beeinflussen und bestärken können, zeigt das Buch der Tierdolmetscherinnen Carola Lind und Karin Müller.